1+X 职业技能等级证书培训考核配套教材

机械产品三维模型设计（初级）

广州中望龙腾软件股份有限公司　组编

主　编　张方阳　马彩梅
副主编　颜丹丹　诸进才
参　编　陈　兵　崔　强　王　萌
　　　　李晓峰　郭文星

机 械 工 业 出 版 社

本书是1+X职业技能等级证书培训考核配套教材。本书对接企业岗位需求，注重理实结合，上衔企业岗位技能需求，下接专业教学标准，聚焦书证衔接和融通，形成新型知识结构。全书包含三个模块：基本机械零件造型、基本零件图样绘制和数控加工自动编程。本书采用任务驱动编写模式，充分应用信息化资源，配置立体化和数字化教学资源。

为方便自学，本书各学习任务均配有操作短视频，学习过程中可扫描二维码观看。为方便教学，本书配有实例素材源文件、操作短视频、课内实施习题答案、电子课件（PPT格式）等，凡使用本书作为教材的教师可登录机械工业出版社教育服务网（http://www.cmpedu.com），注册后免费下载。

本书可作为机械产品三维模型设计1+X职业技能等级证书（初级）“岗课赛证”融通教材，也可以作为考证配套教材和资料。

图书在版编目（CIP）数据

机械产品三维模型设计：初级/张方阳，马彩梅主编. —北京：机械工业出版社，2022.4（2024.7重印）
1+X职业技能等级证书培训考核配套教材
ISBN 978-7-111-70275-7

Ⅰ.①机… Ⅱ.①张… ②马… Ⅲ.①机械设计-计算机辅助设计-应用软件-职业技能-鉴定-教材 Ⅳ.①TH122

中国版本图书馆CIP数据核字（2022）第036611号

机械工业出版社（北京市百万庄大街22号 邮政编码100037）
策划编辑：王英杰　　责任编辑：王英杰　赵文婕
责任校对：张　征　王　延　封面设计：鞠　杨
责任印制：李　昂
北京中科印刷有限公司印刷
2024年7月第1版第6次印刷
210mm×285mm · 11.75印张 · 356千字
标准书号：ISBN 978-7-111-70275-7
定价：39.00元

电话服务　　网络服务
客服电话：010-88361066　机　工　官　网：www.cmpbook.com
010-88379833　机　工　官　博：weibo.com/cmp1952
010-68326294　金　书　网：www.golden-book.com
封底无防伪标均为盗版　机工教育服务网：www.cmpedu.com

前　言

2019 年 2 月，国务院发布了《国务院关于印发国家职业教育改革实施方案的通知》，对职业教育提出了全方位的改革设想，明确启动职业技能等级证书制度试点工作。为完善职业教育专业人才培养培训体系、深化产教融合、促进技术技能人才培养模式创新，广州中望龙腾软件股份有限公司组织国内知名专家学者制定了机械产品三维模型设计职业技能等级证书的获取条件，对于构建国家资历框架、推进教育现代化、建设人力资源强国具有重要意义。

本书按照“机械产品三维模型设计”（初级）职业技能等级标准的工作任务和职业能力要求，在结合实际工程需要的前提下，通过不断应用、总结与开发，形成系统化的职业能力清单，并以各职业能力为核心构建学习模块，采用任务驱动模式编写，每个模块由相关的多个任务组成。

本书在内容选择、实例分析、基础理论、技术发展等方面都做了精心的编排，突出了机械产品三维模型设计的应用与发展。

全书分为三个模块，共 11 个学习任务。其中惠州城市职业学院陈兵编写学习任务 1.1、1.2；惠州城市职业学院张方阳编写学习任务 1.3；广州铁路职业技术学院诸进才编写学习任务 1.4、2.3；深圳职业技术学院王萌编写学习任务 2.1、2.2；安徽机电职业技术学院崔强编写学习任务 2.4、2.5；重庆工商职业学院李晓峰编写学习任务 3.1、3.2；新疆石河子职业技术学院马彩梅编写样卷（一）；长春汽车高等专科学校颜丹丹、九江职业技术学院郭文星编写样卷（二）。全书由张方阳、马彩梅统稿。

由于编者水平有限，书中疏漏之处在所难免，敬请广大读者批评指正。

编　者

目　录

模块1

基本机械零件造型

学习任务 1.1 蘑菇头把手零件造型

任务描述

蘑菇头把手是一个比较简单的零件，分为左右两部分，左半部分主要是椭球体，右半部分由圆锥、圆柱等组成，如图 1-1 所示。通过完成蘑菇头把手零件造型任务，学习六面体、圆柱体、圆锥体、球体、椭球体等基本体的建模方法，学习采用合适的基本体及布尔运算进行简单的实体建模，掌握对简单实体进行布尔运算的技巧，同时在三维建模过程中培养专业相关的创新能力。

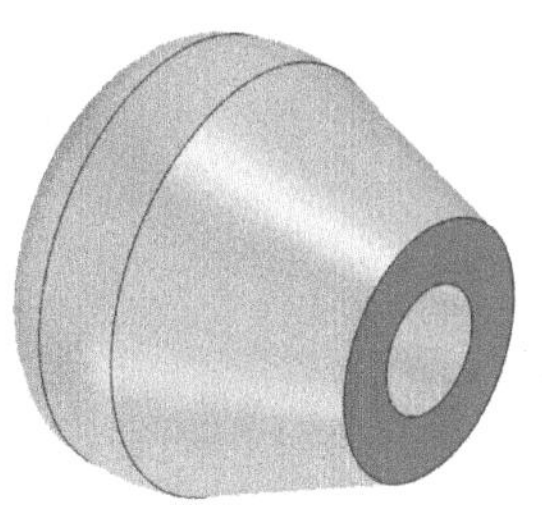

图 1-1 蘑菇头把手

知识点

六面体、圆柱体、圆锥体、球体、椭球体等基本体建模。

布尔加运算、布尔减运算、布尔交运算。

基本体特征尺寸编辑及修改。

技能点

基本体的创建与定位方法。

根据零件的特征，采用合适的方法进行特征建模。

根据零件的结构特征会对几何体进行布尔运算。

能够运用尺寸编辑知识，对几何体进行尺寸修改。

素养目标

能够对零件结构进行分析，能根据零件的结构，采用合理的建模方法，使用相应的布尔运算，构建简单模型。

鼓励学员独立思考，尝试使用不同方法完成零件模型的建构，培养学员分析与创新能力。

课前预习

1. 六面体的创建

在中望3D 2022软件建模环境中单击“造型”工具选项卡下“基础造型”工具栏中的“六面体”工具按钮，如图1-2所示，弹出“六面体”对话框，如图1-3～图1-6所示，可进行六面体的创建。

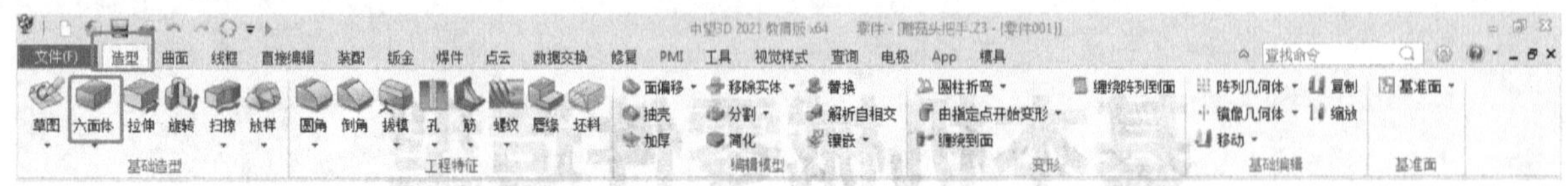

图1-2 “造型”工具选项卡下的“六面体”工具按钮

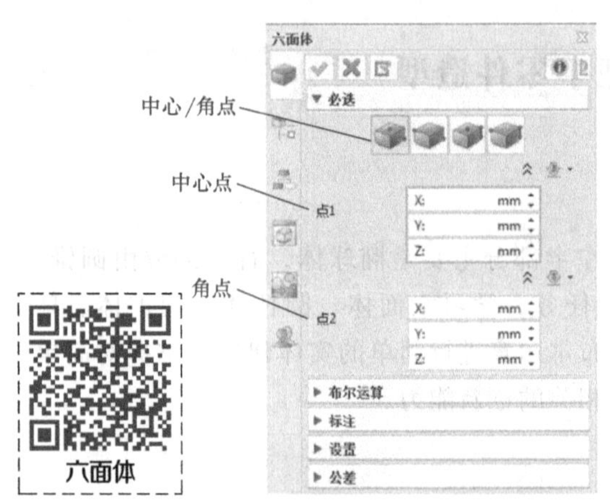

六面体

图1-3 采用“中心/角点”方式创建六面体

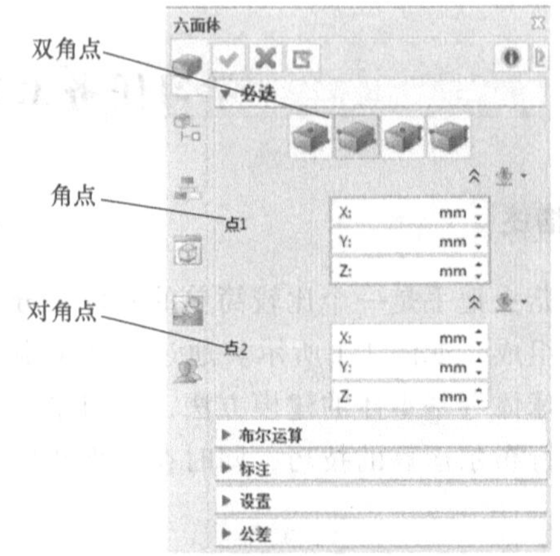

图1-4 采用“双角点”方式创建六面体

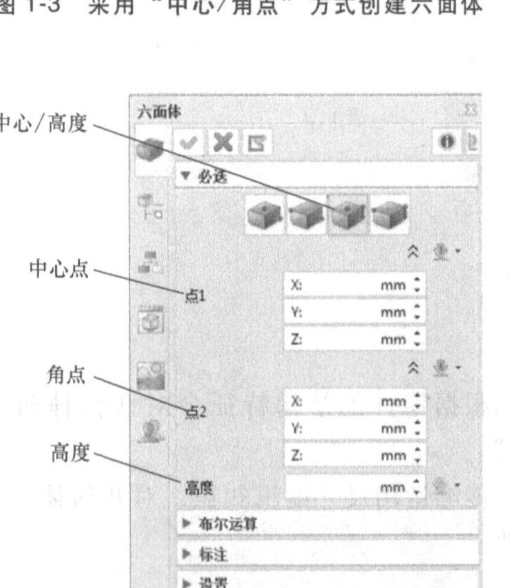

图1-5 采用“中心/高度”方式创建六面体

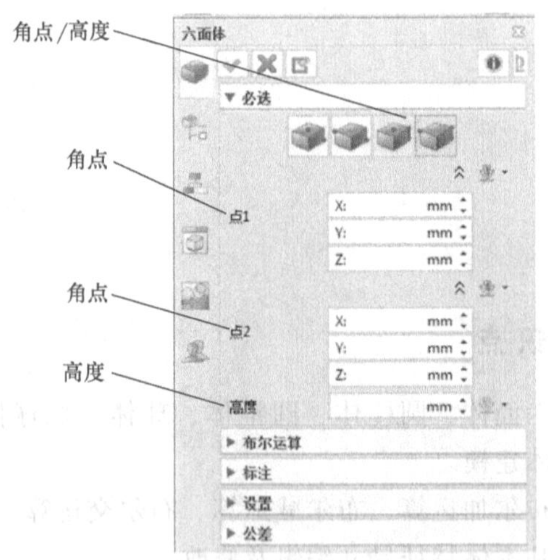

图1-6 采用“角点/高度”方式创建六面体

2. 圆柱体的创建

在中望3D 2022软件建模环境中单击“造型”工具选项卡下“基础造型”工具栏中的“圆柱体”工具按钮，如图1-7所示，弹出“圆柱体”对话框，如图1-8所示，可进行圆柱体的创建。

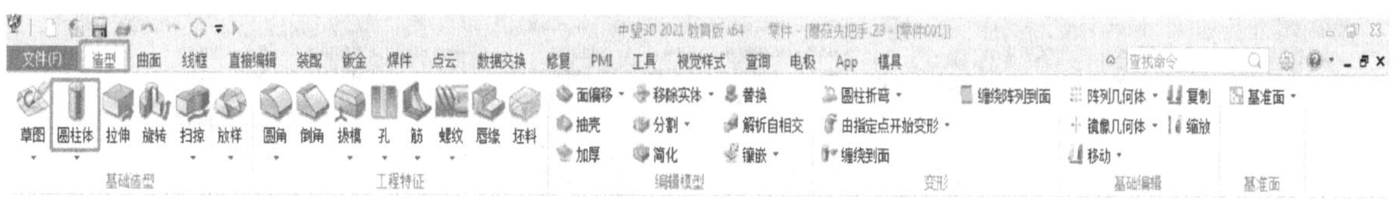

图 1-7 “造型”工具选项卡下的“圆柱体”工具按钮

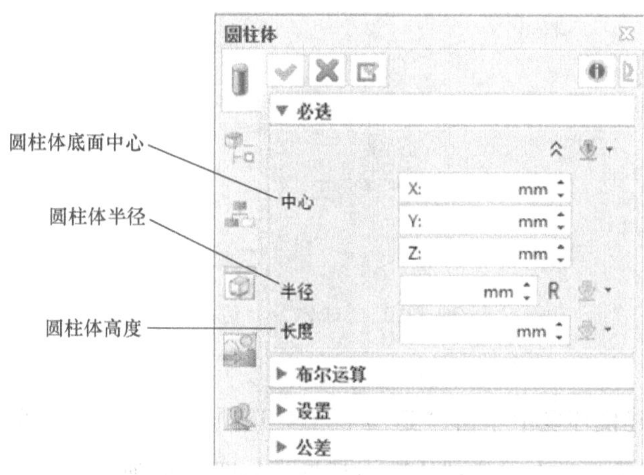

图 1-8 “圆柱体”对话框

3. 圆锥体的创建

在中望 3D 2022 软件建模环境中单击“造型”工具选项卡下“基础造型”工具栏中的“圆锥体”工具按钮，如图 1-9 所示，弹出“圆锥体”对话框，如图 1-10 所示，可进行圆锥体的创建。

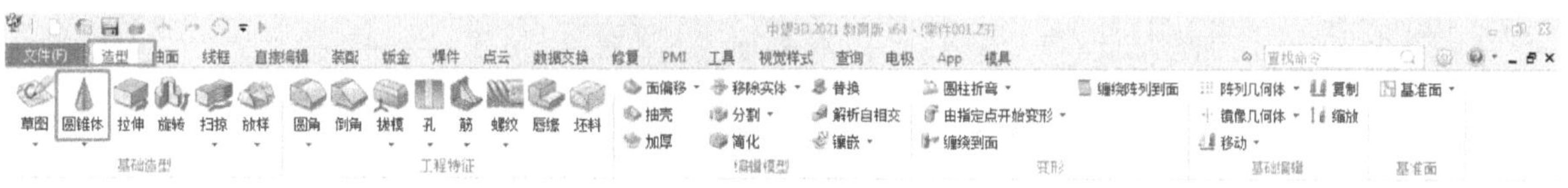

图 1-9 “造型”工具选项卡下的“圆锥体”工具按钮

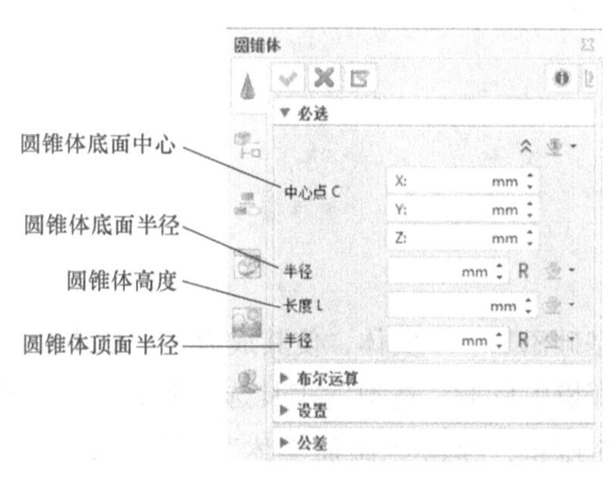

图 1-10 “圆锥体”对话框

4. 球体的创建

在中望 3D 2022 软件建模环境中单击“造型”工具选项卡下“基础造型”工具栏中的“球体”工具按钮，如图 1-11 所示，弹出“球体”对话框，如图 1-12 所示，可进行球体的创建。

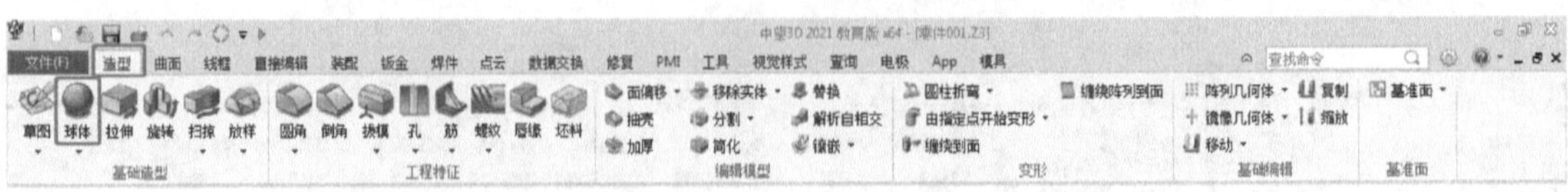

图 1-11 “造型”工具选项卡下的“球体”工具按钮

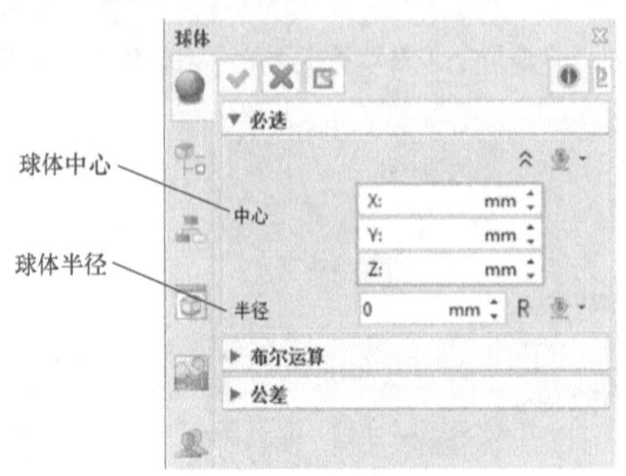

图 1-12 “球体”对话框

5. 椭球体的创建

在中望 3D 2022 软件建模环境中单击“造型”工具选项卡下“基础造型”工具栏中的“椭球体”工具按钮 椭球体，如图 1-13 所示，弹出“椭球体”对话框，如图 1-14 所示，可进行椭球体的创建。

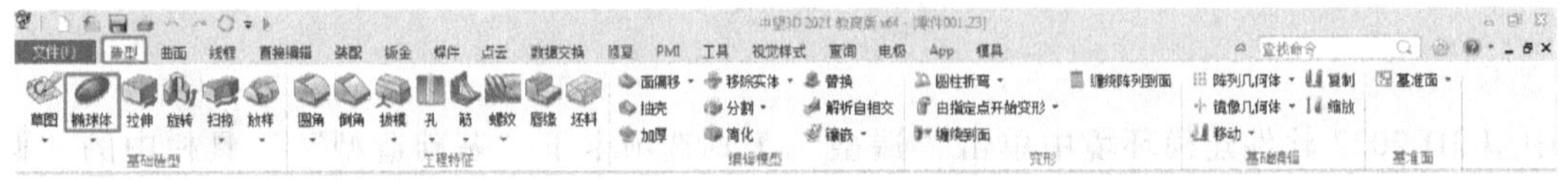

图 1-13 “造型”工具选项卡下的“椭球体”工具按钮

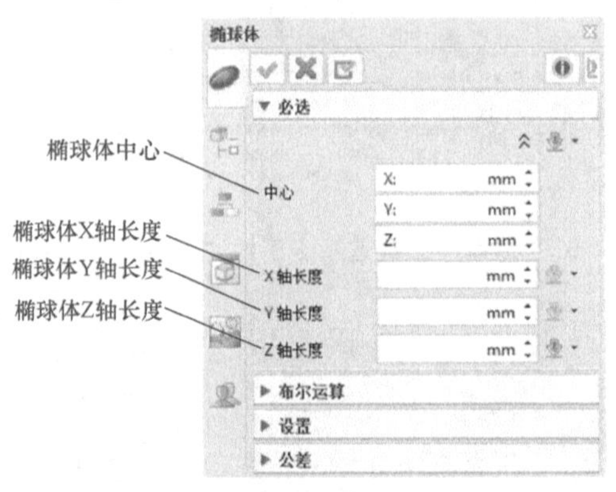

图 1-14 “椭球体”对话框

6. 布尔加运算：添加实体

布尔加运算是以原实体为基础添加一个实体，使其成为一个整体。

在中望 3D 2022 软件建模环境中单击“造型”工具选项卡下“编辑模型”工具栏中的“添加实体”工具按钮 添加实体，如图 1-15 所示，弹出“添加实体”对话框，如图 1-16 所示，可进行添加实体操作。

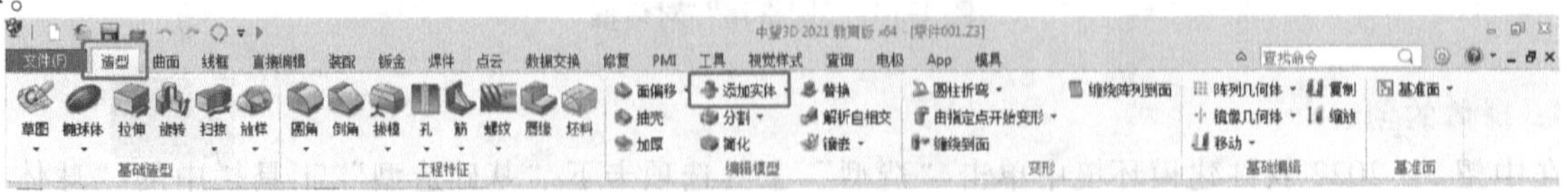

图 1-15 “造型”工具选项卡下的“添加实体”工具按钮

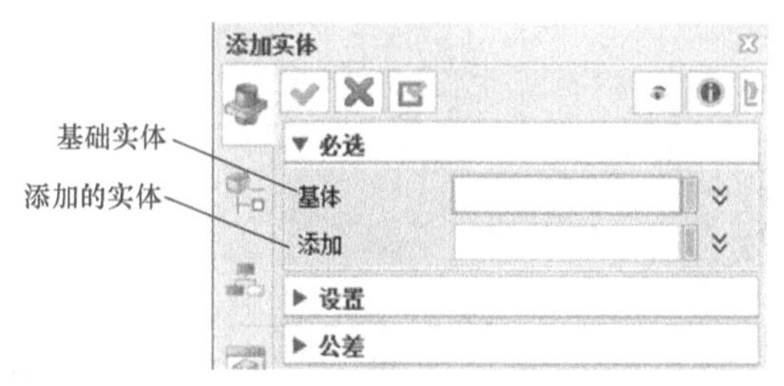

图 1-16　“添加实体”对话框

7. 布尔减运算：移除实体

布尔减运算是以原实体或特征为基础，使用另一个实体或特征对原实体或特征进行求减去除材料的操作。

在中望 3D 2022 软件建模环境中单击“造型”工具选项卡下“编辑模型”工具栏中的“移除实体”工具按钮 移除实体，如图 1-17 所示，弹出“移除实体”对话框，如图 1-18 所示，可进行移除实体操作。

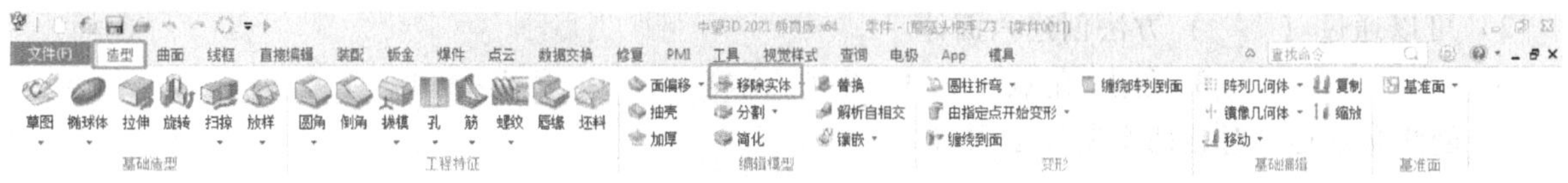

图 1-17　“造型”工具选项卡下的“移除实体”工具按钮

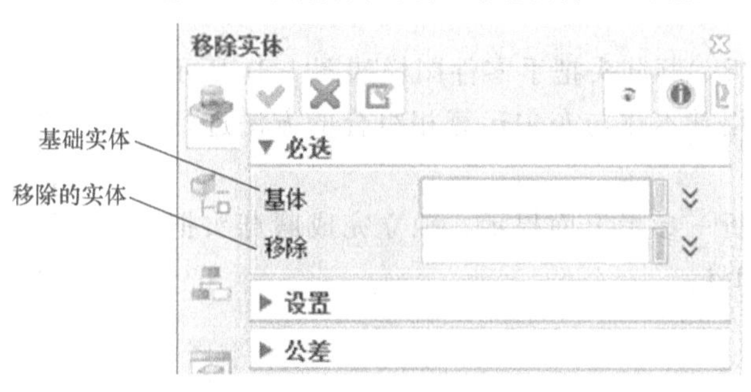

图 1-18　“移除实体”对话框

8. 布尔交运算：相交实体

布尔相交运算是将原实体与另一个实体相交，把两实体相交部分保留，不相交部分去除。

在中望 3D 2022 软件建模环境中单击“造型”工具选项卡下“编辑模型”工具栏中的“相交实体”工具按钮 相交实体，如图 1-19 所示，弹出“相交实体”对话框，如图 1-20 所示，可进行相交实体操作。

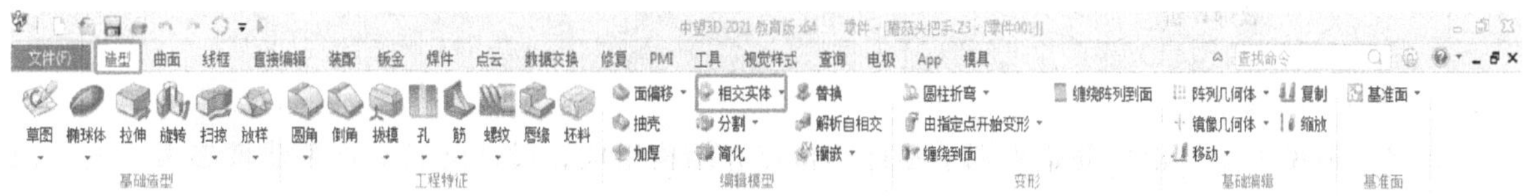

图 1-19　“造型”工具选项卡下的“相交实体”工具按钮

图 1-20　“相交实体”对话框

课内实施

1. 预习效果检查

（1）填空题

1）中望 3D 软件可创建________、________、________、________和________五种基本体。

2）可以通过________、________、________和________创建六面体。

（2）判断题

1）创建椭球体时，当“X 轴长度”“Y 轴长度”“Z 轴长度”三个长度相等时，则为球体。（　　）

2）创建基本体时，可以直接在基本体对话框中进行布尔运算。（　　）

3）进行布尔运算时，两个实体或特征之间必须存在相交部分。（　　）

（3）选择题（有一个或多个正确选项）

1）把两个实体叠加在一起，是（　　）。

A. 求和　　B. 求减　　C. 求差　　D. 切除

2）可以通过（　　）方法创建六面体。

A. 中心/角点　　B. 角点/角点　　C. 中心/高度　　D. 角点/高度

3）创建布尔运算时，两个实体必须有（　　）。

A. 相交　　B. 距离　　C. 长度　　D. 高度

2. 零件结构分析

（1）参考零件图样分析　蘑菇头把手零件图样如图 1-21 所示，零件整体结构简单，可以使用基本体与布尔运算相组合的方法进行特征创建。

（2）学员零件图样分析　参考上面提示，独立完成蘑菇头把手零件的图样分析，并填写表 1-1。

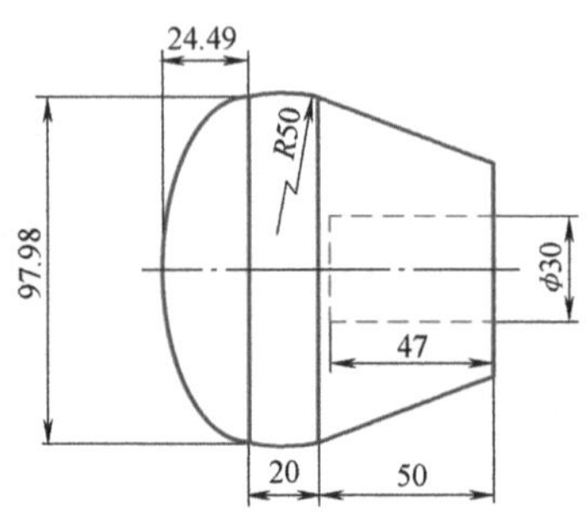

图 1-21　蘑菇头把手零件图样

表 1-1　学员蘑菇头把手零件图样分析

序号	项目	分析结果
1	把手外形特点	
2	把手零件结构组成	
3	教师评价	

3. 零件建模方案设计

（1）参考造型方案　根据蘑菇头把手零件的特点和结构组成，设计蘑菇头把手建模参考方案，内容见表 1-2。

表 1-2　蘑菇头把手建模参考方案

序号	步骤	图　示	序号	步骤	图　示
1	创建六面体		2	创建球体	

（续）

序号	步骤	图　示	序号	步骤	图　示
3	求交(交集)	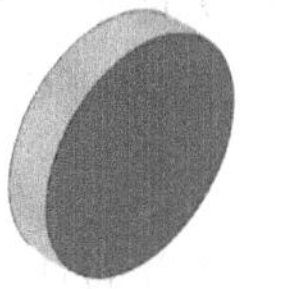	7	求差(移除)	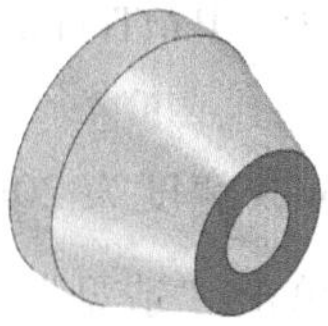
4	创建圆锥体	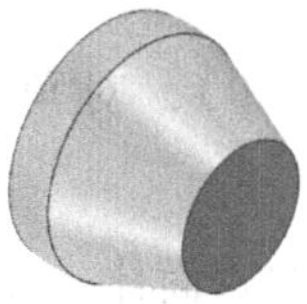	8	创建椭球体	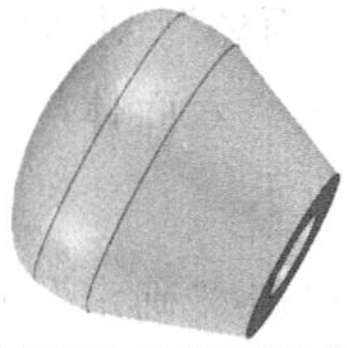
5	求和(组合)	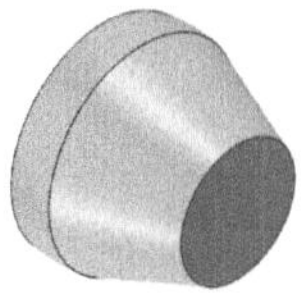	9	求和(组合)	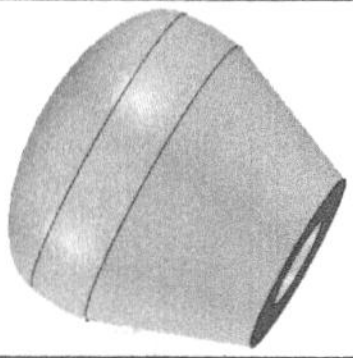
6	创建圆柱体	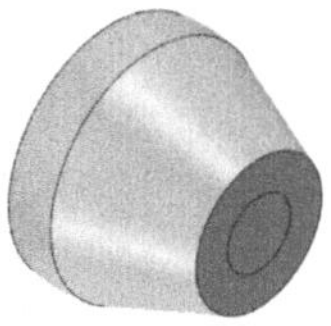			

（2）学员造型方案　学员根据自己对蘑菇头把手零件的分析，参照表1-2的建模方案，独立设计蘑菇头把手建模方案，并填写表1-3。

表1-3　学员蘑菇头把手零件建模方案

序号	步骤	图　示	序号	步骤	图　示
1			6		
2			7		
3			8		
4			9		
5			考评结论		

4. 建模实施过程

1）新建文件并保存。要求："类型"为"零件"或"装配"，"子类"为"标准"，"模板"为"PartTemplate（MM）"，"信息—唯一名称"为"蘑菇头把手.Z3 PRT"。

2）创建200mm×20mm×200mm六面体。要求：中心点位置为（0，0，0），长度为200mm，宽度为20mm，高度为200mm。

① 单击"造型"工具选项卡下"基础造型"工具栏中的"六面体"工具按钮，弹出"六面体"对话框，利用"中心/对角"方式创建六面体。

② 在"六面体"对话框中，输入中心点位置（0，0，0），对角点位置（10，100，100），如图1-22所示。

③ 单击"确定"按钮，生成200mm×20mm×200mm的六面体，如图1-23所示。

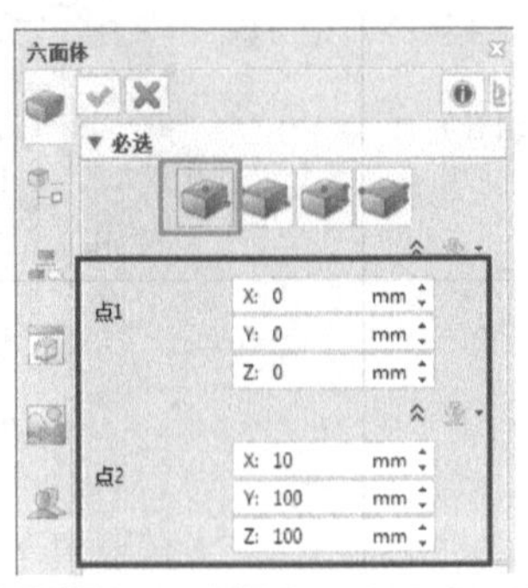

图1-22 "六面体"对话框

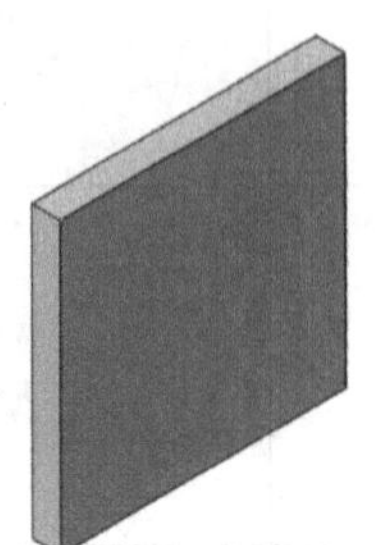

图1-23 创建200mm×20mm×200mm六面体

3）创建SR50mm球体。要求：中心点位置为（0，0，0），半径为50mm。

① 单击"造型"工具选项卡下"基础造型"工具栏中的"球体"工具按钮，弹出"球体"对话框。

② 在"球体"对话框中，输入中心点位置（0，0，0），半径为50mm，如图1-24所示。

③ 单击"确定"按钮，生成SR50mm的球体，如图1-25所示。

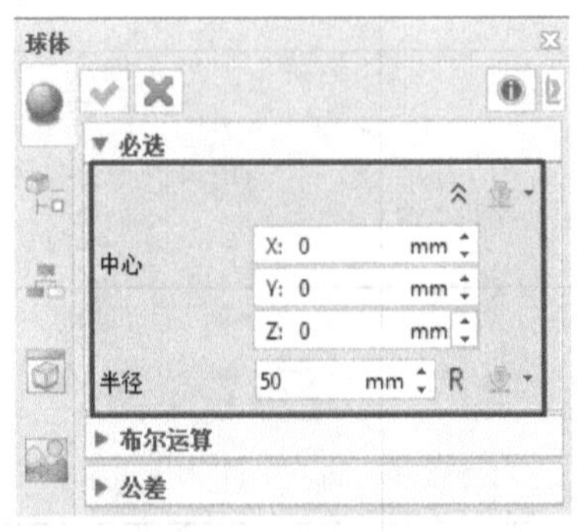

图1-24 "球体"对话框

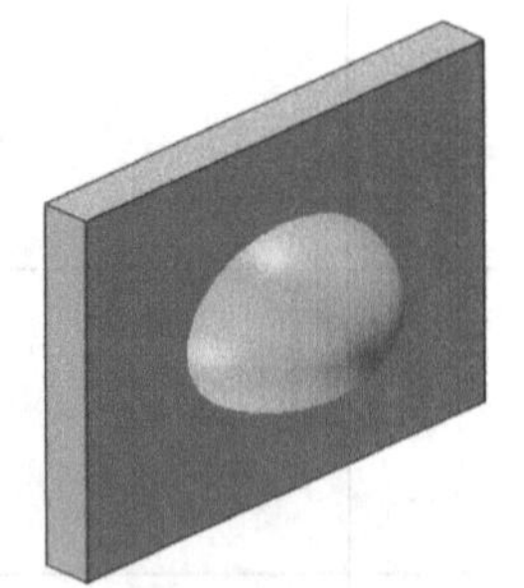

图1-25 创建SR50mm的球体

4）创建六面体和SR50mm球体的相交实体。

① 单击"造型"工具选项卡下"编辑模型"工具栏中的"相交实体"工具按钮，弹出"相交实体"对话框。

② 选取六面体作为"基体"，选取SR50mm球体作为相交的实体，如图1-26所示。

③ 单击"确定"按钮，生成相交实体，如图1-27所示。

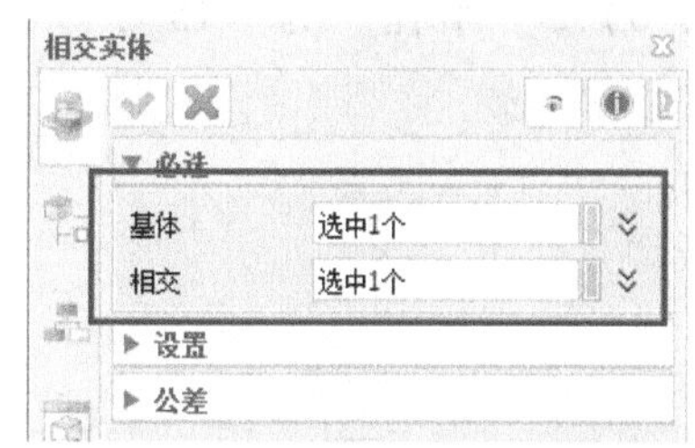

图 1-26　“相交实体”对话框

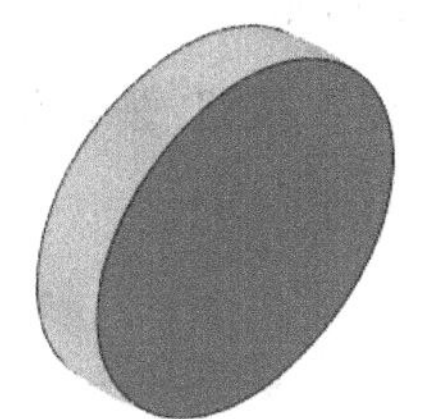
图 1-27　创建六面体和球体的相交实体

5）创建圆锥体。要求：中心点位置为（10，0，0），圆锥体底面半径与图 1-27 所示相交实体相等，顶面半径为 30mm，圆锥体长度（高度）为 50mm。

① 单击“造型”工具选项卡下“基础造型”工具栏中的“圆锥体”工具按钮，弹出“圆锥体”对话框。

② 在“圆锥体”对话框中，输入中心点位置（10，0，0），第一个“半径”通过测量得到，设置第二个“半径”为“30”，圆锥体“长度 L”（高度）为“50”，如图 1-28 所示。

③ 单击“确定”按钮，生成圆锥体，如图 1-29 所示。

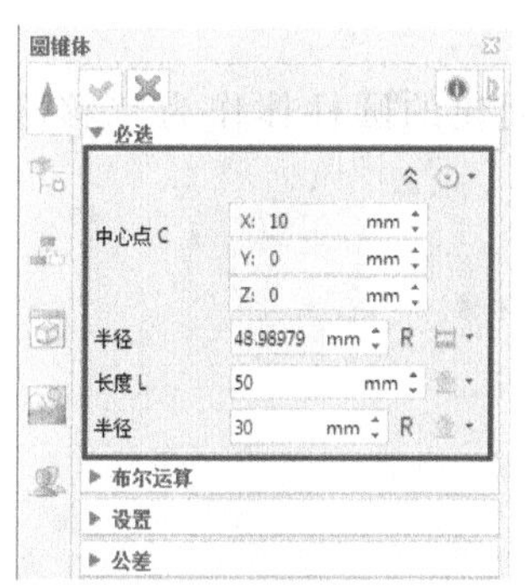

图 1-28　“圆锥体”对话框

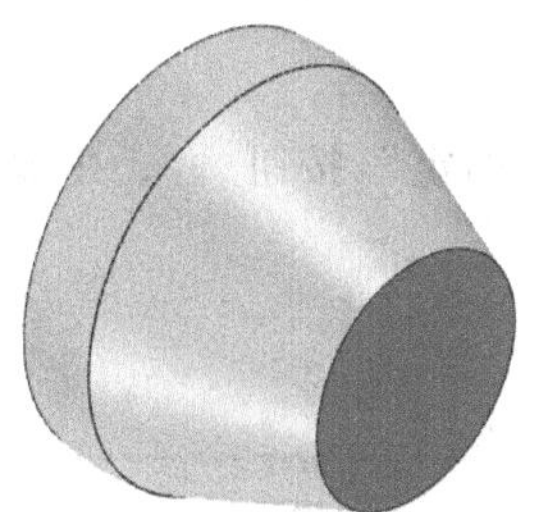
图 1-29　创建圆锥体

6）创建布尔运算：添加实体。

① 单击“造型”工具选项卡下“编辑模型”工具栏中的“添加实体”工具按钮 添加实体，弹出“添加实体”对话框。

② 选取步骤 4）创建的相交实体作为“基体”，选取圆锥体作为“添加”实体，如图 1-30 所示。

③ 单击“确定”按钮，生成实体，如图 1-31 所示。

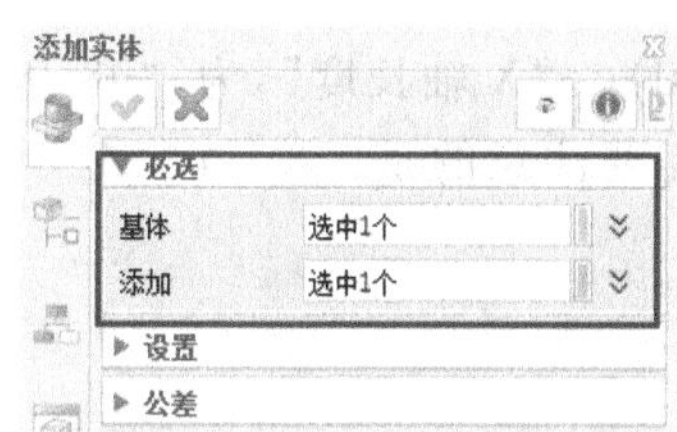

图 1-30　“添加实体”对话框

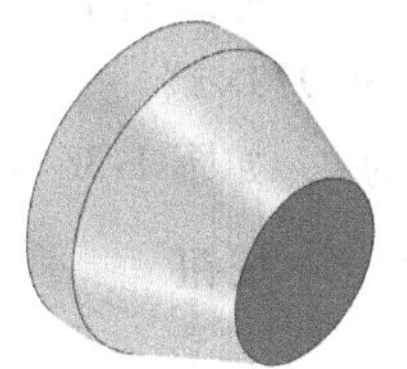
图 1-31　添加后的实体

7）创建圆柱体。要求：中心点位置为（60，0，0），圆柱体半径为 15mm，长度为 47mm。

① 单击“造型”工具选项卡下“基础造型”工具栏中的“圆柱体”工具按钮，弹出“圆柱体”对话框。

② 在“圆柱体”对话框中，设置中心点位置为（60，0，0），“半径”为“15”，“长度”为“-47”，如图 1-32 所示。

③ 单击“确定”按钮，生成圆柱体，如图 1-33 所示。

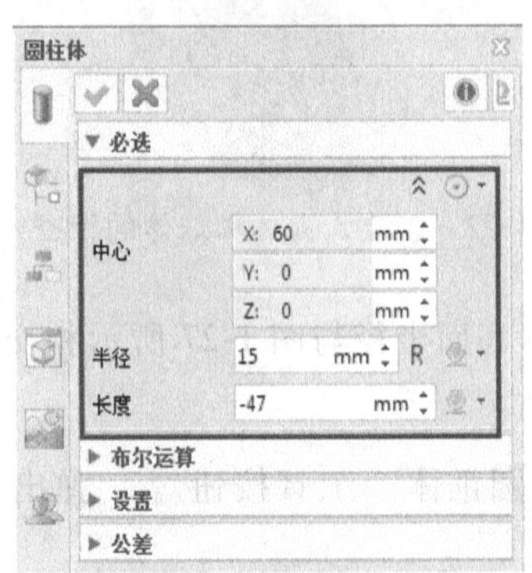

图 1-32 “圆柱体”对话框

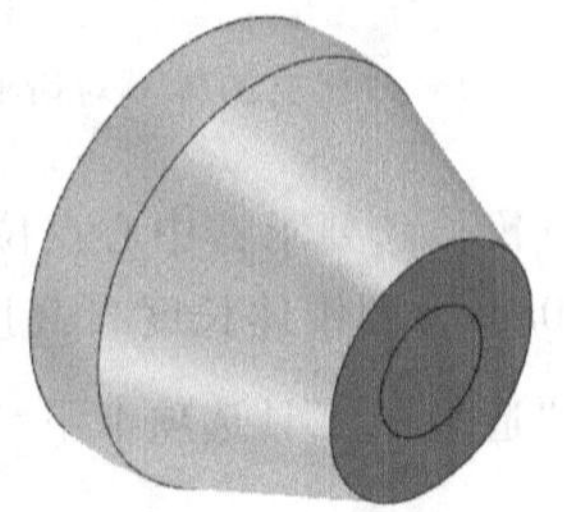

图 1-33 创建圆柱体

8）创建布尔运算：移除实体。

① 单击“造型”工具选项卡下“编辑模型”工具栏中的“移除实体”按钮，弹出“移除实体”对话框。

② 选取步骤 6）创建的实体作为“基体”，选取步骤 7）创建的圆柱体作为“移除”实体，如图 1-34 所示。

③ 单击“确定”按钮，生成移除实体，如图 1-35 所示。

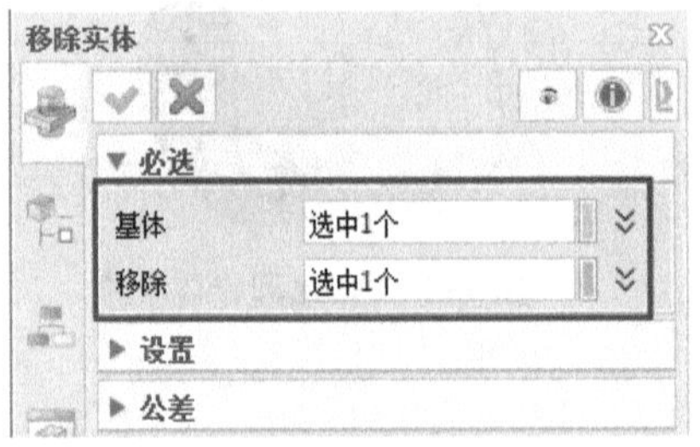

图 1-34 “移除实体”对话框

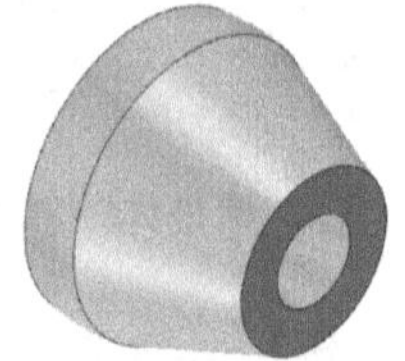

图 1-35 移除实体

9）创建椭球体。要求：中心点位置（-10，0，0），X、Y、Z 轴长度分别为 48.98979mm、48.98979×2mm、48.98979×2mm。

① 单击“造型”工具选项卡下“基础造型”工具栏中的“椭球体”工具按钮，弹出“椭球体”对话框。

② 在“椭球体”对话框中，设置中心点位置为（-10，0，0），“X 轴长度”为“48.98979”、“Y 轴长度”为“48.98979×2”、“Z 轴长度”为“48.98979×2”（需要注意的是，X、Y、Z 三个轴的长度是通过测量得到的），如图 1-36 所示。

③ 单击“确定”按钮，生成椭球体，如图 1-37 所示。

10）创建布尔运算：添加实体。

① 单击“造型”工具选项卡下“编辑模型”工具栏中的“添加实体”工具按钮 添加实体，弹出“添加实体”对话框。

② 选取步骤 8）创建的实体作为“基体”，选取步骤 9）创建的椭球体作为“添加”实体，如图 1-38 所示。

③ 单击“确定”按钮，生成添加实体，如图 1-39 所示。

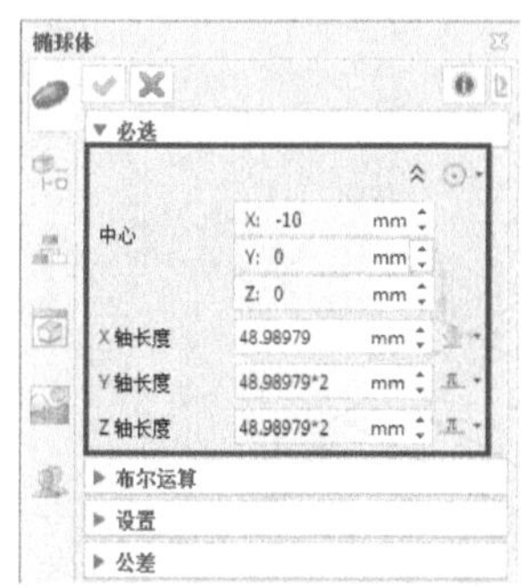

图 1-36 “椭球体”对话框

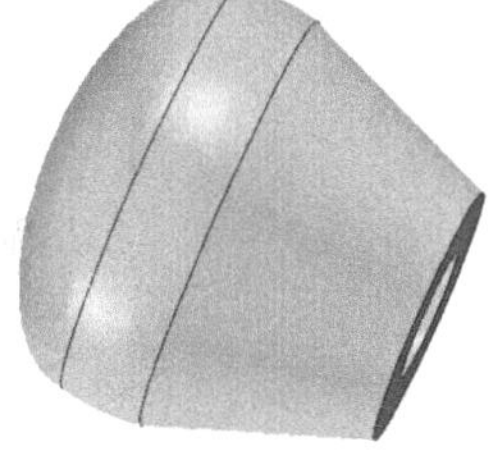

图 1-37 创建椭球体

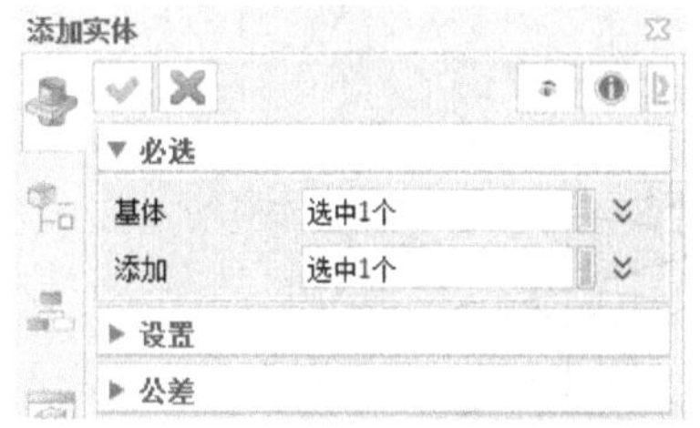

图 1-38 “添加实体”对话框

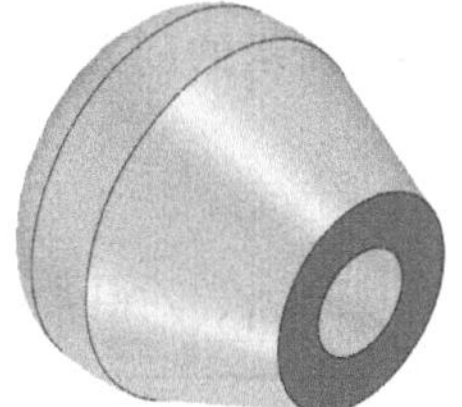

图 1-39 添加实体后

最后生成的蘑菇头把手如图 1-40 所示。

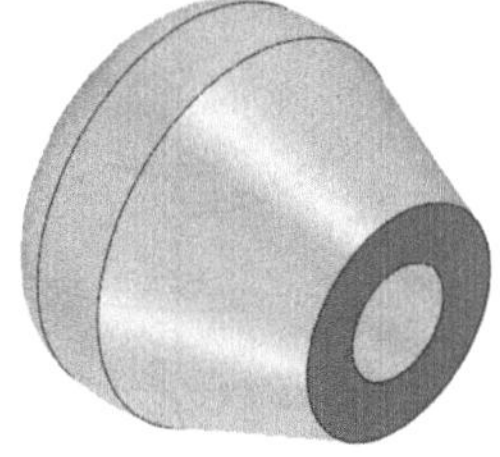

图 1-40 蘑菇头把手

课后拓展训练

1）根据图 1-41 所示把手零件图样，创建把手三维模型。

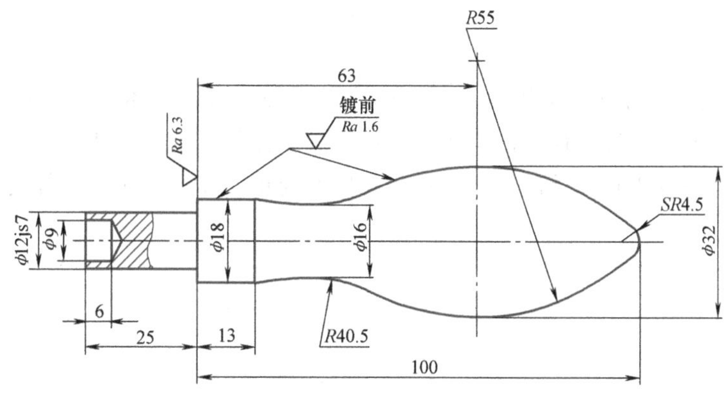

图 1-41 把手

2）根据图 1-42 所示基座零件图样，创建基座三维模型。

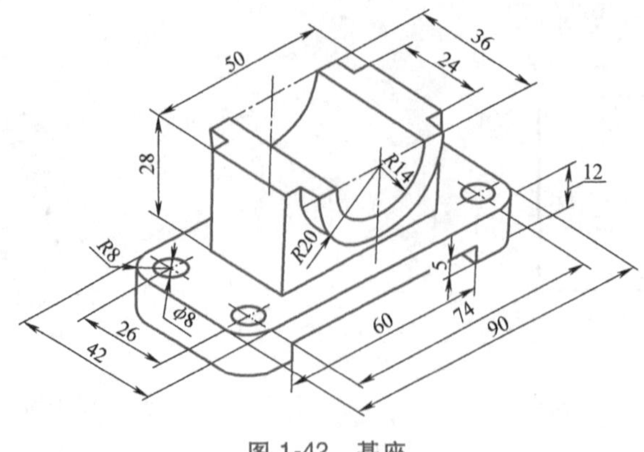

图 1-42 基座

3）根据图 1-43 所示的闷盖图样，创建闷盖模型。

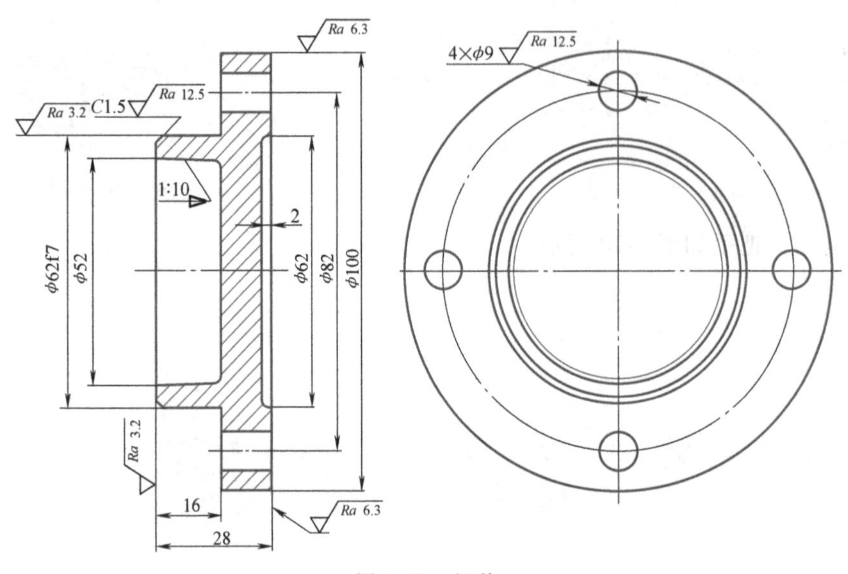

图 1-43 闷盖

学习任务 1.2 手柄零件造型

任务描述

图 1-44 所示手柄主要由球体、圆锥体、圆柱体、键槽等组成，整体结构相对简单。通过完成手柄零件造型任务，学习六面体、圆柱体、圆锥体、球体、椭球体等基本体的建模方法；能运用基本体及布尔运算、圆角、倒角等命令进行简单的实体建模；掌握对简单实体进行布尔运算的技巧。

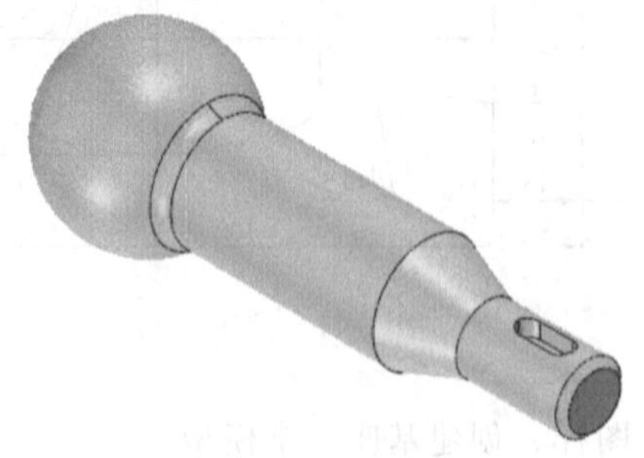

图 1-44 手柄

知识点

六面体、圆柱体、圆锥体、球体、椭球体的建模。

布尔加运算、布尔减运算、布尔交运算技巧。

基本体特征尺寸编辑及修改方法。

圆角、倒角方法。

技能点

基本体的创建与定位方法。

能够根据零件的特征，采用合适的方法进行特征建模。

能够根据零件的结构特征，对几何体进行布尔运算。

圆角、倒角的基本操作方法。

能够运用尺寸编辑技巧，对几何体进行尺寸修改。

素养目标

鼓励学员独立思考，尝试使用不同方法完成零件模型的建构，提升建模能力，培养分析与创新能力。

课前预习

1. 圆角

圆角用于创建不变与可变的圆角、桥接转角。其中包括桥接转角的平滑度、圆弧类型或二次曲线比率、可变圆角属性。

在中望3D 2022软件建模环境中单击“造型”工具选项卡下“工程特征”工具栏中的“圆角”工具按钮，如图1-45所示，打开“圆角”对话框，如图1-46所示，可进行圆角操作。

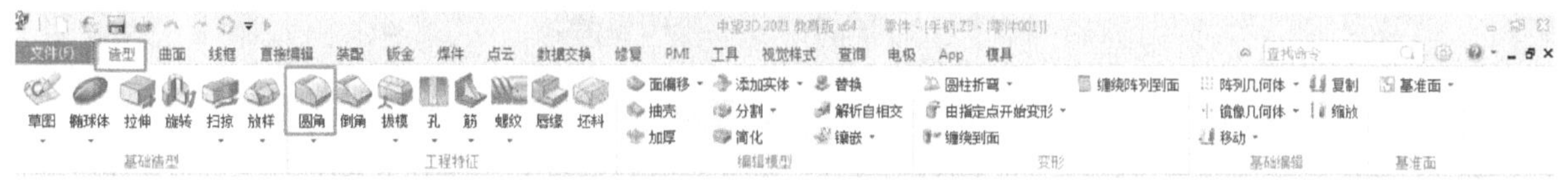

图1-45　“造型”工具选项卡下的“圆角”工具按钮

图1-46　“圆角”对话框

“圆角”对话框各按钮功能如下。

1）“圆角”工具按钮：在所选边创建圆角。

2）“椭圆圆角”工具按钮：创建一个椭圆圆角特征。类似于“不对称倒角”命令，此命令使用

“圆角距离”和“角度”选项定义圆角的椭圆横截面的大小。

3）“环形圆角”工具按钮：沿面的环形边创建一个不变半径圆角。

4）“顶点圆角”工具按钮：在一个或多个顶点处创建圆角。

2. 倒角

倒角用于创建等距、不等距倒角。使用“不对称倒角”命令，可创建具有不同缩进距离的倒角。通过“高级”选项卡的变距倒角选项，可在某条边上通过“添加”“修改”“删除”属性来创建不同的倒角。

在中望 3D 2022 软件建模环境中单击“造型”工具选项卡下“工程特征”工具栏中的“倒角”工具按钮，如图 1-47 所示，打开“倒角”对话框，如图 1-48 所示，可进行倒角操作。其各按钮功能如下。

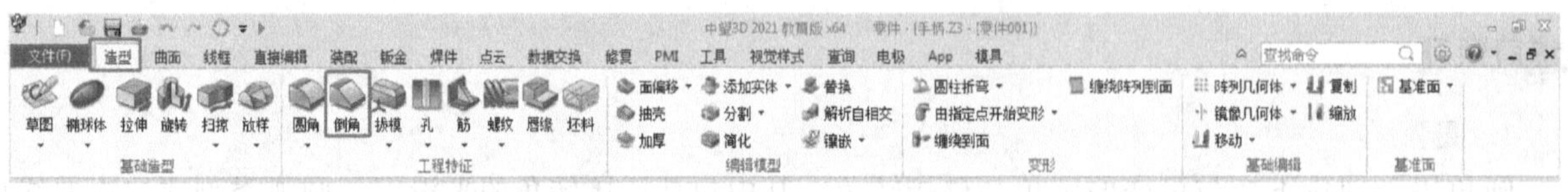

图 1-47 “造型”工具选项卡下的“倒角”工具按钮

图 1-48 “倒角”对话框

1）“倒角”工具按钮：在所选的边上倒角。通过这个命令创建的倒角是等距的。也就是说，在共有同一条边的两个面上，倒角的缩进距离是一样的。

2）“不对称倒角”工具按钮：根据所选边上的两个倒角距离创建一个倒角。可以为第二个倒角距离指定一个角度。

3）“顶点倒角”工具按钮：在一个或多个顶点处创建倒角特征。该命令类似于切除实体的角生成一个平面倒角面。

课内实施

1. 预习效果检查

(1) 填空题

1）中望 3D 2022 软件有________、________、________和________四种创建圆角方式。

2）中望 3D 2022 软件有________、________和________三种创建倒角方式。

3）圆角用于创建________与________的圆角、桥接转角。

4）倒角用于创建________、________倒角。

（2）判断题

1）创建倒角时，在共有同一条边的两个面上，倒角的缩进距离是一样的。（　　）

2）在实体建模中，可以在一个或多个顶点处创建倒角特征。（　　）

3）在圆角中，可以使用圆角距离和角度选项定义圆角的椭圆横截面的大小。（　　）

（3）选择题

1）圆角可以用于创建（　　）圆角。

A. 不变与可变　　B. 增大　　C. 减小　　D. 无限

2）可以在（　　）顶点处创建圆角。

A. 一个或多个　　B. 一个　　C. 高度　　D. 长度

3）倒角可以用于创建等距、（　　）倒角。

A. 不等距　　B. 距离　　C. 长度　　D. 高度

2. 零件结构分析

（1）参考零件图样分析　手柄零件图样如图 1-49 所示，整体结构简单，可以使用基本体与布尔运算相组合的方法进行特征的创建。手柄零件主要由球体、圆锥体、圆柱体等组成，合理使用“布尔运算”“圆角”“倒角”命令，就可以完成整个模型的创建。

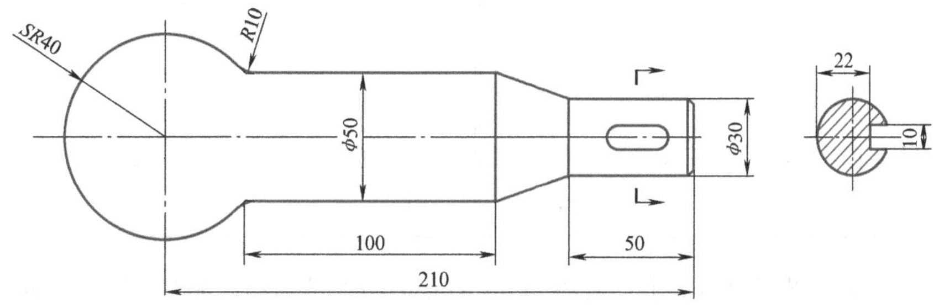

图 1-49　手柄零件图样

（2）学员零件图样分析　参考上面提示，独立完成手柄零件的图样分析，并填写表 1-4。

表 1-4　学员手柄零件图样分析

序号	项目	分析结果
1	手柄外形特点	
2	手柄零件结构组成	
3	教师评价	

3. 零件建模方案设计

（1）参考造型方案　根据手柄零件的特点和结构组成，设计手柄建模方案，具体内容见表 1-5。

表 1-5　手柄参考建模方案

序号	步骤	图　示	序号	步骤	图　示
1	创建球体		2	创建圆柱体	

（续）

序号	步骤	图　示	序号	步骤	图　示
3	创建圆锥体	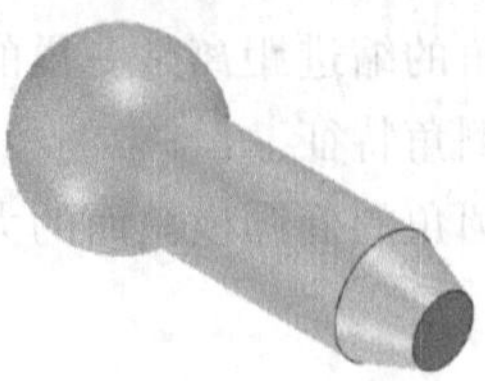	7	求差（移除）	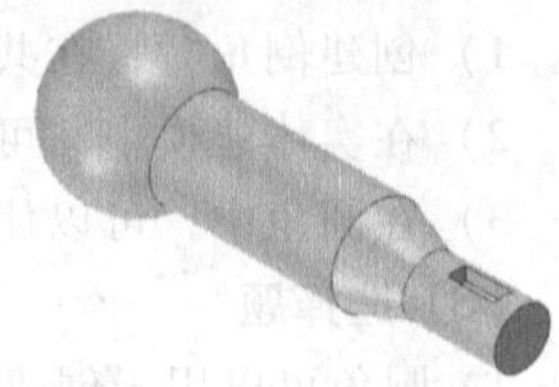
4	创建圆柱体	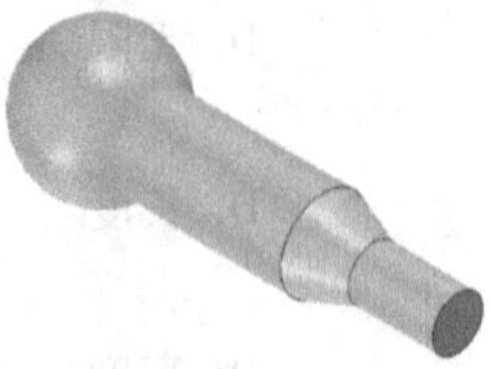	8	创建圆角	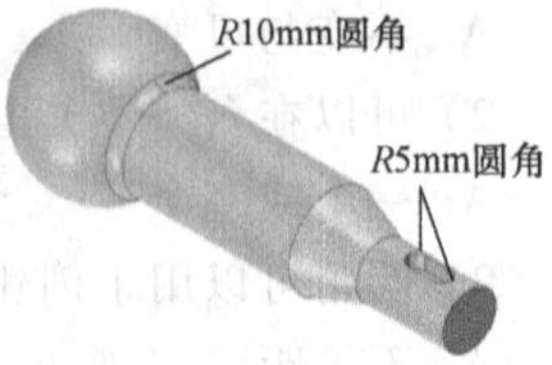 R10mm圆角 R5mm圆角
5	求和（组合）	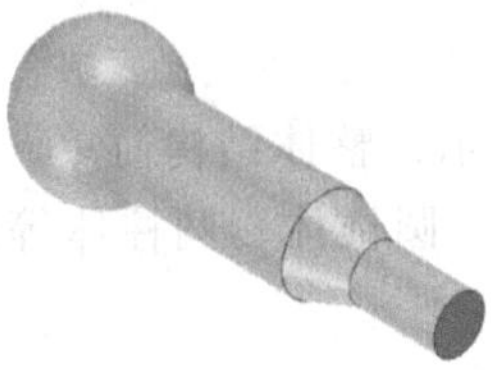	9	创建倒角	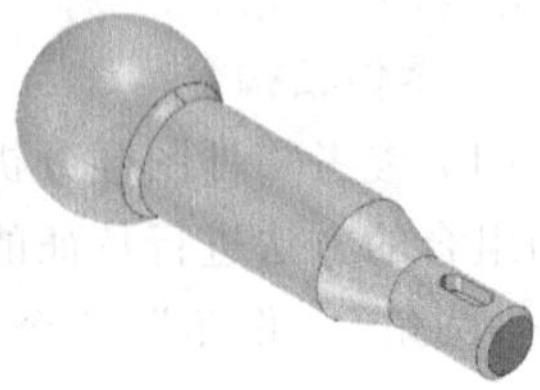
6	创建六面体	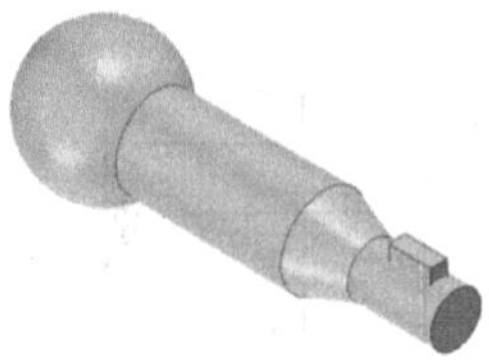			

（2）学员造型方案　根据自己对手柄零件的分析，参照表1-5，独立设计手柄建模方案，并填写表1-6。

表1-6　学员手柄零件建模方案

序号	步骤	图　示	序号	步骤	图　示
1			6		
2			7		
3			8		
4			9		
5			考评结论		

4. 建模实施过程

创建手柄

1）新建文件并保存。要求："类型"为"零件"或"装配"，"子类"为"标准"，"模板"为"PartTemplate（MM）"，"信息—唯一名称"为"手柄.Z3PRT"。

2）创建 $SR40$mm 的球体。要求：中心位置为（0，0，0），球体半径为 40mm。

① 单击"造型"工具选项卡下"基础造型"工具栏中的"球体"工具按钮，弹出"球体"对话框，利用"中心/半径"方式创建球体。

② 在"球体"对话框中，输入中心位置为（0，0，0），设置"半径"为"40"，如图 1-50 所示。

③ 单击"确定"按钮，生成 $SR40$mm 球体，如图 1-51 所示。

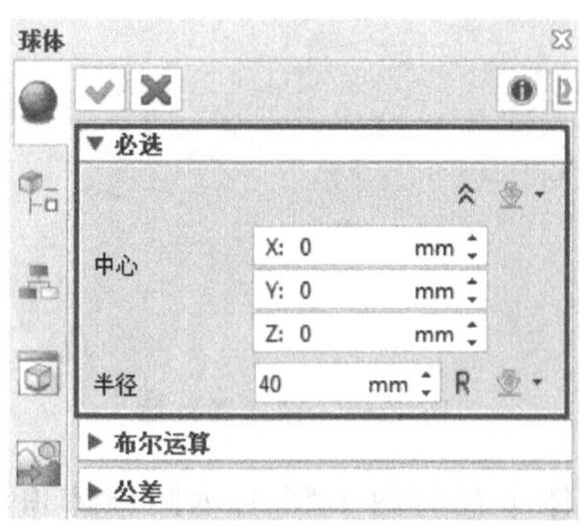

图 1-50 "球体"对话框

图 1-51 创建 $SR40$mm 球体

3）创建圆柱体。要求：中心位置为（0，0，0），圆柱半径为 25mm，圆柱长度为 131.22mm。

① 单击"造型"工具选项卡下"基础造型"工具栏中的"圆柱体"工具按钮，弹出"圆柱体"对话框。

② 在"圆柱体"对话框中，输入中心位置为（0，0，0），设置"半径"为"25"，"长度"为"131.22"，如图 1-52 所示。

③ 单击"确定"按钮，生成圆柱体，如图 1-53 所示。

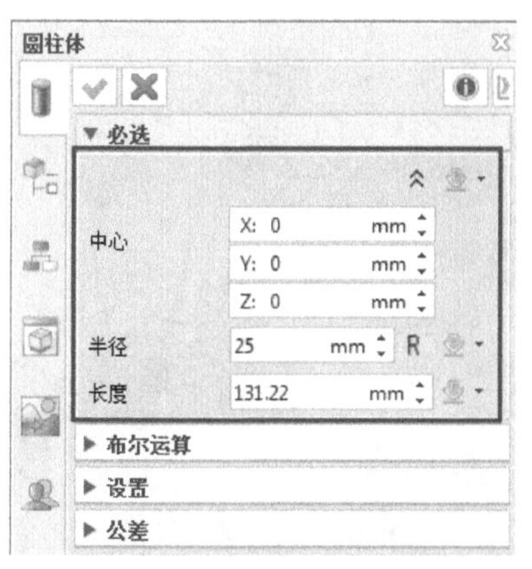

图 1-52 "圆柱体"对话框

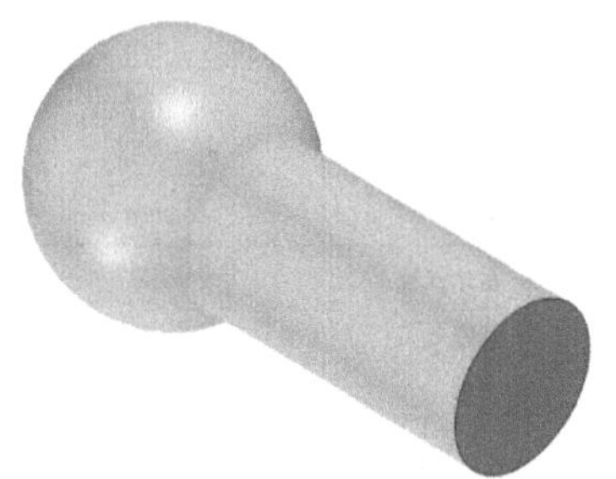

图 1-53 创建圆柱体

4）创建圆锥体。要求：圆锥体底面中心在步骤 3）创建的圆柱体的右侧面中心，圆锥体底面半径为 25mm，圆锥体长度为 28.78mm，圆锥体顶面半径为 15mm。

① 单击"造型"工具选项卡下"基础造型"工具栏中的"圆锥体"工具按钮，弹出"圆锥体"对话框。

② 在"圆锥体"对话框中，输入中心点位置为（131.22，0，0）（注：该坐标点可通过捕捉步骤

3）创建的圆柱体的右侧圆心获得），设置底面“半径”为“25”，“长度 L”为“28.78”，顶面“半径”为“15”，如图 1-54 所示。

③ 单击“确定”按钮，生成圆锥体，如图 1-55 所示。

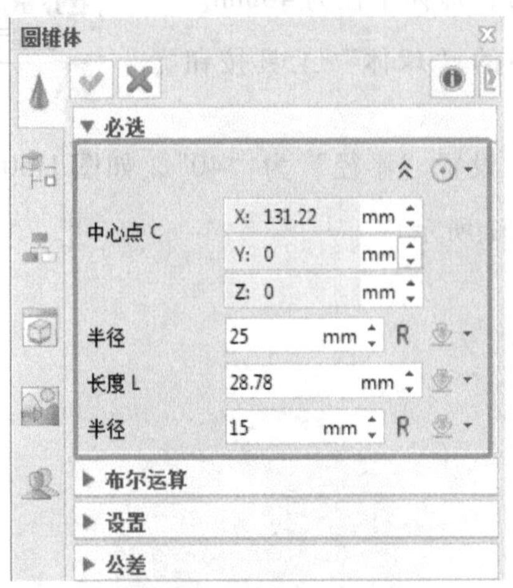

图 1-54 “圆锥体”对话框

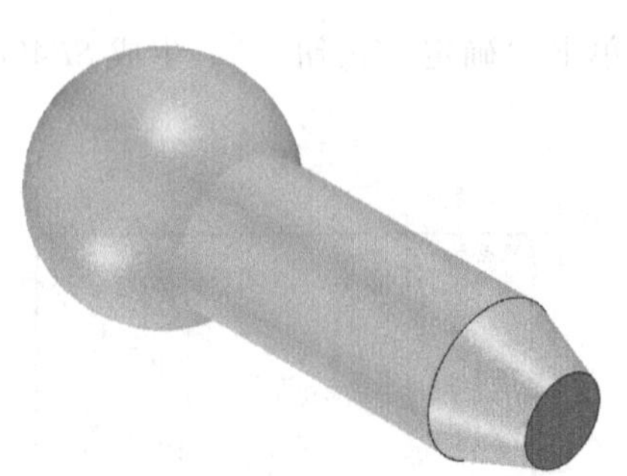

图 1-55 创建圆锥体

5）创建圆柱体。要求：中心位置为（160，0，0），圆柱体半径与图 1-55 所示圆锥体顶面半径相等，圆柱体长度（高度）为 50mm。

① 单击“造型”工具选项卡下“基础造型”工具栏中的“圆柱体”工具按钮，弹出“圆柱体”对话框。

② 在“圆柱体”对话框中，输入中心位置为（160，0，0）（或通过捕捉步骤 4）创建的圆锥体顶面圆心得到），设置“半径”为“15”，圆柱“长度”（高度）为“50”，如图 1-56 所示。

③ 单击“确定”按钮，生成圆柱体，如图 1-57 所示。

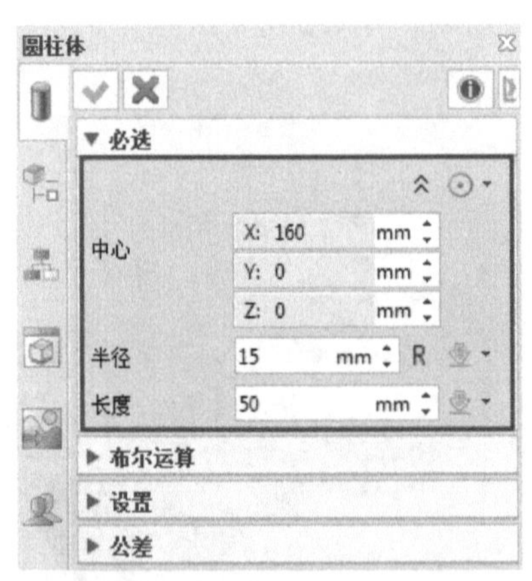

图 1-56 “圆柱体”对话框

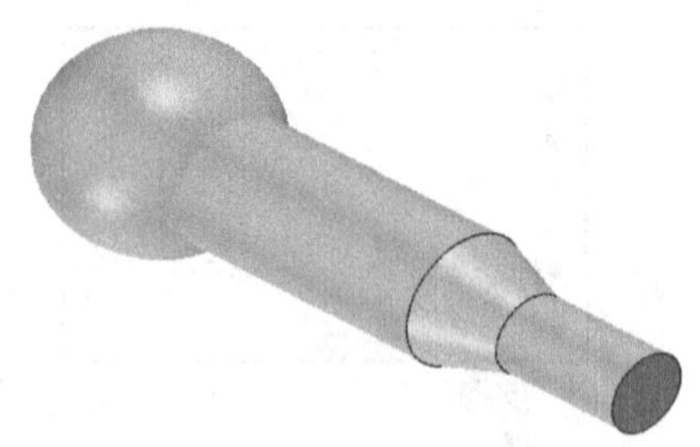

图 1-57 创建圆柱体

6）创建布尔运算：添加实体。

① 单击“造型”工具选项卡下“编辑模型”工具栏中的“添加实体”工具按钮 添加实体，弹出“添加实体”对话框。

② 选取步骤 2）创建的球体作为“基体”，选取步骤 3）创建的圆柱体、步骤 4）创建的圆锥体、步骤 5）创建的圆柱体作为“添加”实体，如图 1-58 所示。

③ 单击“确定”按钮，生成添加实体，如图 1-59 所示。

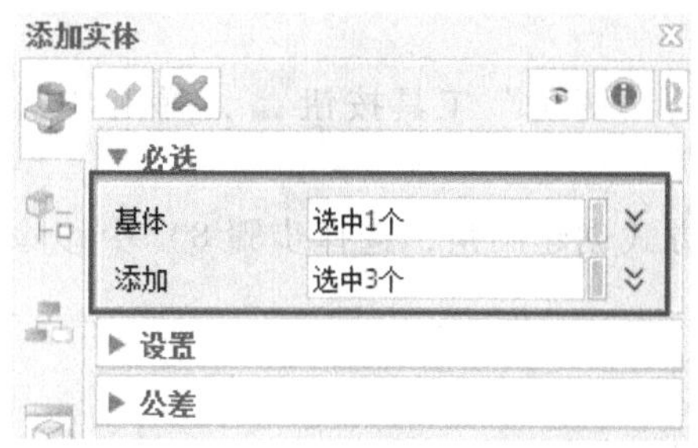

图 1-58　“添加实体”对话框

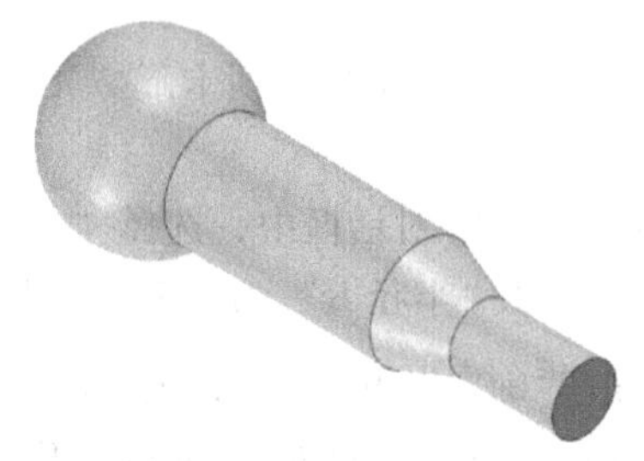

图 1-59　创建添加实体后

7）创建 25mm×10mm×16mm 的六面体。要求：中心位置为（187.5，0，15），长 25mm，宽 10mm，高 16mm。

① 单击“造型”工具选项卡下“基础造型”工具栏中的“六面体”工具按钮，弹出“六面体”对话框，利用“中心/角点”方式创建六面体。

② 在“六面体”对话框中，输入中心位置为（187.5，0，15），角点位置为（12.5，5，8），如图 1-60 所示。

③ 单击“确定”按钮，生成六面体，如图 1-61 所示。

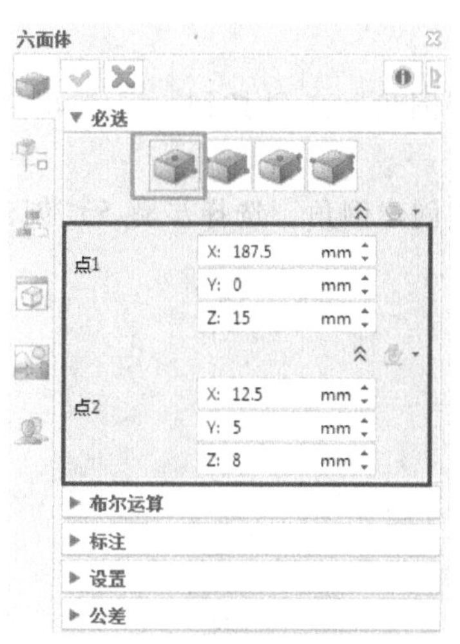

图 1-60　“六面体”对话框

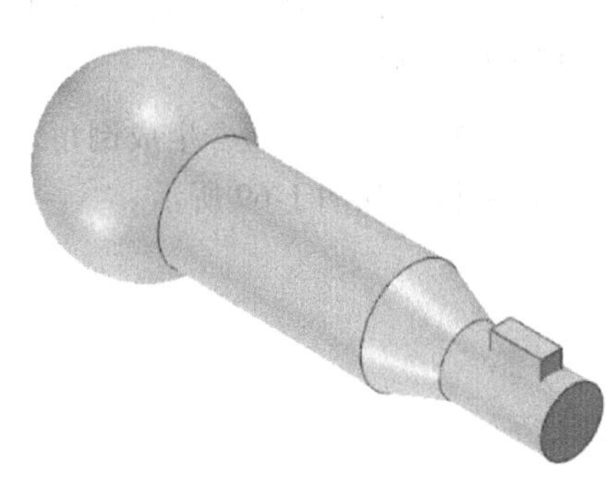

图 1-61　创建六面体

8）创建布尔运算：移除实体。

① 单击“造型”工具选项卡下“编辑模型”工具栏中的“移除实体”工具按钮 移除实体，弹出“移除实体”对话框。

② 选取步骤 6）创建的实体作为“基体”，选取步骤 7）创建的六面体作为“移除”实体，如图 1-62 所示。

③ 单击“确定”按钮，生成移除实体，如图 1-63 所示。

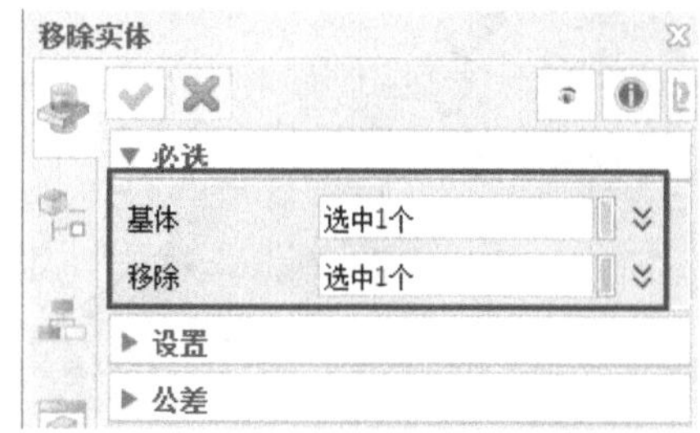

图 1-62　“移除实体”对话框

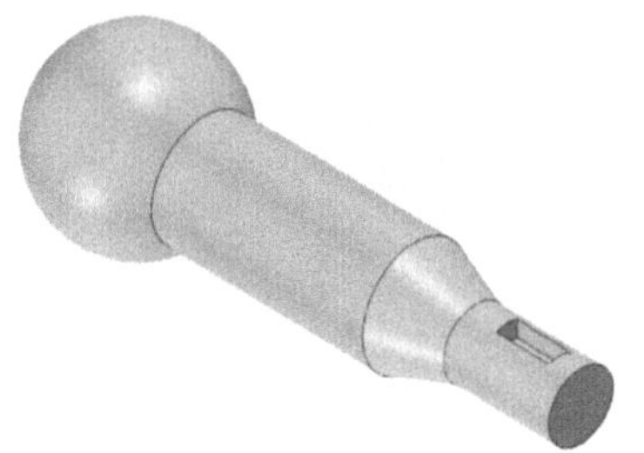

图 1-63　移除实体

9）创建圆角。

①单击“造型”工具选项卡下“工程特征”工具栏中的“圆角”工具按钮，弹出“圆角”对话框。

② 在“圆角”对话框中，选择“在所选边创建圆角”方式创建圆角，选择步骤 8）中移除实体后的四条边，设置“半径 R”为“5”，如图 1-64 所示。

③ 单击“确定”按钮，生成圆角，如图 1-65 所示。

采用同样的方法创建 R10mm 的圆角，创建后如图 1-66 所示。

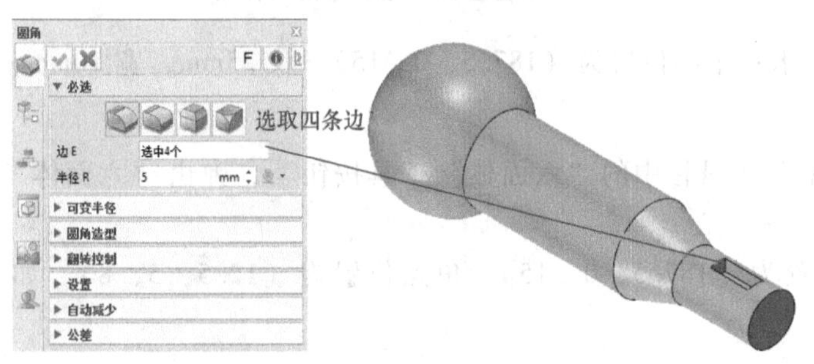

图 1-64 “圆角”对话框

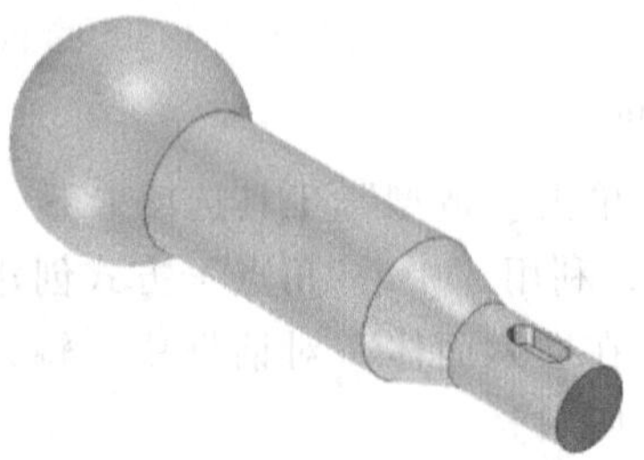

图 1-65 创建圆角后的实体

10）创建倒角。

①单击“造型”工具选项卡下“工程特征”工具栏中的“倒角”工具按钮，弹出“倒角”对话框。

② 在“倒角”对话框中，选择“在所选的边上倒角”方式创建倒角，选择步骤 5）创建的圆柱体右侧边，如图 1-67 所示。

③ 单击“确定”按钮，生成倒角，如图 1-68 所示。

最后生成手柄，如图 1-69 所示。

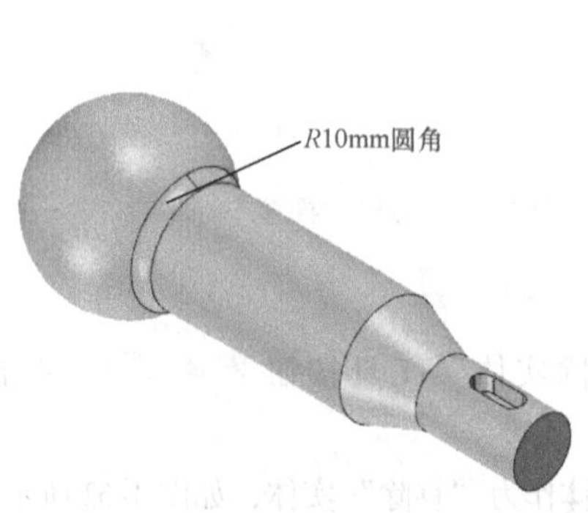

图 1-66 创建 R10mm 圆角后的实体

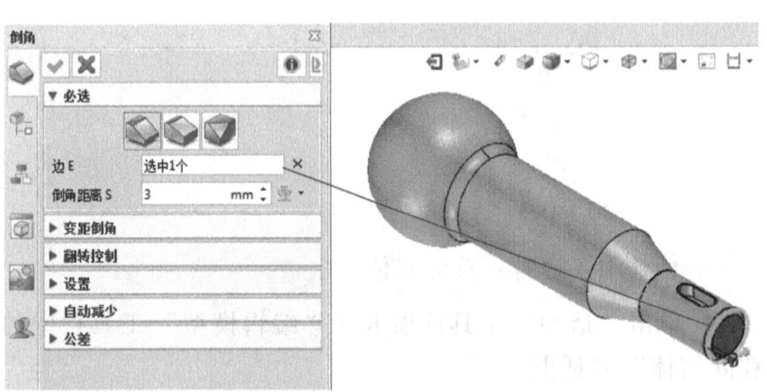

图 1-67 “倒角”对话框

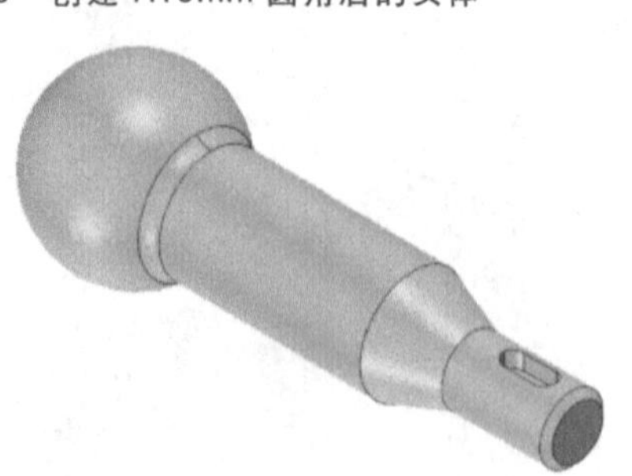

图 1-68 倒角后的手柄

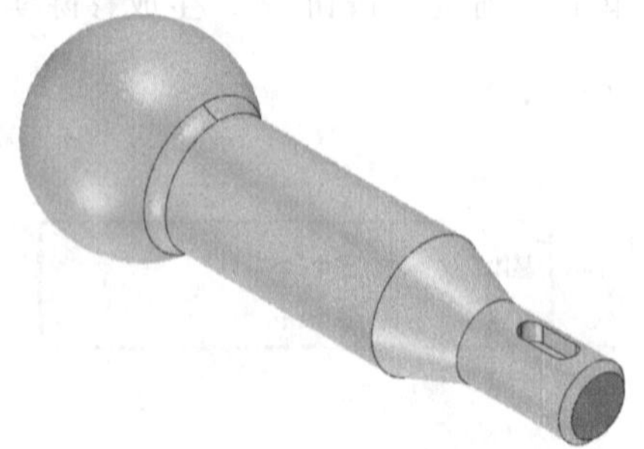

图 1-69 手柄

课后拓展训练

1）根据图 1-70 所示的箱体零件图样，创建箱体三维模型。

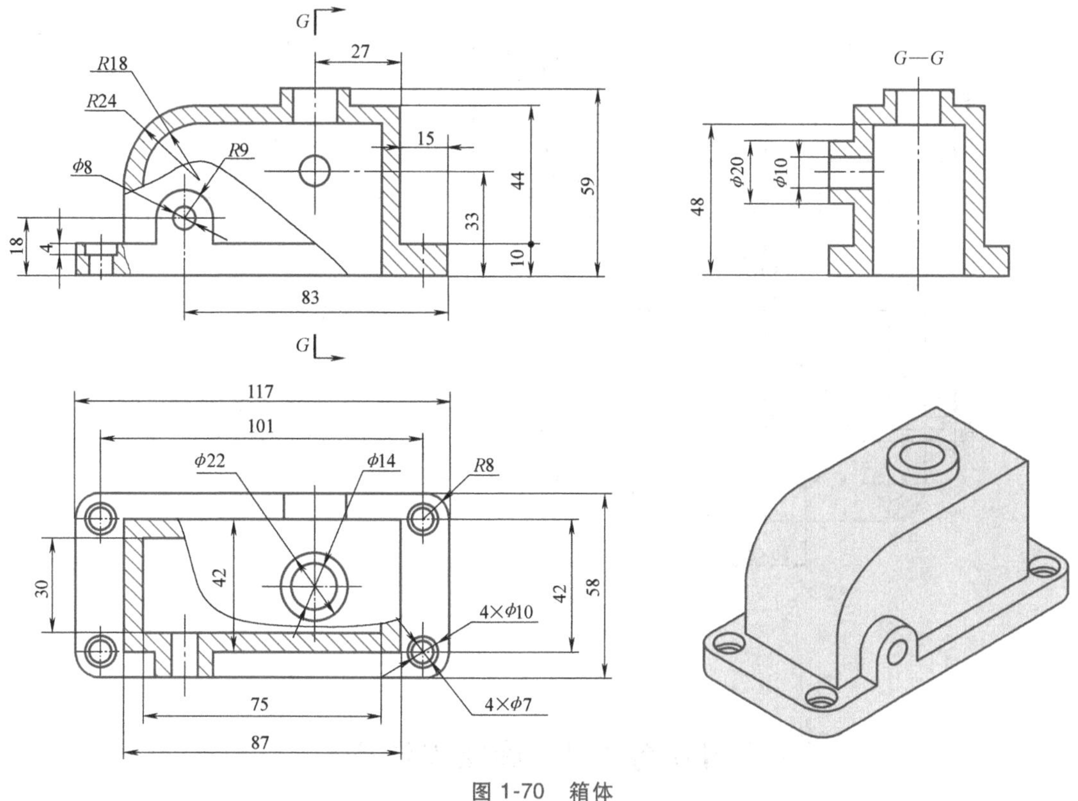

图 1-70　箱体

2）根据图 1-71 所示的支撑块零件图样，创建支撑块三维模型。

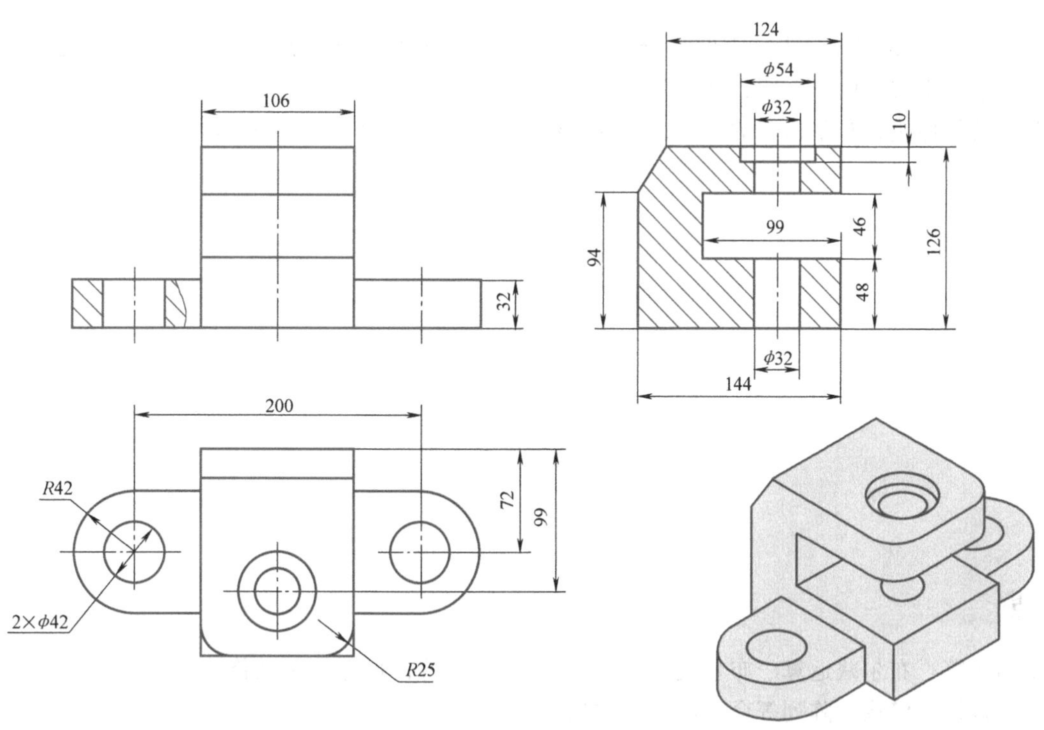

图 1-71　支撑块

3）根据图 1-72 所示的底座零件图样，创建底座三维模型。

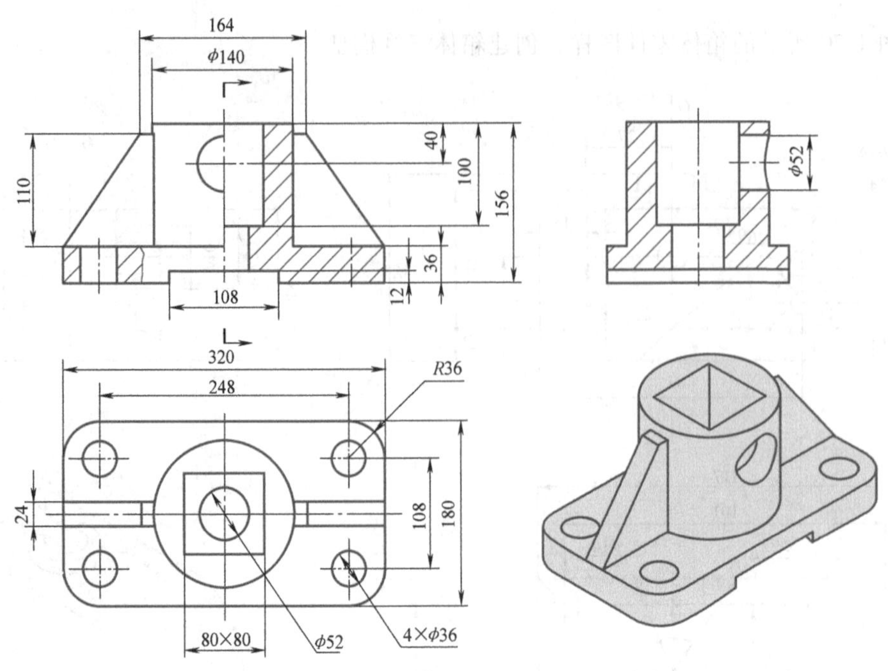

图 1-72　底座

学习任务 1.3　旋钮零件造型

任务描述

图 1-73 所示旋钮主体分上、下两部分，整体结构相对简单，外形表面为曲面。通过完成旋钮零件造型任务，学员学习六面体、圆柱体、球体等基本体的建模方法；能运用布尔运算等命令进行特征建模；掌握对几何体进行布尔运算的技巧；掌握拔模、镜像、阵列等命令的使用方法。

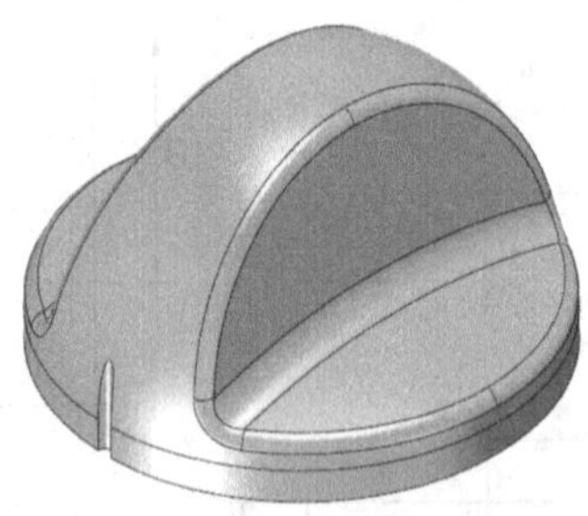

图 1-73　旋钮

知识点

布尔加运算、布尔减运算、布尔交运算技巧。　　特征尺寸编辑及修改方法。
圆角、拔模、镜像、阵列等命令的使用方法。

技能点

分析零件的特征，采用合适的布尔运算方式进行特征建模。

根据零件的结构特征，对几何体进行布尔运算。

圆角、倒角、拔模、镜像、阵列等命令的操作方法。

能够运用尺寸编辑知识，对几何体进行尺寸修改。

素养目标

通过完成旋钮零件的建模，学员学习中望 3D 2022 软件中关于六面体、圆柱体、球体、拔模、镜像、阵列等命令的操作方法，合理组织建模过程，培养独立思考、严谨细致的专业素养。

课前预习

1. 拔模

拔模通常用于对模型、部件、模具或冲模的竖直面添加斜度，以便借助拔模面将部件或模型与其模具或冲模分开。

在中望 3D 2022 软件建模有环境中单击“造型”工具选项卡下“工程特征”工具栏中的“拔模”工具按钮，如图 1-74 所示，可进行拔模操作。拔模有“边拔模”“面拔模”“分型边拔模”三种拔模方式，前两种拔模方式较为常用，相应的“拔模”对话框，如图 1-75 和图 1-76 所示。

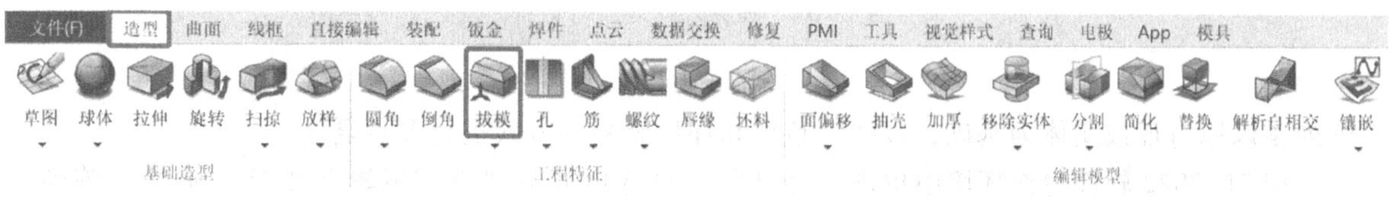

图 1-74 “造型”工具选项卡下的“拔模”工具按钮

图 1-75 “边拔模”方式

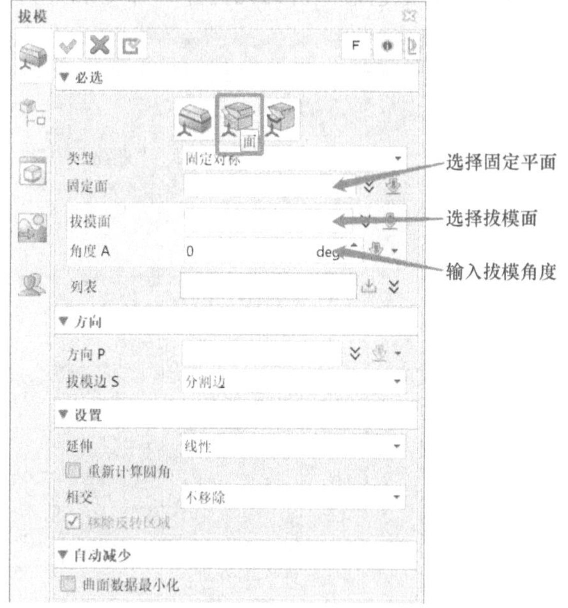

图 1-76 “面拔模”方式

2. 镜像

镜像是以原特征或实体为基础，以两点或直线的方式进行对称复制。在建模过程中，相同且较复杂特征的重复创建可使用“镜像”功能来实现，可以将同样的模型以不同的角度显示出来。将某些特征或一半的实体，通过镜像的方式实现实体化，从而保证建模快速准确。

在中望 3D 2022 软件建模环境中单击“造型”工具选项卡下“基础编辑”工具栏中的“镜像几何体”工具按钮 镜像几何体，如图 1-77 所示，弹出“镜像几何体”对话框，如图 1-78 所示，可进行镜像操作。“镜像”命令包含“镜像几何体”命令和“镜像特征”命令。

图 1-77 “造型”工具选项卡下的“镜像几何体”工具按钮

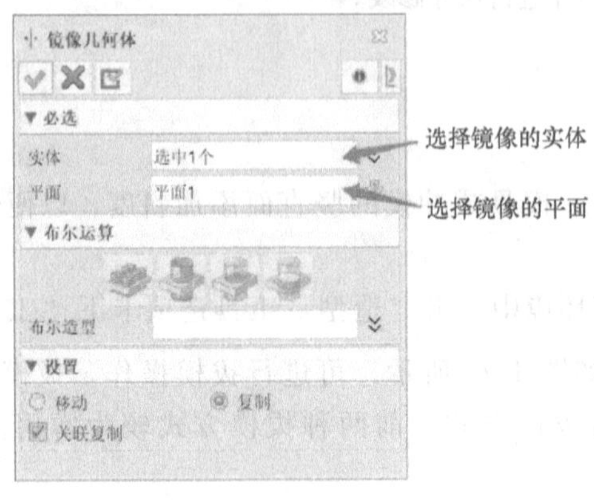

图 1-78 “镜像几何体”对话框

3. 阵列

阵列是以原特征或实体为基础，以线性整列和环形整列的方式进行多点复制。

在中望 3D 2022 软件建模环境中单击“造型”工具选项卡下“基础编辑”工具栏中的“阵列几何体”按钮 阵列几何体，如图 1-79 所示，弹出“阵列几何体”对话框，如图 1-80 所示，可进行阵列操作。“阵列”命令包括“阵列几何体”命令和“阵列特征”命令。

图 1-79 “造型”工具选项卡下的“阵列几何体”工具按钮

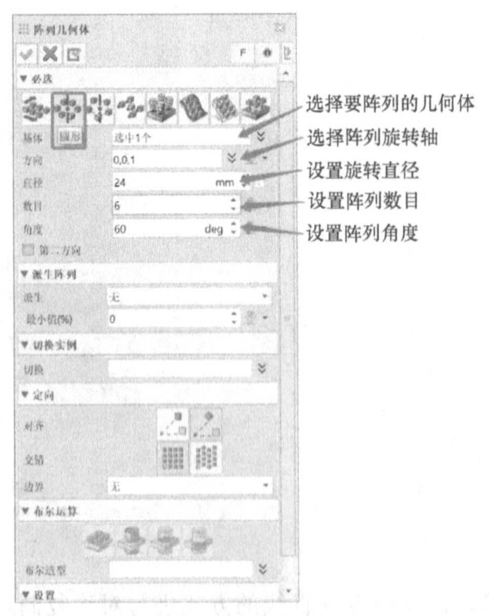

图 1-80 “阵列几何体”对话框

课内实施

1. 预习效果检查

(1) 填空题

1) 中望3D软件可以进行基本几何体直接建模，共有________、________、________、________和________五种建模方式。

2) 进行布尔运算的实体之间必须存在________部分。

3) 常规的拔模方式为默认的从固定平面拔模的体拔模方式。除了常规的拔模方式外，还有________、________和________拔模方式。

(2) 判断题

1) 布尔运算是对已存在的相关联实体进行类似数学上的加、减、交的运算，进一步得到更复杂的实体。(　　)

2) 镜像的实体与原实体具有关联性，若原实体改变，则镜像实体也跟着改变。(　　)

3) 对实体侧面进行拔模，拔模角度必须为正值，且拔模方向不可以改变。(　　)

(3) 选择题

1) 在中望3D软件中使用基本几何体进行直接建模时，有（　　）种建模方法。

A. 3　　B. 4　　C. 5　　D. 6

2) 在中望3D软件中使用“阵列”命令进行几何体建模时，有（　　）种阵列方法。

A. 5　　B. 6　　C. 7　　D. 8

3) 镜像是以原特征或实体为基础，以两点或直线的方式进行（　　）。

A. 移动　　B. 对称复制　　C. 线性整列　　D. 环性整列

2. 零件结构分析

(1) 参考零件图样分析　旋钮零件图样如图1-81所示，零件整体结构简单，适合使用基本体与布尔运算相结合的方法进行特征的创建。旋钮零件分上、下两个部分，主要由球形基座和球形凸起组成，具有拔模、倒圆角等结构特征，局部采用镜像和阵列的方式形成相应的特征，从而构建出整体模型。

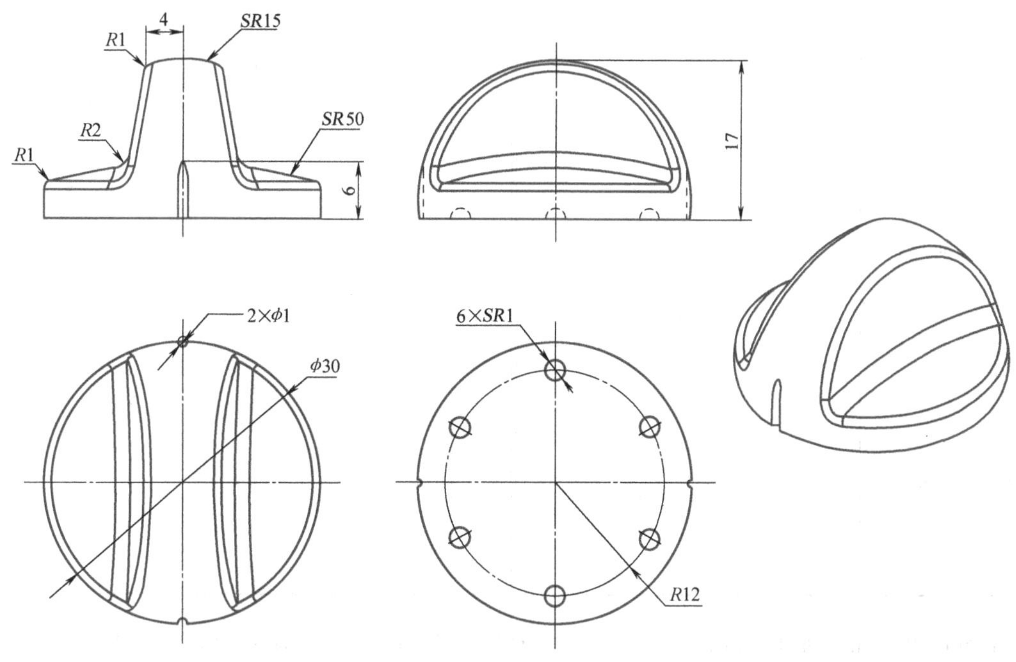

图1-81　旋钮零件图样

（2）学员零件图样分析　参考上面提示，独立完成旋钮零件的图样分析，并填写表 1-7。

表 1-7　学员旋钮零件图样分析

序号	项目	分析结果
1	旋钮外形特点	
2	旋钮零件结构组成	
3	教师评价	

3. 零件建模方案设计

（1）参考造型方案　根据旋钮零件的特点和结构组成，设计旋钮参考建模方案，具体内容见表 1-8。

表 1-8　旋钮参考建模方案

序号	步骤	图　示	序号	步骤	图　示
1	创建球形基本体		6	两个侧面拔模	
2	创建相交实体		7	球形凸起和球形基座添加实体	光顺连接
3	生成球形基座		8	创建镜像和阵列特征	
4	创建球体和六面体		9	倒 $R1$mm 和 $R2$mm 圆角	
5	创建相交实体				

（2）学员造型方案　根据自己对旋钮零件的分析，参照表 1-8，独立设计旋钮建模方案，并填写表 1-9。

表 1-9　学员旋钮零件建模方案

序号	步骤	图　示	序号	步骤	图　示
1			6		
2			7		
3			8		
4			9		
5			考评结论		

4. 建模实施过程

旋钮建模步骤1）~6）

1）新建文件并保存。要求：“类型”为“零件”，“子类”为“标准”，“模板”为“PartTemplate（MM）”，“信息—唯一名称”为“旋钮 . Z3PRT”。

2）设置图层。在建模过程中，将所绘制的不同类型的结构或图形分别放在不同的图层中，按需要对图层进行打开或关闭操作，分类管理图层，可提高绘图效率。单击工具栏中的“图层管理器”按钮，弹出“图层管理器”对话框，设置图层 0 为“基准”，图层 1 为“基座”，图层 2 为“凸起”，图层 3 为“旋钮”，并设定“基座”图层为工作图层，如图 1-82 所示。

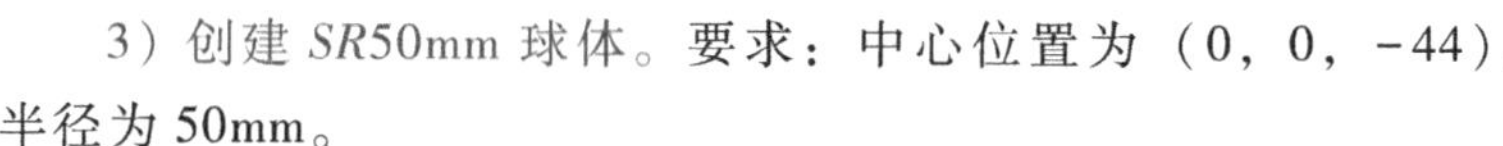

3）创建 *SR*50mm 球体。要求：中心位置为（0，0，−44），半径为 50mm。

① 单击“造型”工具选项卡下“基础造型”工具栏中的“球体”工具按钮，弹出“球体”对话框。

② 在“球体”对话框中，输入中心位置为（0，0，−44），设置“半径”为“50”，如图 1-83 所示。

③ 单击“确定”按钮，生成 *SR*50mm 球体，如图 1-84 所示。

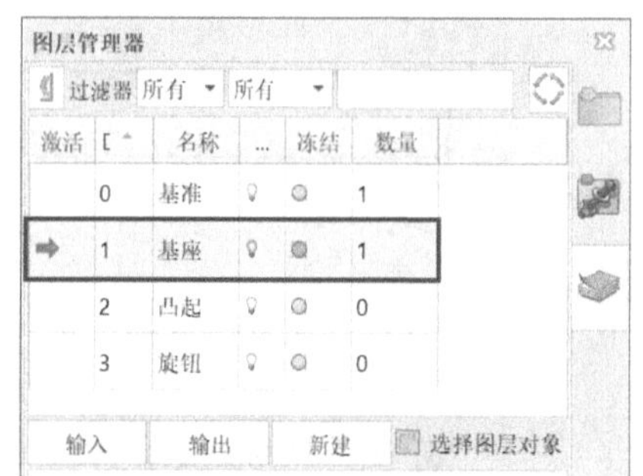

图 1-82　图层设置

4）创建 *SR*15mm 球体。要求：中心位置为（0，0，2），半径为 15mm。

① 单击“造型”工具选项卡下“基础造型”工具栏中的“球体”工具按钮，弹出“球体”对话框。

② 在“球体”对话框中，输入中心位置为（0，0，2），设置“半径”为“15”，如图 1-85 所示。

③ 单击“确定”按钮✔，生成 SR15mm 球体，如图 1-86 所示。

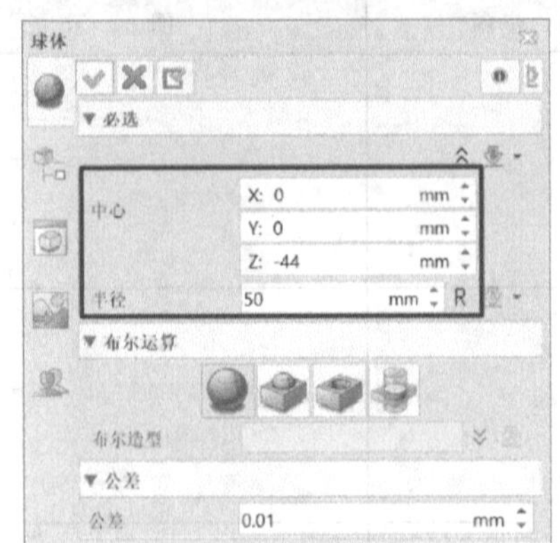

图 1-83　在“球体”对话框中设置中心和半径

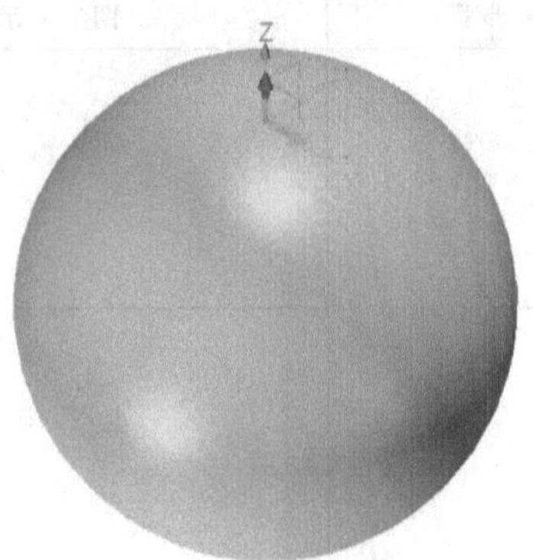

图 1-84　创建 SR50mm 球体

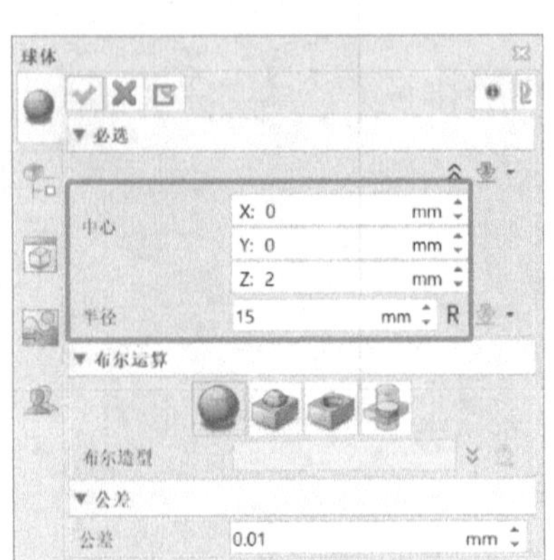

图 1-85　“球体”对话框

图 1-86　创建 SR15mm 球体

5）创建 SR50mm 球体和 SR15mm 球体的相交实体。

① 单击“造型”工具选项卡下“编辑模型”工具栏中的“相交实体”工具按钮，弹出“相交实体”对话框。

② 选取 SR50mm 球体作为“基体”，选取 SR15mm 球体作为“相交”实体，如图 1-87 所示。

③ 单击“确定”按钮✔，生成相交实体，如图 1-88 所示。

图 1-87　“相交实体”对话框

图 1-88　创建 SR50mm 球体和 SR15mm 球体的相交实体

6）创建球形基座。

① 单击“造型”工具选项卡下“基础造型”工具栏中的“圆柱体”工具按钮，弹出“圆柱体”对话框。

② 在“圆柱体”对话框中，输入中心位置为（0，0，-13），设置“半径”为“15”，“长度”为“15”，如图 1-89 所示。

③ 单击“确定”按钮，生成 ϕ15mm 圆柱体，如图 1-90 所示。

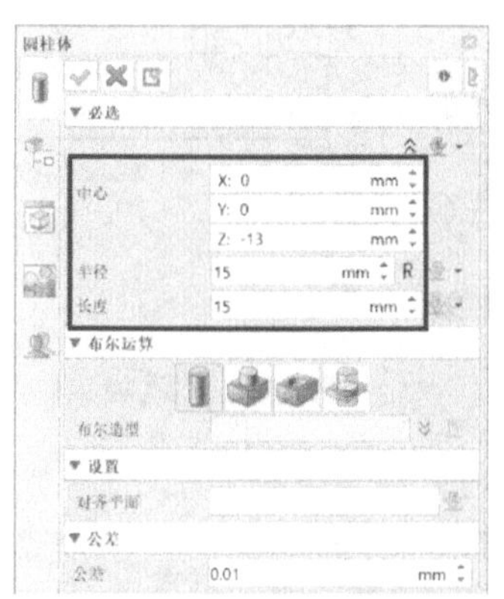

图 1-89　“圆柱体”对话框

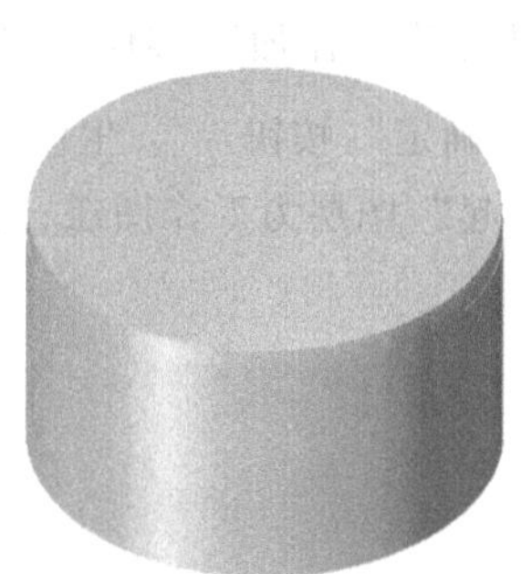

图 1-90　创建 ϕ15mm 圆柱体（用于移除）

④ 单击“造型”工具选项卡下“编辑模型”工具栏中的“移除实体”工具按钮，弹出“移除实体”对话框。

⑤ 选取步骤 5）创建的相交实体作为“基体”，选取 ϕ15mm 圆柱体作为“移除”实体，如图 1-91 所示。

⑥ 单击“确定”按钮，生成移除实体，如图 1-92 所示。

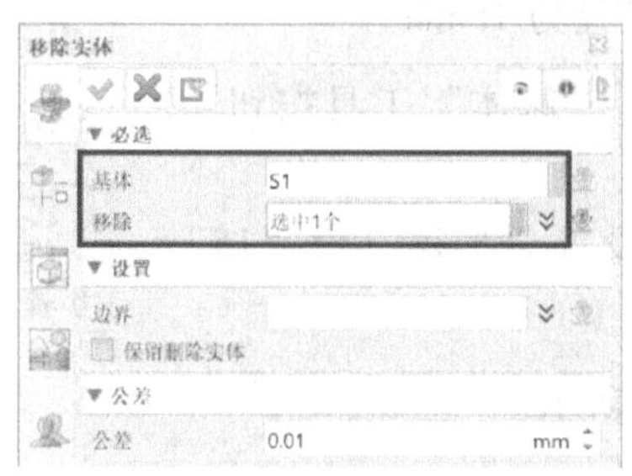

图 1-91　“移除实体”对话框

图 1-92　生成移除实体

⑦ 单击“造型”工具选项卡下“基础造型”工具栏中的“圆柱体”工具按钮，弹出“圆柱体”对话框。

⑧ 在“圆柱体”对话框中，输入中心位置为（0，0，0），设置“半径”为“15”，“长度”为“2”，如图 1-93 所示。

⑨ 单击“确定”按钮，生成 ϕ15mm 圆柱体，如图 1-94 所示。

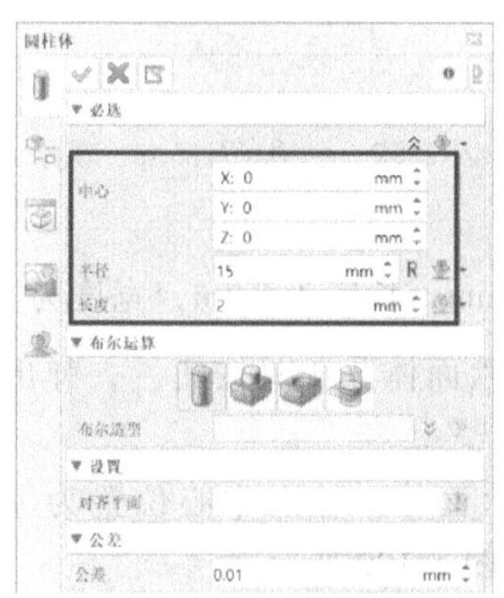

图 1-93　“圆柱体”对话框

图 1-94　创建 ϕ15mm 圆柱体（用于添加）

⑩ 单击“造型”工具选项卡下“编辑模型”工具栏中的“添加实体”工具按钮，弹出“添加实体”对话框。

⑪ 选取图 1-92 所示的移除实体作为“基体”，选取图 1-94 所示 ϕ15mm 圆柱体作为“添加”实体，如图 1-95 所示。

⑫ 单击“确定”按钮，生成添加实体，如图 1-96 所示。

设置“凸起”图层为工作图层，关闭“基座”图层，如图 1-97 所示。

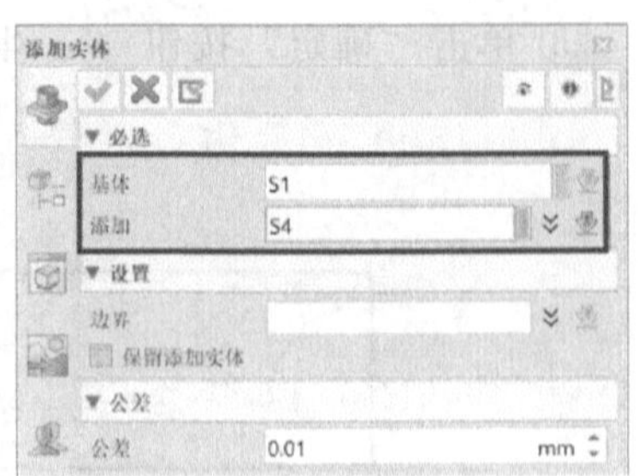

图 1-95 “添加实体”对话框

图 1-96 生成添加实体

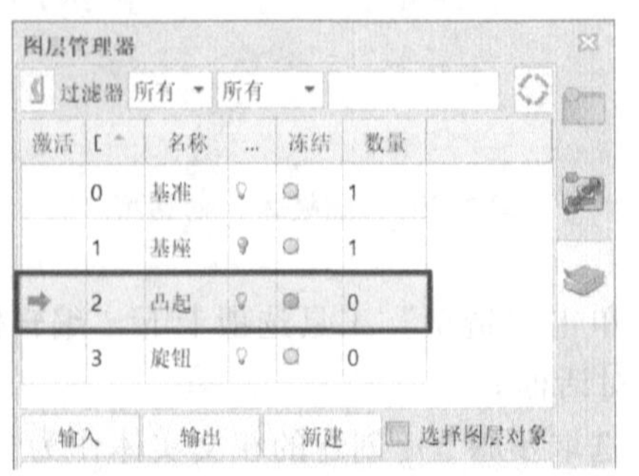

图 1-97 设置“凸起”图层为工作图层

7）创建 SR15mm 球体。要求：中心位置为（0，0，2），半径为 15mm。

① 单击“造型”工具选项卡下“基础造型”工具栏中的“球体”工具按钮，弹出“球体”对话框。

② 在“球体”对话框中，输入中心位置为（0，0，2），设置“半径”为“15”，如图 1-98 所示。

③ 单击“确定”按钮，生成 SR15mm 球体，如图 1-99 所示。

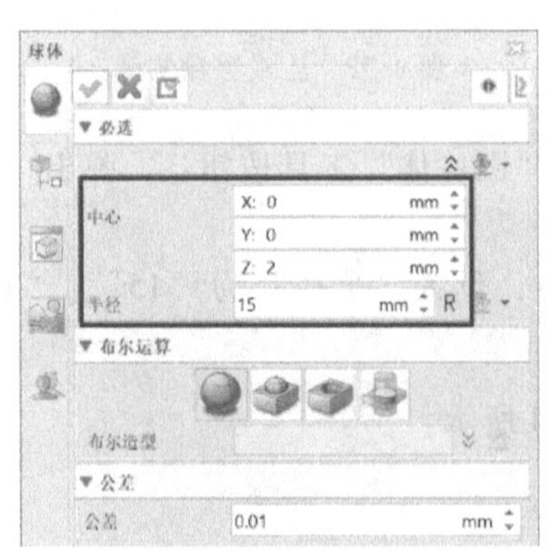

图 1-98 “球体”对话框

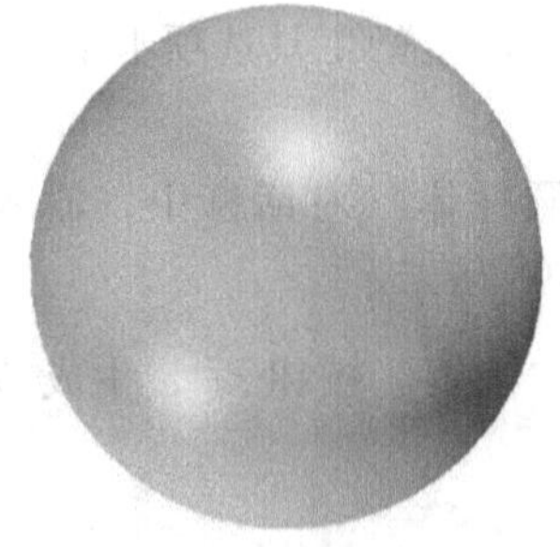

图 1-99 创建 SR15mm 球体

8）创建六面体。要求：中心位置为（0，0，2），高度为 15mm，长度为 8mm，宽度为 30mm。

① 单击“造型”工具选项卡下“基础造型”工具栏中的“六面体”工具按钮，弹出“六面体”对话框。

② 在“六面体”对话框中，选择“中心-高度”方式构建六面体。输入中心位置为（0，0，2），设置“高度”为“15”，“长度”为“8”，“宽度”为“30”，如图 1-100 所示。

③ 单击“确定”按钮，生成 8mm×30mm×15mm 六面体，如图 1-101 所示。

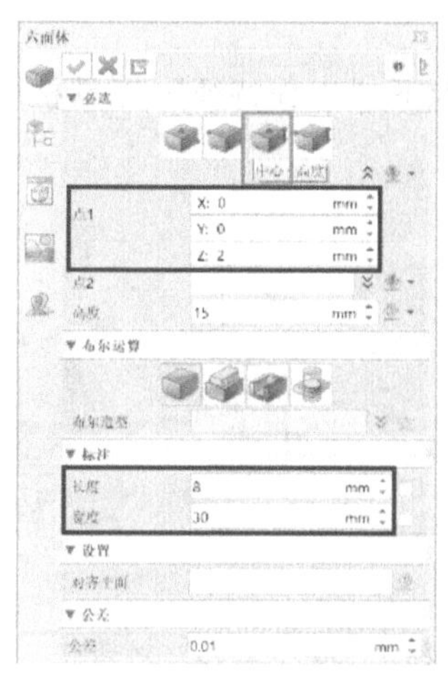
图 1-100　“六面体”对话框

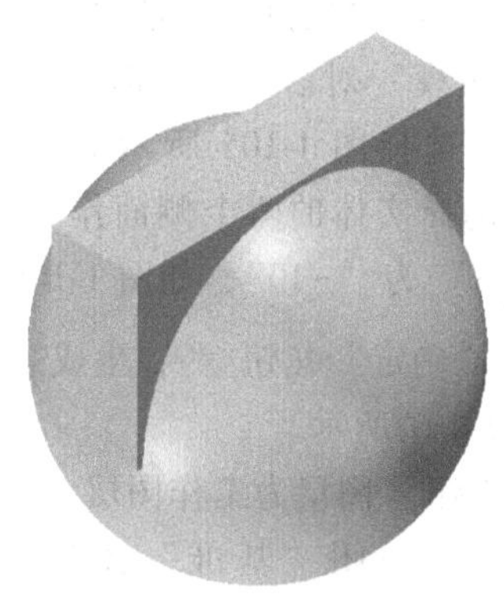
图 1-101　创建 8mm×30mm×15mm 六面体

9）创建 *SR*15mm 球体和 8mm×30mm×15mm 六面体的相交实体。

① 单击“造型”工具选项卡下“编辑模型”工具栏中的“相交实体”工具按钮，弹出“相交实体”对话框。

② 选取 *SR*15mm 球体作为“基体”，选取 8mm×30mm×15mm 六面体作为“相交”实体，如图 1-102 所示。

③ 单击“确定”按钮，生成相交实体，如图 1-103 所示。

图 1-102　“相交实体”对话框

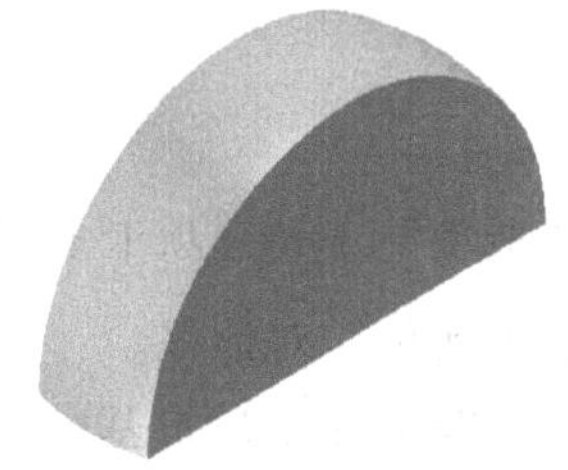
图 1-103　创建 *SR*15mm 球体和六面体的相交实体

10）创建拔模的基准平面。要求：基准平面位于与 *SR*15mm 球体顶部水平相切的位置。

① 设定“基准”图层为工作图层。单击“造型”工具选项卡下“基准面”工具栏中的“基准面”工具按钮 基准面，弹出“基准面”对话框。

② 在“基准面”对话框中，选择“XY 面”方式构建基准面。设置“偏移”距离为“17”，如图 1-104 所示。

③ 单击“确定”按钮，生成拔模基准平面，如图 1-105 所示。

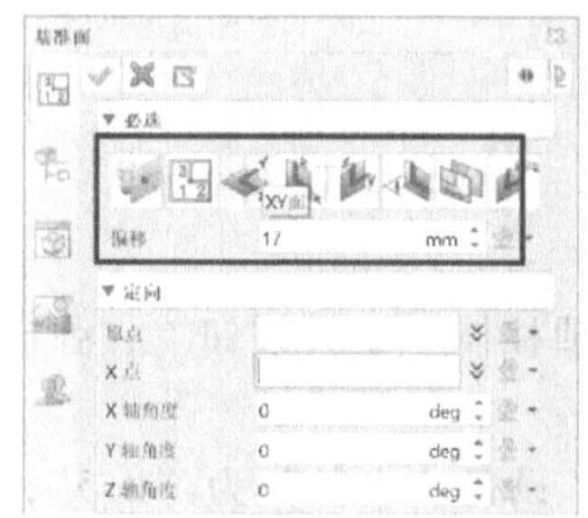
图 1-104　“基准面”对话框

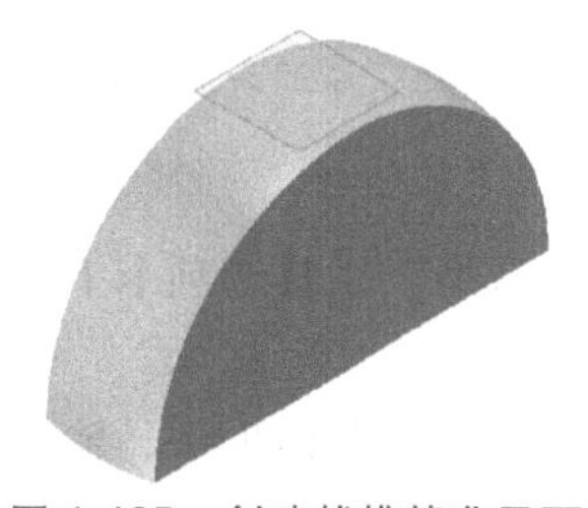
图 1-105　创建拔模基准平面

11）创建拔模。要求：拔模角度为10°，两侧面对称。

① 设定“凸起”图层为工作图层。单击“造型”工具选项卡下“工程特征”工具栏中的“拔模”工具按钮，弹出“拔模”对话框。

② 在“拔模”对话框中，选择“面”拔模方式进行拔模。选择图1-105所示的基准平面作为“固定面”，选择实体的两个侧面作为“拔模面”，拔模“角度A”为“-10”，如图1-106所示。

③ 单击“确定”按钮，生成拔模后的球形凸起，如图1-107所示。

设置“旋钮”图层为工作图层，打开“基座”“凸起”图层，关闭“基准”图层，如图1-108所示。

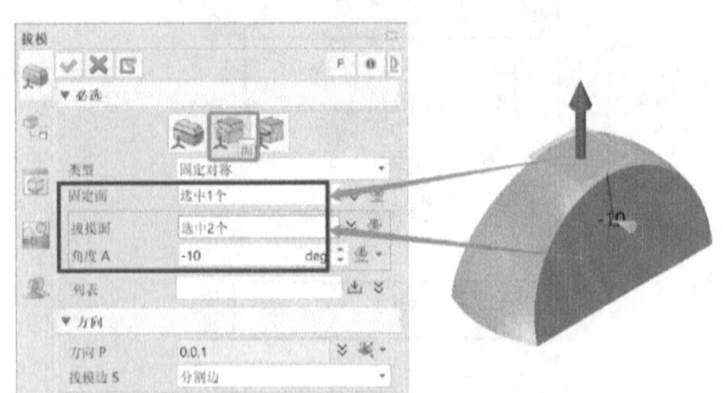

图1-106 “拔模”对话框

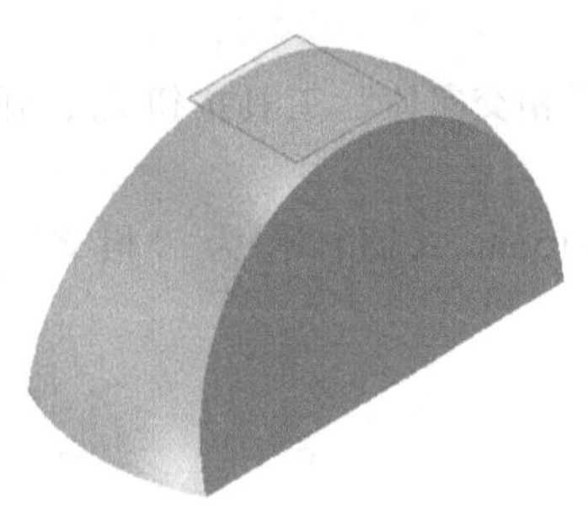
图1-107 拔模后的球形凸起

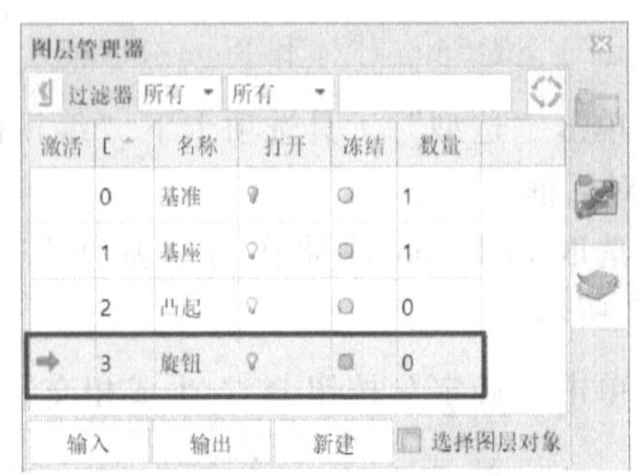

图1-108 设置“旋钮”图层为工作图层

12）创建旋钮主体。

① 单击“造型”工具选项卡下“编辑模型”工具栏中的“添加实体”工具按钮，弹出“添加实体”对话框。

② 选取图1-96所示的球形基座作为“基体”，选取图1-107所示的球形凸起作为“添加”实体，如图1-109所示。

③ 单击“确定”按钮，生成旋钮主体，如图1-110所示。

图1-109 “添加实体”对话框

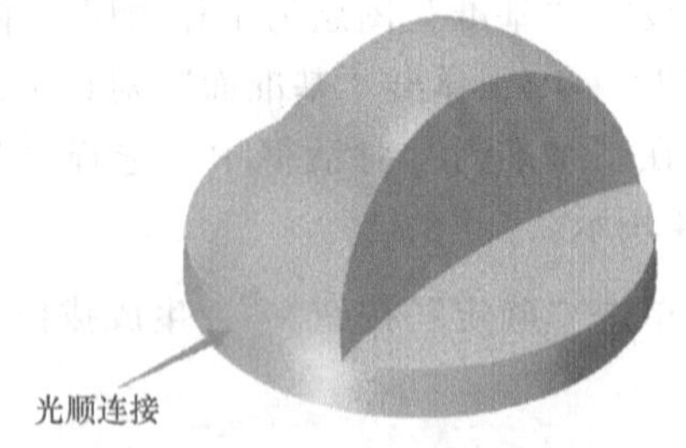

图1-110 创建旋钮主体

13）创建两个ϕ1mm的圆柱。

① 单击“造型”工具选项卡下“基础造型”工具栏中的“圆柱体”工具按钮，弹出“圆柱体”对话框。

② 在“圆柱体”对话框中，输入中心位置为（0，-15，0），设置“半径”为“0.5”，“长度”为“10”，如图1-111所示。

③ 单击“确定”按钮，生成 ϕ1mm 圆柱体，如图 1-112 所示。

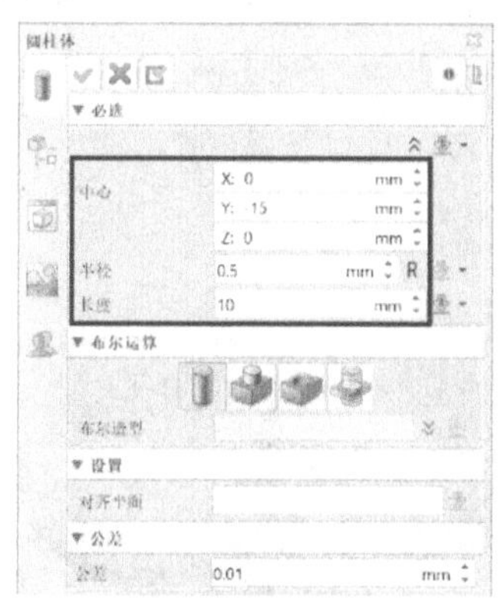

图 1-111　“圆柱体”对话框

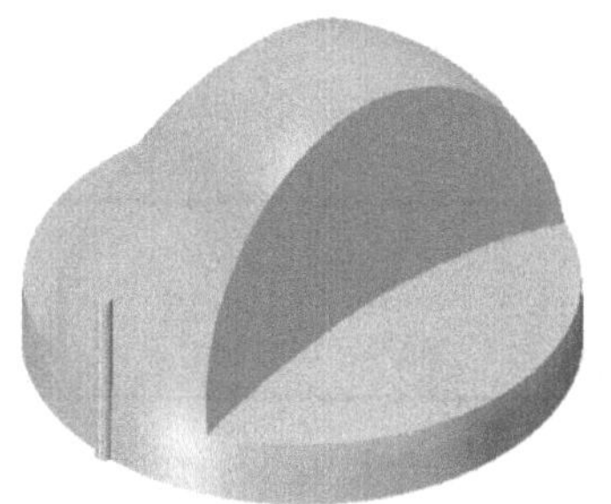

图 1-112　创建 ϕ1mm 圆柱体

④ 在图形界面中显示基准坐标系 Default CSYS。单击“造型”工具选项卡下“基础编辑”工具栏中的“镜像几何体”工具按钮，弹出“镜像几何体”对话框。

⑤ 选取 ϕ1mm 圆柱体作为镜像“实体”，选择 XZ 平面作为镜像“平面”，如图 1-113 所示。

⑥ 单击“确定”按钮，生成 ϕ1mm 圆柱体，如图 1-114 所示。

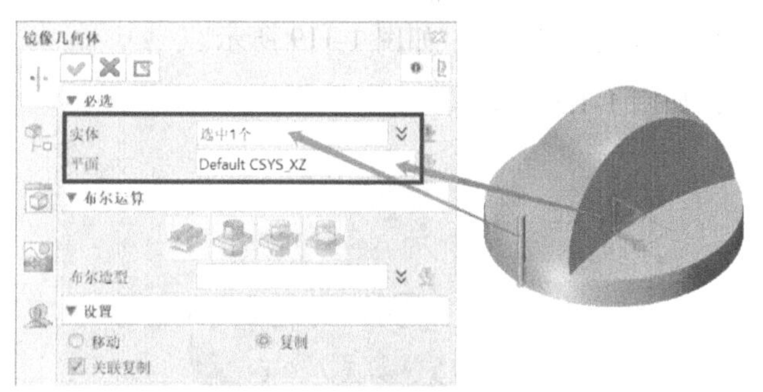

图 1-113　“镜像几何体”对话框

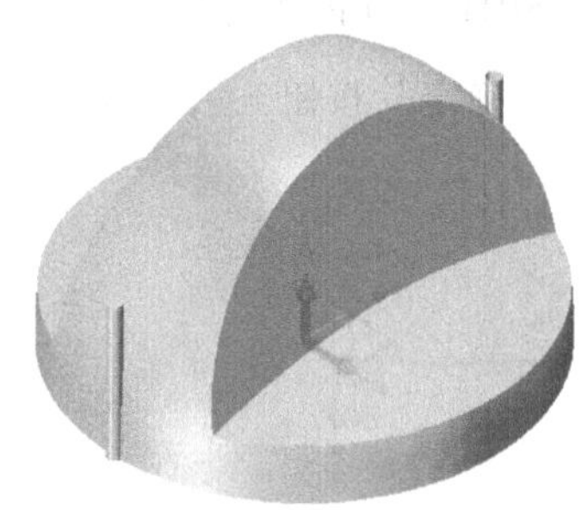

图 1-114　镜像 ϕ1mm 圆柱体

⑦ 单击“造型”工具选项卡下“编辑模型”工具栏中的“移除实体”工具按钮，弹出“移除实体”对话框。

⑧ 选取旋钮主体作为“基体”，选取两个 ϕ1mm 的圆柱体作为“移除”实体，如图 1-115 所示。

⑨ 单击“确定”按钮，生成两个 ϕ1mm 的圆柱特征，如图 1-116 所示。

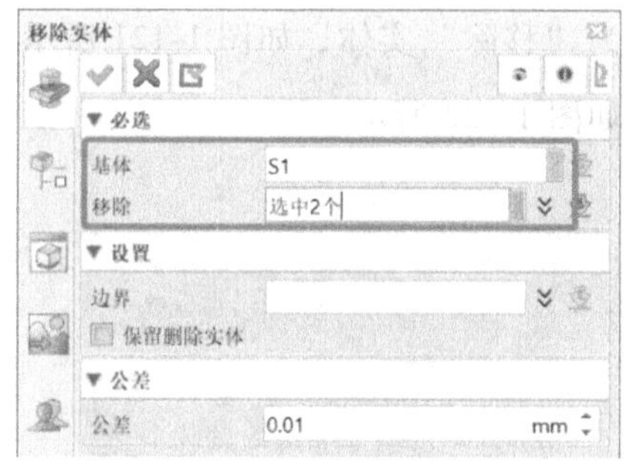

图 1-115　“移除实体”对话框

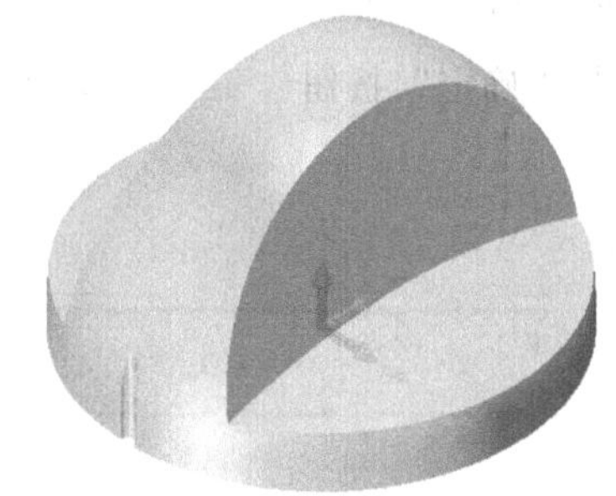

图 1-116　创建两个 ϕ1mm 的圆柱特征

14）创建六个 SR1mm 球形特征。

① 单击“造型”工具选项卡下“基础造型”工具栏中的“球体”工具按钮，弹出“球体”对

话框。

② 在“球体”对话框中，输入中心位置为（12，0，0），设置“半径”为“1”，如图 1-117 所示。

③ 单击“确定”按钮，生成 $SR1$mm 球体，如图 1-118 所示。

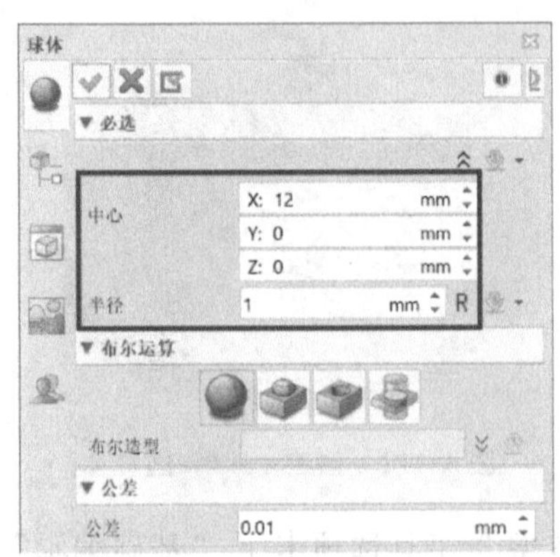

图 1-117 “球体”对话框

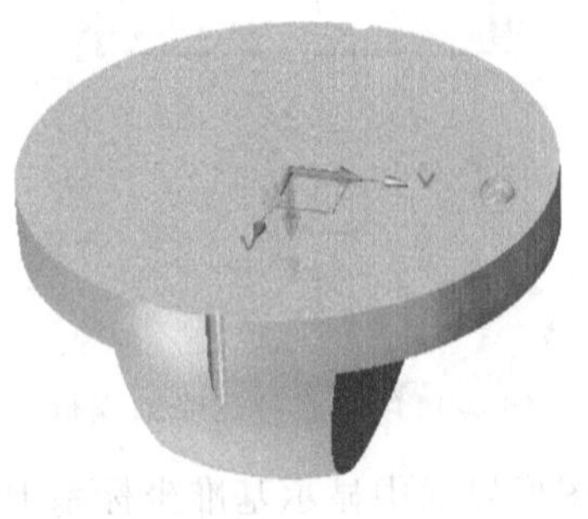

图 1-118 创建 $SR1$mm 球体

④ 在图形界面中显示基准坐标系 Default CSYS。单击“造型”工具选项卡下“基础编辑”工具栏中的“阵列几何体”工具按钮 阵列几何体，弹出“阵列几何体”对话框。

⑤ 选取 $SR1$mm 球体作为阵列“基体”，选取 Z 轴作为阵列“方向”，如图 1-119 所示。

⑥ 单击“确定”按钮，生成六个 $SR1$mm 球体，如图 1-120 所示。

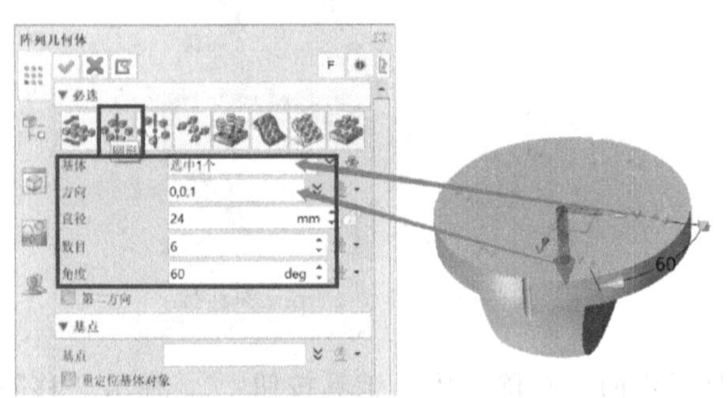

图 1-119 “阵列几何体”对话框

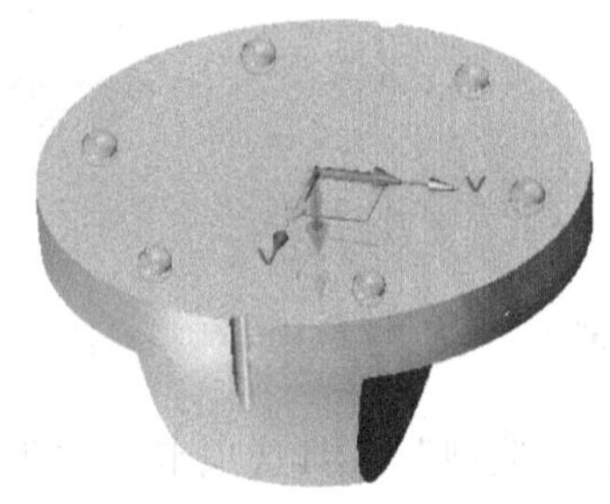

图 1-120 阵列六个 $SR1$mm 球体

⑦ 单击“造型”工具选项卡下“编辑模型”工具栏中的“移除实体”工具按钮，弹出“移除实体”对话框。

⑧ 选取旋钮主体作为“基体”，选取六个 $SR1$mm 球体作为“移除”实体，如图 1-121 所示。

⑨ 单击“确定”按钮，生成六个 $SR1$mm 球形特征，如图 1-122 所示。

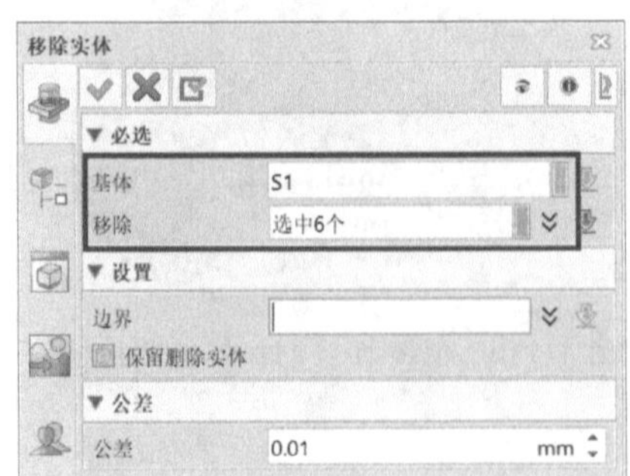

图 1-121 “移除实体”对话框

图 1-122 创建六个 $SR1$mm 球形特征

15）创建 $R1$mm、$R2$mm 圆角。

① 单击“造型”工具选项卡下“工程特征”工具栏中的“圆角”工具按钮，弹出“圆角”对话框。

② 选择“圆角”倒圆角方式，设置“边”为两侧球形凸起与球形底座相交的两条边，“半径 R”为“2”，如图 1-123 所示。

③ 单击“确定”按钮，生成两个 $R2$mm 圆角，如图 1-124 所示。

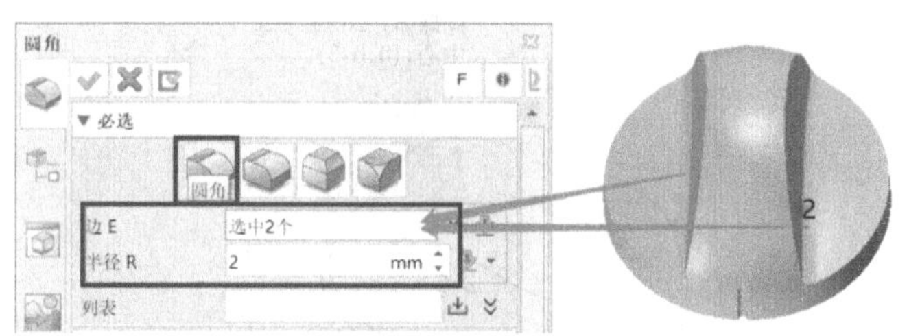

图 1-123　“圆角”对话框

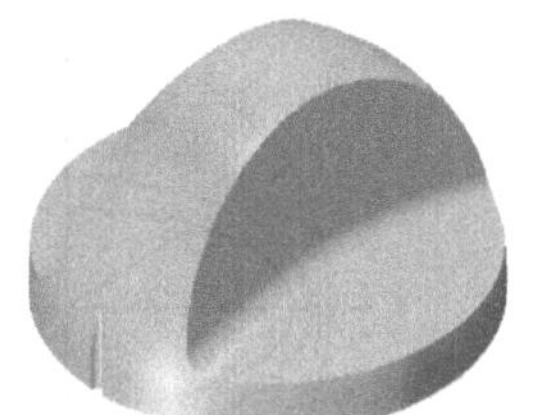

图 1-124　创建两个 $R2$mm 圆角

④ 单击“造型”工具选项卡下“工程特征”工具栏中的“圆角”工具按钮，弹出“圆角”对话框。

⑤ 选择“环形圆角”倒圆角方式，设置“面”为两侧凹面（每个凹面包含三个曲面），倒圆角“半径”为“1”，如图 1-125 所示。

⑥ 单击“确定”按钮，生成周边 $R1$mm 圆角，如图 1-126 所示。

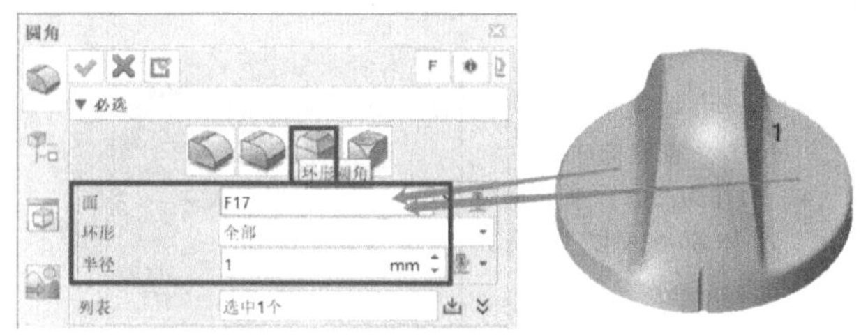

图 1-125　“圆角”对话框

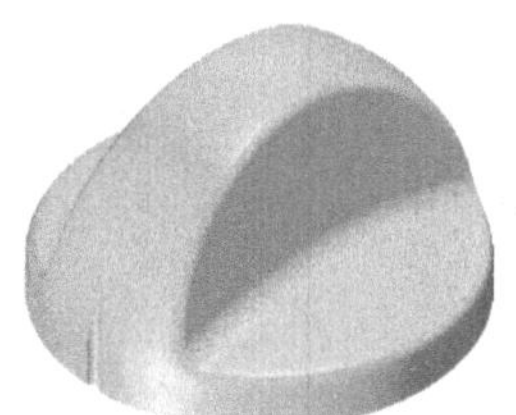

图 1-126　创建周边 $R1$mm 圆角

最后生成旋钮，如图 1-127 所示。

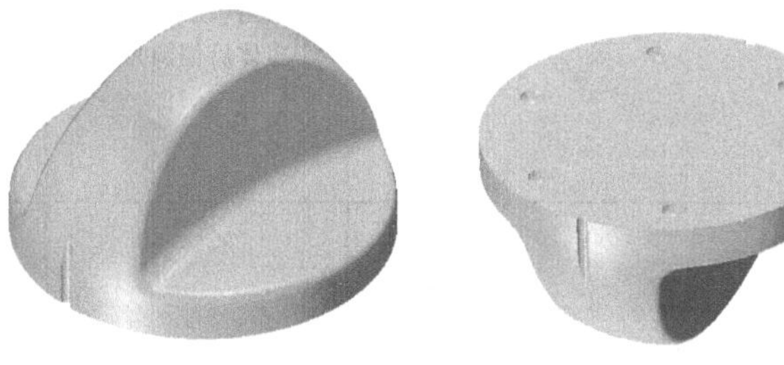

图 1-127　旋钮最终效果

课后拓展训练

1）根据图 1-128 所示的椭球形旋钮零件图样，参考表 1-10 中的内容，创建椭球形旋钮三维模型。

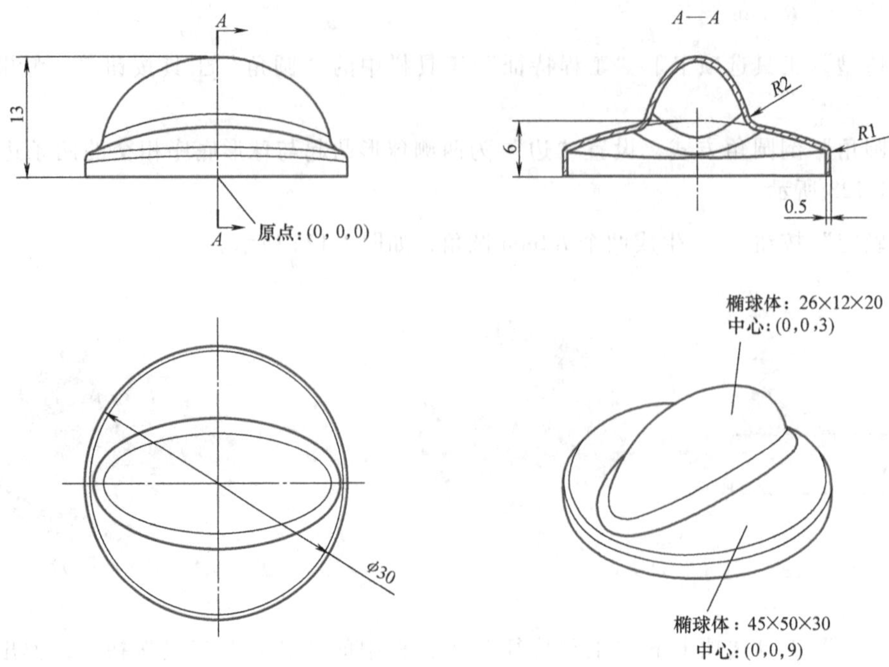

图 1-128　椭球形旋钮

表 1-10　椭球形旋钮建模提示

序号	步骤	图　示	序号	步骤	图　示
1	创建圆柱体		4	创建椭球体（作为凸起）（移除椭球体 Z0 平面以下部分）	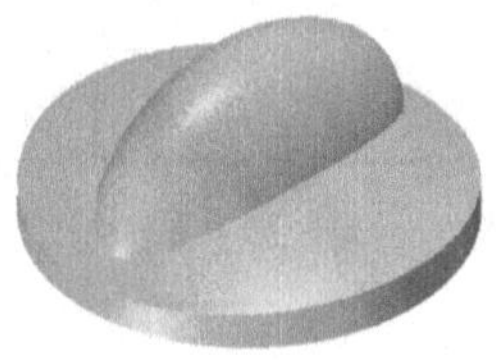
2	创建椭球体（作为基座）	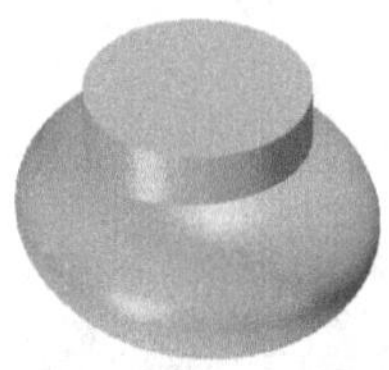	5	倒 R1mm 和 R2mm 圆角（创建添加实体后倒圆角）	
3	生成椭球形基座（创建相交实体，基座上表面为椭球形）		6	抽壳（设置薄壁厚度为 0.5mm）	

2）根据图 1-129 所示端盖零件图，创建端盖三维模型。

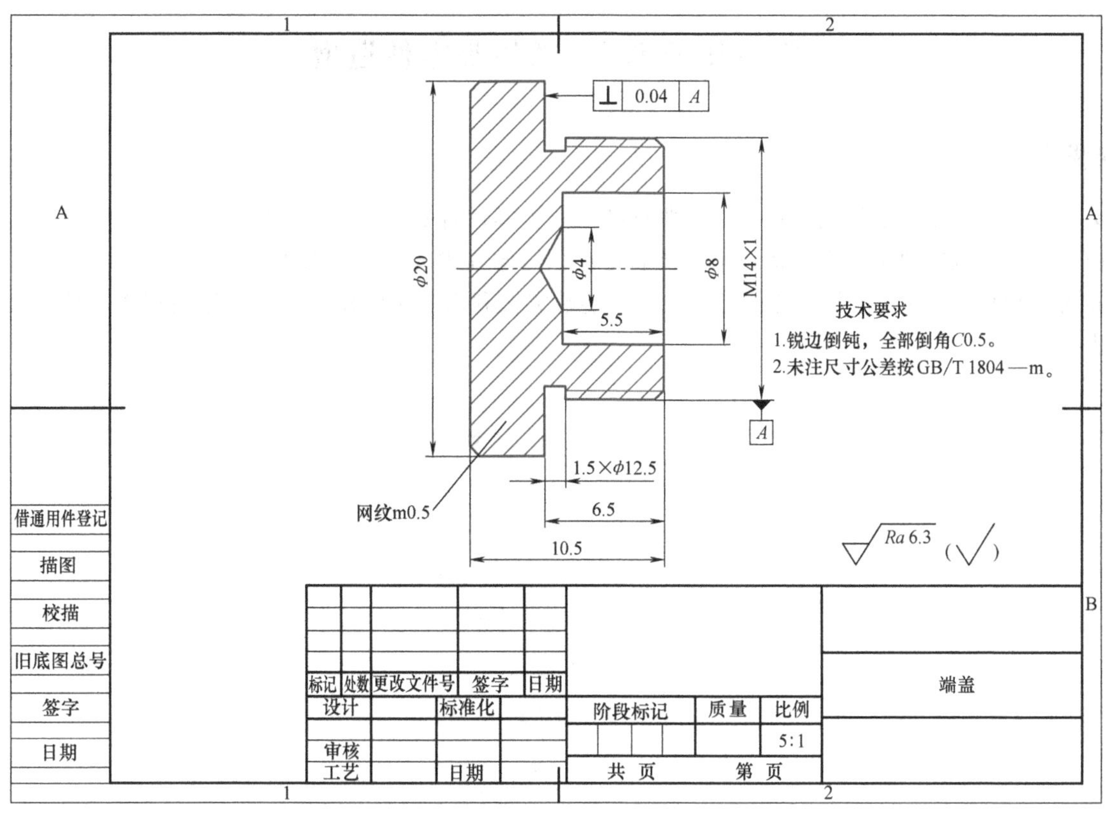

图 1-129　端盖零件图

3）根据图 1-130 所示连接法兰零件图，创建连接法兰三维模型。

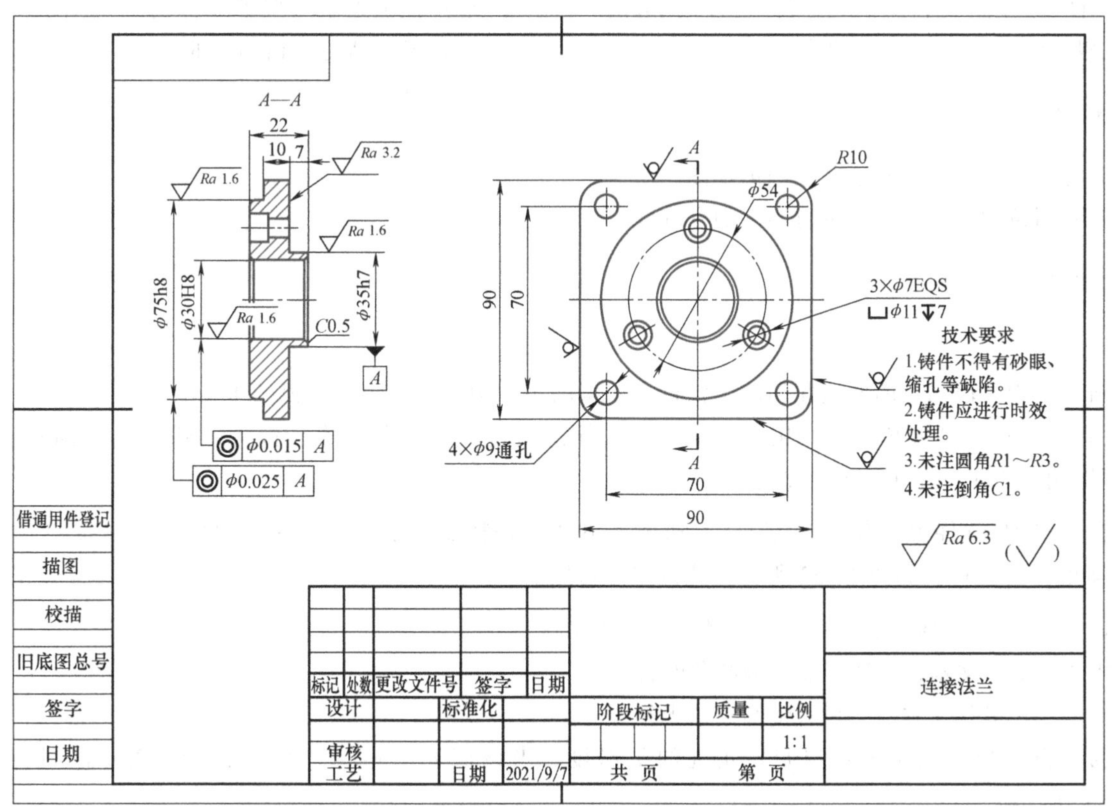

图 1-130　连接法兰零件图

学习任务 1.4　叉架类零件造型

任务描述

叉架类零件是常见的机械零件之一，典型的叉架类零件有支座、支架、连杆等。由于叉架类零件结构比较复杂，所以需要采用多实体技术以及筋特征、镜像等建模技术来构建其三维实体模型。本任务通过完成图 1-131 所示支架零件的建模过程，学员能够掌握利用多实体技术等高级建模技术构建复杂模型的方法。

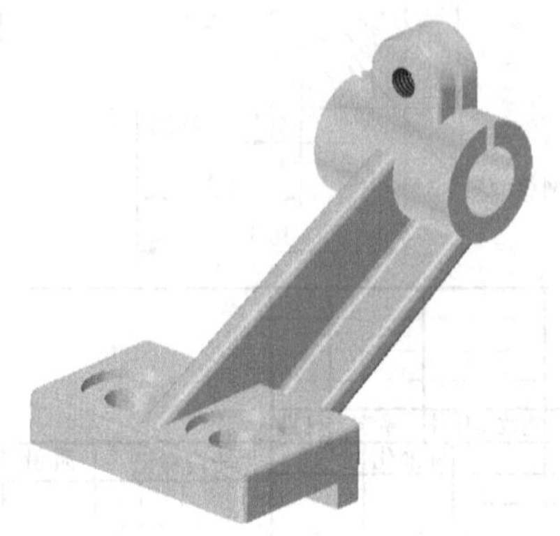

图 1-131　支架

知识点

草图的绘制方法，拉伸和镜像工具的使用方法。

筋特征、螺纹特征、圆角特征。

素养目标

通过正确绘制叉架类零件的三维图，培养学员独立思考、精益求精的职业习惯。

技能点

能使用草图工具正确绘制全约束草图。

能使用拉伸、镜像工具进行零件的三维建模。

课前预习

1. 圆角

圆角是用一段与角的两边相切的圆弧替换原来的角，圆角的大小用圆弧的半径表示。

（1）倒圆角　“圆角”命令用于对所选择实体的边进行倒圆角操作，包含“圆角”“椭圆圆角”“环形圆角”“顶点圆角”四种方式。

在中望 3D 软件中单击“造型”工具选项卡下“工程特征”工具栏中的“圆角”工具按钮，弹出“圆角”对话框，如图 1-132 所示，其各部分功能如下。

1）“圆角”工具按钮：完成一般的圆角操作。

①“边 E”文本框：选择需要倒圆角的边。

②“半径 R”文本框：设置倒圆角的半径。

③“止裂槽”文本框：控制转角处的平滑度，当该值大于零时，为转角增加额外的过渡，如图 1-133 所示。

④“圆弧类型”列表框：包含“圆弧”“二次曲线”“G2 桥接”三种类型。选择“二次曲线”类

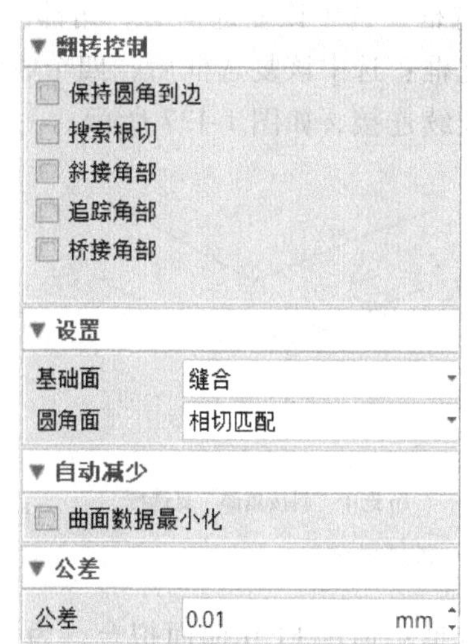

图 1-132　“圆角”对话框

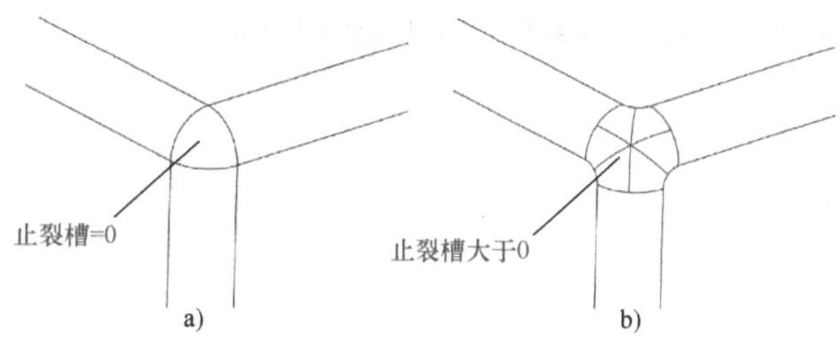

a)　　b)

图 1-133　圆角过渡

型时，需要设置二次曲线比率；选择“G2 桥接”类型时，需要设置起始权重和结束权重。

⑤“保持圆角到边”：选中该复选框后，圆角保持至边，如图 1-134 所示。

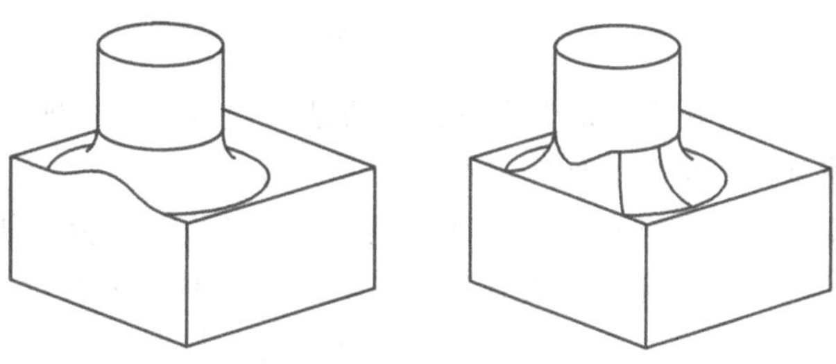

a) 选中“保持圆角到边”复选框　b) 取消选中“保持圆角到边”复选框

图 1-134　保持圆角到边

⑥“搜索根切”复选框：取消选中“搜索根切”复选框时，倒圆角范围最大至孔特征的边缘；选中该复选框后，软件搜索其他特征被新圆角完全根切的区域，并延伸或修剪其他特征，如图 1-135 所示。

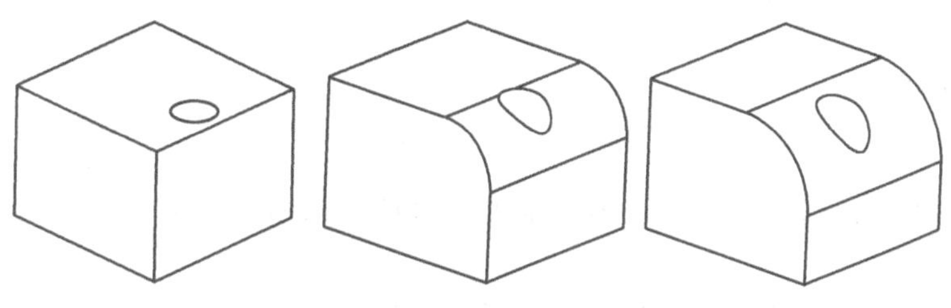

a) 未倒圆角　b) 取消选中“搜索根切”复选框　c) 选中“搜索根切”复选框

图 1-135　搜索根切

⑦“斜接角部”复选框：选中该复选框后，角部圆角使用斜接方法，如图 1-136 所示。

⑧“追踪角部”复选框：选中该复选框后，四个收聚圆角面中的一对会组成一个连续的链，消除补面间可能存在的一些不连续连接，如图 1-137 所示。

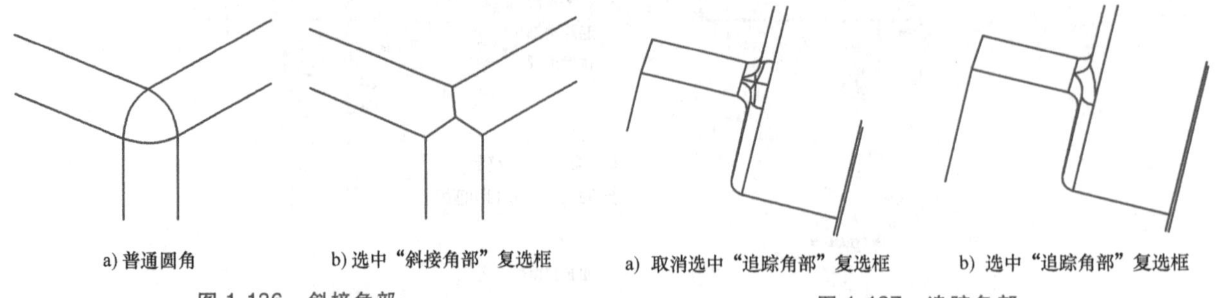

a) 普通圆角　b) 选中“斜接角部”复选框

图 1-136　斜接角部

a) 取消选中“追踪角部”复选框　b) 选中“追踪角部”复选框

图 1-137　追踪角部

⑨“桥接角部”复选框：通过 FEM 曲面拟合，为每个转角创建一个光滑的修剪面。选中该复选框后，可以指定 FEM 曲面的采样密度。需要注意的是，使用“桥接角部”命令必须设置“圆角造型”选项组中的参数。设置“桥接角部”命令的参数及效果如图 1-138 所示。

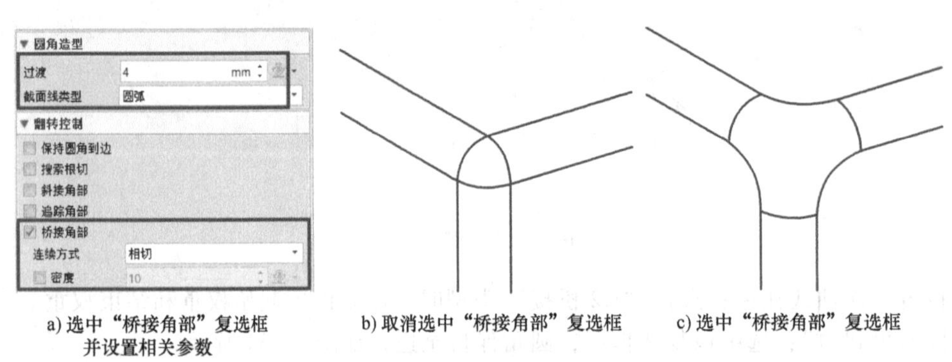

a) 选中“桥接角部”复选框并设置相关参数　b) 取消选中“桥接角部”复选框　c) 选中“桥接角部”复选框

图 1-138　桥接角部

⑩“基础面”列表框：圆角与相邻面的修剪和连接方法，包含四种处理方式，如图 1-139 所示。

a. “无操作”选项：使基础面保持原样，如图 1-139a 所示。

b. “分割”选项：将基础面沿倒圆角切线分开，但是不对其进行修剪，如图 1-139b 所示。

c. “修剪”选项：将基础面沿倒圆角切线分开并修整，如图 1-139c 所示。

d. “缝合”选项：将基础面与倒圆角面分开、修整并缝合，如图 1-139d 所示。

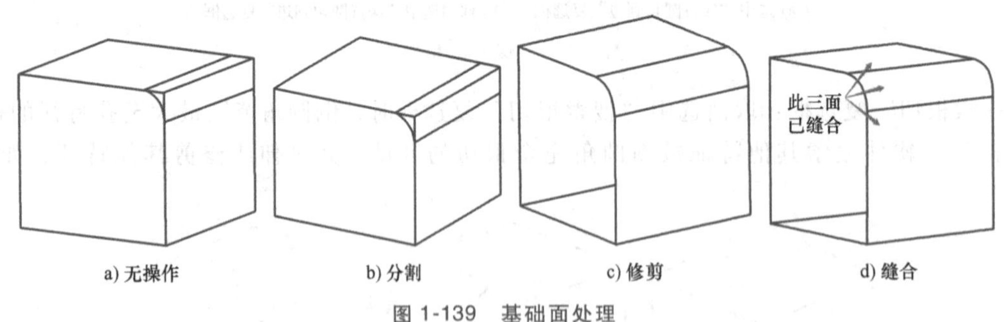

a) 无操作　b) 分割　c) 修剪　d) 缝合

图 1-139　基础面处理

⑪“圆角面”列表框：当相邻面的边不完全重合时使用该命令，包含三种处理方式，如图 1-140 所示。

a. “相切匹配”选项：以倒角连接相邻面，过渡平顺。

b. “最大”选项：以相邻面最长边进行倒角。

c．“最小”选项：以相邻面最短边进行倒角。

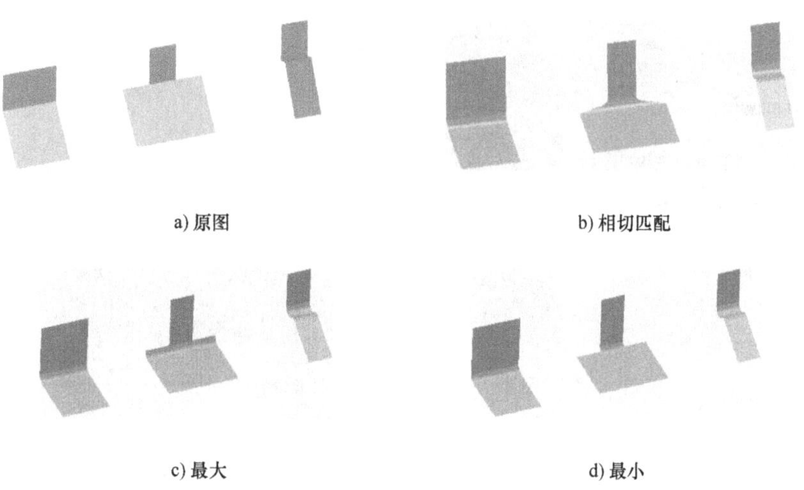

图 1-140 圆角面处理

⑫“可变半径”选项组：用于在圆角边上增加点和该点需要的圆角半径，从而完成同一边上半径不同的变半径倒圆角，如图 1-141 所示。

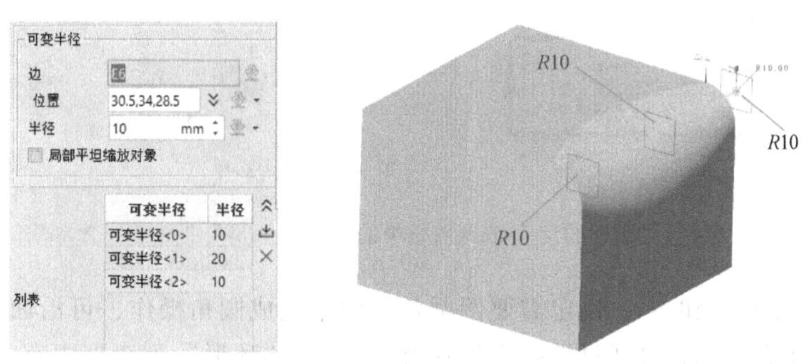

图 1-141 可变半径圆角

⑬“保持线”列表框：选择一条线，圆角将会经过这条线生成，此时圆角半径设定不发挥作用，如图 1-142 所示。

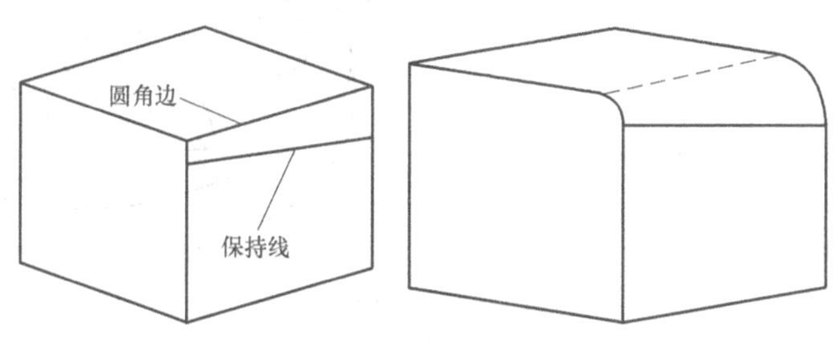

图 1-142 保持线示例

在“可变半径”状态下单击圆角边上任一位置点，在“位置”列表框中会实时显示所选点的坐标位置，输入“半径”值后按<Enter>键，即可添加一变半径点。单击“列表”旁边的 按钮即可展开所有变半径点，如图 1-143 所示，直接单击“半径”值可更改已设定的可变半径值。

2）“椭圆圆角”工具按钮：完成椭圆类型的圆角操作。此命令使用“倒角距离”“角度”文本框定义圆角的椭圆横截面，如图 1-144 所示。选中“反转边方向”可以切换“倒角距离”和“角度”在模型上的方向。

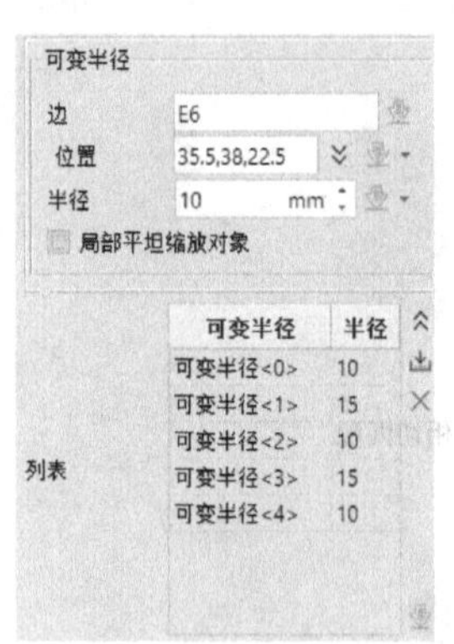

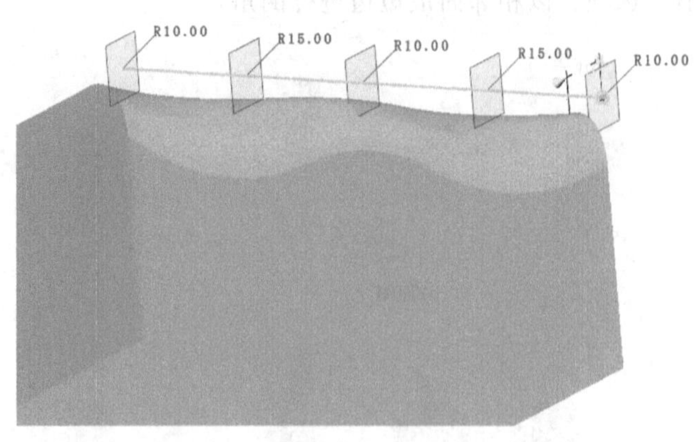

图 1-143　添加变半径圆角

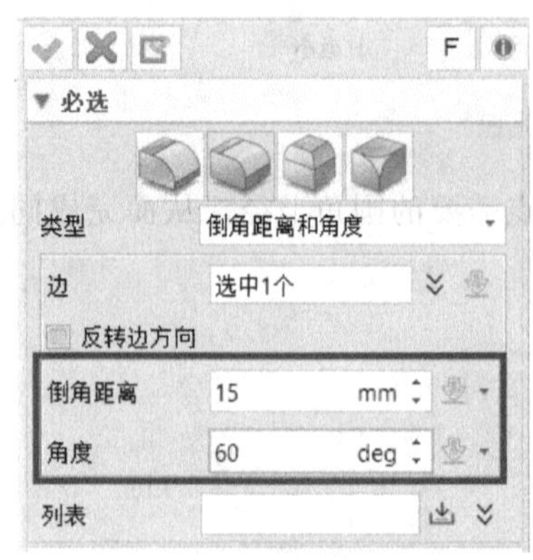

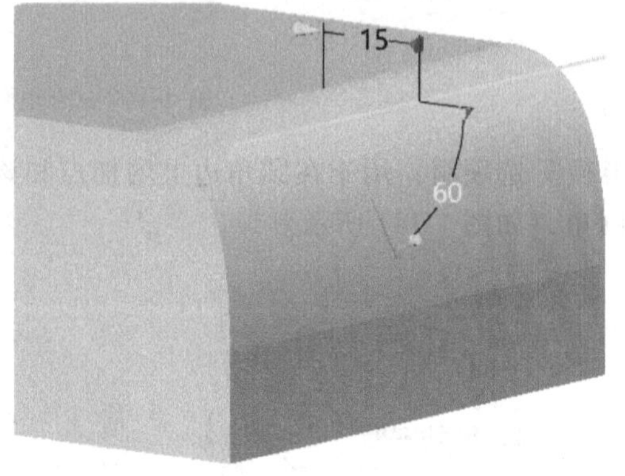

图 1-144　“椭圆圆角”工具按钮中的“倒角距离”“角度”文本框

3）“环形圆角”工具按钮：设定需要倒圆角的面来完成圆角操作，可沿面的环形边创建一个不变半径圆角，如图 1-145 所示，可通过选择面选择所有的边。“环形”列表框中有“内部”“外部”“全部”“选定”四种方式，效果如图 1-146 所示。

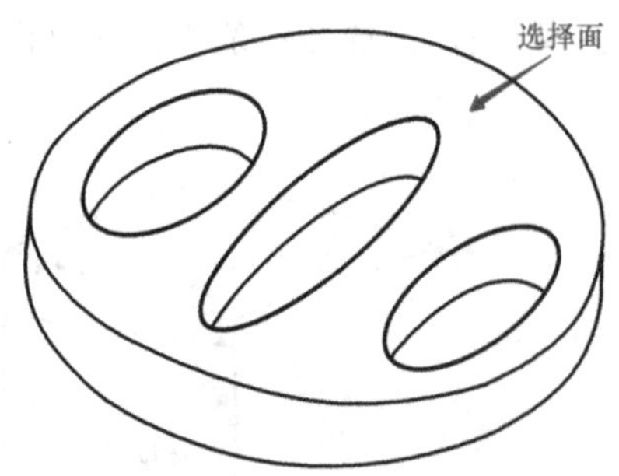

图 1-145　环形圆角

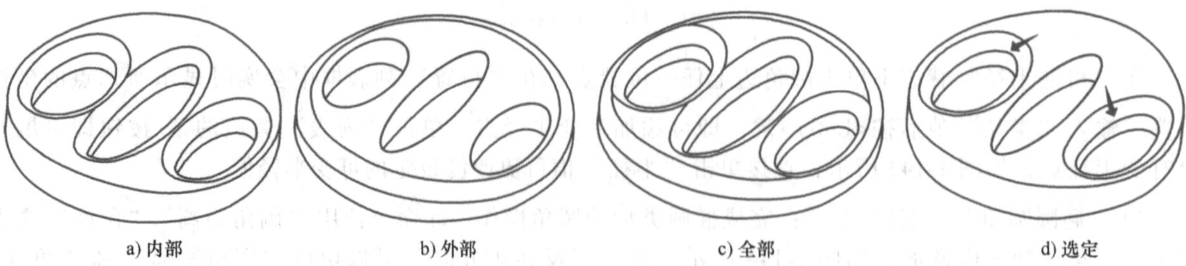

图 1-146　“环形”列表框中不同选项的效果

4）“顶点圆角”工具按钮：设定需要倒圆角的顶点完成圆角操作，效果如图 1-147 所示。

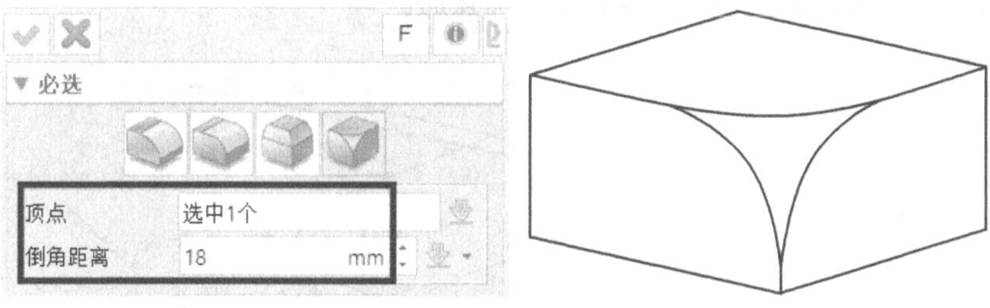

图 1-147　顶点圆角

（2）修改圆角　“修改圆角”命令可以在无历史特征的情况下修改圆角。在中望 3D 软件中，单击“造型”工具选项卡下“工程特征”工具栏中的“圆角”工具按钮旁的按钮，单击“修改圆角”工具按钮，弹出“修改圆角”对话框，如图 1-148 所示。对于通过中间格式导入的模型，可使用该命令完成圆角的修改。

（3）标记圆角面　单击“造型”工具选项卡下“工程特征”工具栏中的“圆角”工具按钮旁的按钮，单击“标记圆角面”工具按钮，选择需要标记的圆角面，确认后即可完成圆角面的标记。在一些通过中间格式导入的模型圆角无法自动识别的情况下，需要标记圆角面，才能使用“修改圆角”命令。

图 1-148　“修改圆角”对话框

2. 筋

在结构设计过程中，可能出现结构体悬出面过大或跨度过大的情况，在这种情况下，由于结构件本身能够承受的载荷不足，所以可在两个组合体的公共垂直面上增加筋，以增加接合面的强度。在中望 3D 软件中有专门绘制筋的功能，它利用筋的轮廓草图将其拉伸为实体，同时可以设置拔模角度和筋的终止面。

（1）加强筋　一般情况下，加强筋大端厚度 A 应不大于壁厚的 1/2，以免引起收缩；加强筋若为 PP 材料，则其小端厚度 B 应不小于 0.9mm，其他材料（ABS/PS 等）应不小于 1.0mm。加强筋截面如图 1-149 所示。

加强筋的高度 H 应不大于 3 倍的顶面壁厚，即 $3T$。在满足设计要求的情况下，加强筋的高度应尽可能小。组合件使用两条或多条较矮的加强筋比使用一条较高的加强筋更为牢固

为保证零件表面基本平整，加强筋的端面不应与零件的支撑面平齐，应低于支撑面不小于 0.5mm，如图 1-150 所示。

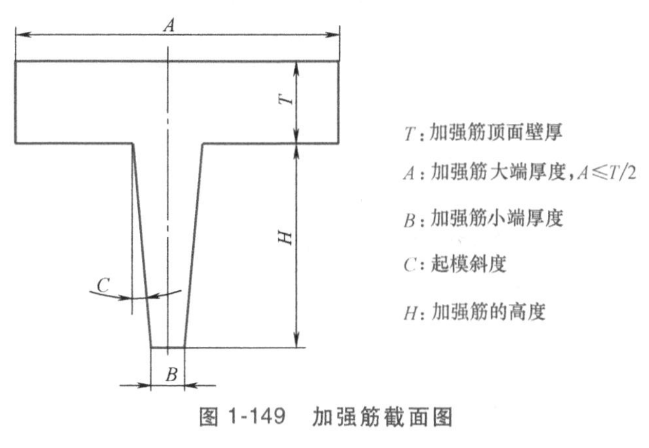

图 1-149　加强筋截面图

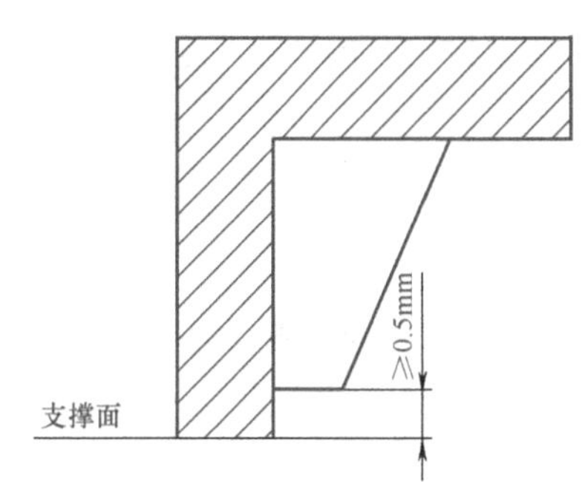

图 1-150　加强筋的端面设计

在中望3D软件中，单击“造型”工具选项卡下“工程特征”工具栏中的“筋”工具按钮，弹出图1-151所示的“筋”对话框，用于创建普通的加强筋。

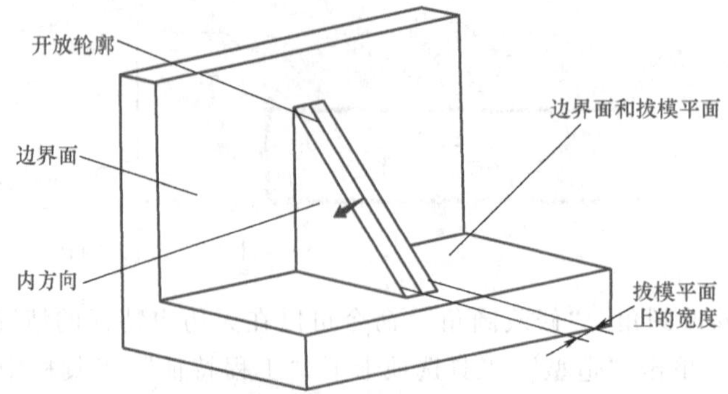

图1-151 “筋”对话框

1）“轮廓P1”文本框：指定筋的开放轮廓草图，右击该文本框，进入草图创建界面。

2）“方向”列表框：包含“平行”和“垂直”两个选项。“平行”表示筋与轮廓草图所在平面的方向平行；“垂直”表示筋与轮廓草图所在平面的方向垂直。程序将自动选取轮廓某一侧的方向，若与所需结果不符，可选中“反转材料方向”复选框。

3）“宽度类型”列表框：定义轮廓线在筋厚度方向的位置，包含“第一边”“第二边”“两者”三个选项。选择“两者”选项时，轮廓线处于筋厚度的中间位置。

4）“宽度W”文本框：定义筋的总厚度。

5）“角度A”文本框：定义筋的拔模角度。

6）“参考平面P2”文本框：如果定义了一个拔模角度，则用该选项定义拔模角度的参考平面，支持基准面和平面。

7）“边界面B”文本框：定义筋的接触面。

8）“反转材料方向”复选框：选中该复选框后，可更改筋拉伸的方向。

温馨提示：

绘制加强筋的轮廓时，可以穿过边界面。

（2）网状筋　单击“造型”工具选项卡下“工程特征”工具栏中的“筋”工具按钮旁的按钮，单击“网状筋”工具按钮，弹出“网状筋”对话框，如图1-152所示，可进行网状式筋特征的创建。

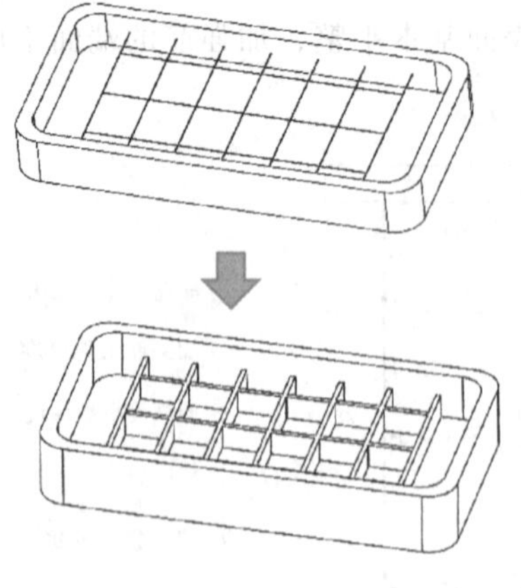

图1-152 “网状筋”对话框

1）“轮廓”下拉列表：定义筋的开放轮廓草图，右击该文本框进入草图创建界面。轮廓允许自相交，但必须在同一平面上。

2）“加厚”文本框：定义网状筋的宽度。

3）“起点”“端面”文本框：定义网状筋拉伸的起始点和终止点位置，需要注意的是，在终止位置应选择实体平面。

4）“拔模角度”文本框：定义网状筋的拔模角度，以轮廓平面为参考方向。

5）“边界”下拉列表：定义与网状筋相交的边界面。设定好后，网状筋的范围将不会超过设定值范围。

6）“反转方向”复选框：选中该复选框后，网状筋拉伸方向与原方向相反。

课内实施

1. 预习效果检查

(1) 填空题

1）“椭圆圆角”命令中的“倒角距离”“角度”文本框定义圆角的椭圆________面的大小。

2）指定筋的拉伸方向，并用一个箭头表示该方向。________表示拉伸方向与草图平面法向平行，________表示拉伸方向与草图平面法向垂直。

(2) 判断题

1）指定网状筋的结束面时，指定一个端面后，反转方向选项将变为不可用。(　　)

2）“圆角”命令可灵活允许不变圆角转变为可变圆角，并成为一个可编辑的历史圆角。可变属性可以用作“异常值”，使得大多数边成为半径，只有少数边会出现异常。(　　)

2. 零件结构分析

(1) 参考零件图样分析　支架零件图样如图1-153所示，该零件由圆柱体、底座和连杆等结构组成，外形比较复杂，无法使用基本体与布尔运算组合的方式直接造型，可采用基本体和创建特征相结合的方式完成建模。由于零件是左右对称结构，故可借助特征镜像的方式创建模型。

该零件采用铸造成形，为了减少尖角处的应力集中，防止力学性能下降，零件的边缘都要有结构圆角。圆角处不容易出现应力拉扯造成的铸造缺陷（如缩松等），并且圆角能消除尖角砂，避免砂眼。

(2) 学员零件图样分析　参考上面的提示，独立完成支架零件的图样分析，并填写表1-11。

表1-11　学员支架零件图样分析

序号	项目	分析结果
1	支架外形特点	
2	支架零件结构组成	
3	教师评价	

3. 零件建模方案设计

(1) 参考造型方案　根据支架零件的特点和结构组成，设计支架参考建模方案，具体内容见表1-12。

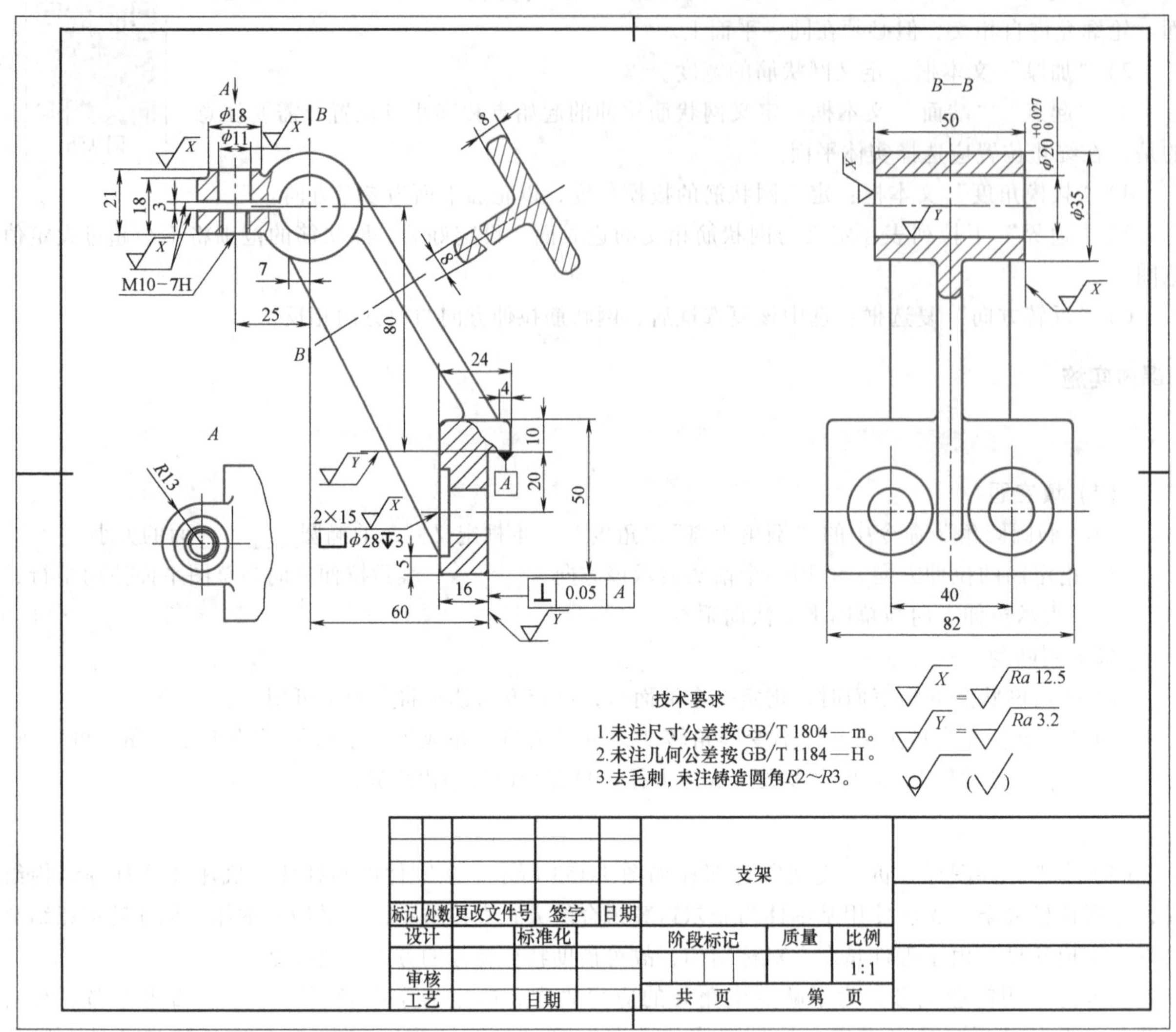

图 1-153　支架零件图样

表 1-12　支架参考建模方案

序号	步骤	图　示	序号	步骤	图　示
1	创建圆柱体		3	创建小凸台	
2	创建凸耳		4	切槽和通孔	

（续）

序号	步骤	图　示	序号	步骤	图　示
5	创建常规孔	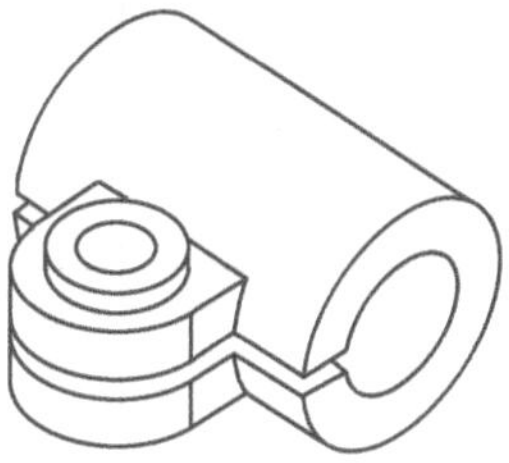	9	创建肋板	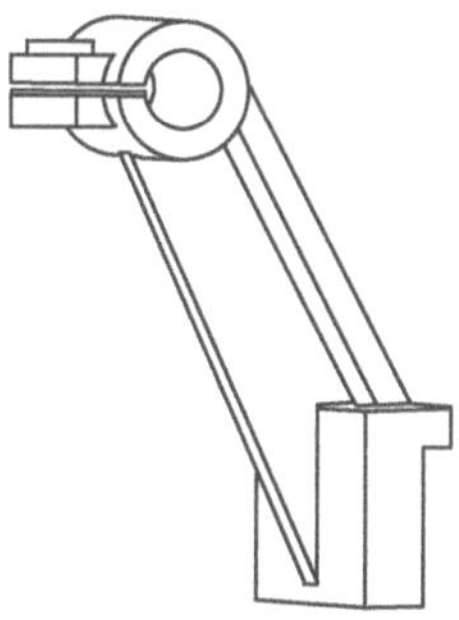
6	创建螺纹孔	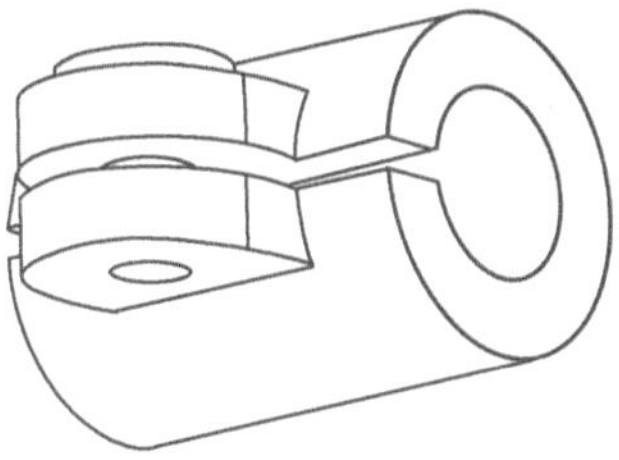	10	创建阶梯孔	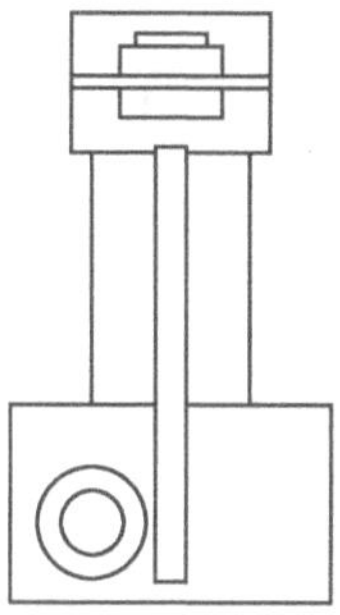
7	创建底座平板	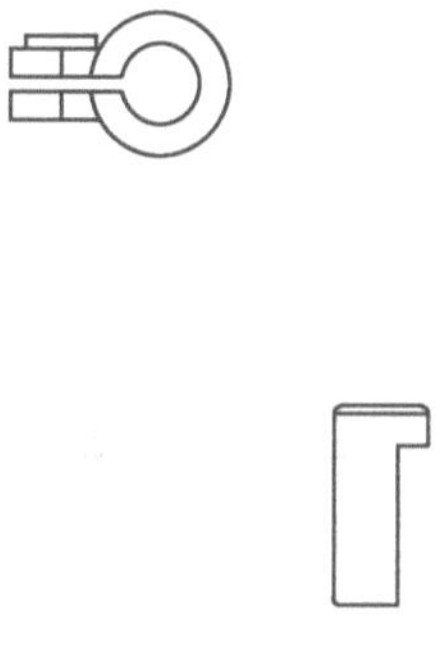	11	镜像阶梯孔	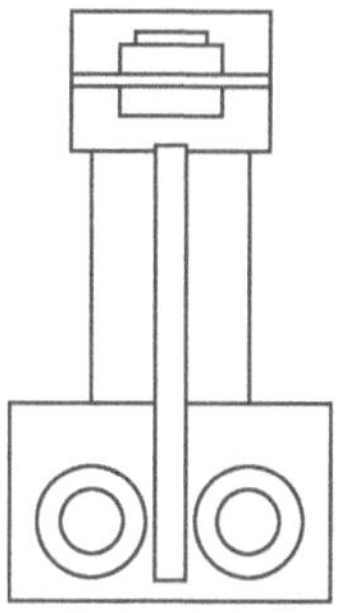
8	创建连杆	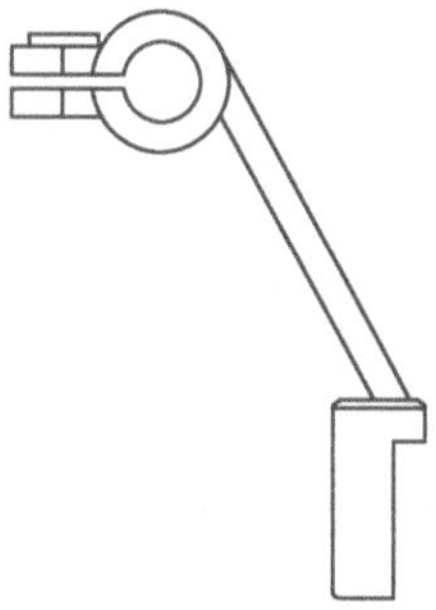	12	倒圆角	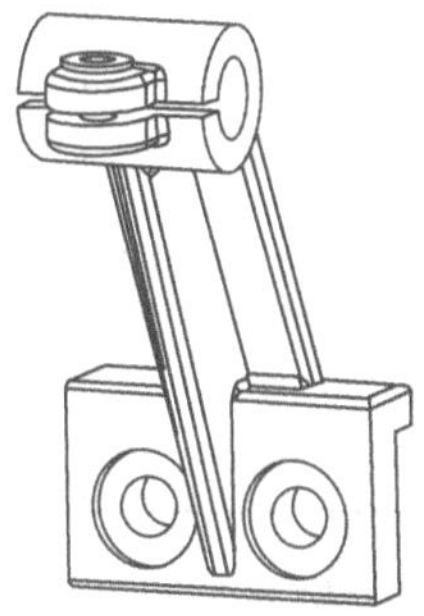

（2）学员造型方案　根据自己对零件的分析，参照表1-12的参考建模方案，独立设计支架建模方案，并填写表1-13。

表 1-13　学员支架零件建模方案

序号	步骤	图　示	序号	步骤	图　示
1			8		
2			9		
3			10		
4			11		
5			12		
6			考评结论		
7					

4. 建模实施过程

温馨提示：

打开中望 3D 软件，单击“实用工具”工具栏中的“工作目录”按钮，打开设置工作目录对话框，选择指定位置以方便文件的管理。

1）新建文件并保存。要求：

“类型”为“零件”，“子类”为“标准”，“模板”为“PartTemplate（MM）”，“信息—唯一名称”为“支架.Z3PRT”。

2）设置支架建模图层，见表1-14。

表1-14　设置支架建模图层

ID	名称	ID	名称
0	基准	4	底座
1	圆柱体	5	连杆
2	凸耳	6	肋板
3	切槽		

3）拉伸圆柱体。

支架建模步骤1）~8）

① 激活ID=1的图层，单击“基础造型”工具栏中的“草图”工具按钮，弹出“草图”对话框。

② 设置“草图平面”为X-Y平面，“草图水平参考”为X轴正向，如图1-154所示。

③ 单击“创建圆”工具按钮，在绘图区绘制图1-155所示圆心位于原点、直径为ϕ35mm的圆，完成后单击“退出”按钮退出草图界面。

④ 单击工具栏中的“拉伸”工具按钮，进入创建拉伸特征的操作界面，如图1-156所示。

图1-154　草图平面（X-Y平面）

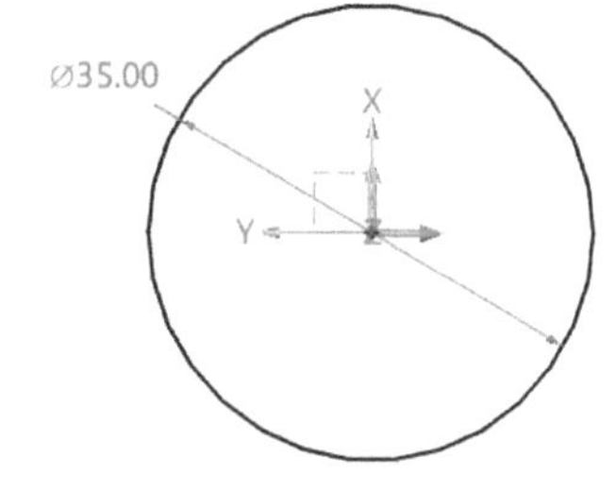

图1-155　绘制ϕ35mm圆草图轮廓

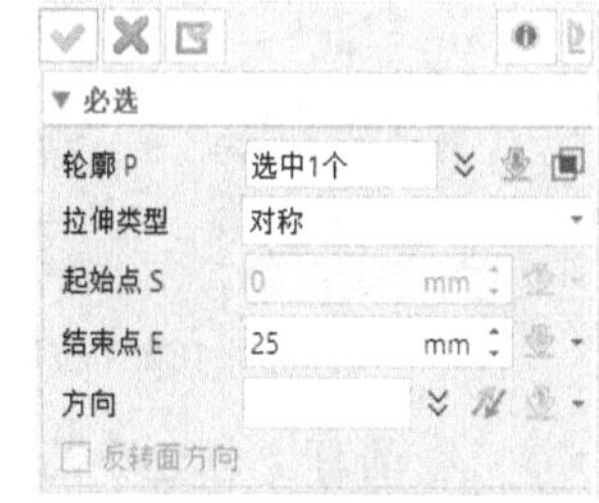

图1-156　“拉伸”对话框

⑤ 单击“轮廓P”下拉列表框，在绘图区单击创建的ϕ35mm圆草图轮廓，“轮廓P”下拉列表框出现“选中1个”，表明待拉伸的ϕ35mm圆轮廓已被选中，设置“拉伸类型”为“对称”，“结束点E”为“25”，其他参数默认，预览效果如图1-157所示，单击“确认”按钮完成圆柱体的拉伸，效果如图1-158所示。

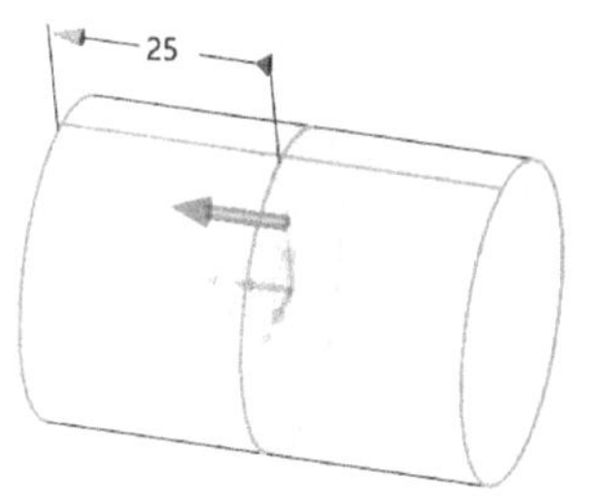

图1-157　圆柱体效果预览

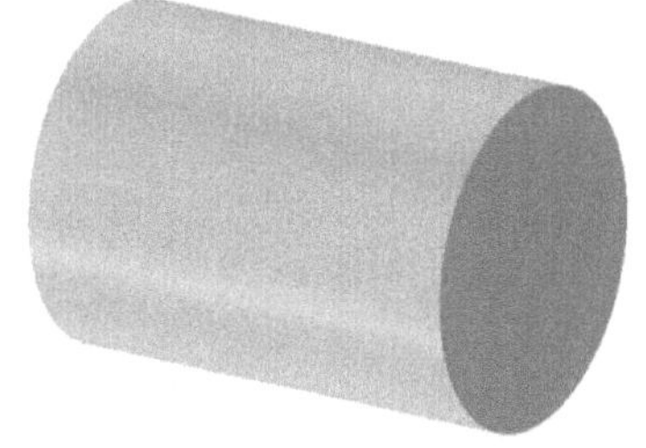
图1-158　圆柱体拉伸效果

4）创建凸耳。

① 激活ID=2的图层，单击“基础造型”工具栏中的“草图”工具按钮，弹出“草图”对话框。

② 设置“草图平面”为 X-Z 平面，“草图水平参考”为 Z 轴负向，如图 1-159 所示。

③ 使用“绘图”工具按钮和“圆弧”工具按钮绘制图 1-160 所示圆心与圆柱体轴线距离为 25mm、圆弧半径为 13mm 的轮廓，创建完成后单击“退出”按钮退出草图界面。

④ 单击工具条上的“拉伸”工具按钮，进入创建拉伸特征的操作界面，如图 1-161 所示。

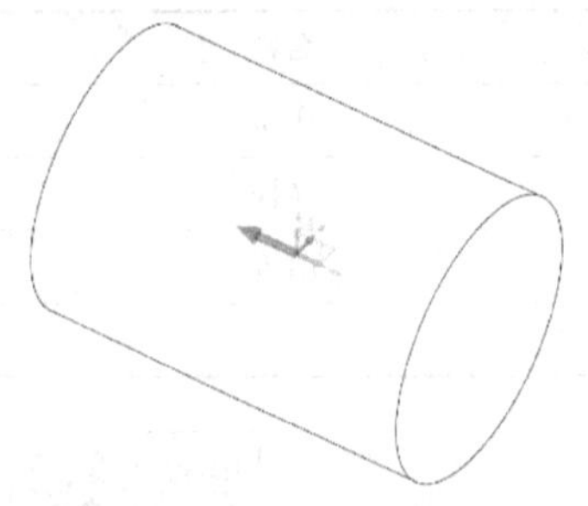

图 1-159 草图平面（X-Z 平面）

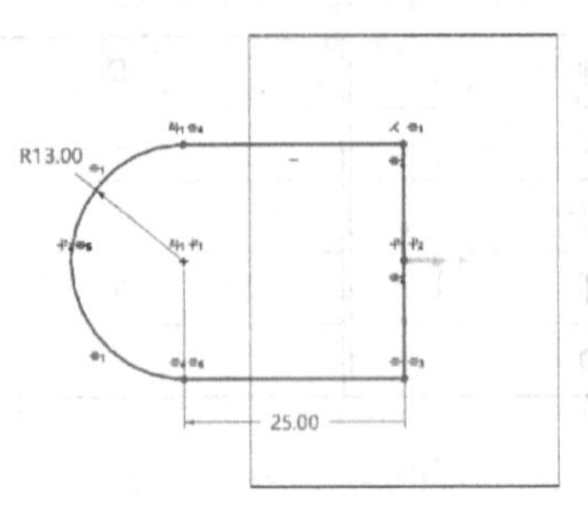

图 1-160 草图轮廓

图 1-161 拉伸界面

⑤ 在绘图区选择刚刚创建的轮廓，设置“拉伸类型”为“对称”，“结束点 E”为“9”，布尔运算为“加运算”，其他参数默认，预览效果如图 1-162 所示，单击“确认”按钮完成凸耳的创建，效果如图 1-163 所示。

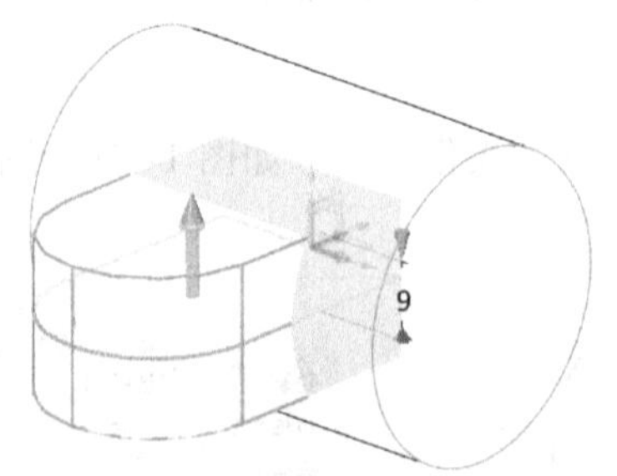

图 1-162 凸耳效果预览

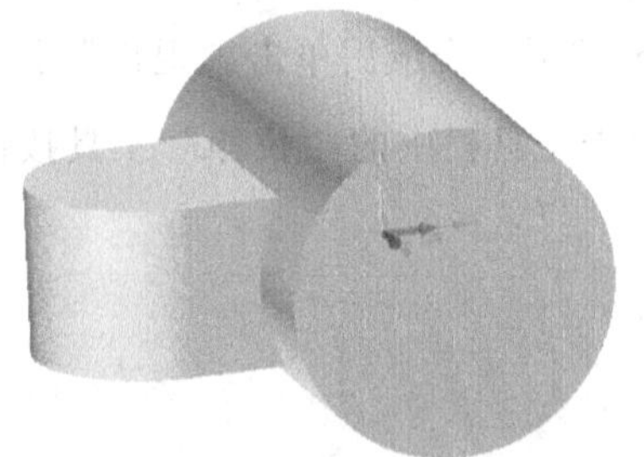

图 1-163 创建完成的凸耳

5）在凸耳上创建小凸台。

① 单击“基础造型”工具栏中的“圆柱体”工具按钮，弹出“圆柱体”对话框。

② 确定圆柱体的中心位置。单击“中心”文本框旁的下拉箭头，选择“曲率中心”选项，在绘图区单击凸耳边缘（圆弧）作为曲率中心的参考曲线，如图 1-164 所示。

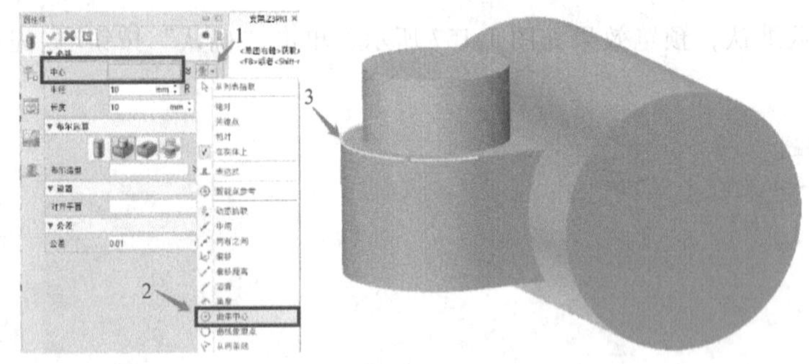

图 1-164 圆柱中心位置的确定

③ 确定圆柱的中心位置后，按照图 1-165 所示参数设置圆柱半径值和长度值，凸台效果预览如图 1-166 所示，单击“确认”按钮完成小凸台的创建，效果如图 1-167 所示。

图 1-165 创建圆柱体界面

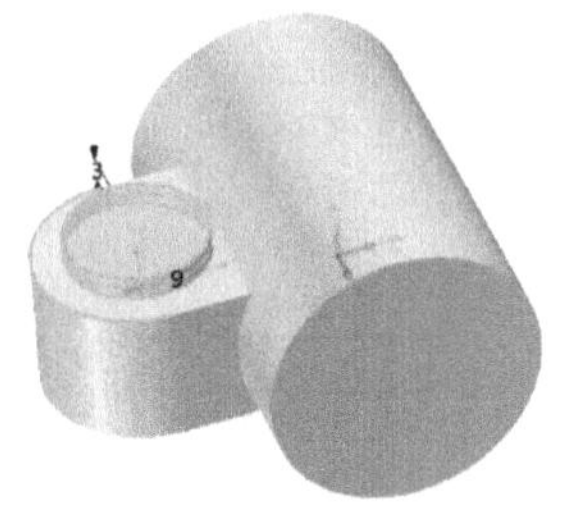

图 1-166 凸台效果预览

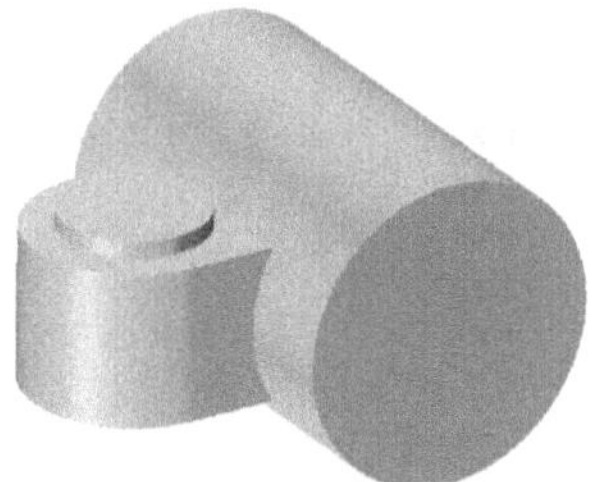

图 1-167 创建完成的凸台

6）切槽和通孔。

温馨提示：

为了减少重复工作，建模时通常将基体特征建立完毕统一切除内部结构。

① 激活 ID=3 的图层，单击“基础造型”工具栏中的“草图”工具按钮，弹出“草图”对话框。

② 设置“草图平面”为圆柱前底圆，“草图水平参考”为 Y 轴正向，如图 1-168 所示。

③ 单击“绘图”工具按钮，在绘图区过圆柱体底面的圆心绘制一条平行于 X 轴的水平线，右击该直线，在弹出的菜单中单击“切换类型（构造型、实体型）”工具按钮，将直线切换为参考基准线，如图 1-169 所示。

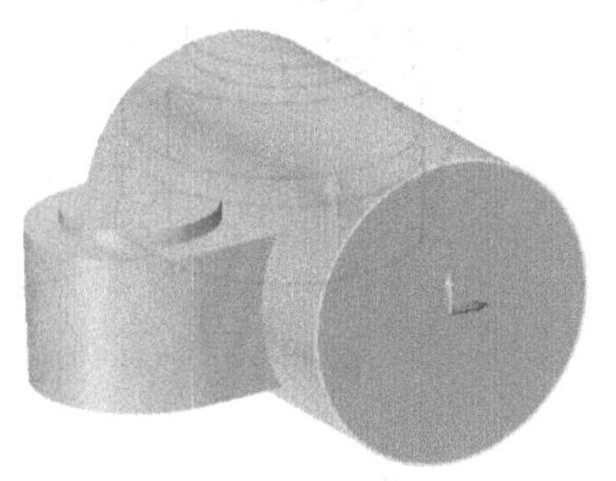

图 1-168 草图平面（圆柱前底圆）

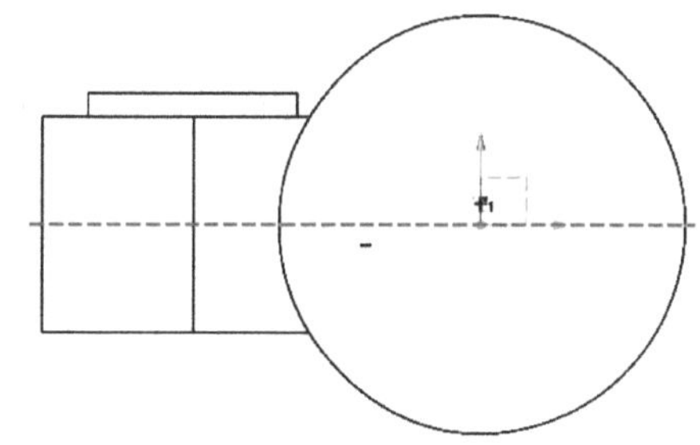

图 1-169 绘制水平基准线

④ 单击“绘图”工具按钮和“圆”工具按钮绘制图 1-170 所示轮廓。需要注意的是，草图必须“明确约束”，在快捷工具栏选择“打开/关闭颜色识别栏”命令，图线显示深蓝色为完全约束。创建完成后单击“退出”按钮退出草图界面。

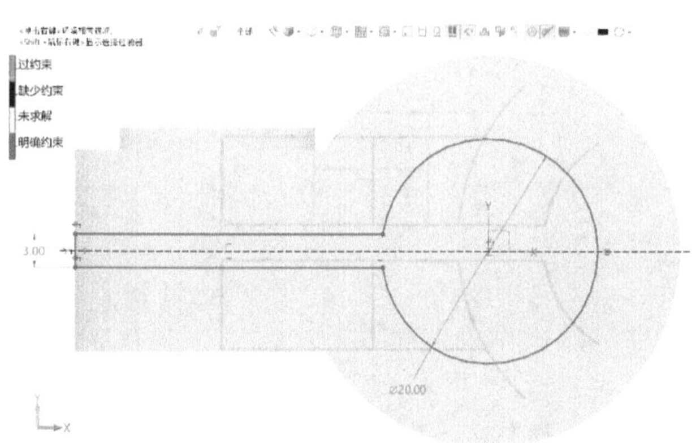

图 1-170 草绘轮廓

⑤ 单击工具条上的“拉伸”工具按钮，进入创建拉伸特征的操作界面，如图 1-171 所示。在绘图区单击图 1-172 所示轮廓草图，设置“拉伸类型”为“1 边”，单击“结束点 E”文本框旁边的下拉三角按钮，选择“到面”选项，如图 1-172 所示，在绘图区单击图 1-173 所示圆柱体的另一底面，确定拉伸终点，设置布尔方式为“减运算”，其他参数默认，预览效果如图 1-173 所示，单击“确认”按钮完成切槽和通孔的创建，效果如图 1-174 所示。

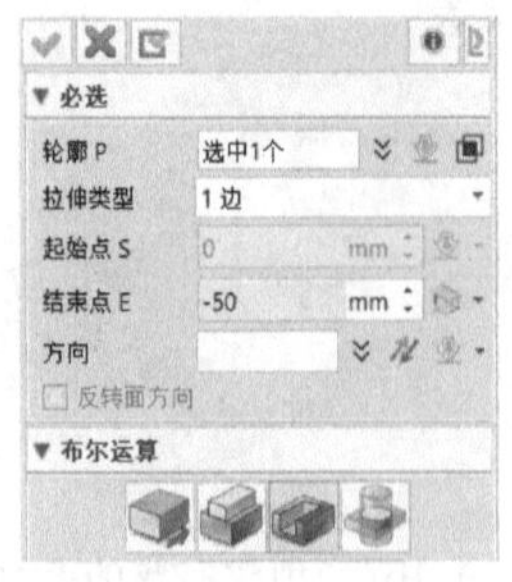

图 1-171　拉伸去除界面

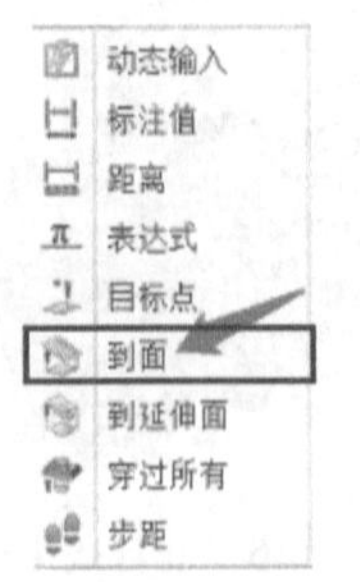

图 1-172　拉伸结束形式

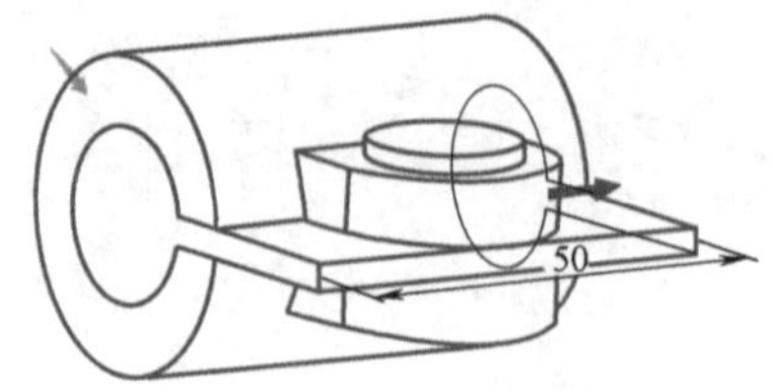

图 1-173　效果预览

7）创建常规孔。

① 单击“工程特征”工具栏中的“创建孔特征”工具按钮，弹出“孔”对话框，如图 1-175 所示。

② 在“孔”对话框中单击“常规孔”按钮，单击“位置”文本框旁边下拉三角按钮，选择捕捉方式为“曲率中心”。在绘图区单击步骤 5）创建的小凸台曲线，将孔中心定位到小凸台上表面的圆心位置，如图 1-176 所示。

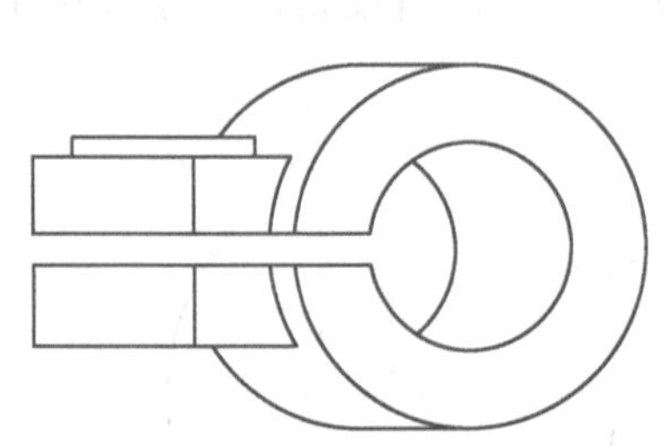
图 1-174　创建完成的切槽和通孔

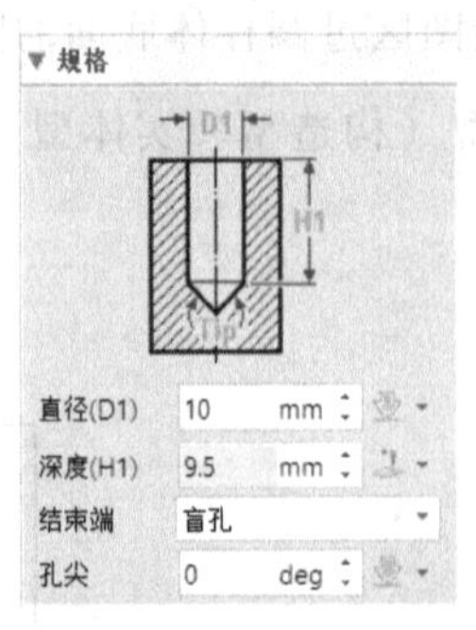

图 1-175　“孔”对话框

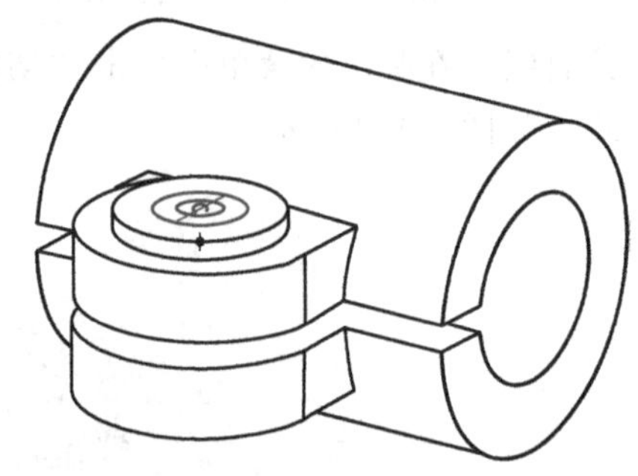
图 1-176　孔中心位置预览

③ 在“规格”选项组的“直径（D1）”文本框中设置直径为“10”，单击“深度（H1）”文本框旁边的按钮，单击“目标点”按钮，旋转三维模型，在通槽上表面的任意一点单击作为孔的截止位置，如图 1-177 所示，然后单击“确认”按钮完成凸耳通孔（常规孔）的创建，效果如图 1-178 所示。

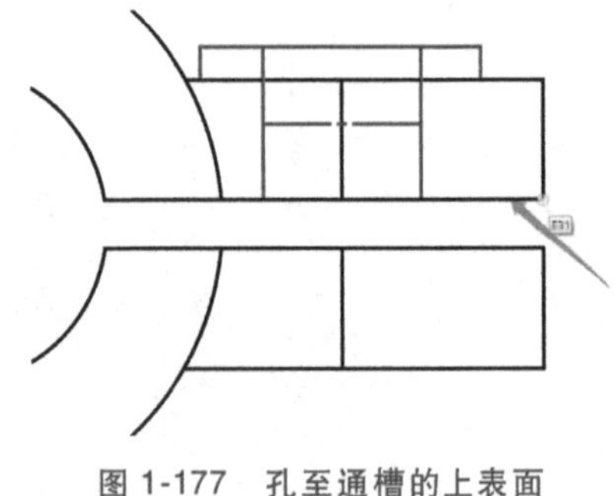
图 1-177　孔至通槽的上表面

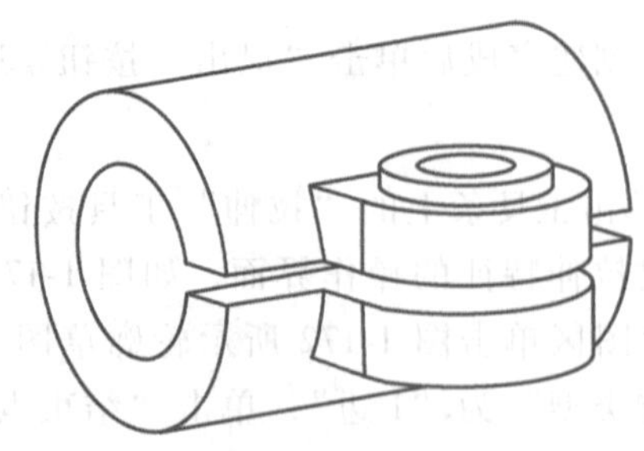
图 1-178　创建完成的常规孔

8）创建螺纹孔。

① 单击“工程特征”工具栏中的“创建孔特征”工具按钮，弹出“孔”对话框。

② 在“孔”对话框中单击“螺纹孔”按钮，单击“位置”文本框旁边的按钮，选择捕捉方

式为“曲率中心”⊙，在绘图区单击通槽下的凸耳边缘，将孔中心定位到通槽下凸耳的圆心位置，如图 1-179 所示。

③ 在“螺纹”选项组中设置“尺寸”为“M10×1.5”，其余参数默认，如图 1-180 所示。

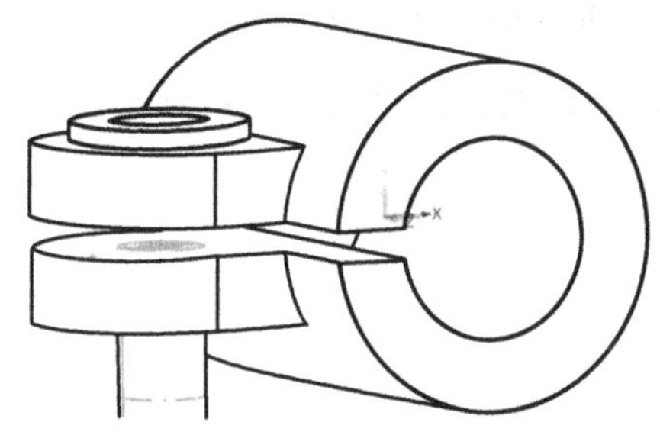

图 1-179　孔中心位置预览

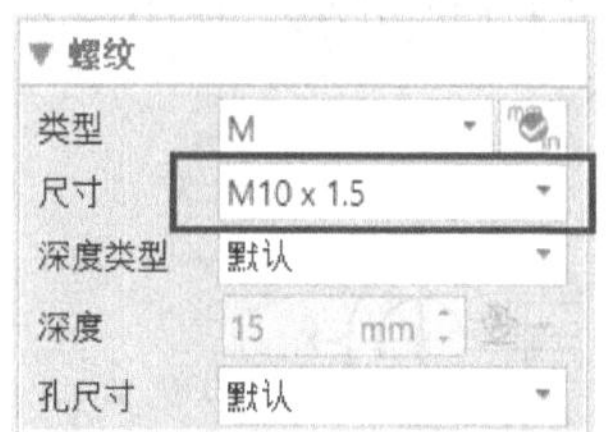

图 1-180　“孔”对话框中的“螺纹”选项组

④ 在“规格”选项组中设置“结束端”为“通孔”，其余参数默认，如图 1-181 所示。其余设置全部默认，然后单击✔创建完成螺纹孔的创建，如图 1-182 所示（注意：要在着色环境下才能显示螺纹效果）。

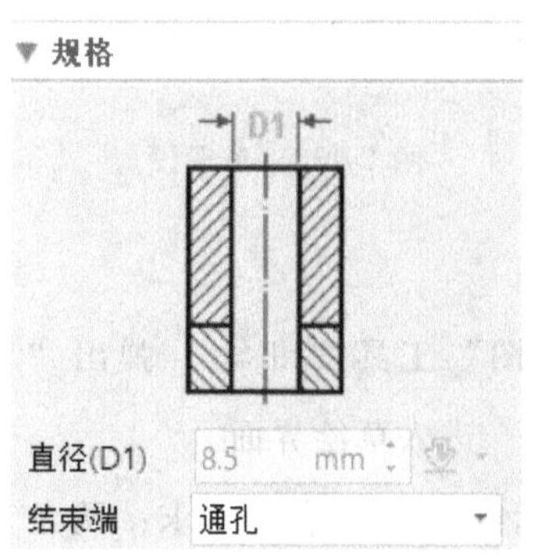

图 1-181　孔至通槽的上表面

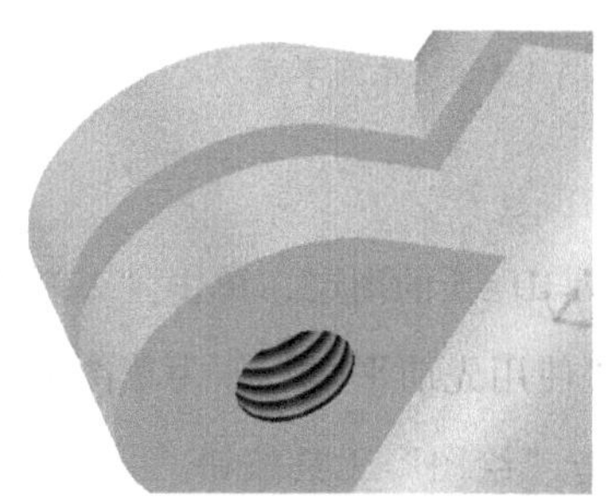

图 1-182　创建完成的螺纹孔

9）创建底座平板。

① 激活 ID=4 的图层，单击“基础造型”工具栏中的“草图”工具按钮，弹出“草图”对话框。

② 设置“草图平面”为 X-Y 平面，“草图水平参考”为 Y 轴正向，如图 1-183 所示。

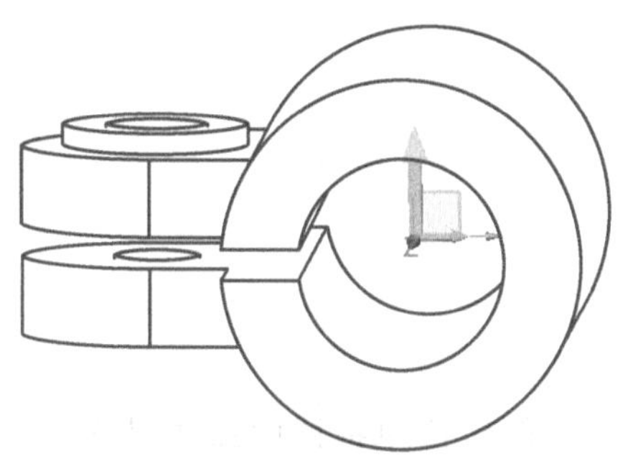

a) 草图平面的选取

b) 草绘定向

图 1-183　草图平面

③ 单击“绘图”工具按钮，在绘图区绘制图 1-184 所示轮廓，创建完成后单击“退出”按钮退出草图界面。

④ 单击工具栏中的“拉伸”工具按钮，进入创建拉伸特征的操作界面。在绘图区选择图 1-184 所示轮廓，在“拉伸”对话框的“必选”选项组中设置“拉伸类型”为“对称”，“结束点 E”为“82/2”，如图 1-185 所示。布尔运算选择“加运算”，其他参数默认，单击完成底座的创建如图 1-186 所示。

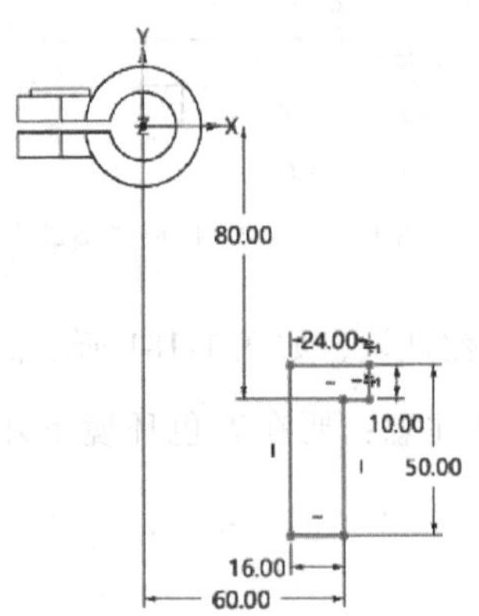

图 1-184 草图平面（封闭轮廓）

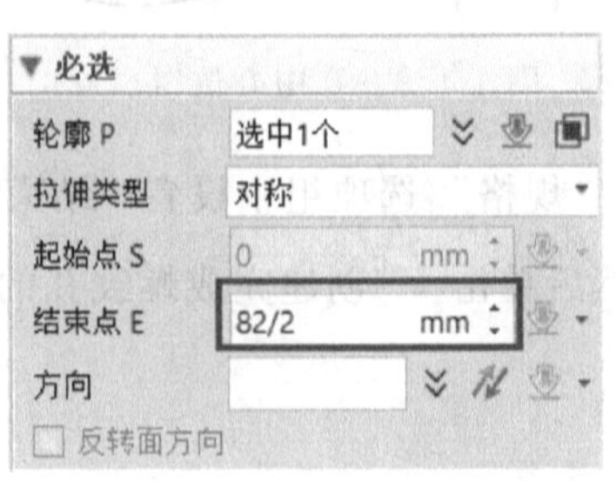

图 1-185 草图设置

10）创建连杆。

① 激活 ID=5 的图层，单击“基础造型”工具栏中的“草图”工具按钮，弹出“草图”对话框，单击“使用先前平面”作为草图平面，单击“确认”按钮进入草绘界面。

② 单击“绘图”工具按钮，在绘图区绘制图 1-187 所示的封闭轮廓，要求：两条直线相互平行；外直线与圆轮廓相切。创建完成后单击“退出”按钮退出草图界面。

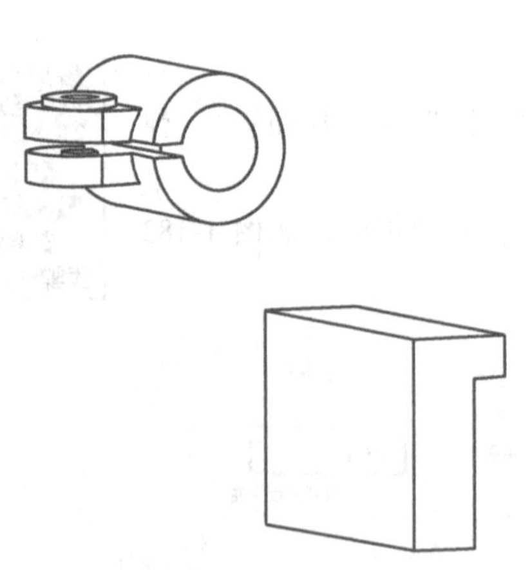

图 1-186 底座的创建

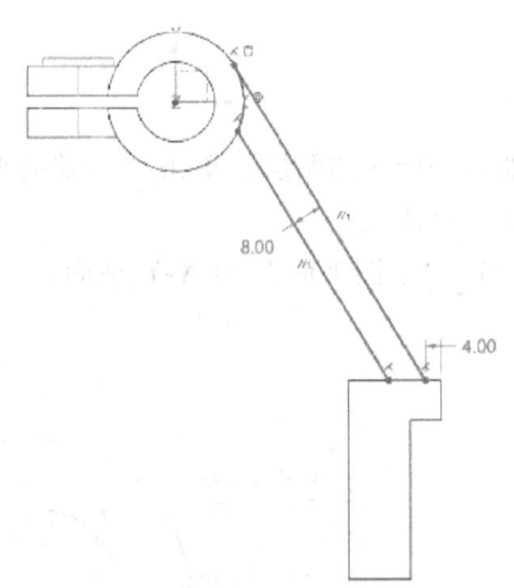

图 1-187 草图轮廓（平行线）

③ 单击工具栏中的“拉伸”工具按钮，进入创建拉伸特征的操作界面。设置“轮廓 P”为图 1-187 所示封闭轮廓，“拉伸类型”为“对称”，“结束点 E”为“40/2”，如图 1-188 所示。设置布尔方式为“加运算”，其他参数默认，单击“确认”按钮，完成连杆的创建，效果如图 1-189 所示。

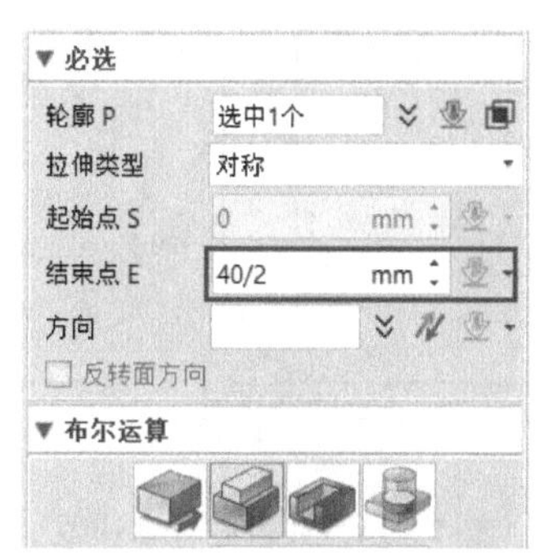

图 1-188　草图设置

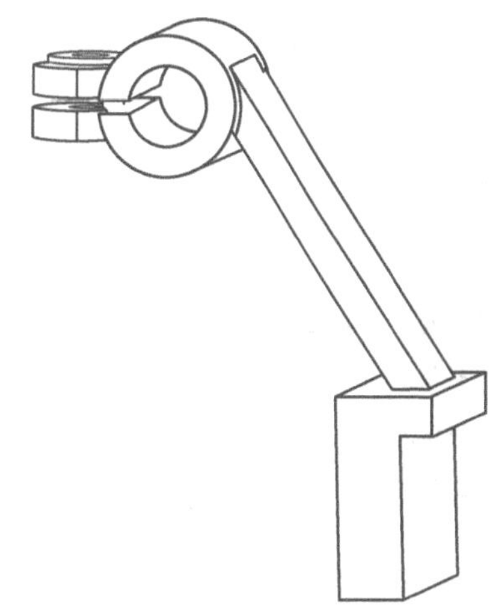

图 1-189　连杆的创建效果

11）创建肋板。

① 激活 ID=5 的图层，单击“工程特征”工具栏中的“草图”工具按钮，弹出“草图”对话框，单击“使用先前平面”作为草图平面，单击“确认”按钮进入草绘界面。

② 单击“绘图”工具按钮，在绘图区绘制图 1-190 所示的一条直线作为筋特征的生长线，完成后单击“退出”按钮退出草图界面。

③ 单击工具栏中的“筋”工具按钮，进入创建筋特征的操作界面。设置“轮廓 P”为图 1-190 所示直线，“方向”为“平行”，“宽度类型”为“两者”，“宽度 W”为“8”，“角度 A”为“0”，单击“确认”按钮，完成筋特征的创建，效果如图 1-191 所示（如筋生长方向与图 1-192 所示方向不一致，可选中“设置”选项组中的“反转材料方向”复选框，即可改变筋生长的方向）。

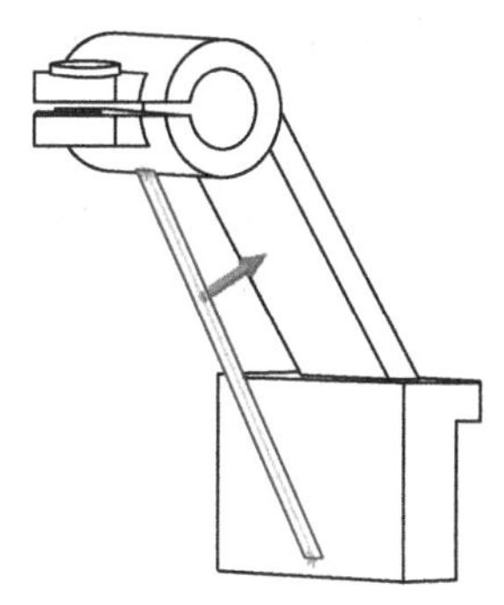

图 1-190　草图轮廓（直线）

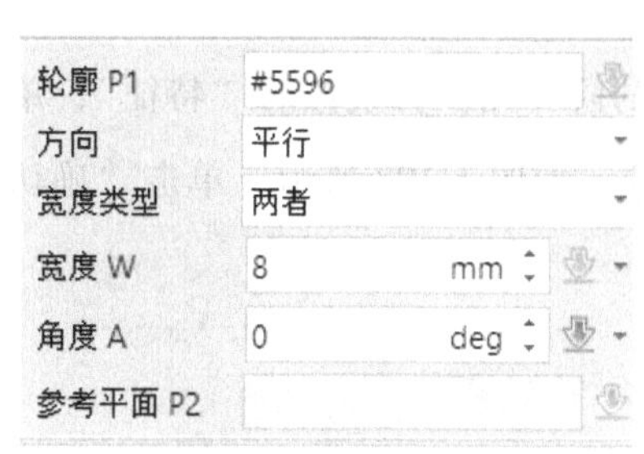

图 1-191　草图设置

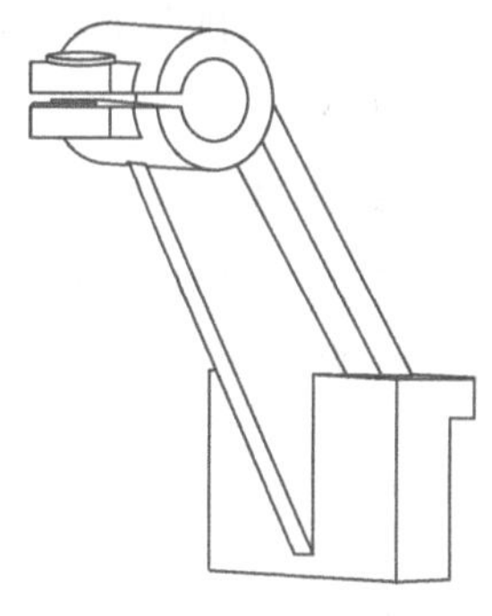

图 1-192　创建筋特征

12）创建阶梯孔。

① 单击“工程特征”工具栏中的“创建孔特征”工具按钮，弹出“孔”对话框。

② 在“孔”对话框中单击“常规孔”按钮，单击“位置”文本框旁边的按钮，选择捕捉方式为“偏移”，在绘图区单击底座上表面边线正中间位置作为“参考点”。此时注意观察底座上表面所处的坐标轴及方向，分别设置沿 Z 轴正方向和 Y 轴正方向偏移距离为 20mm，如图 1-193 所示，单击“确认”按钮将阶梯孔中心定位到底座上表面设定位置，如图 1-194 所示。

③ 在“孔”对话框的“规格”选项组中，设置“孔造型”为“台阶孔”，“D2”为“28”，“H2”为“3”，“直径（D1）”为“15”，“结束端”为“通孔”，如图 1-195 所示。全部设置完毕，单击“确认”按钮完成阶梯孔的创建，效果如图 1-196 所示。

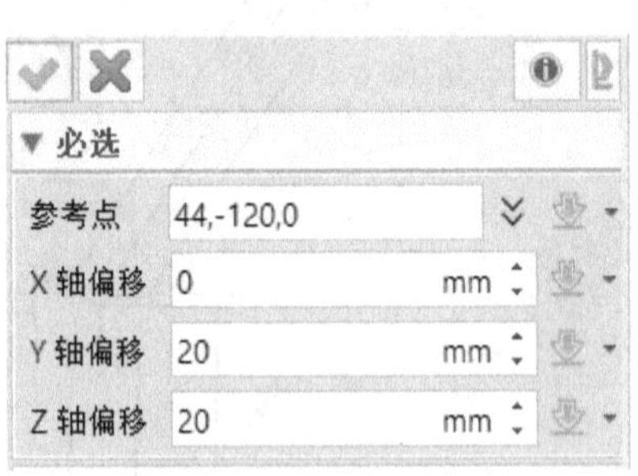

图 1-193 “孔”对话框

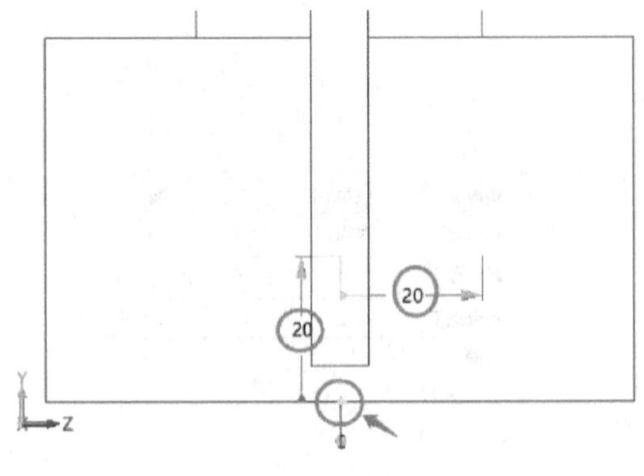

图 1-194 孔中心位置预览

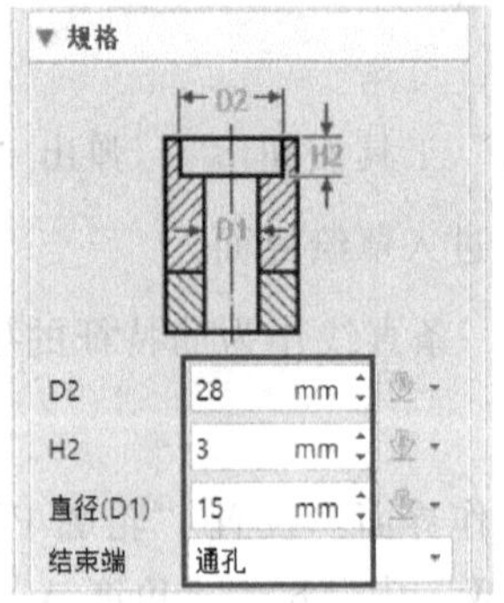

图 1-195 “规格”选项组中的参数设置

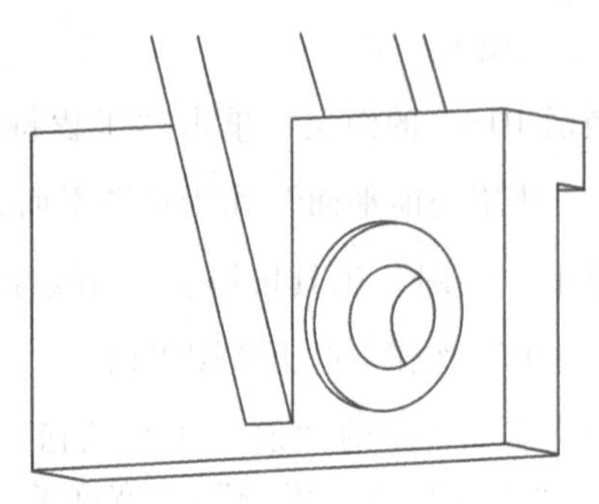

图 1-196 创建完成的阶梯孔

13）镜像另一阶梯孔。

① 单击“基础编辑”工具栏中的“镜像特征”工具按钮，弹出“镜像特征”对话框，如图 1-197 所示。

② 在绘图区选择图 1-196 所示的阶梯孔作为镜像的“特征”，单击“平面”文本框旁边的按钮，选择镜像平面为“Default CSYS_XY”，如图 1-198 所示，单击“确认”按钮完成阶梯孔的镜像操作，如图 1-199 所示。

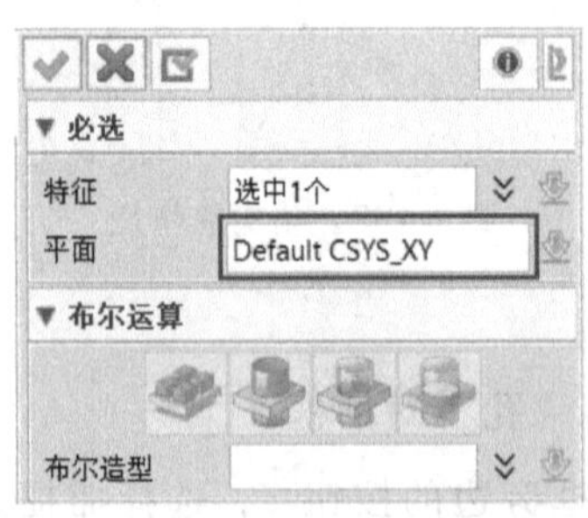

图 1-197 “镜像特征”对话框

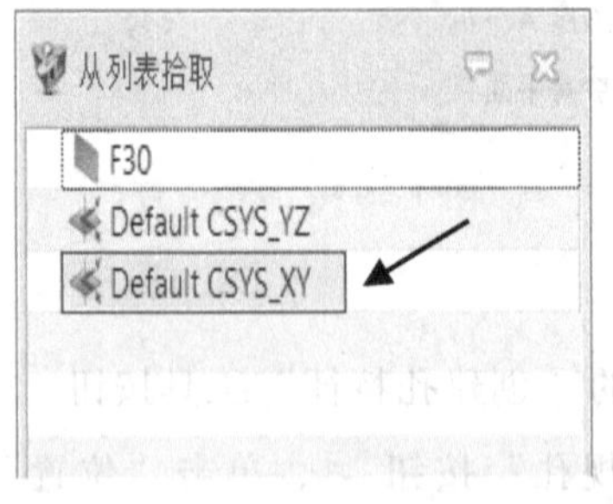

图 1-198 选择镜像平面

图 1-199 镜像阶梯孔

14）圆角。

温馨提示：

圆角与倒角特征的添加一般放在建模的最后进行。

① 单击“工程特征”工具栏中的“圆角”工具按钮，弹出“圆角”对话框，在绘图区拾取

图 1-200 所示 20 条边线，设置“半径 R”为“2.5”，单击“确认”按钮，完成支架下部圆角特征的创建。

② 双击鼠标中键，重复前一次的“圆角”命令，在绘图区拾取图 1-201 所示 8 条边线，设置“半径 R”为“2”，单击“确认”按钮，完成支架上部圆角特征的创建。

③ 至此已完成支架全部零件特征的创建任务，得到的支架零件如图 1-202 所示。

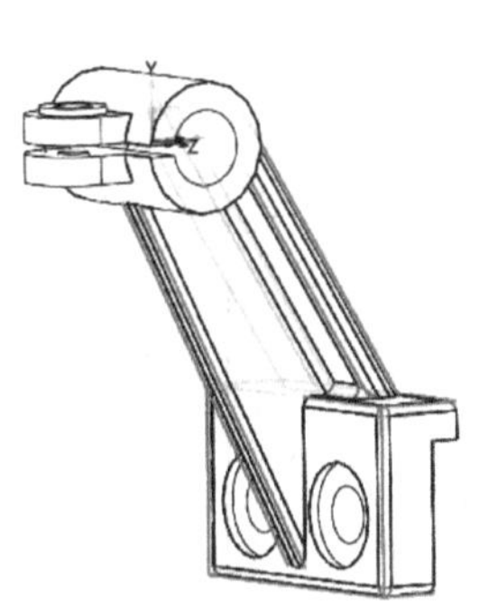

图 1-200　圆角（一）

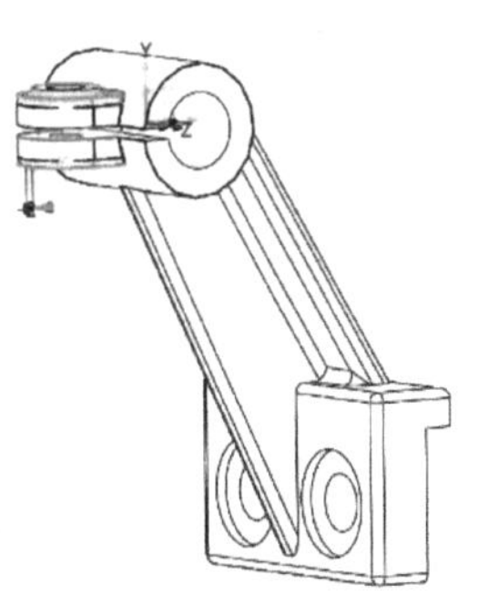

图 1-201　圆角（二）

图 1-202　完成的支架零件

15）保存文件。完成支架的全部建模步骤后需及时保存文件。

课后拓展训练

1）根据图 1-203 所示的叉架零件图样，创建叉架零件三维模型。

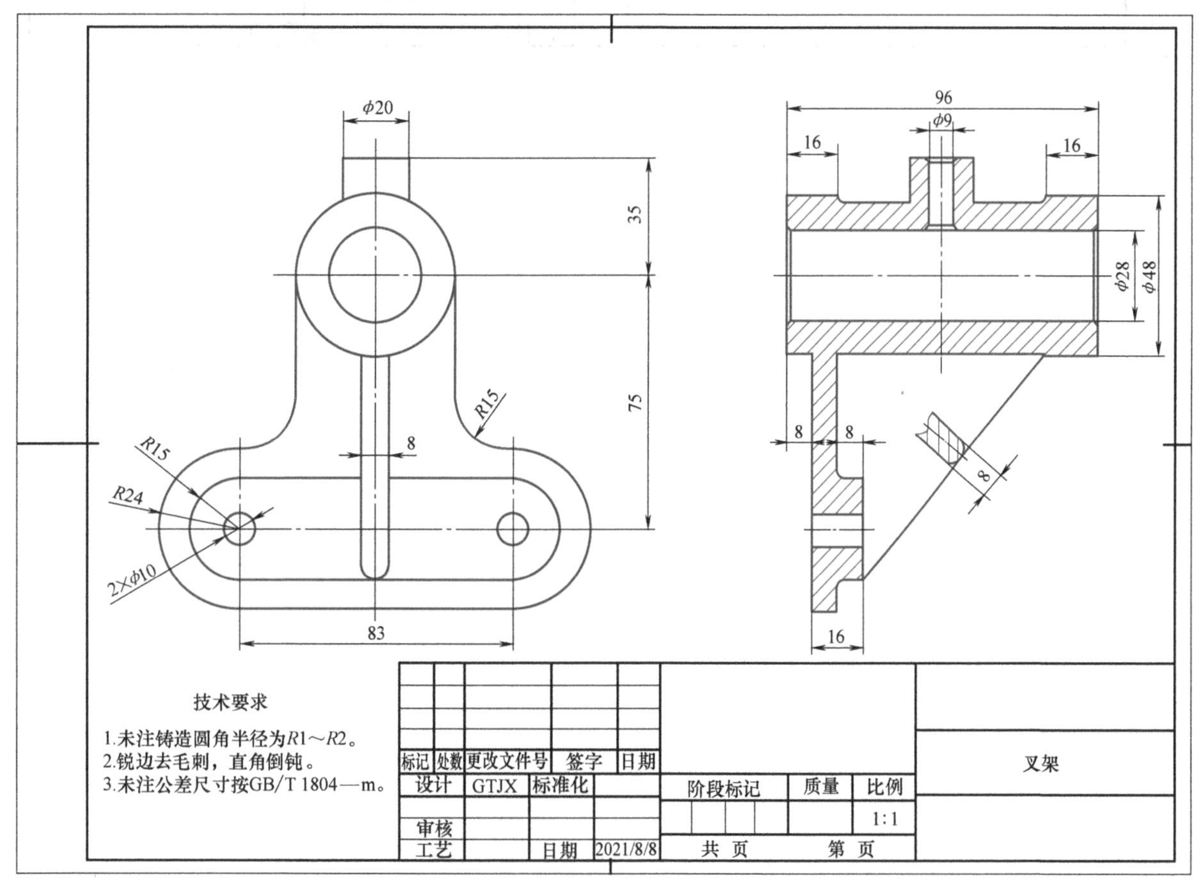

图 1-203　叉架零件

2）根据图 1-204 所示的拨叉零件图样，创建拨叉零件三维模型。

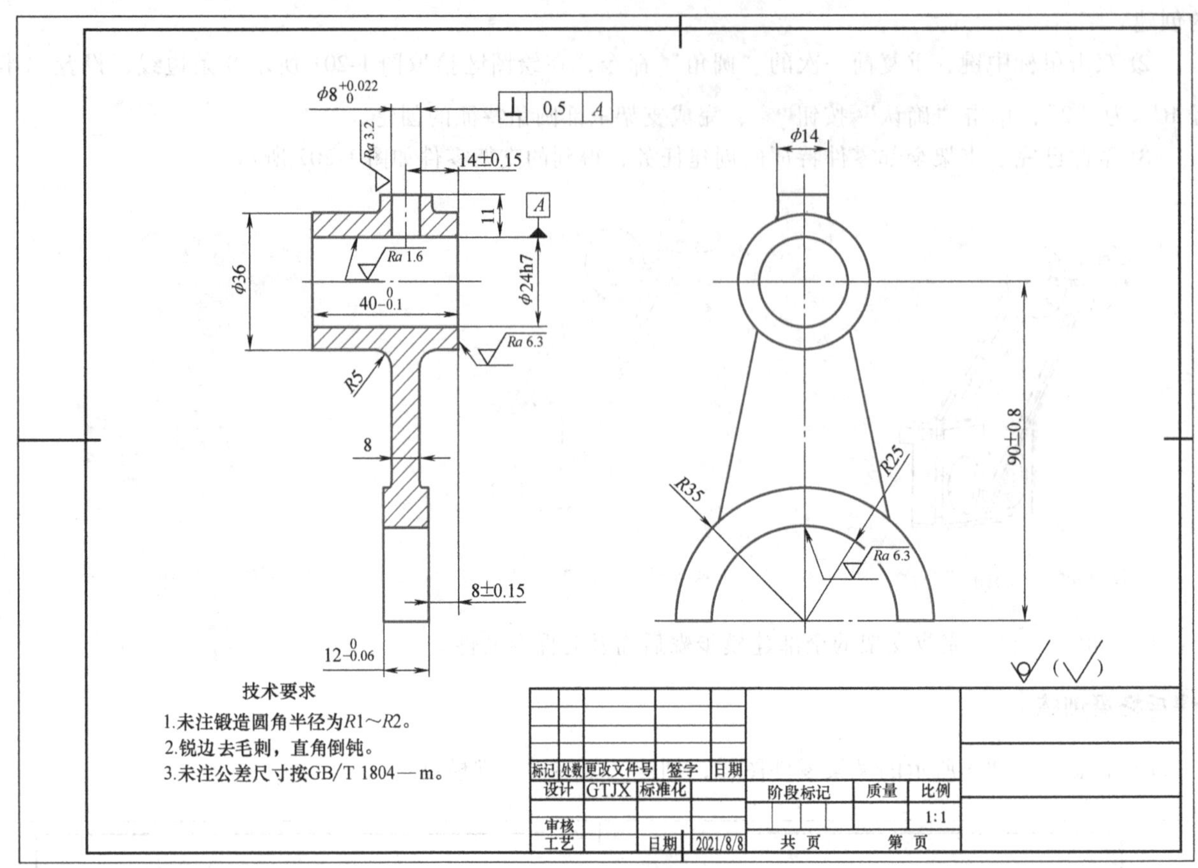

图 1-204　拨叉零件

模块2

基本零件图样绘制

学习任务 2.1　轴类零件图样绘制

任务描述

轴类零件的基本形状是同轴回转体，沿轴线方向通常有轴肩、倒角、螺纹、退刀槽、键槽等结构要素。图 2-1 所示的传动轴是一个高转速、少支承的旋转体，主要可用于汽车等机械的动力传动。它具有六个轴段，在左右侧各有键槽，可以与齿轮连接；最右端还有螺纹结构，便于与其他零件连接；倒角结构便于对中装配。轴类零件一般选用轴线水平放置的主视图，这样既符合零件加工的位置原则，又表达了细部结构。轴类零件图样的绘制主要运用二维 CAD 绘图的方法正确设置图层，完整抄画零件图，包括绘制视图（主视图和其他视图）、图框和标题栏，同时完成尺寸标注和文字注释，以及几何公差、表面粗糙度及技术要求的注写。

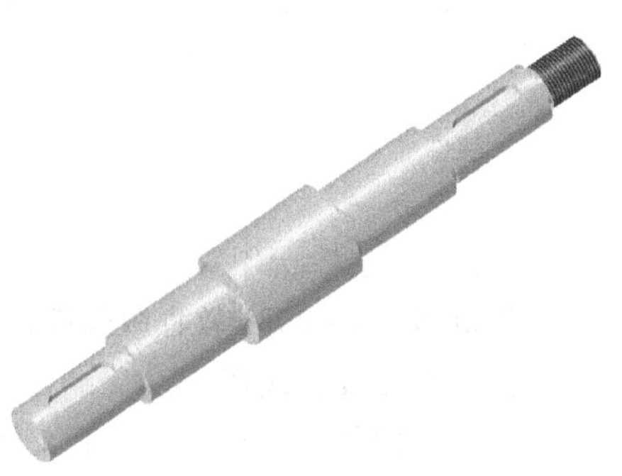

图 2-1　传动轴

知识点

图纸和标题栏的绘制要求。

选用合适的图幅与比例。

图层、样式等管理工具的使用方法。

视图选择、绘制、编辑、修改方法。

尺寸标注方法。

注释、几何公差、表面粗糙度的标注。

技能点

会根据零件尺寸选用合适的图幅。

能按相关国家标准要求，准确绘制零件图样各视图的图线。

会调用图层、样式等管理工具，能正确设置图层、线型和字体等参数。

能使用样式编辑工具准确设置文字样式、标注样式和符号样式。

素养目标

根据零件结构表达的要求，绘制符合相关国家标准要求的视图并正确标注尺寸。

培养学员养成良好的职业习惯和严谨的工作作风。

培养学员精益求精、耐心细致的职业素养。

课前预习

1. 中望机械 CAD 2021 教育版软件界面

中望机械 CAD 2021 教育版软件界面如图 2-2 所示。

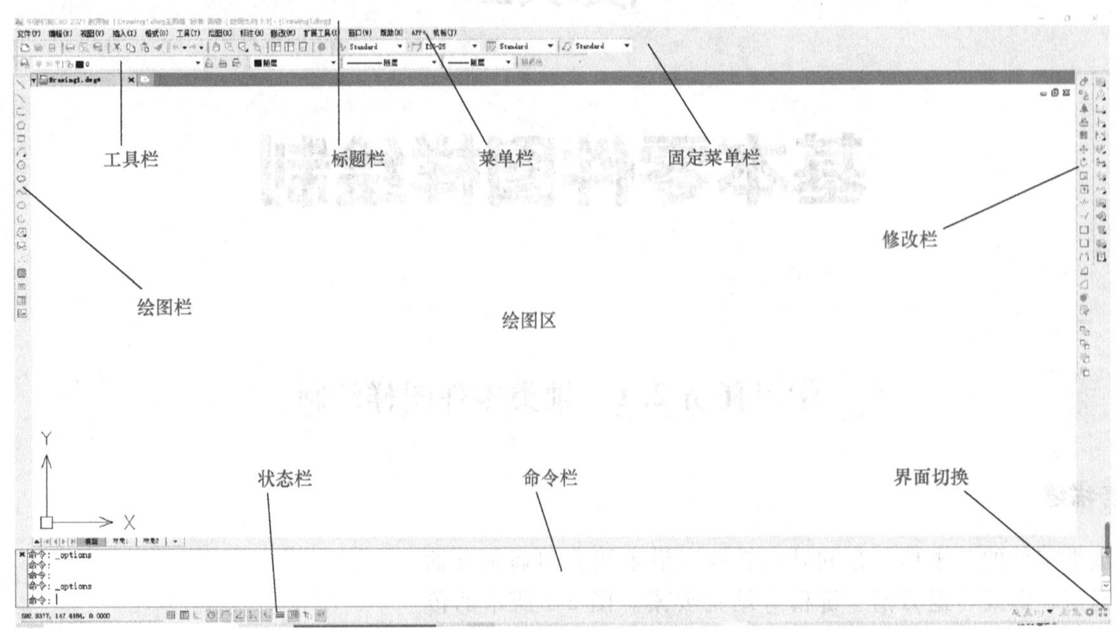

图 2-2 中望机械 CAD 2021 教育版软件界面

2. 图层、线宽、颜色的设置

中望机械 CAD 2021 教育版软件拥有智能图层功能，可以自动创建图层，包括图层名、线型、颜色等，学员仅需要设置线宽。

需要注意的是，新建一个图纸文件，软件不直接自动创建图层，需要执行“机械”菜单栏中的任意命令（例如图幅设置）后，软件才会自动创建图层。

设置图层（线宽）的具体步骤如下：

1）执行“机械”菜单栏中的任意命令后，单击图层管理中的“图层特性”工具按钮，弹出“图层特性管理器”对话框，如图 2-3 所示。

2）“图层特性管理器”对话框中已自动定义常用线型的图层，如“轮廓实线层”“细线层”“中心线层”“虚线层”“文字层”等。

3）对于图线的颜色、线型、线宽的修改，学员只需单击对应要修改的对象并完成参数设置即可，如“轮廓实线层”图线的宽度设置，可单击“轮廓实线层”的“线宽”，弹出“线宽”对话框，如图 2-4 所示，选择需要的图线宽度，单击“确定”按钮，即完成“轮廓实线层”的线宽设置。

4）设置“轮廓实线层”的颜色。在“图层特性管理器”对话框的“轮廓实线层”单击“颜色”，弹出“选择颜色”对话框，如图 2-5 所示，选择需要的颜色，单击“确定”按钮，即完成“轮廓实线层”的“颜色”设置。

5）修改“中心线层”的线型。单击该层的“线型”，弹出“线型管理器”对话框，如图 2-6 所示，可选择需要的线型。如果对话框中没有所需线型，可单击“加载”按钮，调入所需的线型，单击“确定”按钮，并将“全局比例因子”设为“0.4”，完成该层“线型”的设置。

6）学员完成设置后，即可选择线型进行图样的绘制，若要绘制中心线，则在当前图层设置中选择“中心线层”，如图 2-7 所示。

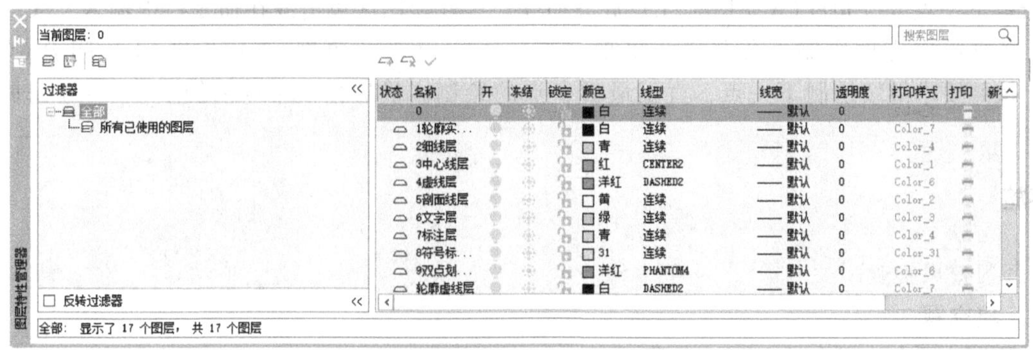

图 2-3　“图层特性管理器”对话框

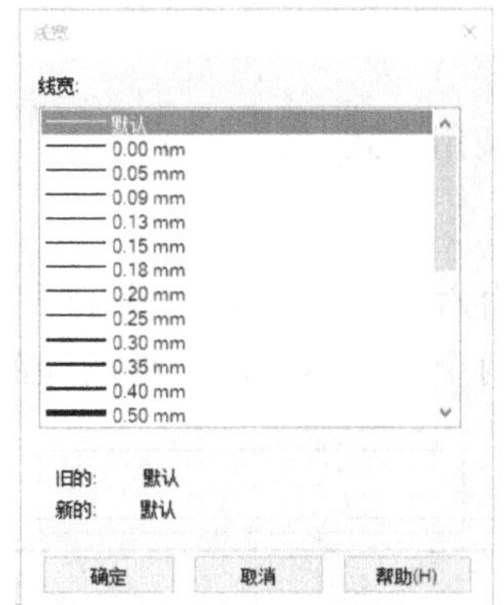

图 2-4　“线宽”对话框

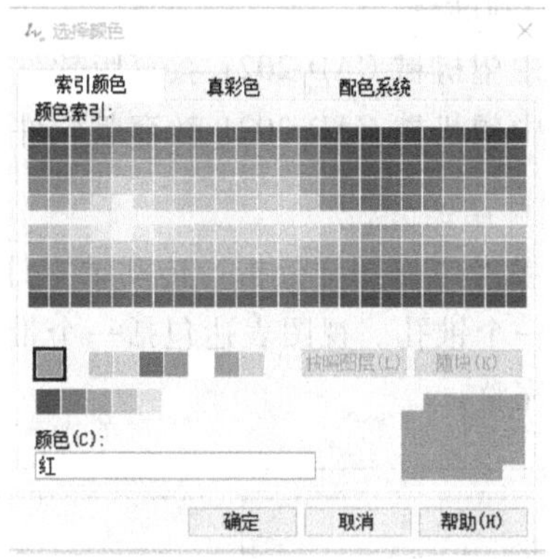

图 2-5　“选择颜色”对话框

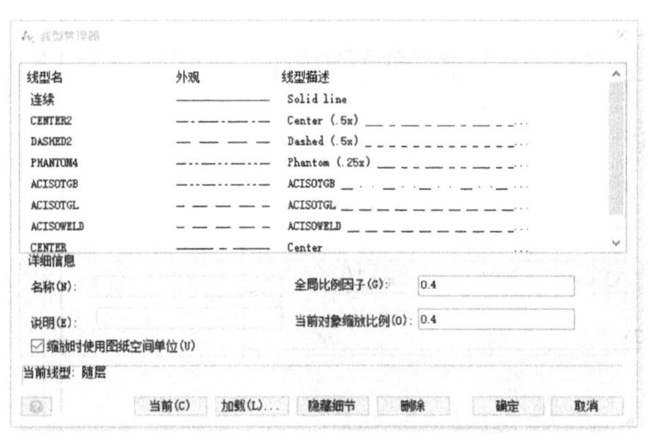

图 2-6　“线型管理器”对话框

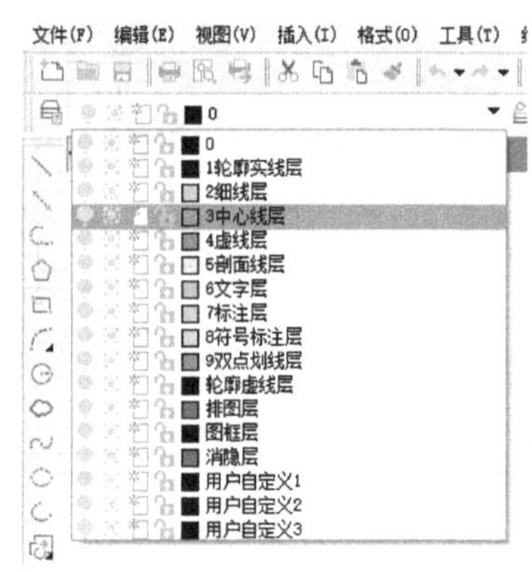

图 2-7　图层选择

3. 直线

“直线”命令是中望机械 CAD 2021 教育版软件中常用的绘图命令，熟练掌握“直线”命令的使用方法，有助于打好绘图基础。

“直线”命令的四种调用方式：

（1）快捷键　单击绘图栏的“直线”按钮 ，绘制直线。

（2）菜单栏命令　在菜单栏选择“绘图”→“直线”命令，绘制直线。

（3）命令栏名称输入　在命令栏中输入“line”，绘制直线。

（4）别名输入　在命令栏中输入“L”，绘制直线。这种方法是熟练操作人员最常使用的，建议初学者尽量掌握这种方法。

运用以上方法后，命令栏会出现“指定第一个点：”的提示，在绘图区单击指定第一点，命令栏会出现“指定下一点或［角度(A)/长度(L)/放弃(U)］”，在绘图区单击或在命令栏中输入“A”或“L”或“U”完成第二点的绘制。命令栏会出现“指定下一点或［角度(A)/长度(L)/闭合(C)/放弃(U)］:”按照要求继续绘制下一点，直至最后一点的绘制。最后按<Enter>键或<Esc>键完成直线的绘制。

课内实施

1. 预习效果检查

(1) 填空题

1）图层主要包含颜色、________和________。

2）可以用________种方法调用直线命令。

(2) 判断题

1）中望机械 CAD 2021 教育版软件的菜单栏是固定的。(　　)

2）中望机械 CAD 2021 教育版软件的“直线”命令有三种调用方式。(　　)

2. 零件结构分析

(1) 参考零件图样分析　传动轴零件图样如图 2-8 所示，其由六段组成，在上部有两个键槽，最右端下部有一个锥孔。视图表达包括一个带有局部剖视的主视图、两个断面图、两个键槽局部视图，视图表达清晰完整。

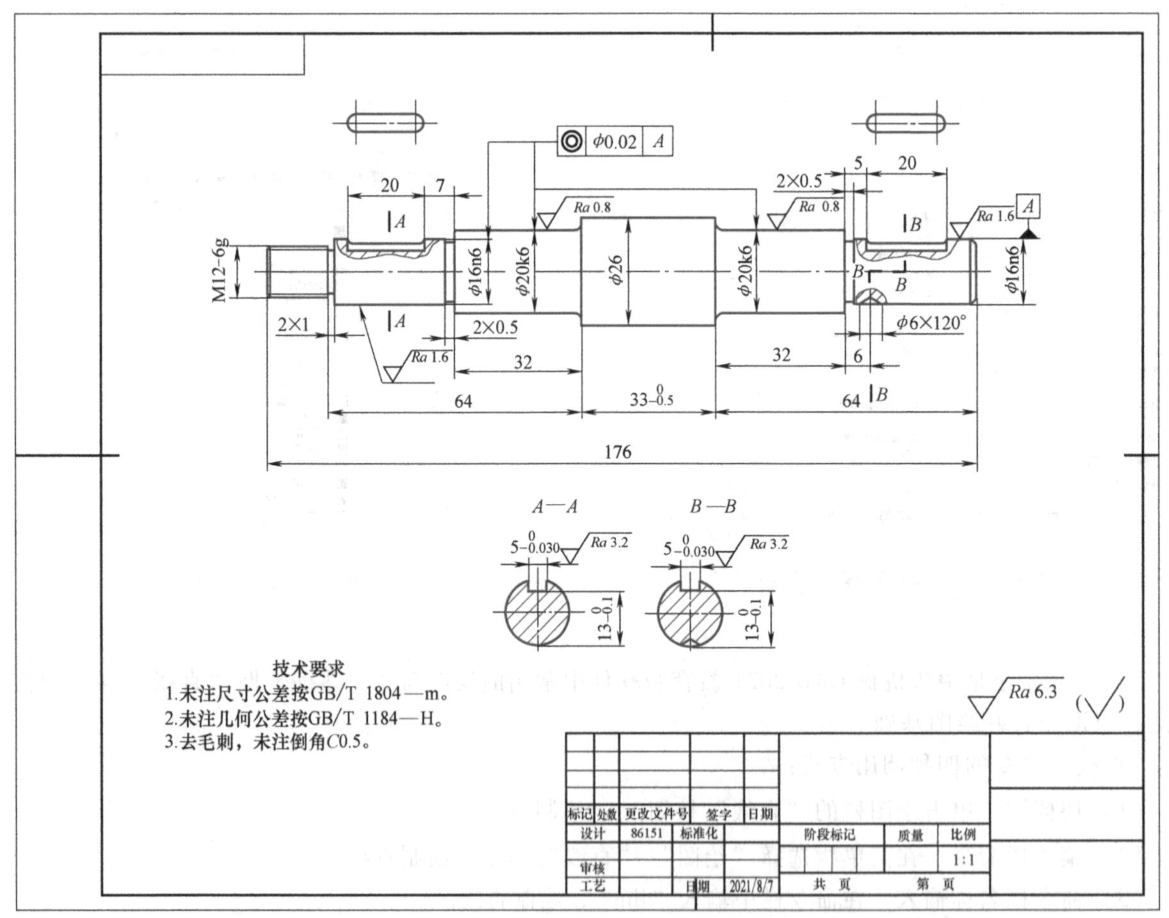

图 2-8　传动轴零件图样

(2) 学员零件图样分析　参考上面的提示，独立完成传动轴零件图样的分析，并填写表 2-1。

表 2-1　学员传动轴零件图样分析

序号	项目	分析结果
1	传动轴零件的外形特点	
2	传动轴零件的结构组成	
3	教师评价	

3. 零件绘图方案

（1）参考绘图方案　根据零件的特点和结构组成，设计传动轴参考绘图方案，具体内容见表 2-2。

表 2-2　传动轴参考绘图方案

序号	步骤	图示	序号	步骤	图示
1	图幅、图层等参数的基本设置	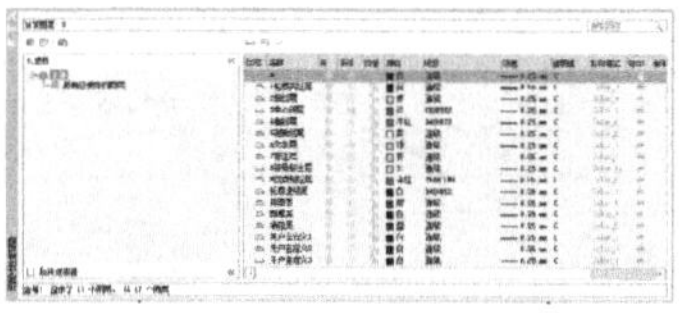	7	几何公差标注	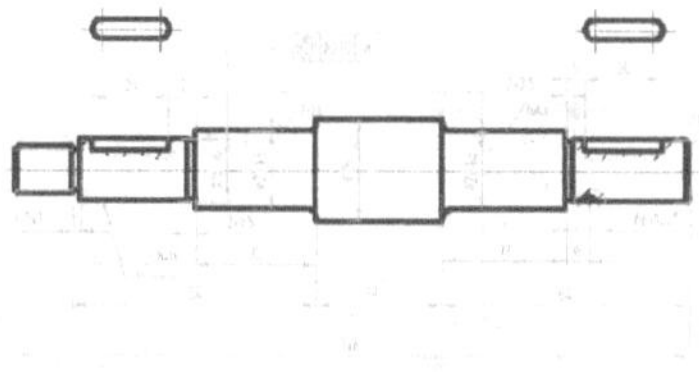
2	绘制主视图中轴的上半部分	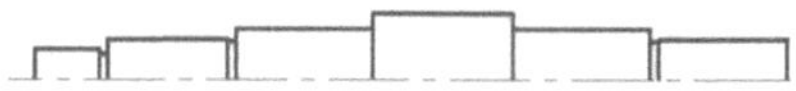	8	标注断面图符号	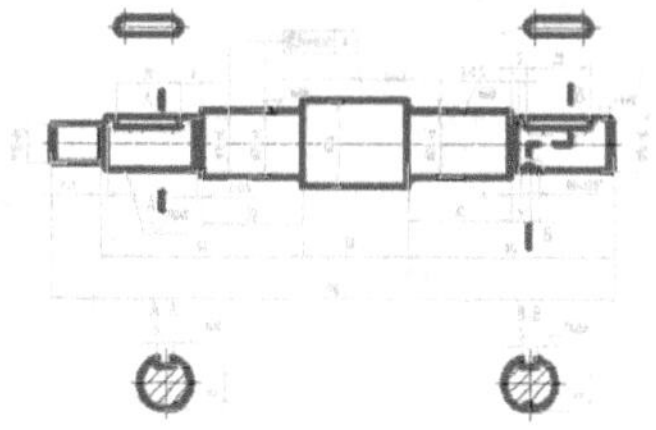
3	细部结构、倒角等				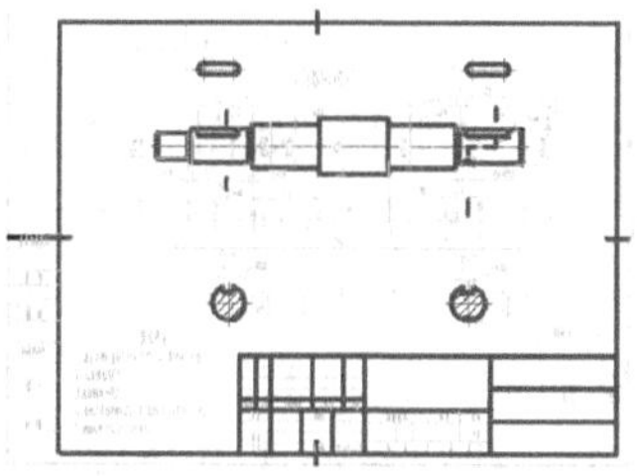
4	镜像	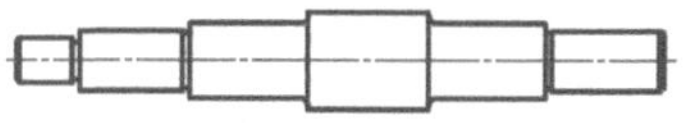			
5	绘制断面图		9	技术要求的注写	
6	尺寸标注和表面粗糙度的注写	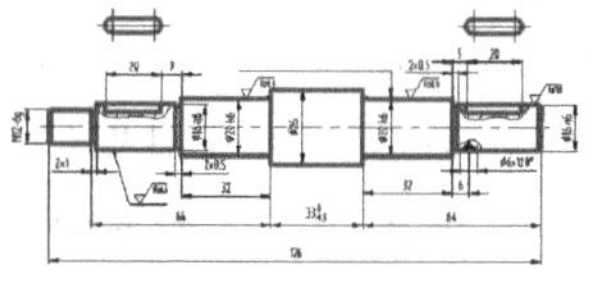			

（2）学员绘图方案　根据自己对零件图的分析，参照表 2-2，独立设计传动轴零件绘图方案，并填写表 2-3 。

表 2-3　学员传动轴零件绘图方案

序号	步骤	图　示	序号	步骤	图　示
1			6		
2			7		
3			8		
4			9		
5			考评结论		

4. 绘图实施过程

1）新建文件并保存。要求：

“文件类型”为“dwg”，“文件名”为“传动轴 dwg”。

2）自动保存设置。在绘图区任意位置右击，在弹出的菜单中选择“选项”命令，弹出“选项”对话框，在“打开和保存”选项卡中选中“自动保存”复选框，设置“保存间隔分钟数（M）”为“10”，如图 2-9 所示。

3）极轴、对象捕捉、对象捕捉追踪设置。

① 状态栏中的“极轴”“对象捕捉”和“对象捕捉追踪”按钮的位置如图 2-10 所示。单击相关按钮，若按钮呈蓝色，则表示命令生效。

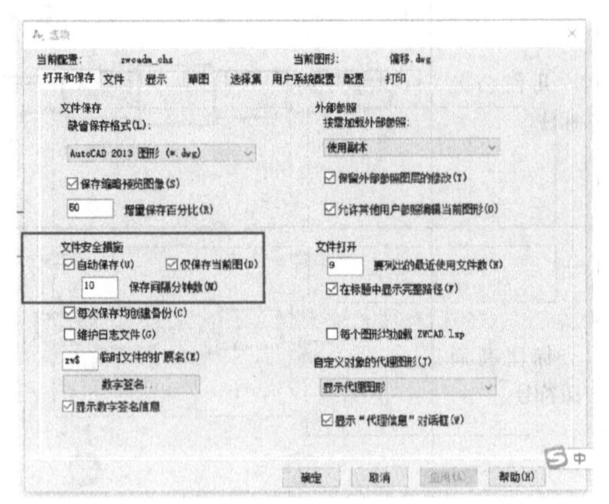

图 2-9　自动保存设置

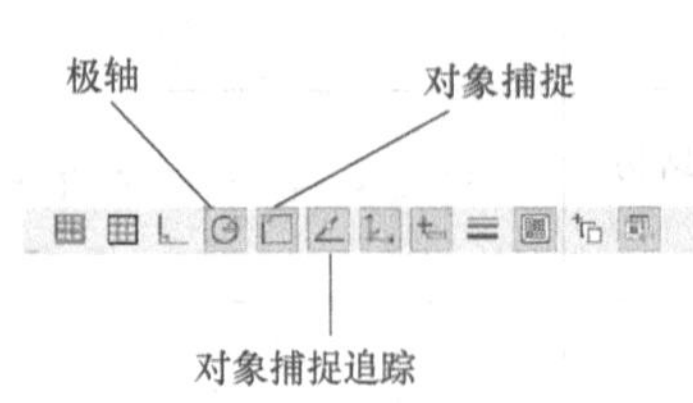

图 2-10　状态栏设置

② 右击“极轴”按钮，在弹出的菜单中选择“设置”命令，进入“草图设置”对话框，选择“极轴追踪”选项卡，如图 2-11 所示，将“极轴角设置”的增量角度设置为“45”。完成此设置后，在绘图时，将光标移动到 45°角的倍数时，出现极轴，辅助画图。

③ 右击“对象捕捉”按钮，在弹出的菜单中选择“设置”命令，进入“草图设置”对话框，选择“对象捕捉”选项卡，如图 2-12 所示，有 12 个对象捕捉模式类型，学员根据绘图需要，将相应的复选框选中，建议至少选中“端点”“中点”“中心”“节点”“象限点”“延长线”复选框。完成此设置后，在绘图时，将光标移至相应的捕捉点就会出现捕捉光标提示，辅助画图。

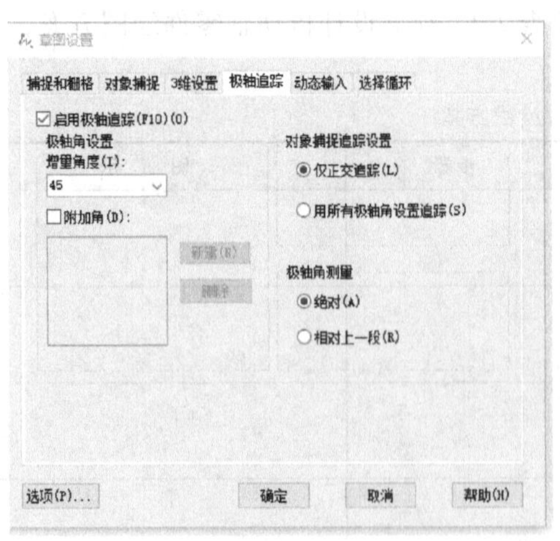

图 2-11　“极轴追踪”选项卡

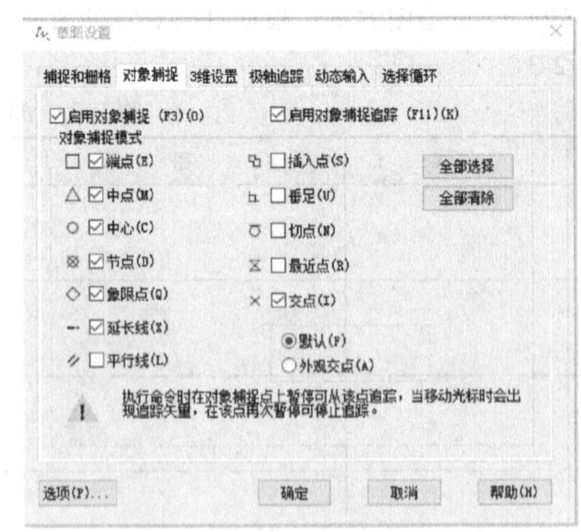

图 2-12　“对象捕捉”选项卡

4）图幅设置和标题栏填写。

① 设置图幅。在菜单栏中选择“机械”→“图纸”→“图幅设置”命令，如图 2-13 所示，打开

“图幅设置：主图幅-GB-A4[297.0×210.0]”对话框，即可进行图幅设置。

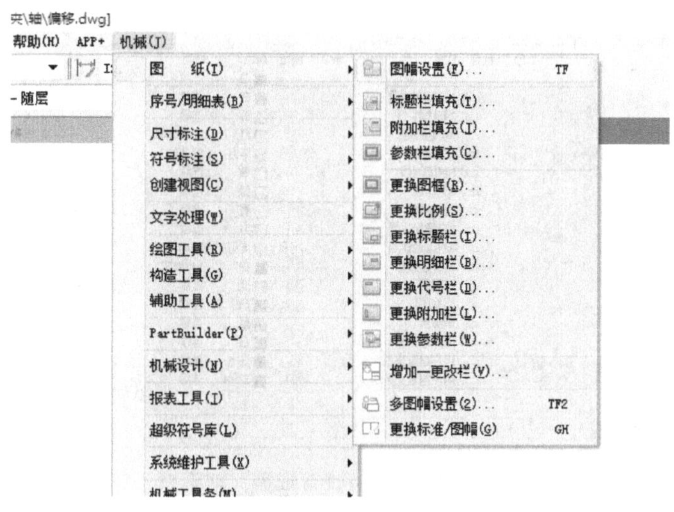

图 2-13 “图幅设置”命令

② 如图 2-14 所示，可在对话框中设置图幅相关参数。A0~A4 的图幅尺寸见表 2-4。

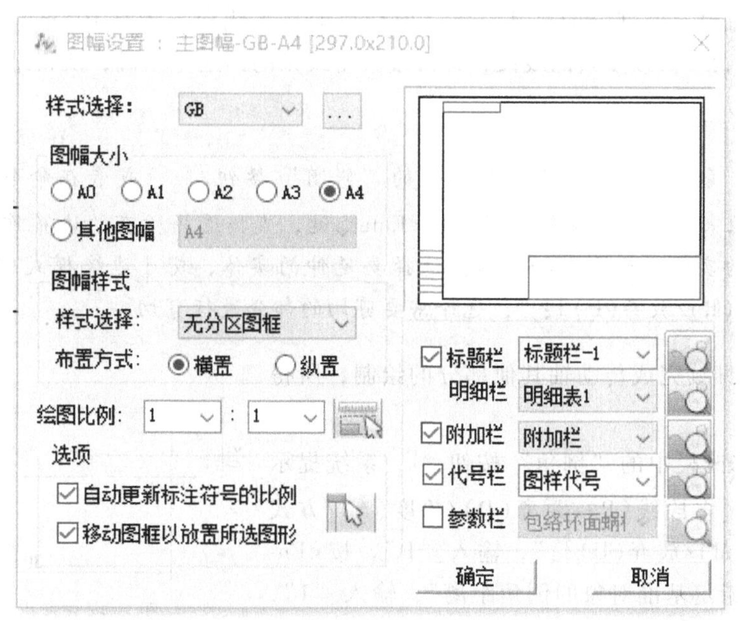

图 2-14 “图幅设置：主图幅-GB-A4[297.0X210.0]”对话框

表 2-4 图幅尺寸列表

幅面	A0	A1	A2	A3	A4
长/mm×宽/mm	1189×841	841×594	594×420	420×297	297×210

③ 完成图幅设置后，符合相关国家标准的图层自动载入，如图 2-15 所示，学员可以选择相应的图层进行修改，将“1 轮廓实线层”的“线宽”设置为 0.5mm，其余图层的线宽设置为 0.25mm。

5）传动轴主视图基本图形绘制。通过对零件图样的分析可知，主视图的基本形状是轴对称图形。因此拟先画中心线，再绘制传动轴的上半部分，最后采取镜像的方法进行零件整体结构的绘制。

① 利用中心线层绘制中心线，长度为 200mm，如图 2-16 所示。

② 绘制传动轴主视图的上半部分。首先将中心线向上偏移 8mm，获得一条水平线，然后用直线连接偏移后的水平线和中心线的右端点，形成一条垂线，作为整个轴的右端面。将获得的这条垂线向左偏

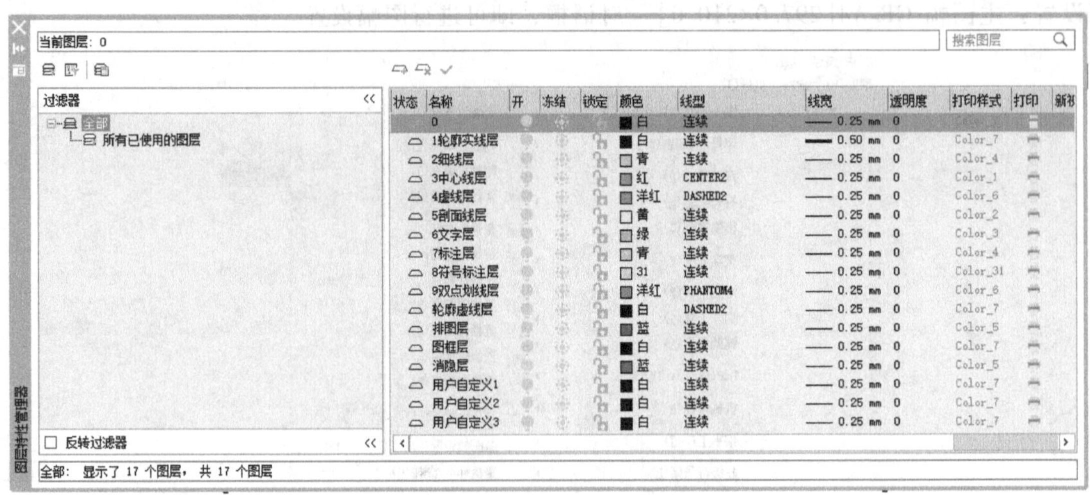

图 2-15 “图层特性管理器”对话框

图 2-16 绘制中心线

移 30mm，确定传动轴最右段部分的尺寸。将之前获得的水平线向下偏移 0.5mm，获得右端退刀槽深度。再利用“修剪”命令修改多余的线段，并修改获得线条的图层至正确，所得结果如图 2-17 所示。

温馨提示：

在使用“修剪”命令时，先单击修改栏中的“修剪”按钮 -/--，或者在命令栏中输入“trim”，系统提示“选取对象来剪切边界 <全选>”，按<Enter>键，直接选择所有的边界作为剪切边界，系统提示“选择要修剪的实体，或按住<Shift>键选择要延伸的实体，或［边缘模式(E)/围栏(F)/窗交(C)/投影(P)/删除(R)/放弃(U)］：”，选择需要剪切的部分进行剪切。

按照上述方法，继续完成传动轴其他部分的绘制，所得结果如图 2-18 所示。

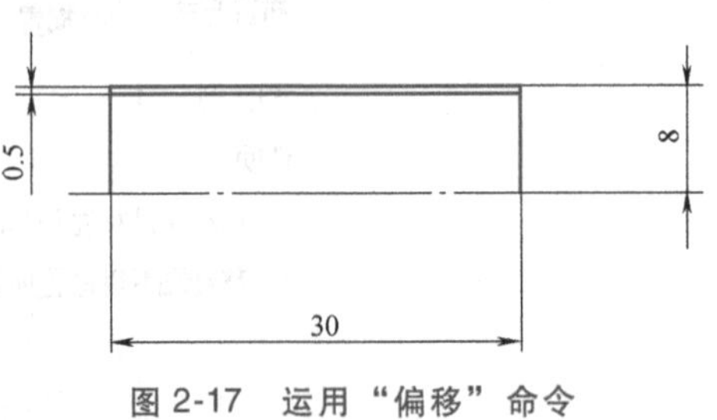

图 2-17 运用“偏移”命令

③ 倒角。单击修改栏中的“倒角”按钮 ⊿，系统提示“选择第一条直线或［多段线(P)/距离(D)/角度(A)/方式(E)/修剪(T)/多个(M)/放弃(U)］:”，输入“D”，按<Enter>键，系统提示“指定基准对象的倒角距离”，输入“1”，按<Enter>键，系统提示“指定另一个对象的倒角距离”，输入“1”，按<Enter>键然后选中要倒角的两条边进行倒角。圆角的操作与倒角类似。

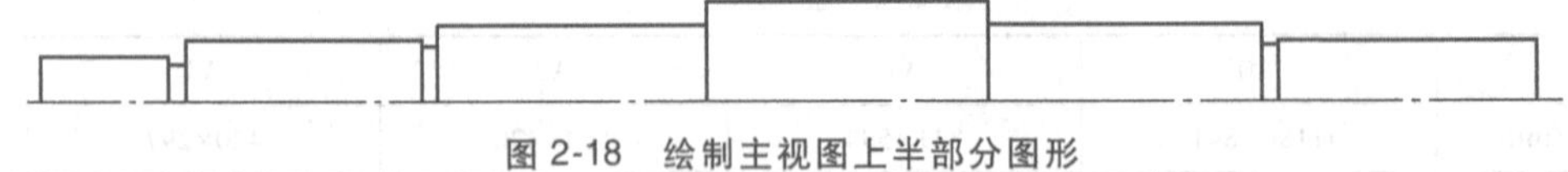

图 2-18 绘制主视图上半部分图形

单击修改栏中的“圆角”按钮 ◻，系统提示“选取第一个对象或［多段线(P)/半径(R)/修剪(T)/多个(M)/放弃(U)］:”输入“R”，按<Enter>键，系统提示“圆角半径”，输入“2”，按两次<Enter>键，选中要倒圆角的两条边进行圆角操作。倒角和圆角操作后的结果如图 2-19 所示。

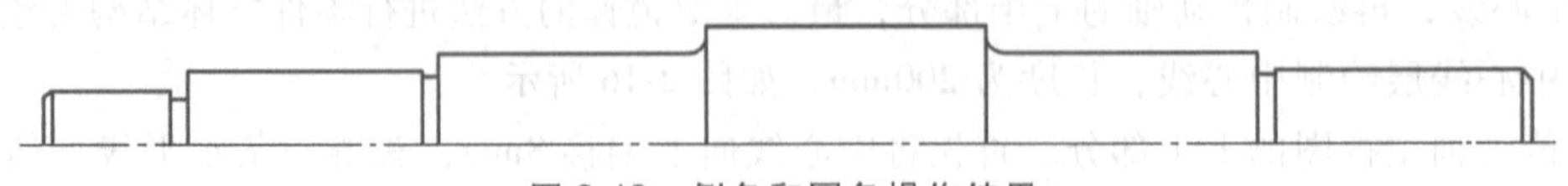

图 2-19 倒角和圆角操作结果

④ 以中心线为对称轴进行镜像，在修改栏中单击“镜像”按钮 或在命令栏输入“mi”，命令栏中出现提示“选择对象”，在绘图区单击要镜像的对象，按<Enter>键。命令栏提示“制定镜像线的第一点”，单击中心线上一点，命令栏提示“制定镜像线的第二点”，单击中心线上另一点。命令栏提示“是否删除源对象？［是(Y)/否(N)］<否>”，按<Enter>键，完成镜像操作，结果如图 2-20 所示。

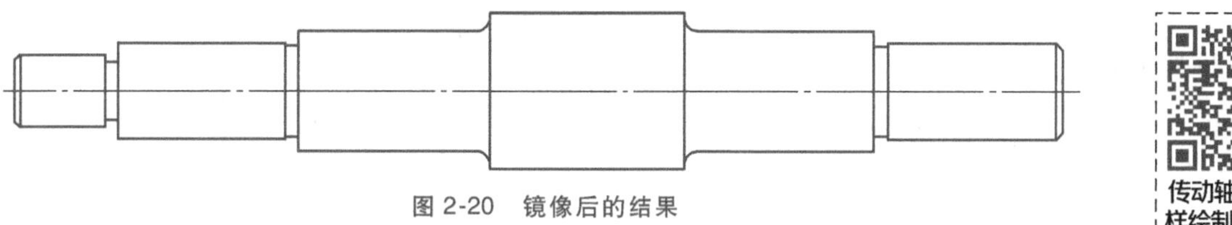

图 2-20　镜像后的结果

传动轴零件图样绘制步骤6）

6）主视图细部结构绘制。

① 绘制外螺纹螺纹小径。外螺纹小径和大径的比为 0.85∶1，可采用偏移的方法绘制，结果如图 2-21 所示。

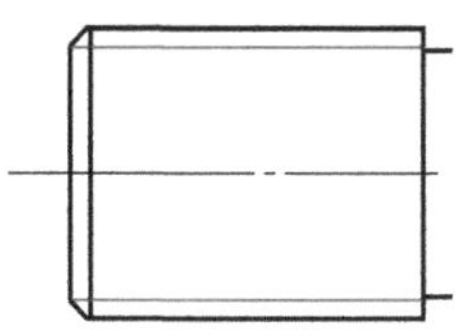

图 2-21　绘制螺纹

② 绘制键槽。传动轴主视图上有两个尺寸相同的键槽，长度为 20mm，宽度为 5mm，可采用偏移的方法绘制。由于是局部剖视图，剖视边界需要在“2 细实线层”绘制，单击“样条曲线”按钮，在绘图区绘制键槽。完成后进行剖面线的填充，单击绘图栏的“图案填充”按钮，弹出“填充”对话框，设置“图案”为“ANSI31”，“角度”为“0”，“比例”为“1”，如图 2-22 所示。单击“确定”按钮后在绘图区主视图的剖切位置单击，并按<Enter>键，完成键槽的绘制，如图 2-23 所示。

③ 在键槽的主视图上方有表达两个键槽形状的局部视图，分别在两端画两个半径为 2.5mm 的圆（键槽宽度为 5mm），然后用直径连接两个圆的上端和下端的象限点，之后进图线进行剪切，再画中心线，所得图形如图 2-24 所示。

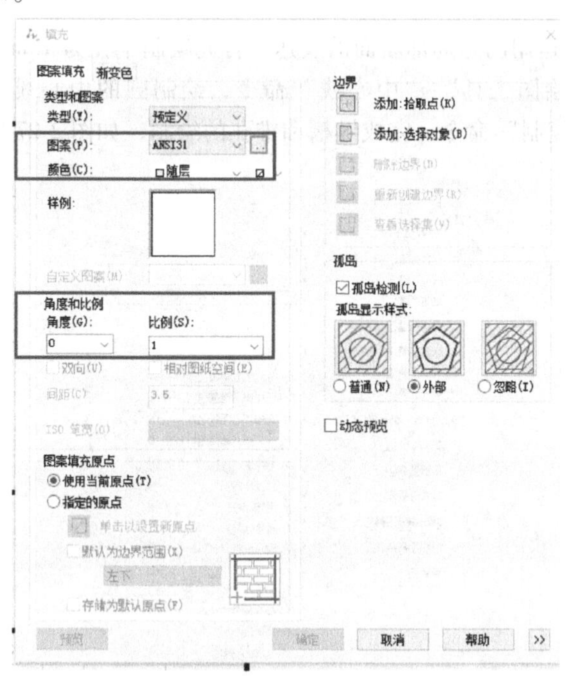

图 2-22　“填充”对话框

④ 绘制锥孔。在主视图上右下方有一个锥孔。首先绘制中心线，采用偏移的方法，设置偏移的距离为 3mm，然后将极轴角度设为 60°，在主视图上绘制锥孔。锥孔的剖视图画法与键槽的相同，绘图结

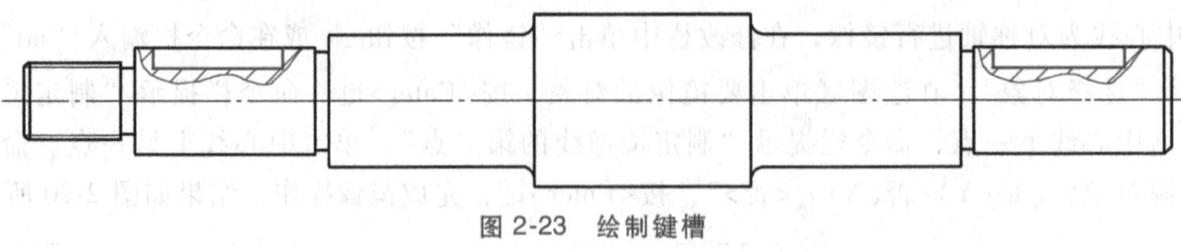

图 2-23 绘制键槽

果如图 2-25 所示。

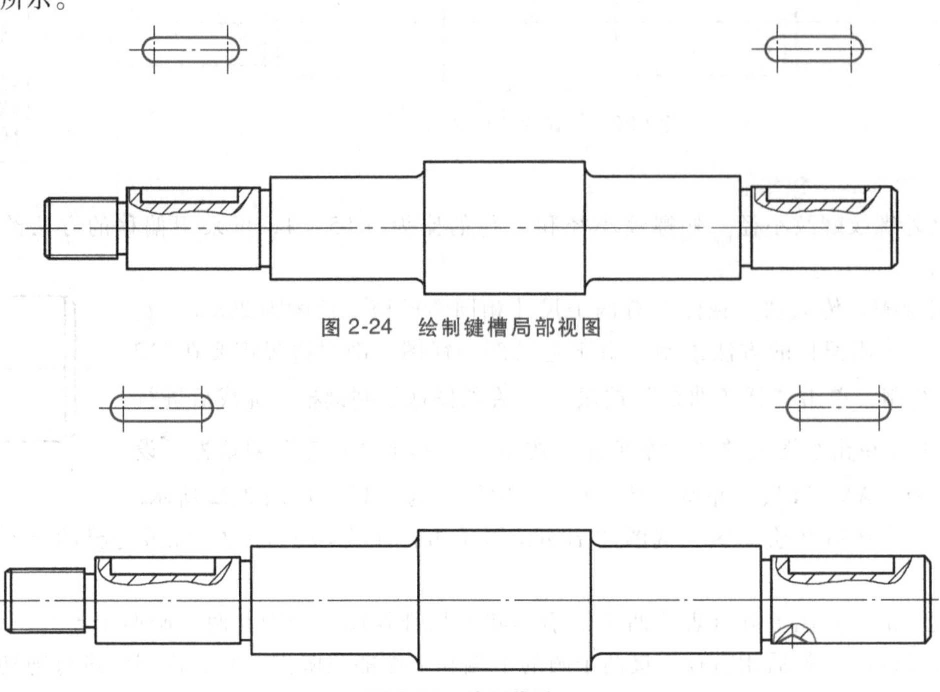

图 2-24 绘制键槽局部视图

图 2-25 绘制锥孔

7）绘制断面图。断面图运用的是局部断面的表达。首先绘制半径为 13mm 的圆，然后在菜单栏选择“机械”→“绘图工具”→“中心线”命令，绘制圆的中心线，如图 2-26 所示。再利用“偏移”和“复制”命令，完成键槽和锥孔的绘制，如图 2-27 所示。

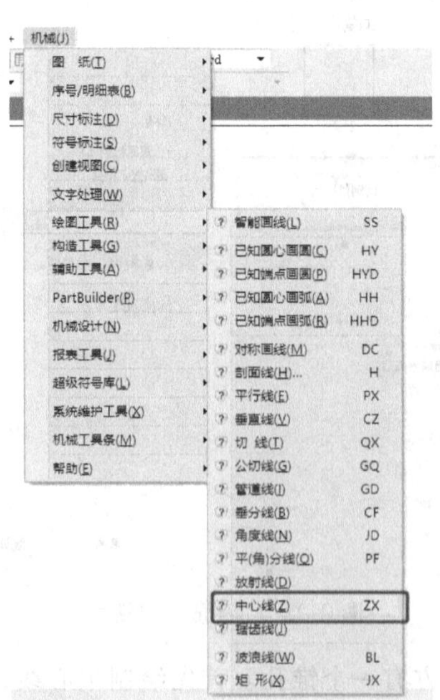

图 2-26 选择“机械”→“绘图工具”→“中心线”命令

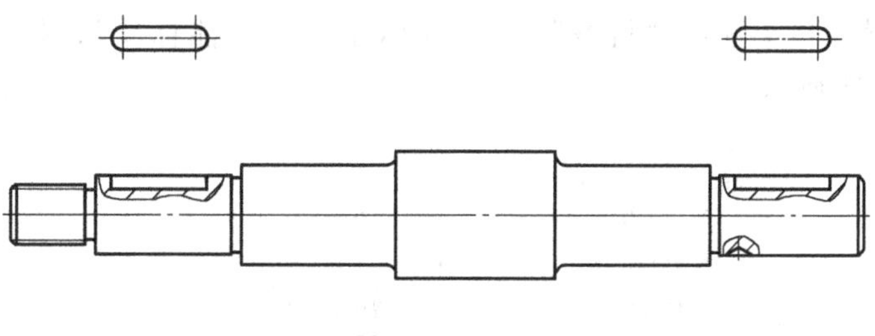

图 2-27　绘制断面图

8）填写技术要求。在菜单栏中选择“机械”→“文字处理”→“技术要求”命令，如图 2-28 所示，在弹出的对话框中填写技术要求的文字内容，并放在主视图适当的位置，结果如图 2-29 所示。

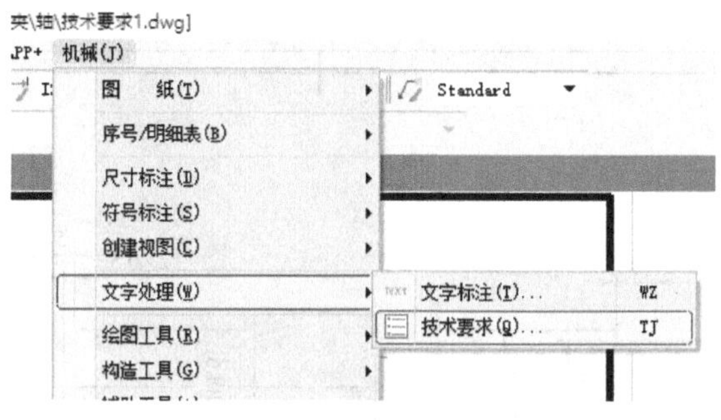

图 2-28　选择“机械”

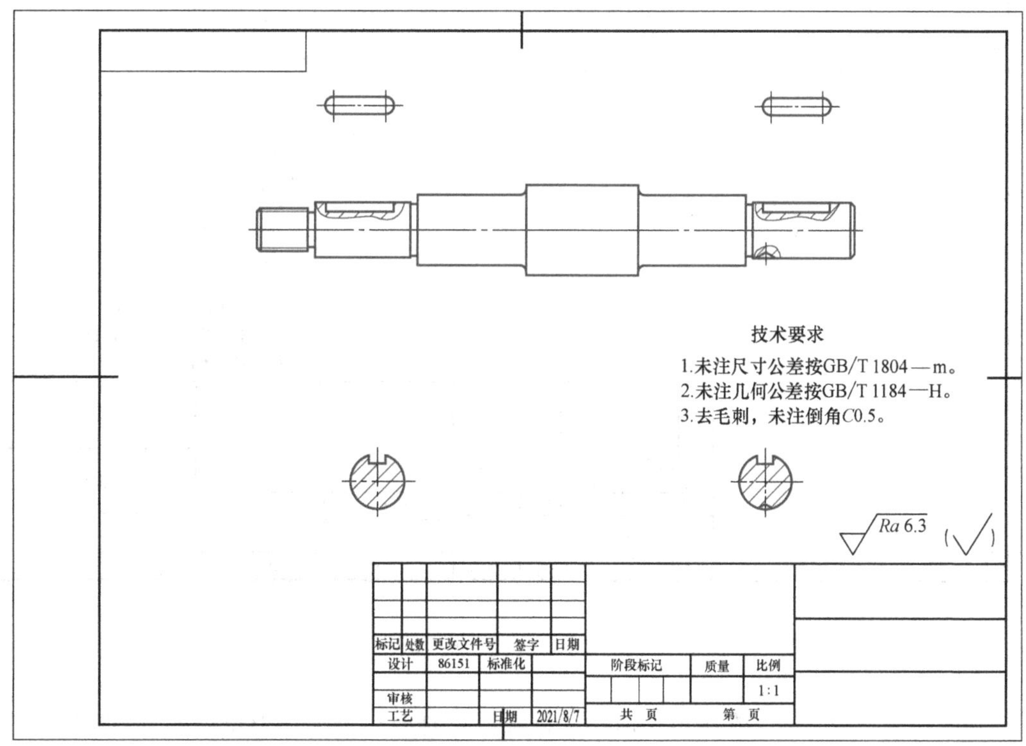

图 2-29　填写技术要求

9）标注尺寸。在菜单栏中选择“机械”→“尺寸标注”→“智能标注”，如图 2-30 所示，标注结果如图 2-31 所示。

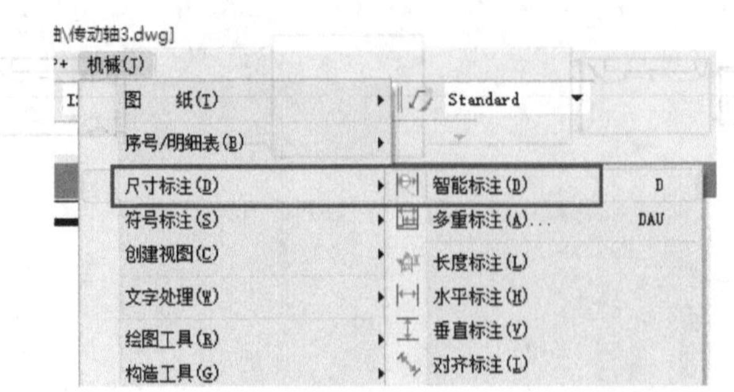

图 2-30 选择“机械”→“尺寸标注”→“智能标注”命令

10）标注表面粗糙度。在菜单栏中选择“机械”→“符号标注”→“粗糙度”命令，如图 2-32 所示，弹出“粗糙度 主图幅 GB”对话框，如图 2-33 所示，基本符号选择去除材料，在 C 处写出具体的表面粗糙度数值，如“Ra 3.2”（Ra 后需添加空格再填写数字），单击“确定”按钮，选择适当的位置添加表面粗糙度，如图 2-34 所示。

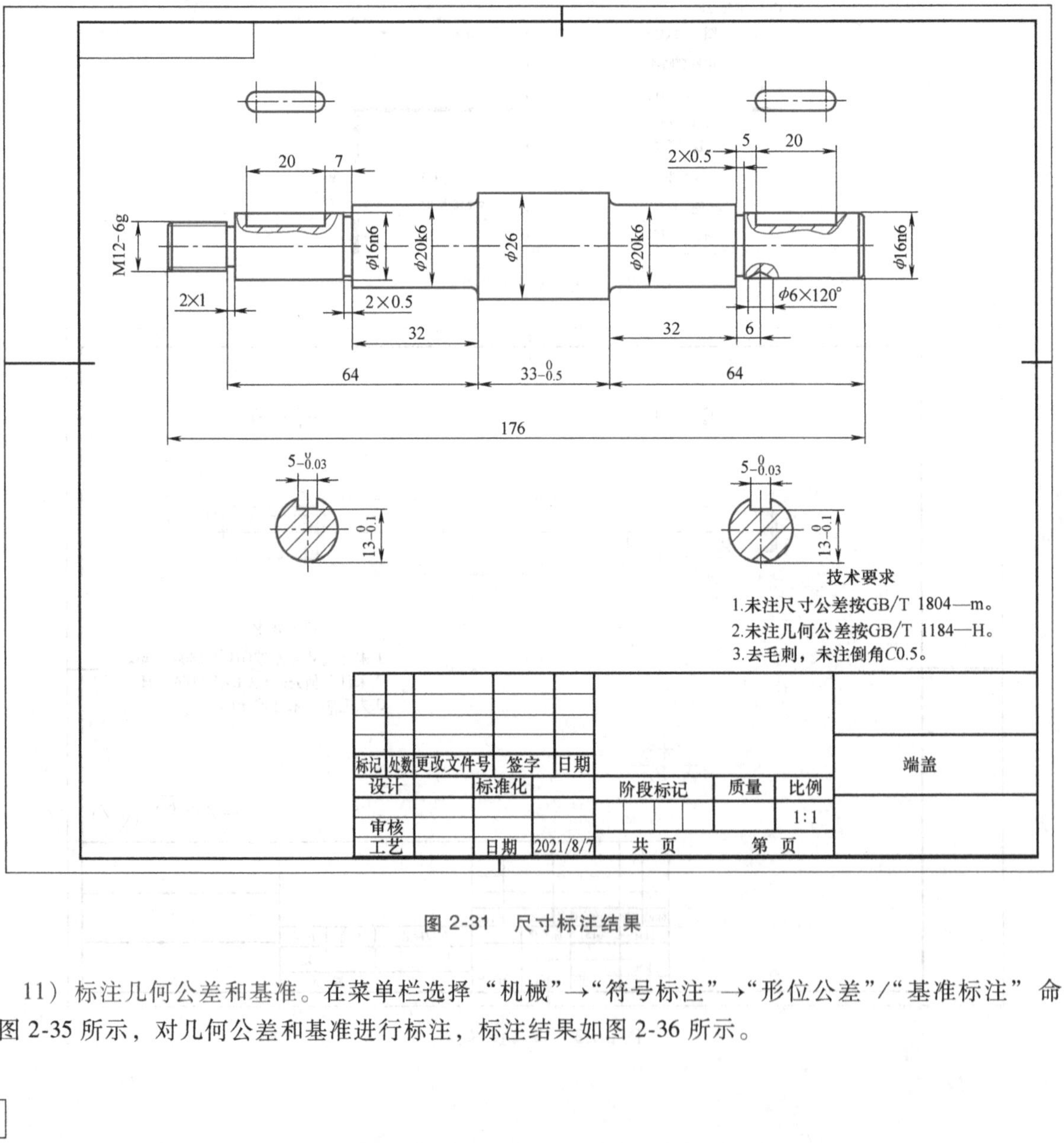

技术要求

1.未注尺寸公差按GB/T 1804—m。

2.未注几何公差按GB/T 1184—H。

3.去毛刺，未注倒角C0.5。

图 2-31 尺寸标注结果

11）标注几何公差和基准。在菜单栏选择“机械”→“符号标注”→“形位公差”/“基准标注”命令，如图 2-35 所示，对几何公差和基准进行标注，标注结果如图 2-36 所示。

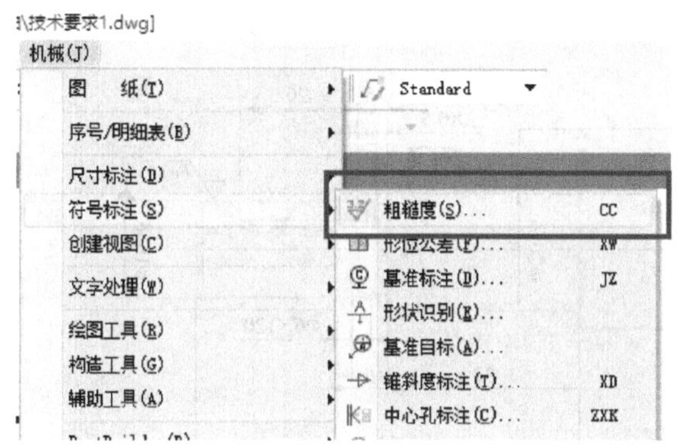

图 2-32 选择“机械”→符号标注→“粗糙度”命令

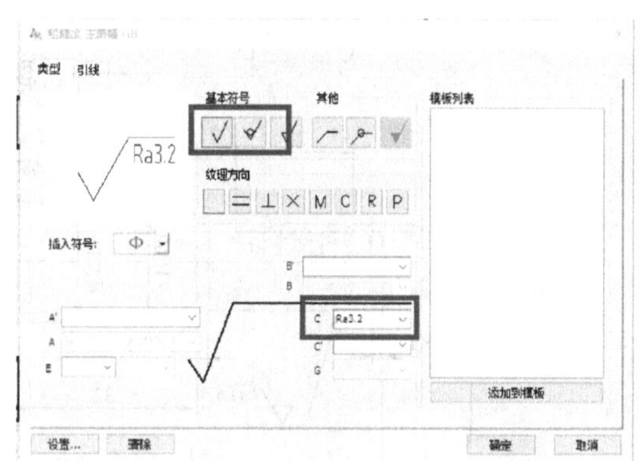

图 2-33 “粗糙度 主图幅 GB”对话框

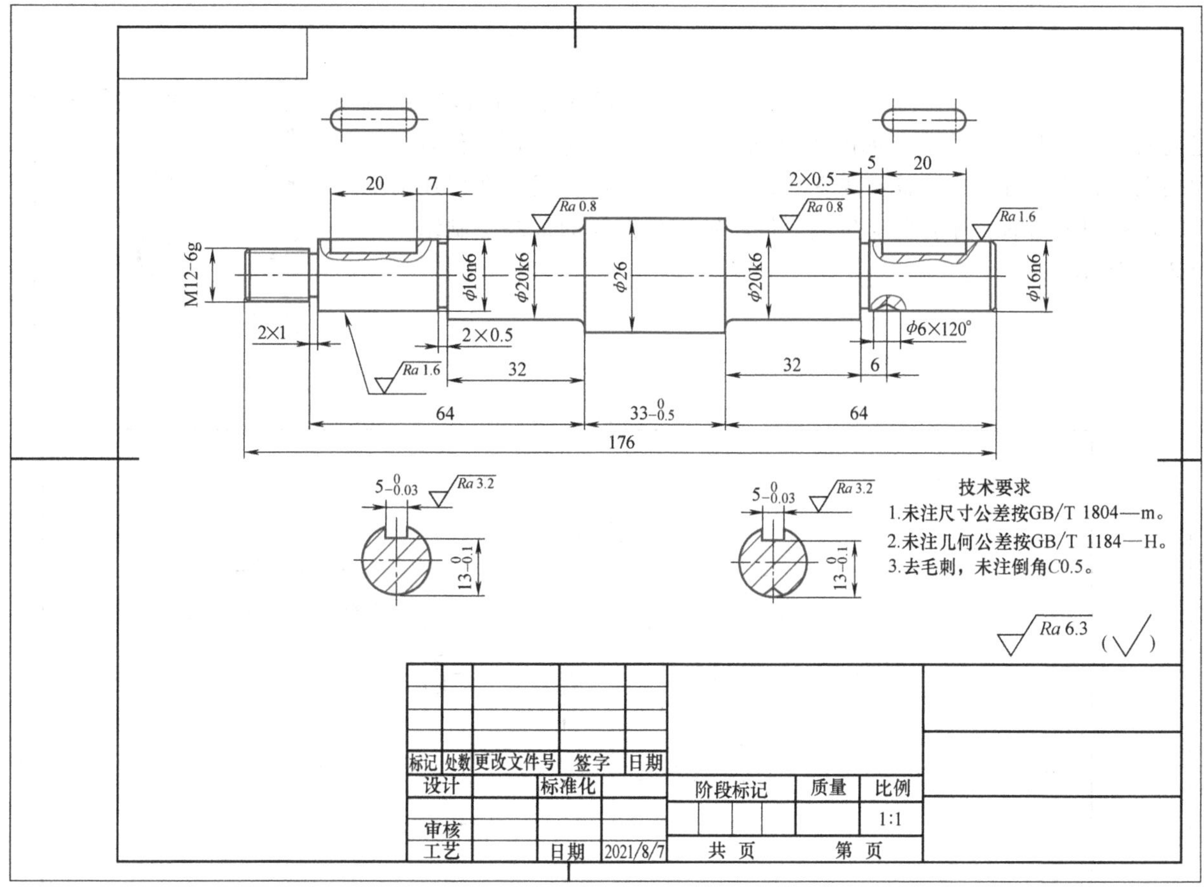

图 2-34 表面粗糙度标注结果

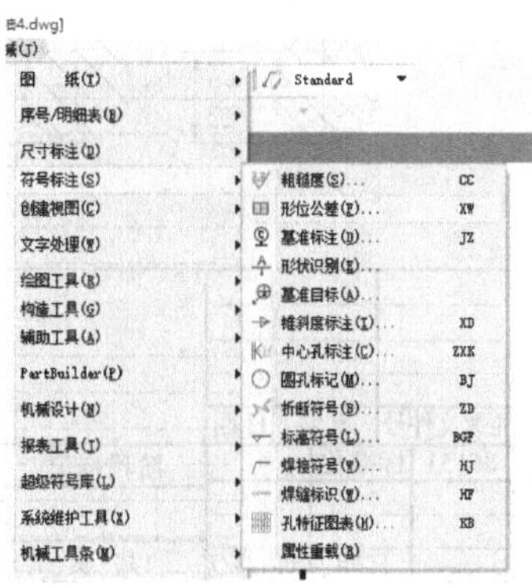

图 2-35 选择“机械”→“符号标注”→“形位公差”/“基准标注”命令

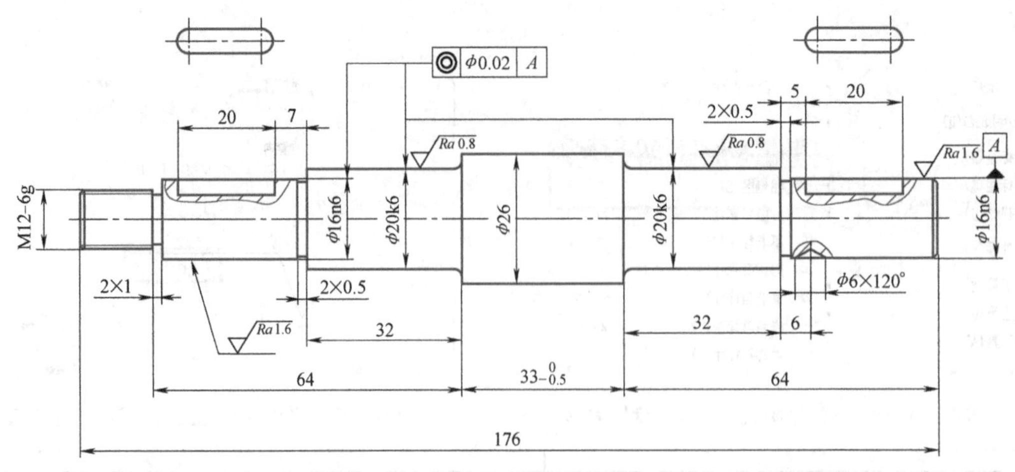

图 2-36　几何公差和基准标注结果

12）标注剖切位置符号和剖视图名称。在菜单栏选择“机械”→“创建视图”→“剖切线”命令，如图 2-37 所示，对几何公差、剖切位置符号和剖视图名称进行标注。需要注意的是，按路径画剖切线，剖切线的标识字母和剖视图的名称会自动生成。传动轴零件图样的最终绘制结果如图 2-38 所示。

13）保存文件。

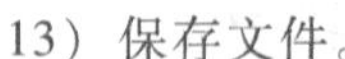

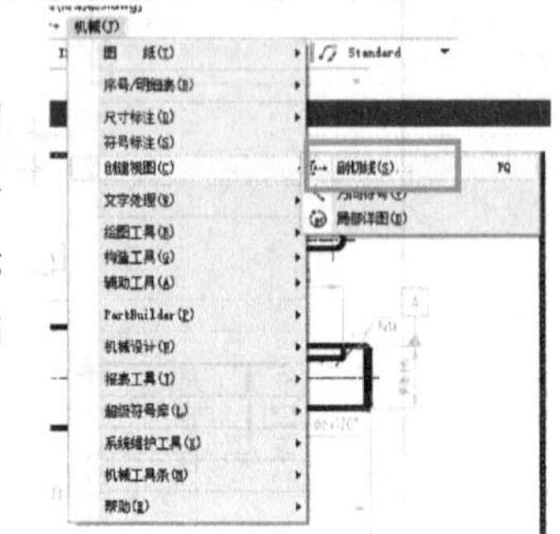

图 2-37　添加剖切位置符号

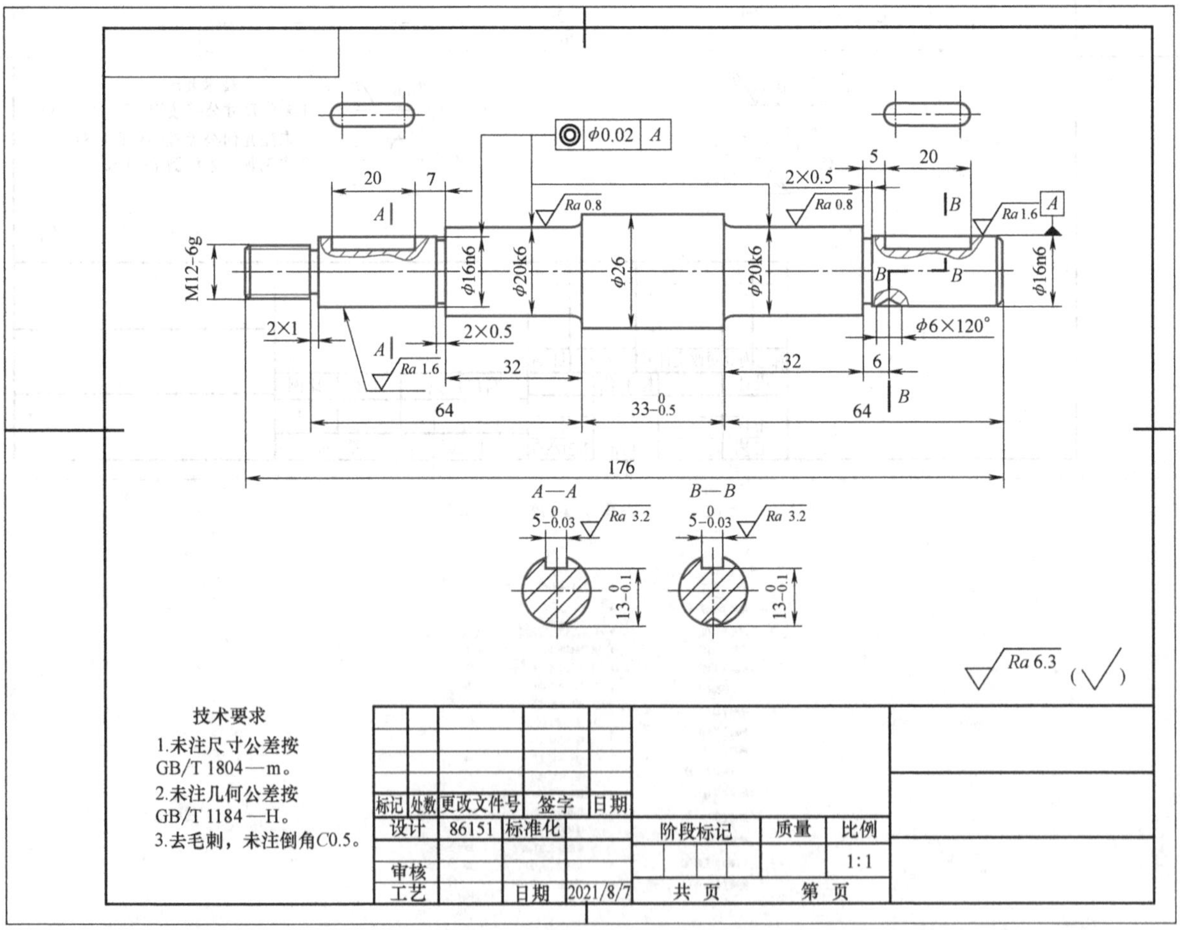

技术要求

1.未注尺寸公差按 GB/T 1804—m。

2.未注几何公差按 GB/T 1184—H。

3.去毛刺，未注倒角C0.5。

标记	处数	更改文件号	签字	日期	阶段标记	质量	比例
设计	86151	标准化					1:1
审核							
工艺		日期	2021/8/7		共 页		第 页

图 2-38　传动轴零件图样最终绘制结果

课后拓展训练

1）利用中望机械 CAD 2021 教育版软件绘制图 2-39 所示主轴零件图样。

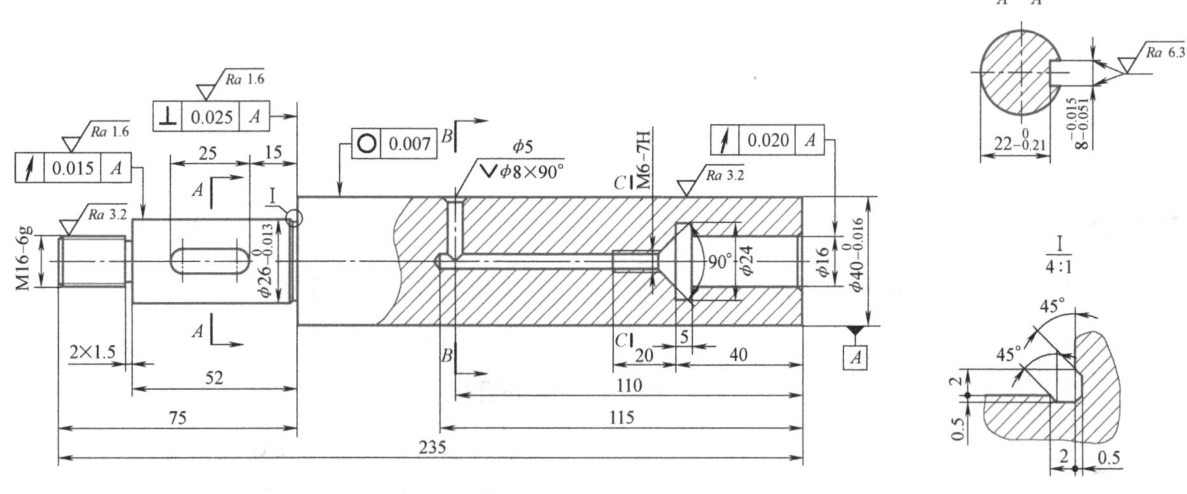

图 2-39　主轴零件图样

2）利用中望机械 CAD 2021 教育版软件绘制图 2-40 所示传动轴零件图样。

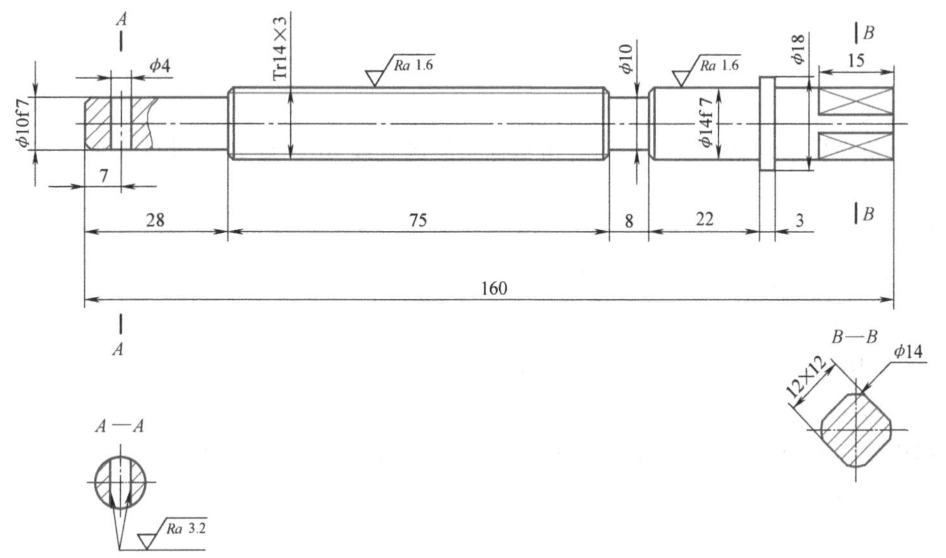

图 2-40　传动轴零件图样

学习任务 2.2　套类零件图样绘制

任务描述

套类零件的基本形状和轴类零件相同，为同轴回转体，沿轴线方向通常有通孔，所以称为套类零件。本任务要绘制的轴套如图 2-41 所示，底座上有四个通孔，用来进行螺栓固定，左端有三个半圆孔进行定位，从左到右的内部通孔带有退刀槽，是一个结构较为简单的形体。套类零件图样的绘制方法与轴类零件大致相同。通过完成轴套零件图样的绘制，学员能完整地抄画零件图；巩固尺寸标注、文字注释、几何公差、表面粗糙度及技术要求的创建方法。

图 2-41　轴套

知识点

剖视图中主视图和左视图的选择、绘制、编辑方法。

巩固尺寸标注、几何公差、技术要求中相关命令的使用方法。

技能点

能运用剖视图和断面图合理表达零件。

能根据国家标准正确标注尺寸、公差与配合。

准确填写零件的标题栏信息。

能按规范输出图样。

素养目标

通过完成轴套零件图样的绘制，学员学习将三维模型转换为二维零件图的思维方式，培养学员善于动脑思考、动手操作的良好的职业习惯。

课前预习

1. 利用直角坐标系和空间坐标系绘制直线

（1）利用直角坐标系绘制直线　利用直角坐标系绘制直线 *AB*，点 *B* 相对点 *A* 的 *x* 坐标为 10，*y* 坐标为−15，如图 2-42 所示。

绘制步骤：

1）单击绘图栏的“直线”按钮，绘制直线。

2）在绘图区单击指定第一点。

3）在命令栏中输入“@ 10，-15”，按<Enter>键。

4）再次按<Enter>键，完成直线的绘制。

（2）利用极坐标系绘制直线　利用极坐标系绘制直线 *AB*，点 *B* 相对点 *A* 的距离为 20mm，沿 X 轴正方向角度为 40°，如图 2-43 所示。

绘制步骤：

1）单击绘图栏的“直线”按钮，绘制直线。

2）在绘图区单击指定第一点。

3）在命令栏中输入“@ 20<40”，按<Enter>键。

4）再次按<Enter>键，完成直线的绘制。

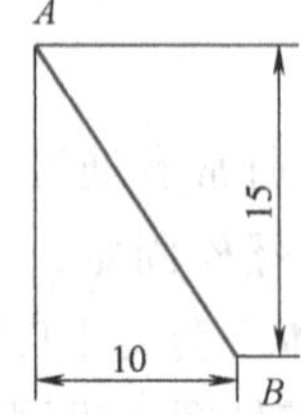

图 2-42　利用直角坐标系绘制直线

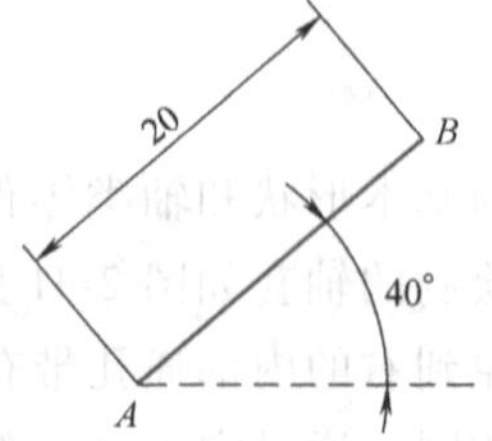

图 2-43　利用极坐标系绘制直线

2. 偏移

“偏移”命令主要用于定距离直线的绘制。

“偏移”命令有四种调用方式：

（1）快捷键　单击修改栏的“偏移”按钮，对目标对象进行偏移。

（2）菜单栏命令　在菜单栏选择“修改”→“偏移”命令，对目标对象进行偏移。

（3）命令栏名称输入　在命令栏中输入“offset”，对目标对象进行偏移。

（4）别名输入　在命令栏中输入“O”，对目标对象进行偏移。

【偏移实例】　将直线 *AB* 向其右下方偏移 20mm，得到直线 *CD*，如图 2-44 所示。

绘制步骤：

1）单击绘图栏的“直线”按钮，绘制直线 *AB*。

2）单击修改栏的“偏移”按钮，对直线 *AB* 进行偏移。

3）命令栏提示“指定偏移距离或[通过(T)/擦除(E)/图层(L)]：”输入“20”，按<Enter>键。

4）在绘图区单击要偏移的直线 *AB*。

5）命令栏提示“指定目标点或[退出(E)/多个(M)/放弃(U)]：”在绘图区直线 *AB* 下方任一点单击，完成偏移操作，得到直线 *CD*。

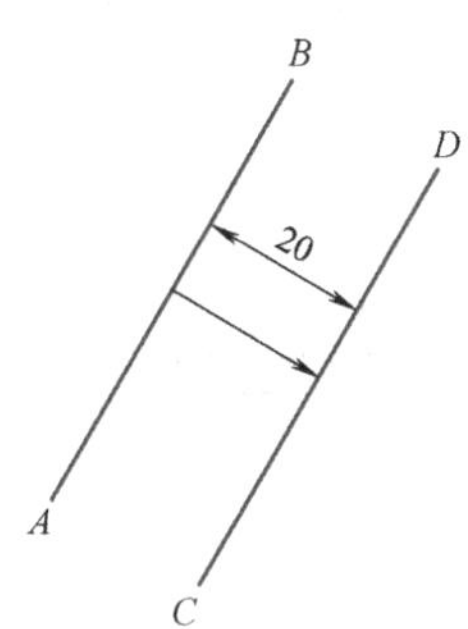

图 2-44　偏移直线 *AB*

3. 镜像

“镜像”命令主要用于对称图形的绘制，对轴套类零件的绘制尤其适合。

【镜像实例】　将图 2-45 所示的三角形 *ABC* 沿图中的虚线进行镜像。

绘制步骤：

1）在修改栏中单击“镜像”按钮或在命令栏中输入“mi”，命令栏中提示“选择对象”，在绘图区单击三角形 *ABC*，按<Enter>键。

2）命令栏提示“制定镜像线的第一点”，单击中心线上一点。

3）命令栏提示“制定镜像线的第二点”，单击中心线上另一点。

4）命令栏提示“是否删除源对象？[是(Y)/否(N)]<否>”，按<Enter>键，完成镜像操作，得到三角形 *A'B'C'*，如图 2-46 所示。

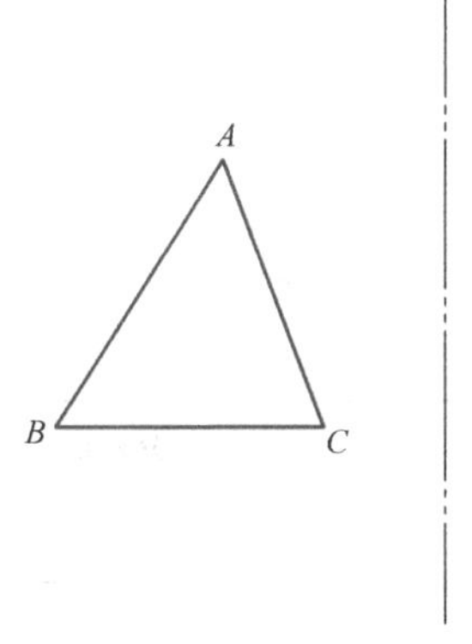

图 2-45　镜像实例图

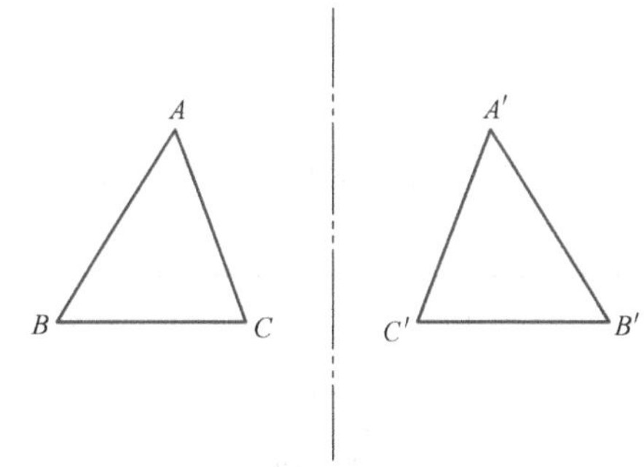

图 2-46　镜像结果

课内实施

1. 预习效果检查

(1) 填空题

1）在中望机械 CAD 2021 教育版软件中，使用直角坐标系绘制直线的方法之一是在命令栏输入

______，极坐标系绘制直线的方法之一是在命令栏输入________。

2）在中望机械 CAD 2021 教育版软件中，使用的“偏移”命令有________种调用方法。

（2）判断题

1）学员使用“偏移”命令不仅可以偏移直线，还可以偏移圆。（　）

2）“镜像”命令既可以保留源对象，也可以删除源对象。（　）

2. 零件结构分析

（1）参考零件图样分析　轴套零件图样如图 2-47 所示，主体结构是传动轴加通孔，细部结构包括四个螺栓孔、三个小半圆孔、退刀槽等。

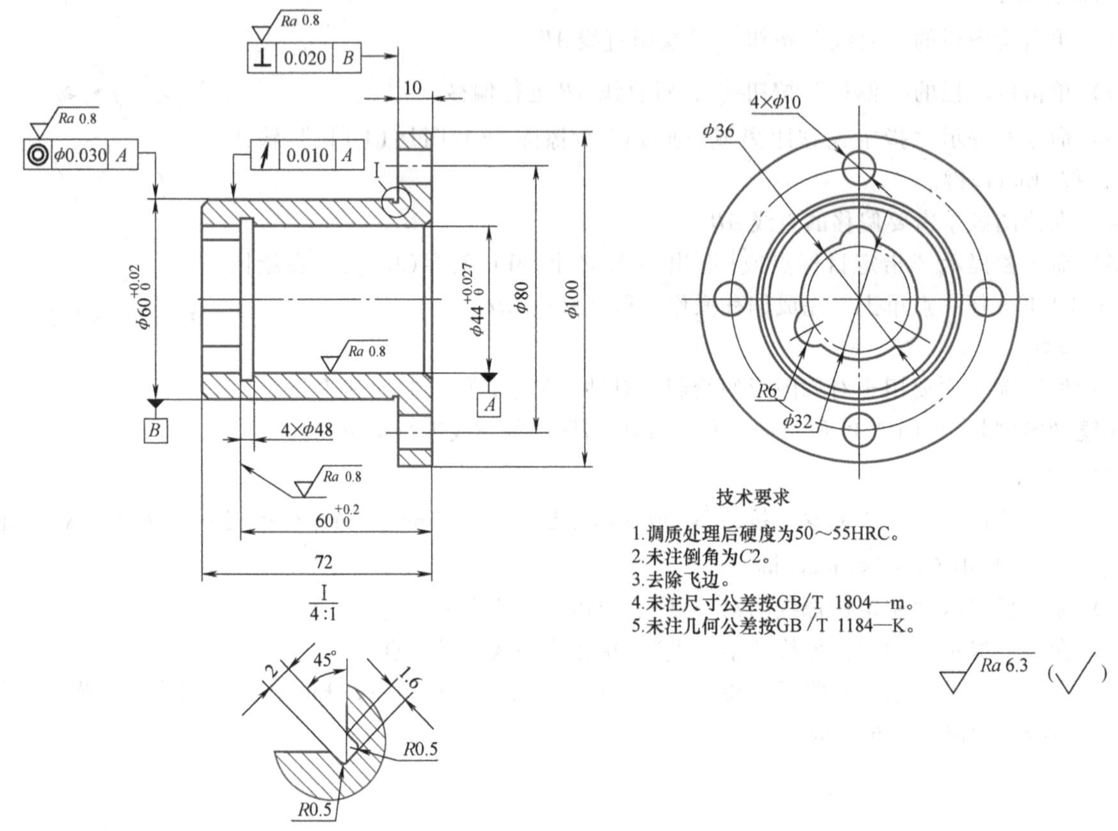

图 2-47　轴套零件图样

（2）学员零件图样分析　参考上面的提示，独立完成轴套零件的图样分析，并填写表 2-5。

表 2-5　学员轴套零件图样分析

序号	项目	分析结果
1	轴套零件的外形特点	
2	轴套零件的结构组成	
3	教师评价	

3. 零件建模方案设计

（1）参考绘图方案　根据零件的特点和结构组成，设计轴套参考绘图方案，具体内容见表 2-6。

（2）学员绘图方案　根据自己对零件的分析，参照表 2-6 的参考绘图方案，独立设计轴套零件绘图方案，并填写表 2-7。

表 2-6　轴套参考绘图方案

序号	步骤	图示
1	基本设置和图幅设置	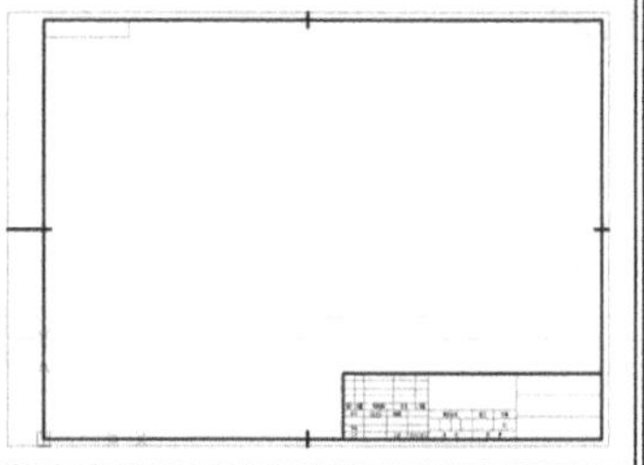
2	绘制图形	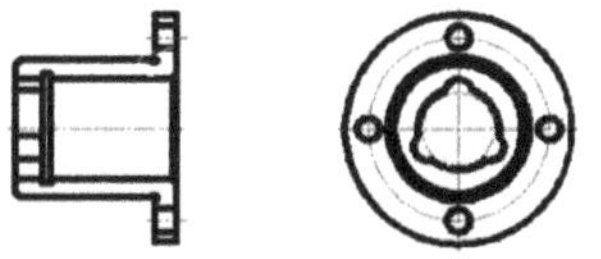
3	绘制细节特征	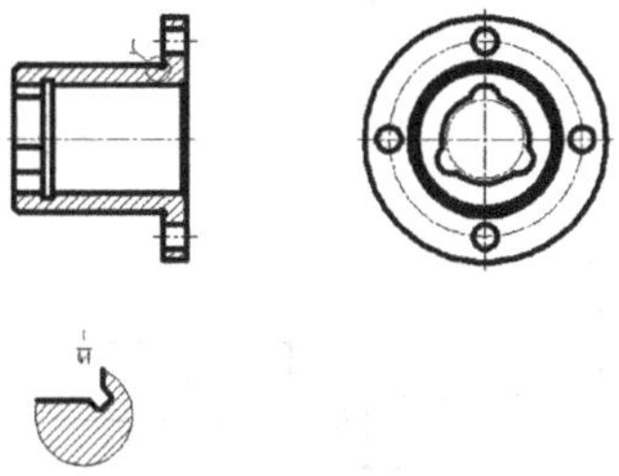
4	标注尺寸	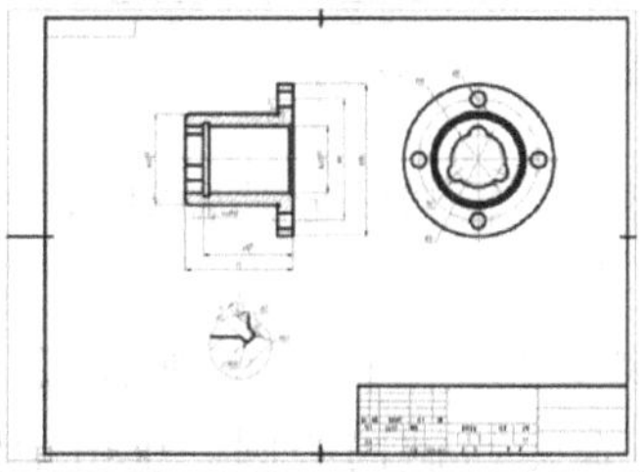
5	标注几何公差	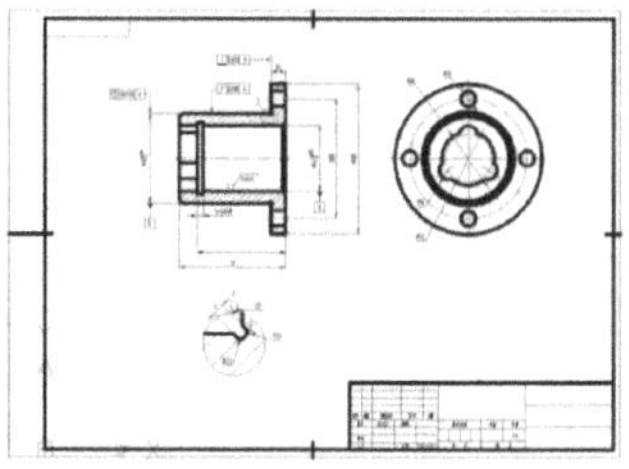
6	标注表面粗糙度	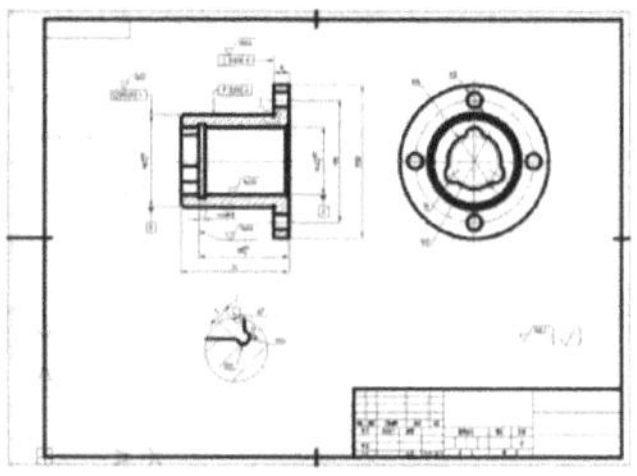
7	书写技术要求	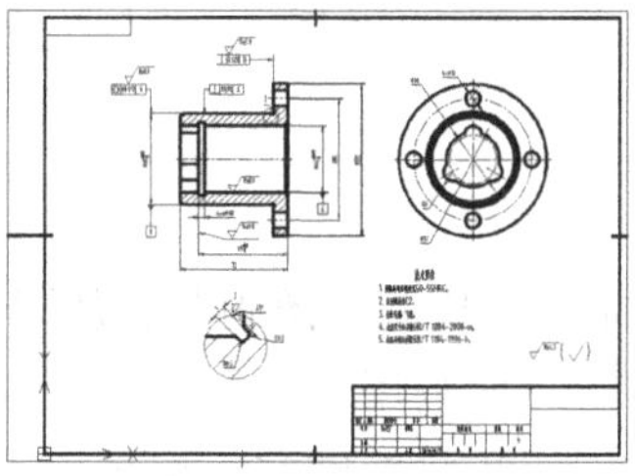

表 2-7　学员轴套零件绘图方案

序号	步骤	图　示	序号	步骤	图　示
1			5		
2			6		
3			7		
4			考评结论		

4. 绘图实施过程

1）新建文件并保存。要求：

“文件类型”为“dwg”，“文件名”为“轴套 dwg”。

2）自动保存设置。

3）进行极轴、对象捕捉、对象捕捉追踪设置。

4）进行图幅设置和标题栏填写，结果如图 2-48 所示。

轴套零件绘制步骤1）~4）

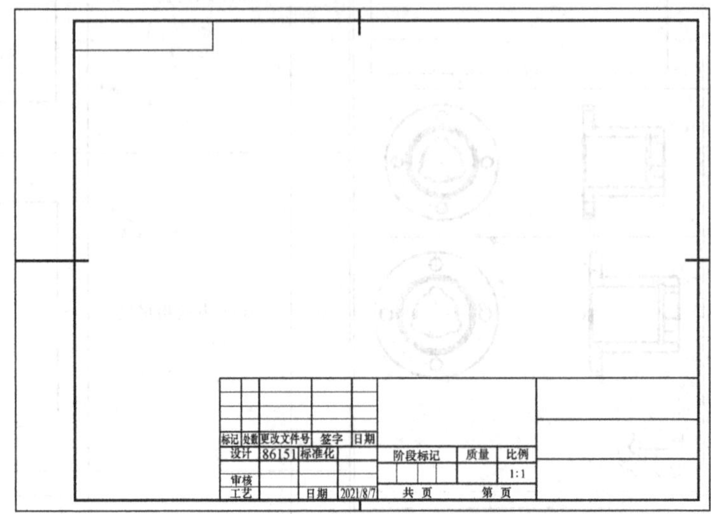

图 2-48　完成步骤 1）~4）基本设置后的结果

5）轴套左视图基本图形绘制。通过图形分析可知，轴套外形是轴对称图形。因此，先从左视图画起，从同心圆画起。

① 利用“中心线层”绘制中心线，画十字交叉线，结果如图 2-49 所示。

② 将轮廓实线层 1 置为当前图层，利用“圆”命令绘制同心圆。单击绘图栏的“圆”按钮 或在命令栏输入“circle”或“C”，捕捉十字交叉线的中心为圆心，层绘制五个同心圆，直径分别为“32”“36”“60”“80”“100”，如图 2-50 所示。将直径为 32mm 和 80mm 的圆改为“中心线层”。

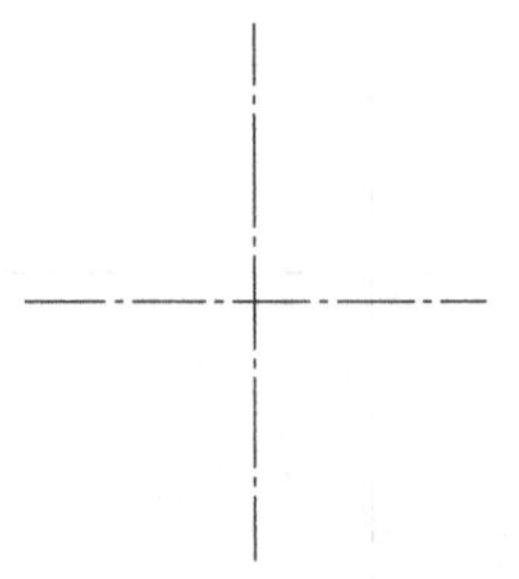

图 2-49　绘制中心十字交叉线

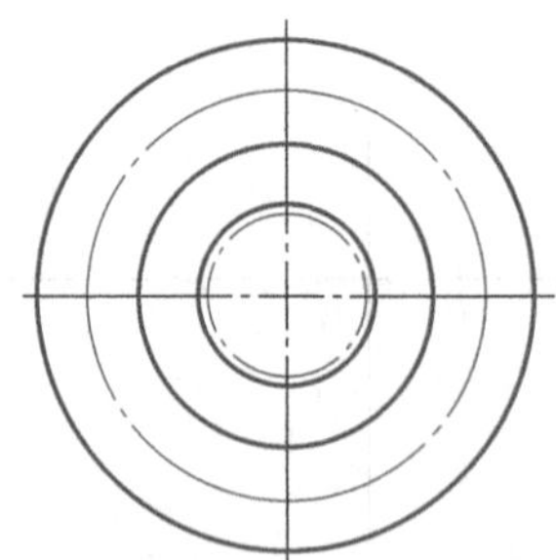

图 2-50　绘制同心圆

③ 在十字交叉线与直径为 80mm 的圆的四个交点处绘制四个小圆，直径为 10mm，结果如图 2-51 所示。

④ 绘制三个小圆弧。以直径为 36mm 的圆上方象限点为圆心，画一个半径为 6mm 的圆，并进行环形阵列，在“阵列”对话框中设置“中心点”为十字交叉线的交点，设置“项目总数”为“3”，“填充角度”为“360”，如图 2-52 所示。对线段进行修剪后，完成左视图基本图形的绘制，如图 2-53 所示。

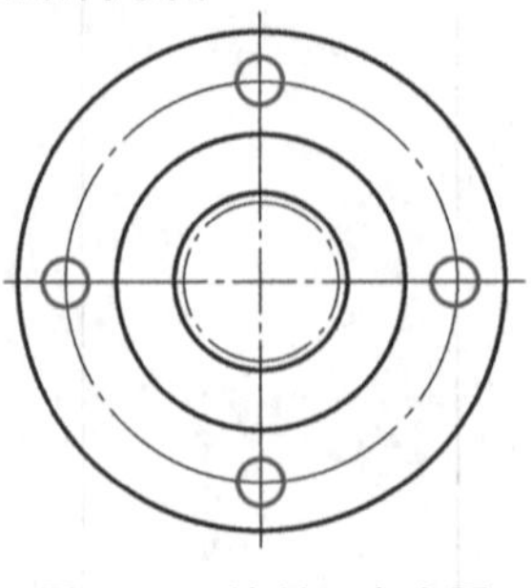

图 2-51　绘制四个小圆

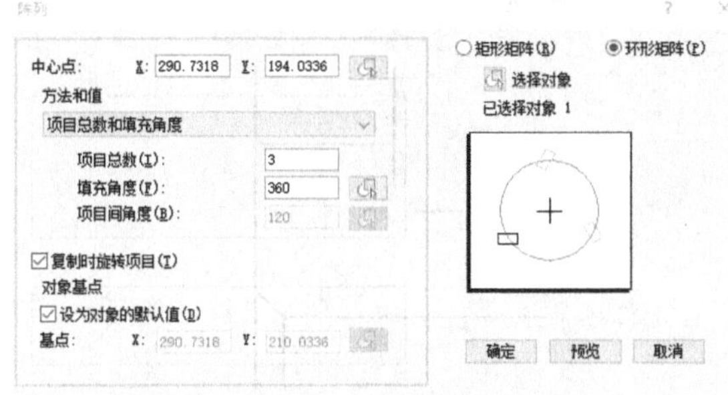

图 2-52　“阵列”对话框

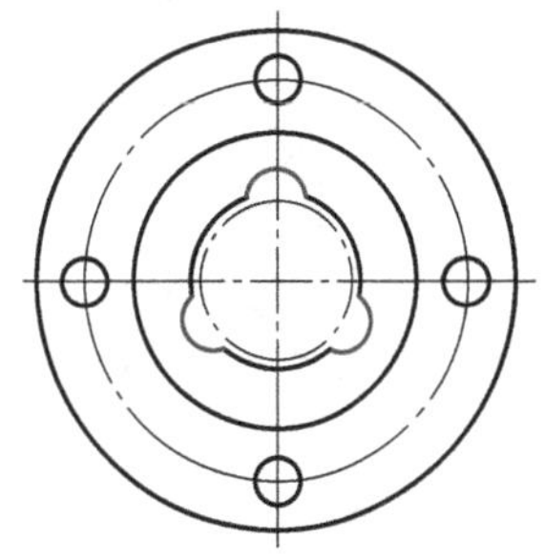

图 2-53　绘制左视图基本图形

6）主视图基本结构绘制。

① 主视图是对称结构的全剖视图，先绘制图形的上半部分，然后用镜像的方法绘制。

首先绘制中心线，然后利用主视图和左视图“高平齐”的绘图原则和“偏移”命令，完成外轮廓的台阶结构、四个小圆孔、内外通孔和内部通孔的绘制，结果如图 2-54 所示。

② 将中心线向上偏移 24mm，将最左端竖线向右偏移 12mm 和 16mm，并进行修剪，完成中间退刀槽的绘制，如图 2-55 所示。

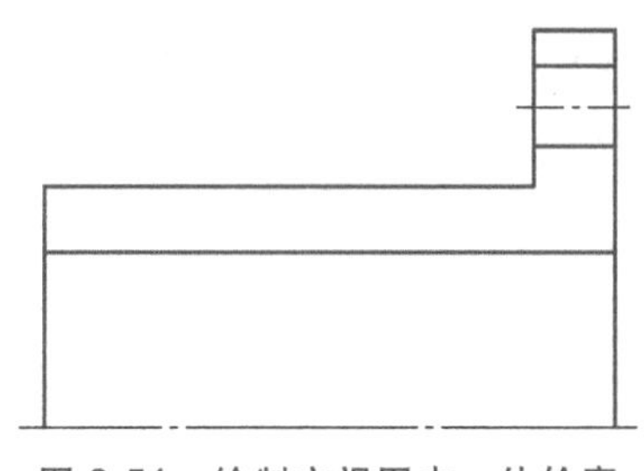

图 2-54　绘制主视图内、外轮廓

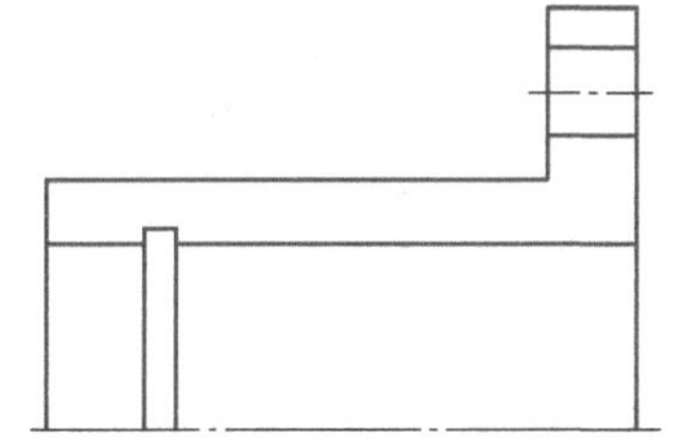

图 2-55　绘制主视图内退刀槽

③ 采用“镜像”命令，以中心线为轴进行镜像操作，结果如图 2-56 所示。

④ 利用“高平齐”的绘图原则来画主视图左部 ϕ36mm 圆与 R6mm 圆弧相交处的三条直线，如图 2-57 所示。

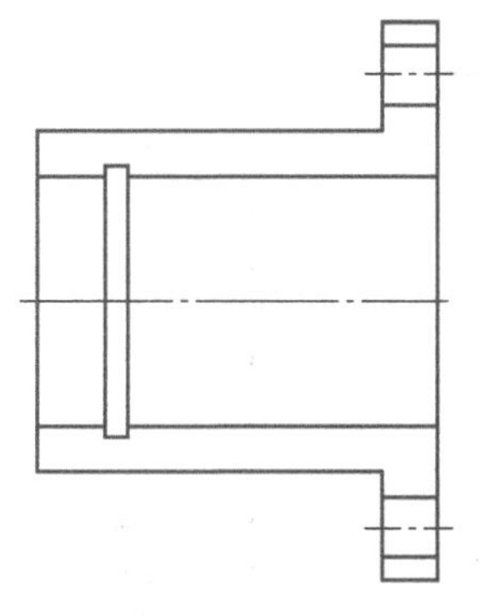

图 2-56　主视图镜像后结果

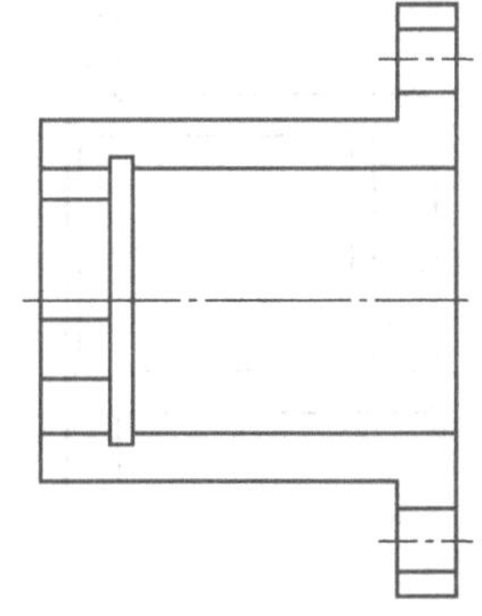

图 2-57　主视图基本形状绘图结果

7）主视图和左视图的细部结构绘制。主视图的细部结构是 ϕ60mm 轴末端的环状槽结构，该结构用局部放大图来表示。在左视图中对应的圆也需画出。此外，还有倒角结构需要表示。

① 根据图样的局部放大图画出环状结构，将极轴设置为 45°，之后画一条 45°斜线，并向两侧偏移；在 135°方向画一条斜线，并向下偏移 1.6mm，如图 2-58 所示。

② 利用“修剪”和“圆角”命令完成环状槽的绘制，如图 2-59 所示。

图 2-58　确定圆环尺寸　　　　图 2-59　完成环状槽绘制

③ 绘制局部放大图。在菜单栏选择“机械”→“创建视图”→“局部详图”命令，如图 2-60 所示，在需要放大的位置画一个圆，弹出“局部视图符号 主图幅 GB”对话框，如图 2-61 所示，选中“按绝对比例指定”单选按钮，并将数值设为“4∶1”，单击“确定”按钮，在绘图区适当的位置单击，放置局部放大图，如图 2-62 所示。

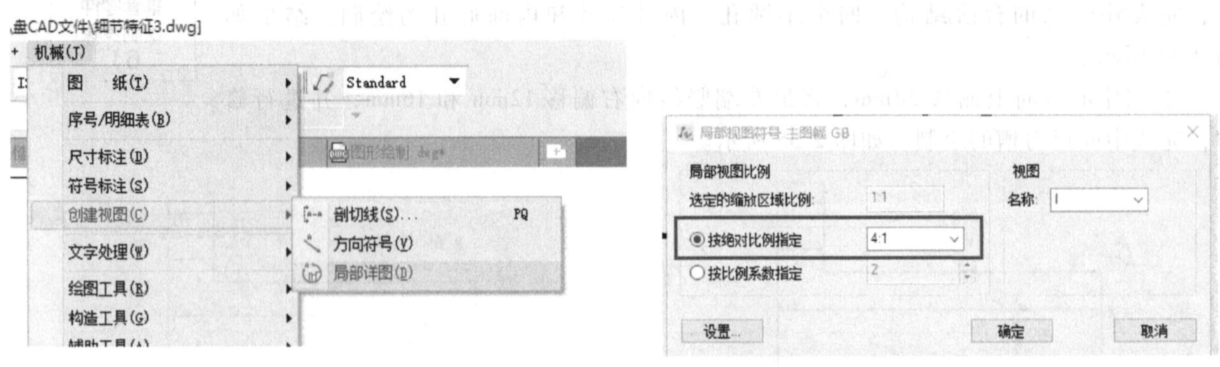

图 2-60　选择“机械”→“创建视图”→“局部详图”命令　　　　图 2-61　“局部视图符号 主图幅 GB”对话框

④ 倒角。在菜单中选择“机械”→“构造工具”→“倒角”命令，如图 2-63 所示，按<Enter>键，弹出“倒角设置 主图幅 GB”对话框，如图 2-64 所示。选择第五个倒角类型，将“第一个倒角长度”和“第二个倒角长度”均设置为“2”，完成倒角操作，结果如图 2-65 所示。

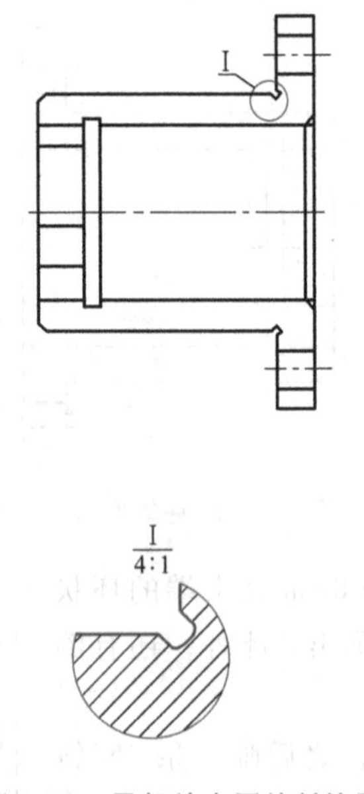

图 2-62　局部放大图绘制结果

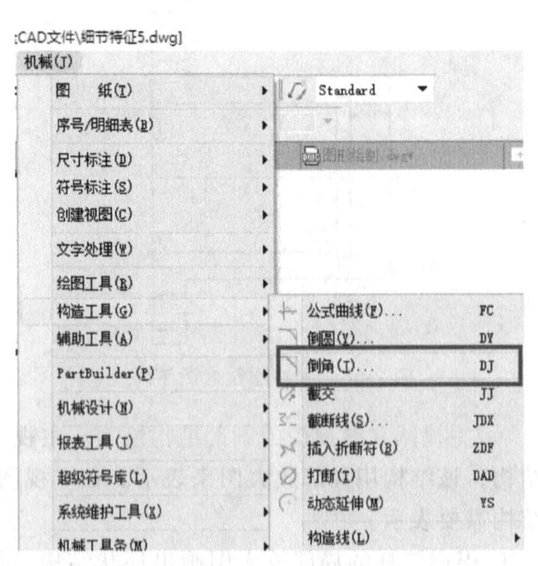

图 2-63　选择“机械”→“构造工具”→“倒角”命令

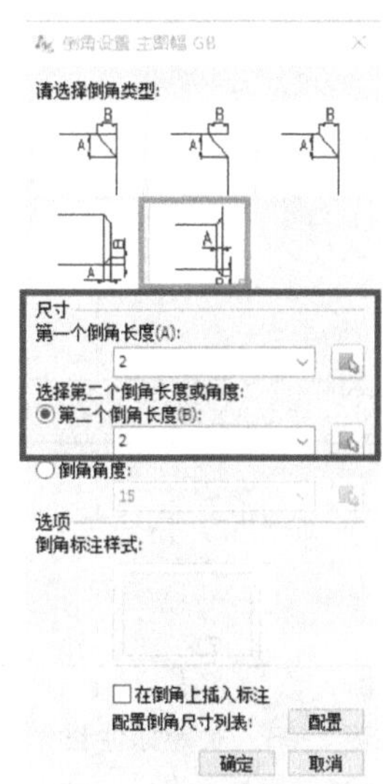

图 2-64　“倒角设置 主图幅 GB”对话框

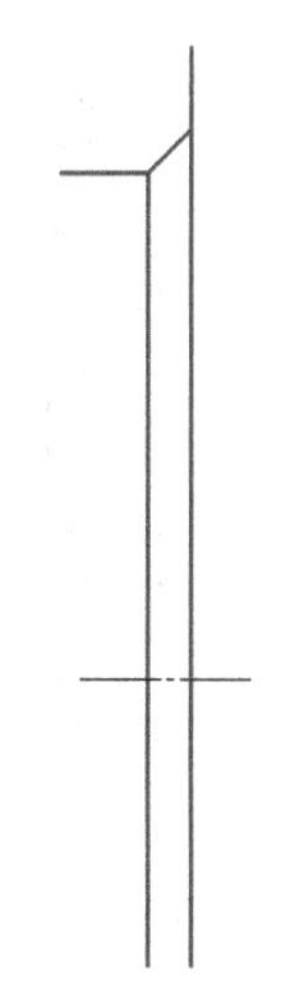
图 2-65　倒角结果

⑤ 填充剖面符号，并在左视图中利用“高平齐”的绘图原则画出环状槽、倒角对应的圆，并进行剖面线的填充，如图 2-66 所示。

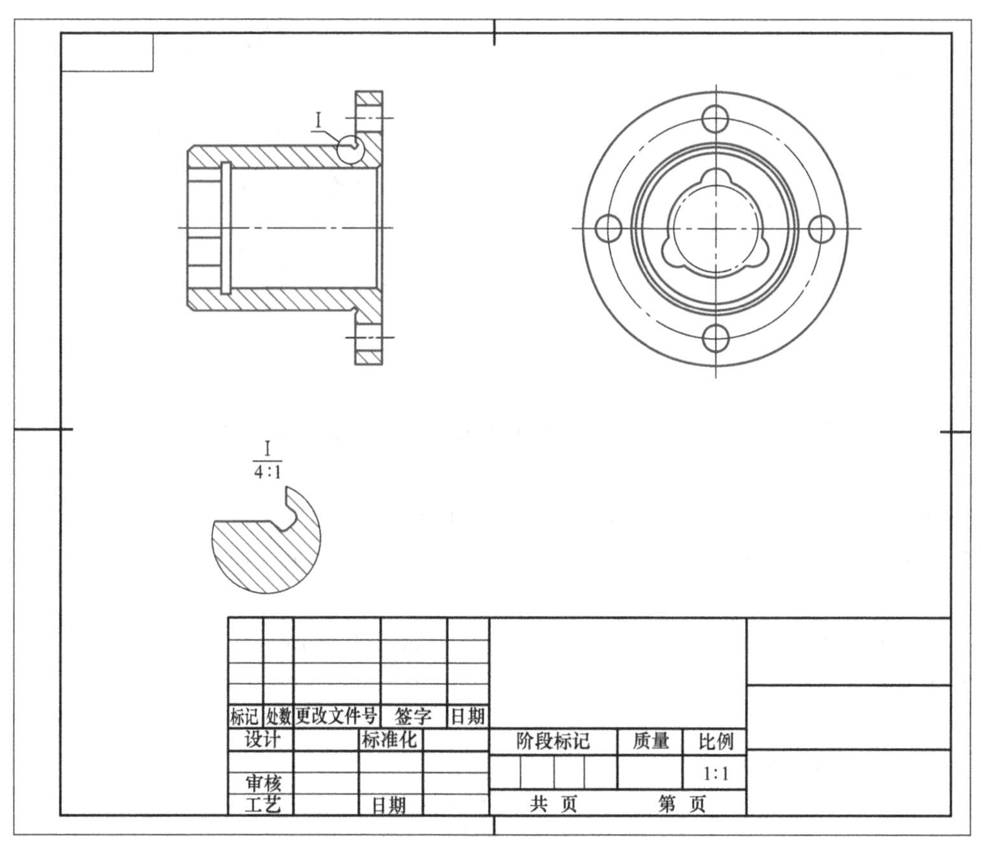

图 2-66　细节结构绘图结果

8）尺寸标注。

① 在菜单栏选择“机械”→“尺寸标注”→“长度标注”命令，如图 2-67 所示，对轴套的长度尺寸进行标注，结果如图 2-68 所示。

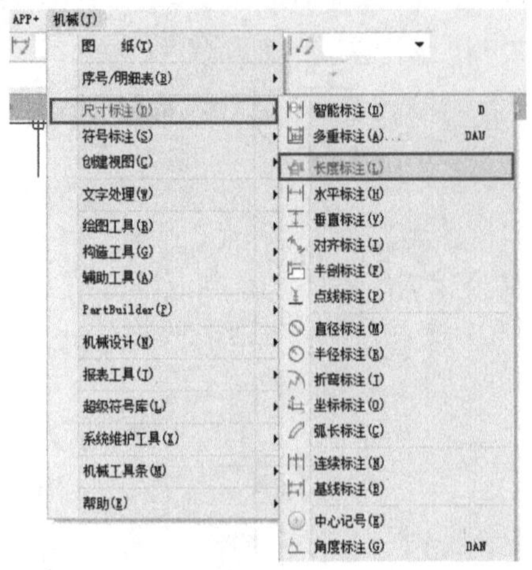

图 2-67　选择“机械”→“尺寸标注”→“长度标注”命令

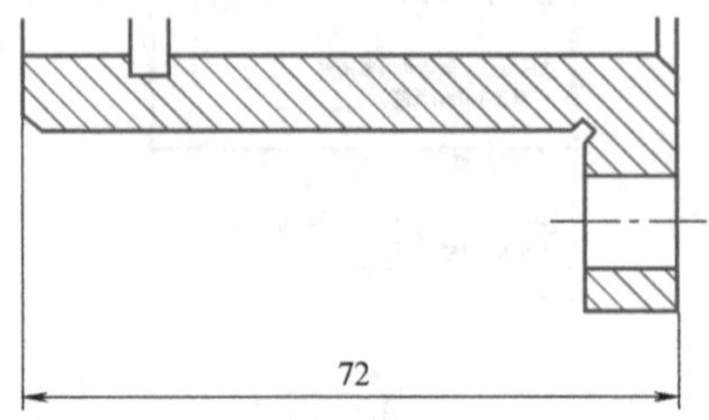

图 2-68　长度标注结果

② 对于非水平和竖直的线条，可以采用“对齐标注”命令，标注结果如图 2-69 所示。

③ 对于圆和圆弧，应采用“直径标注”和“半径标注”命令，标注结果如图 2-70 所示。

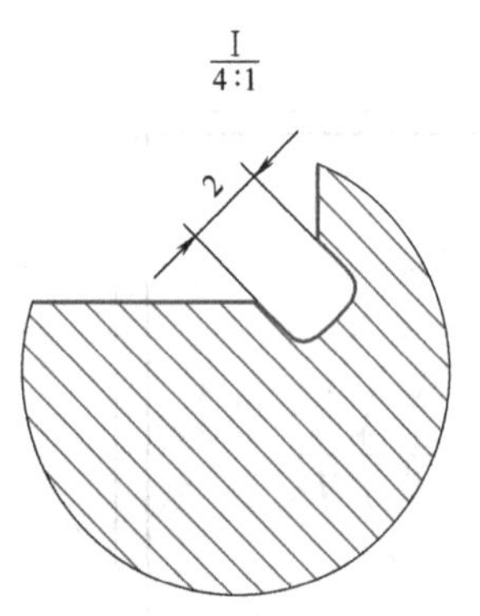

图 2-69　标注非水平和竖直的线条

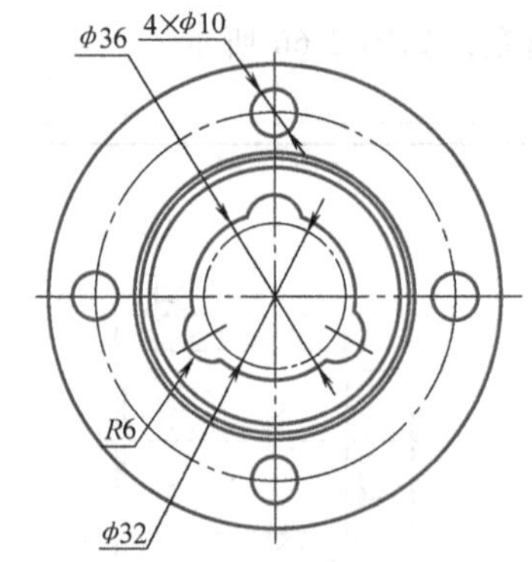

图 2-70　标注半径和直径

④ 双击尺寸数字，弹出“增强尺寸标注 主图幅 GB GB_LINEAR”对话框，如图 2-71 所示，对尺寸进行编辑，主要有以下几个方面。

a. 可以添加直径符号 ϕ，也可以添加数量，比如在文本框中输入“4＊”。

b. 添加公差代号。单击对话框右上方的“配合”文本框，如图 2-72 所示，输入适当的配合，结果如图 2-73 所示。

c. 添加极限偏差。单击对话框右上方的“偏差量”文本框，如图 2-74 所示，输入合适的上、下极限偏差，结果如图 2-75 所示。

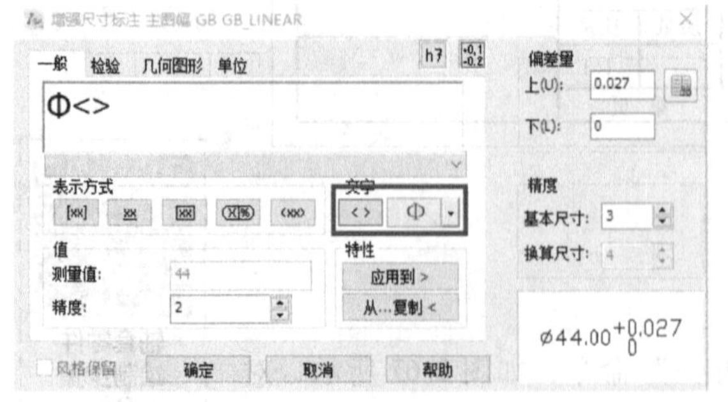

图 2-71　“增强尺寸标注 主图幅 GB GB_LINEAR”对话框

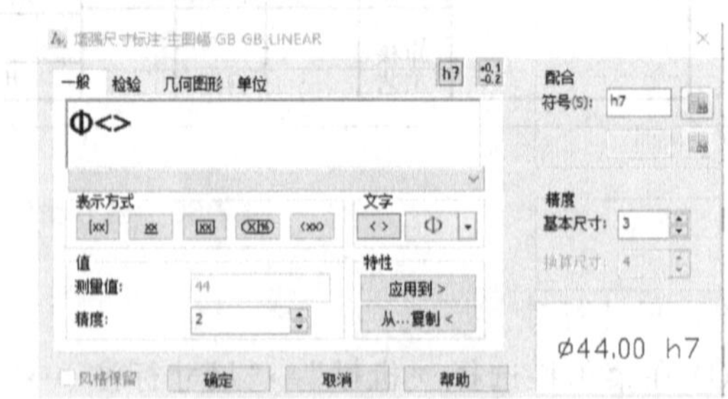

图 2-72　标注配合

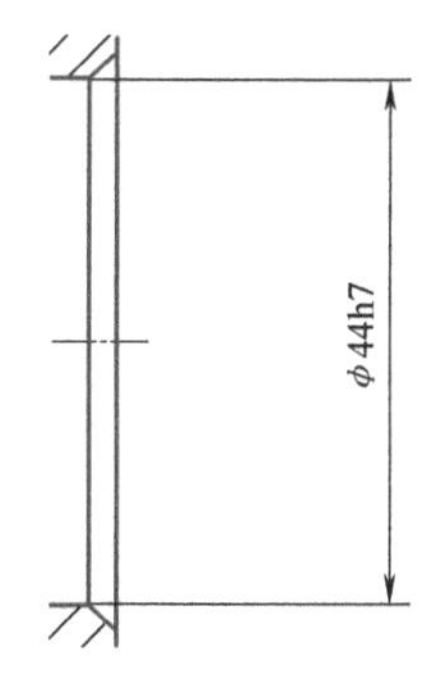

图 2-73 公差标注结果

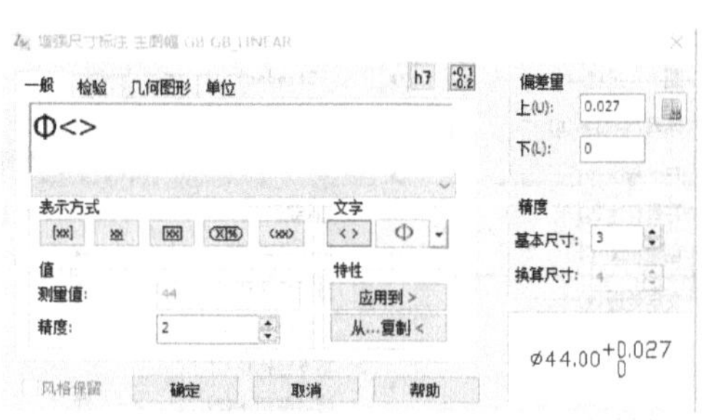

图 2-74 标注极限偏差

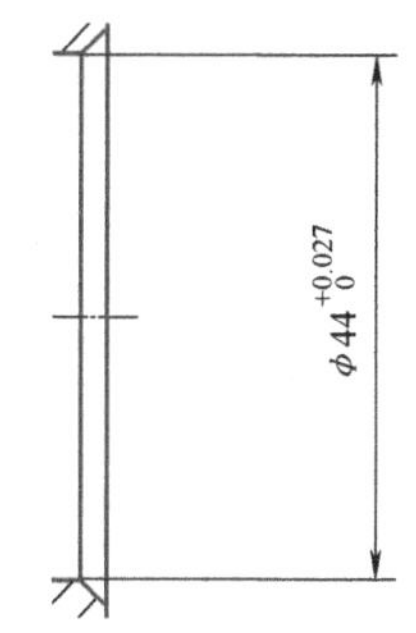

图 2-75 极限偏差标注结果

尺寸标注的结果如图 2-76 所示。

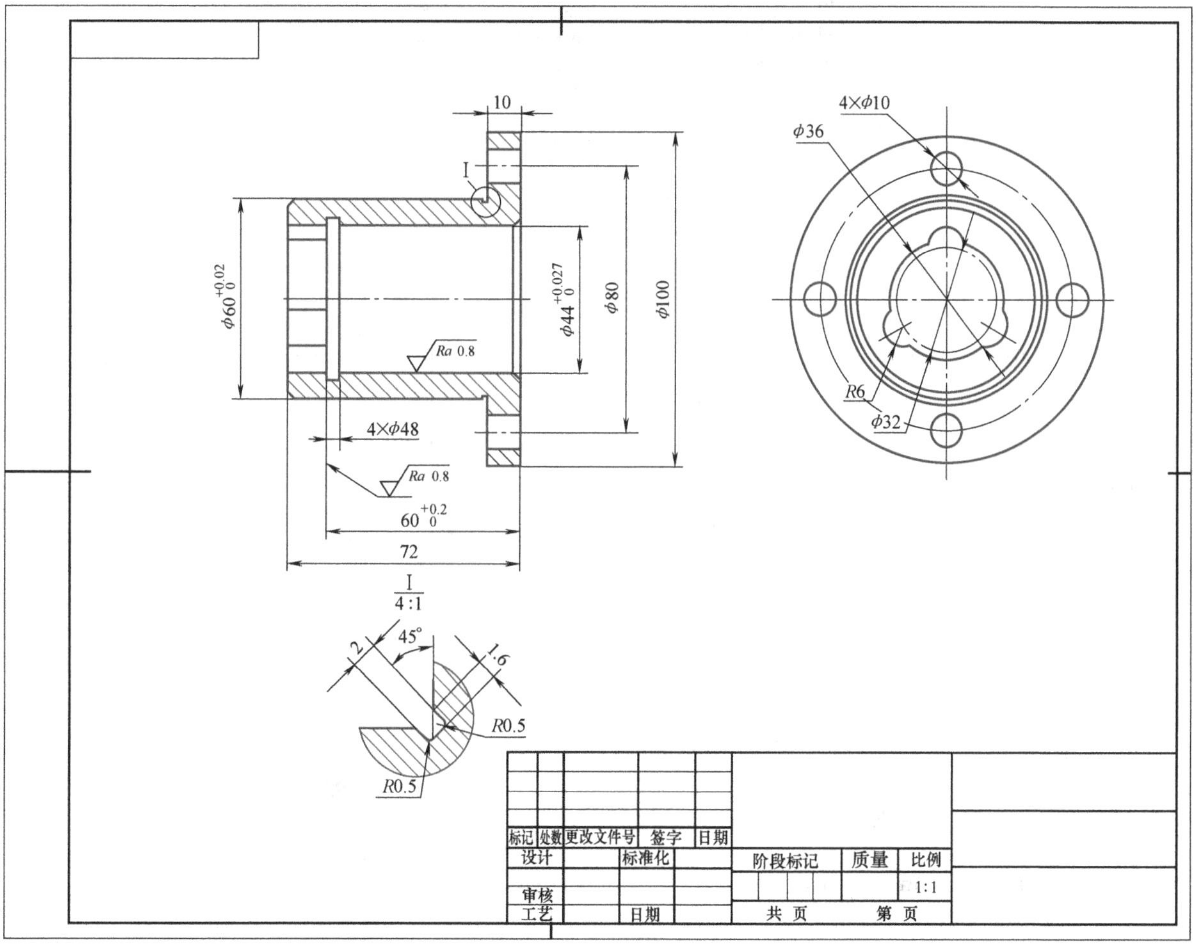

图 2-76 尺寸标注结果

9）几何公差标注。

① 利用“机械”→“符号标注”→“形位公差”命令，如图 2-77 所示，弹出“几何公差 主图幅 GB”对话框，如图 2-78 所示，对图样中的几何公差进行标注，结果如图 2-79 所示。

② 在菜单栏中选择“机械”→“符号标注”→“基准标注”命令，弹出“基准标注符号 主图幅 GB”对话框，如图 2-80 所示，对图样中的基准进行标注，结果如图 2-81 所示。

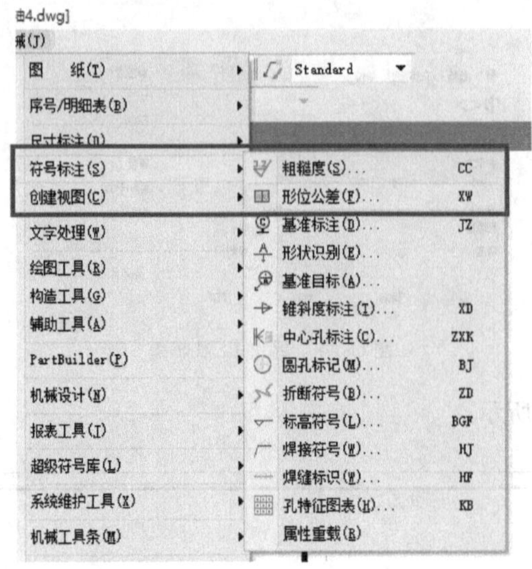

图 2-77　选择“机械”→“符号标注”→“形位公差”命令

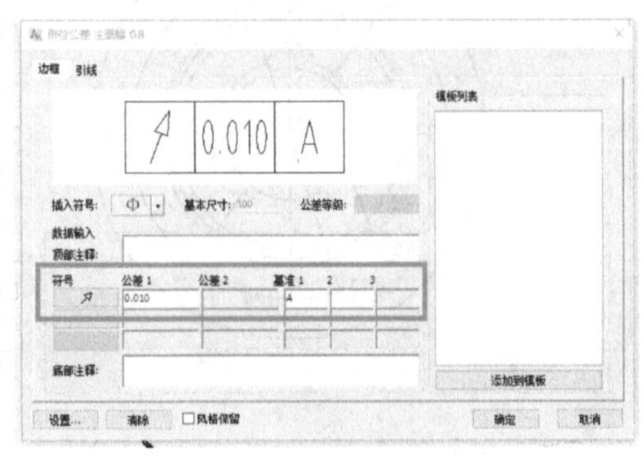

图 2-78　“几何公差 主图幅 GB”对话框

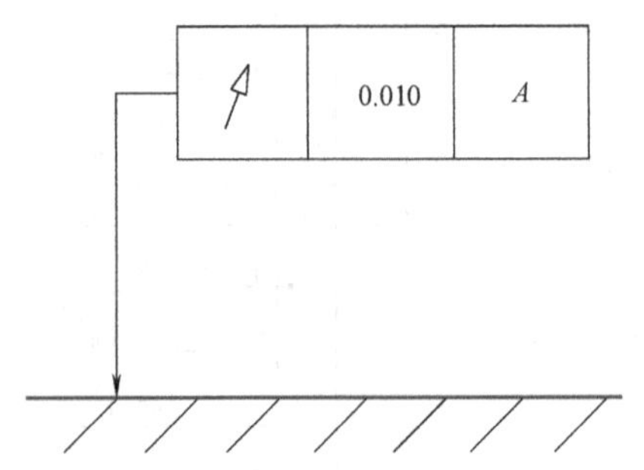

图 2-79　几何公差标注结果

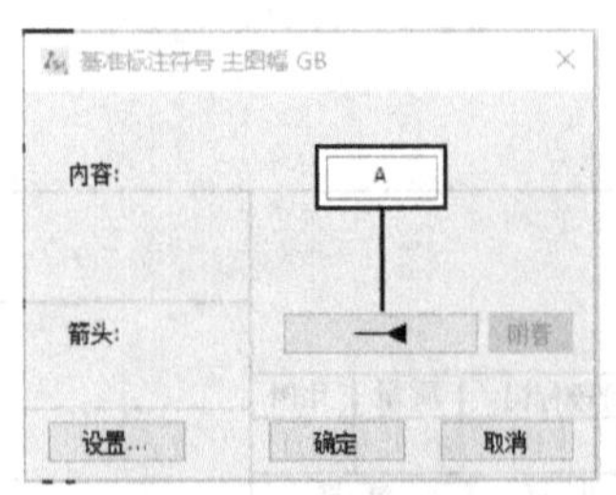

图 2-80　“基准标注符号 主图幅 GB”对话框

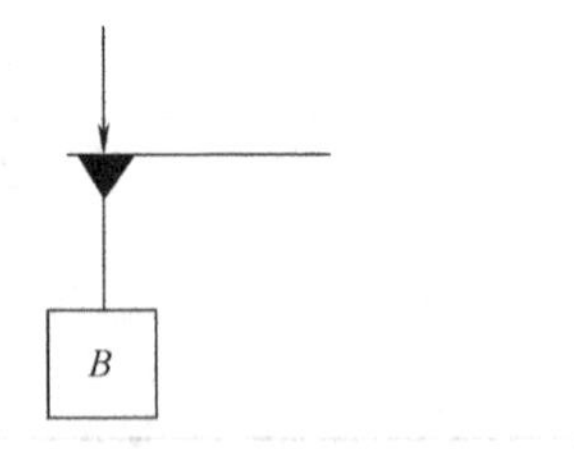

图 2-81　基准标注结果

10）表面粗糙度标注。按要求进行表面粗糙度标注。几何公差和表面粗糙度标注结果如图 2-82 所示。

11）技术要求标注。添加技术要求，完成图样的绘制，最终结果如图 2-83 所示。

12）保存文件。

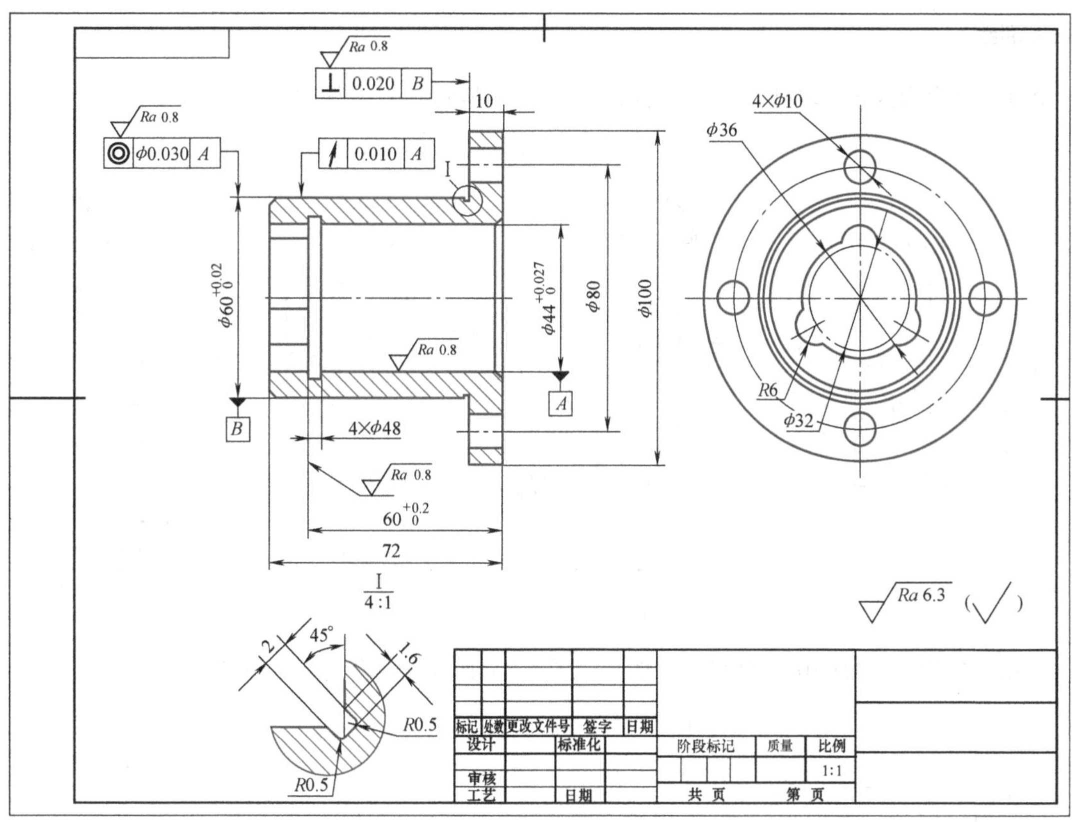

图 2-82 几何公差和表面粗糙度标注结果

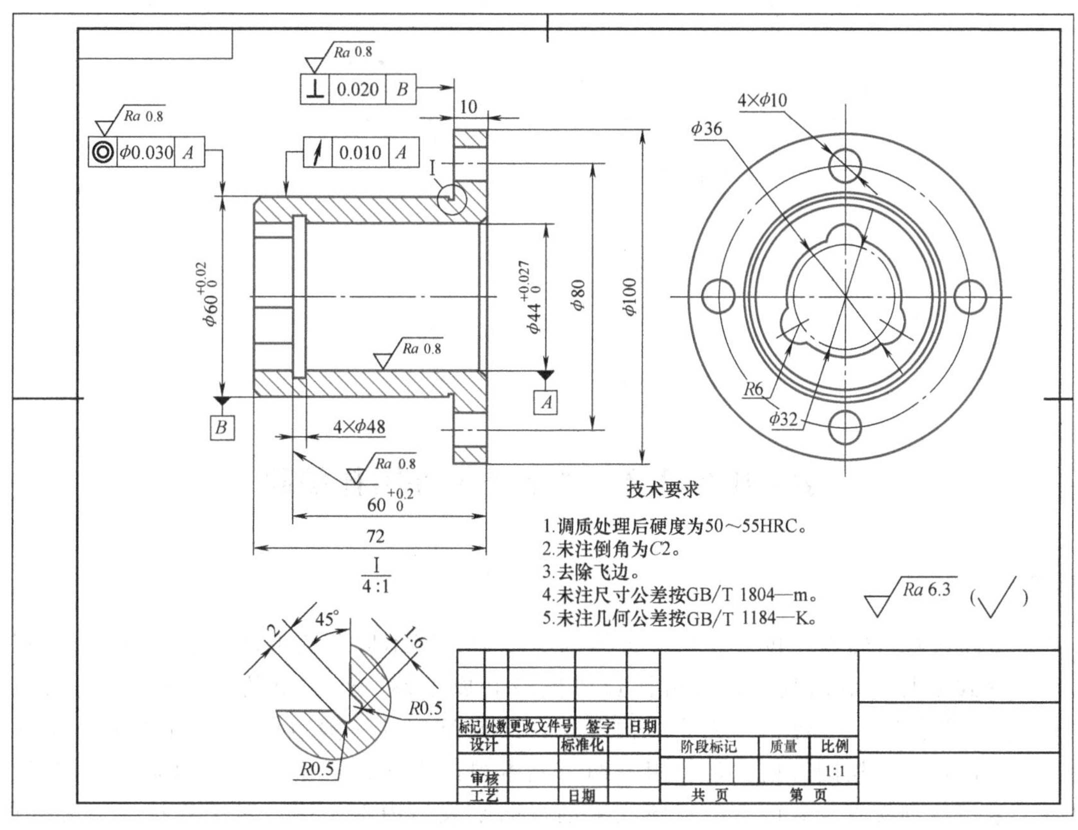

图 2-83 最终绘图结果

课后拓展训练

1）利用中望机械 CAD 2021 教育版软件绘制图 2-84 所示轴套零件图样。

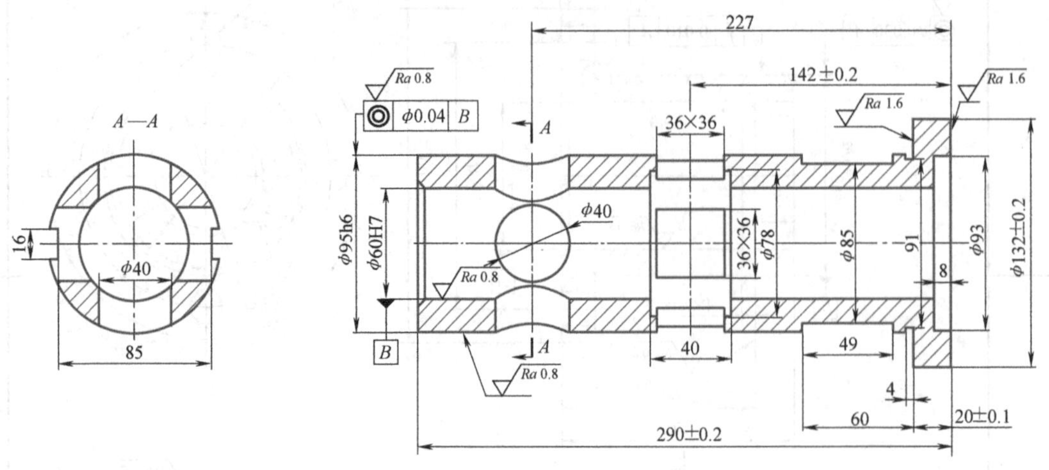

图 2-84　轴套零件图样

2）利用中望机械 CAD 2021 教育版软件绘制图 2-85 所示空心套筒零件图样。

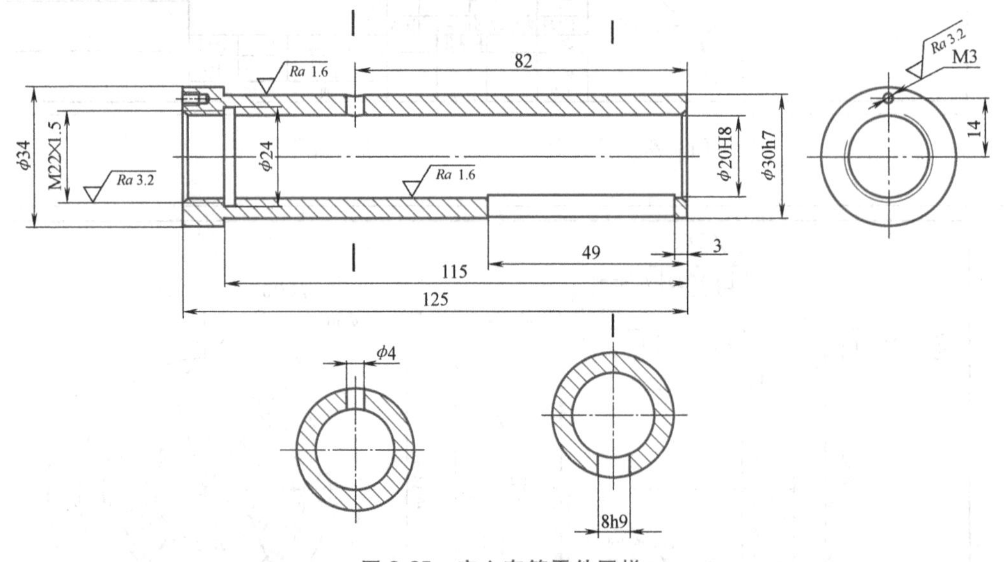

图 2-85　空心套筒零件图样

学习任务 2.3　叉架类零件图样绘制

任务描述

叉架类零件通常由轴座、拨叉等几个主体部分组成，用不同截面形状的肋板或实心杆件支撑连接起来，形式多样、结构复杂，常由铸造或模锻制成毛坯，经必要的机械加工而成，具有铸（锻）圆角、起模斜度、凸台、凹坑等结构要素。叉架类零件一般以自然位置或工作位置放置，以结构特征方向作为主视图方向，常使用一两个基本视图表达，根据具体结构需要采用斜视图或局部视图，采用斜剖视等方式的全剖视图或半剖视图来表达内部结构，对于连接支撑部分的截面形状，可采用断面图表达。

支架零件是典型的叉架类零件，通过分析零件结构，采用合适的视图表达方案，学员掌握尺寸基准的选择及标注方法，掌握表面粗糙度的标注方法，完成支架零件图绘制。支架立体图如图 2-86 所示。

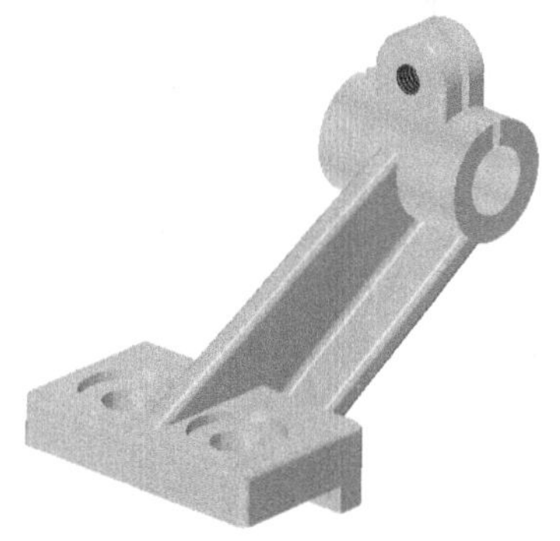

图 2-86　支架立体图

知识点

叉架类零件的视图表达方案。

尺寸基准的选择及标注方法。

表面粗糙度的标注方法及零件图的绘制方法。

技能点

熟悉叉架类零件的视图表达方案。

掌握叉架类零件的尺寸基准选择及标注方法。

熟悉叉架类零件的技术要求。

能够正确绘制叉架类零件图。

素养目标

通过学习叉架类零件图样的绘制方法，学员掌握布置叉架类零件视图的技巧，培养学员的控制和取舍能力。

课前预习

修剪是用指定的剪切边去修剪选定的对象，实现部分擦除，或将被修剪对象延伸到剪切边。可修剪的对象包括直线、圆弧、椭圆弧、圆、二维和三维多段线、构造线以及样条曲线。修剪边界可以是直线、圆弧、圆、二维和三维多段线、构造线、面域、样条曲线以及文字。

在命令栏输入“TR”（修剪），或选择“修改”→“修剪”命令，或在“修改”工具栏中单击“修剪”按钮，执行“修剪”命令，命令栏提示内容如图 2-87 所示。此时可以不选择任何对象，在绘图区空白处右击确认，或按<Space>键或<Enter>键确认，默认选择所有对象即可，如图 2-88 所示。可以依次选择多个要修剪的对象，如果实体与剪切边不相交，则不能剪除。如果要修剪的对象与修剪边界没有实际交点，可选择“边缘模式”进行修剪，按<E>键进入“边缘模式”，如图 2-89 所示。

```
命令: TR
TRIM
当前设置:投影模式 = UCS, 边延伸模式 = 不延伸(N)
选取对象来剪切边界 〈全选〉:
```

图 2-87　执行修剪命令后命令栏提示内容

```
TRIM
当前设置:投影模式 = UCS, 边延伸模式 = 不延伸(N)
选取对象来剪切边界 〈全选〉:
选择要修剪的实体, 或按住Shift键选择要延伸的实体, 或 [边缘模式(E)/围栏(F)/窗交(C)/投影(P)/删除(R)/放弃(U)]:
```

图 2-88　选择修剪对象

```
命令: *取消*
命令: TR
TRIM
当前设置:投影模式 = UCS, 边延伸模式 = 延伸(E)
选取对象来剪切边界 <全选>:
选择要修剪的实体, 或按住Shift键选择要延伸的实体, 或 [边缘模式(E)/围栏(F)/窗交(C)/投影(P)/删除(R)/放弃(U)]: e

输入选项 [延伸(E)/不延伸(N)] <延伸(E)>:
```

图 2-89　进入边缘模式

课内实施

1. 预习效果检查

(1) 填空题

需要将对象进行部分擦除，应使用________命令。

(2) 判断题

修剪命令（TRIM）可以延伸对象。（　　）

2. 零件结构分析

（1）参考零件图样分析　图 2-90 所示为支架零件图样，该零件主体结构包括圆柱体，凸耳、连杆、肋板、底座等；细部特征包括两个沉孔和一个螺纹孔。为了清晰表达零件结构，还需绘制移出断面图表达连杆和肋板结构，绘制局部放大图表达凸耳结构。

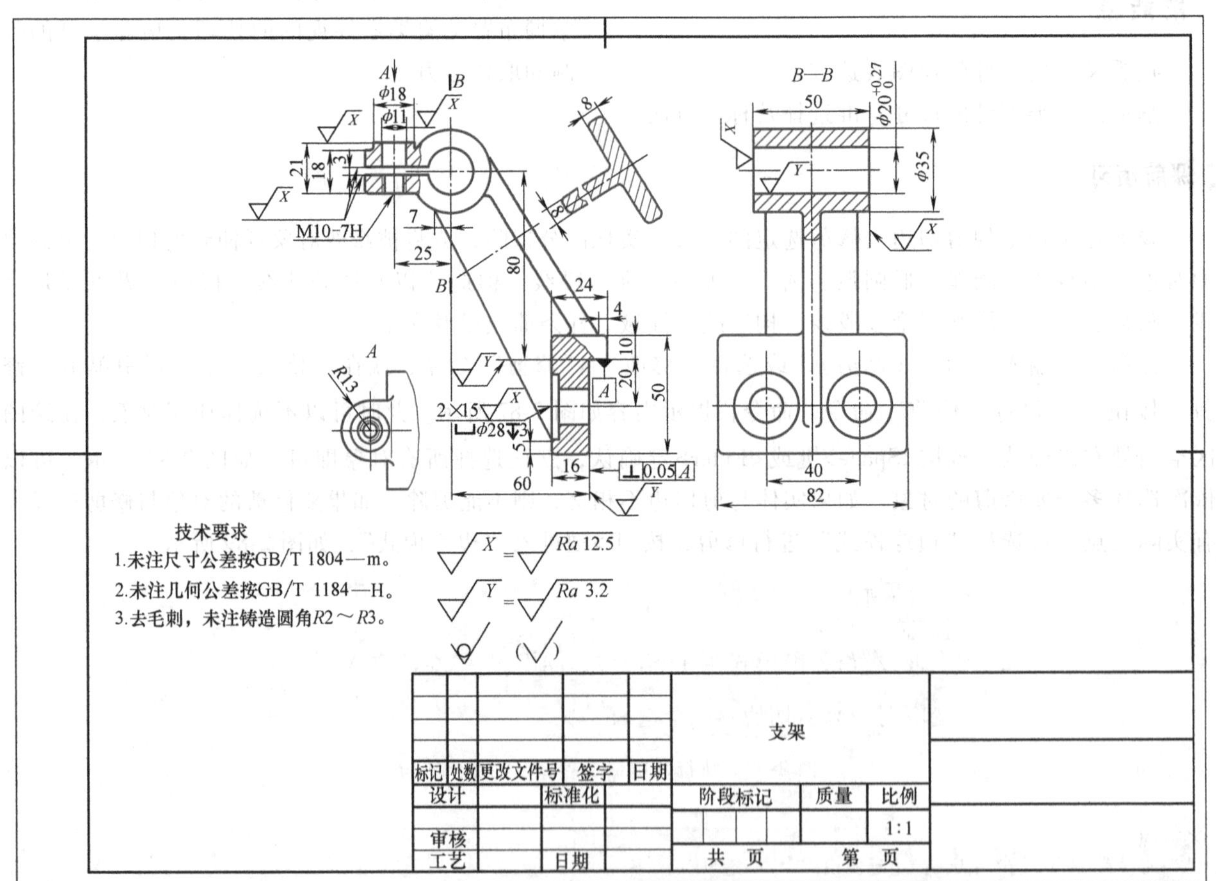

图 2-90　支架零件图样

（2）学员零件图样分析　参考上面提示，独立完成支架零件的图样分析，并填写表 2-8。

表 2-8　学员支架零件图样分析

序号	项目	分析结果
1	支架外形特点	
2	支架零件结构组成	
3	教师评价	

3. 零件建模方案设计

（1）参考造型方案　根据支架零件的特点和结构组成，设计支架零件图样的绘制方案，内容见表 2-9。

表 2-9　支架零件图样绘制参考方案

序号	步骤	图示
1	绘制圆柱体主视图	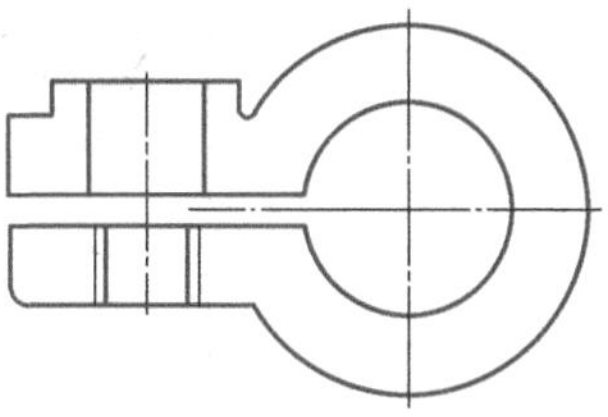
2	绘制底座主视图	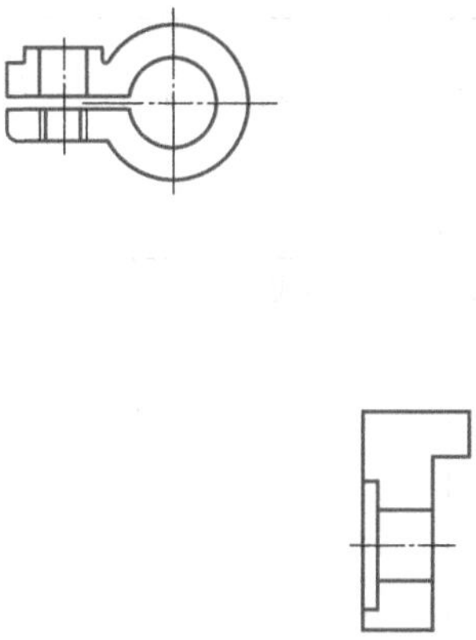
3	绘制连杆和肋板主视图	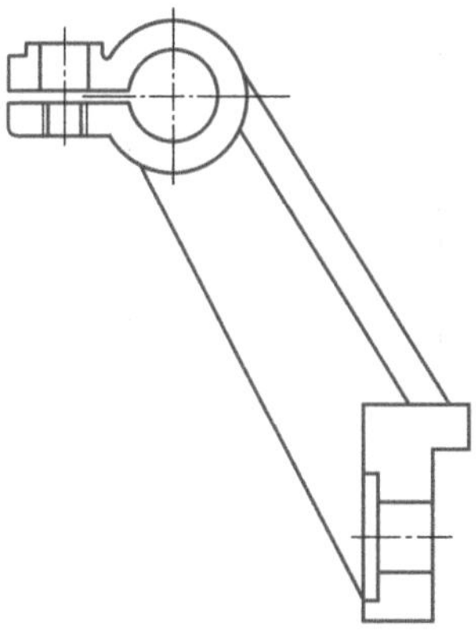
4	绘制圆柱体左视图	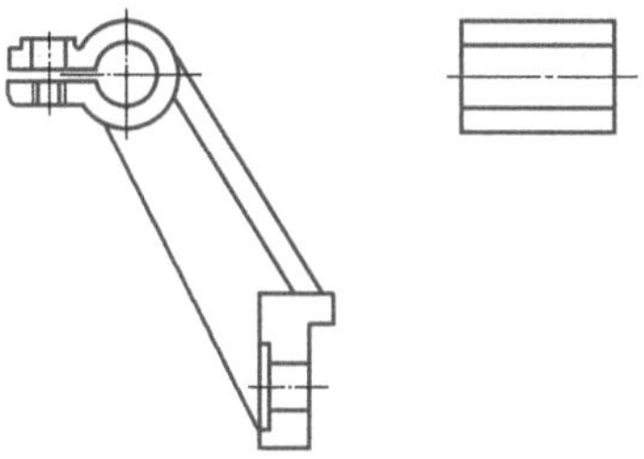
5	绘制底座左视图	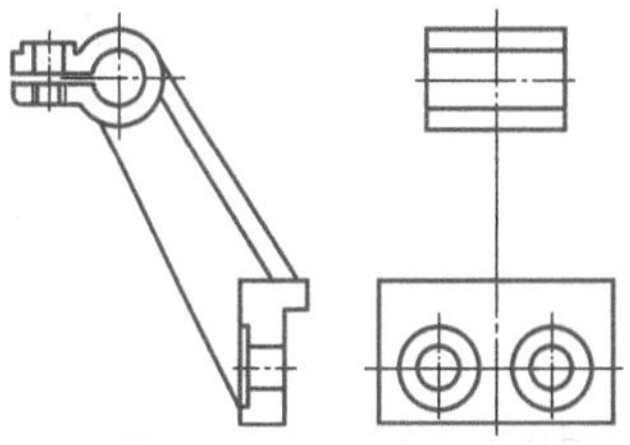
6	绘制连杆和肋板左视图	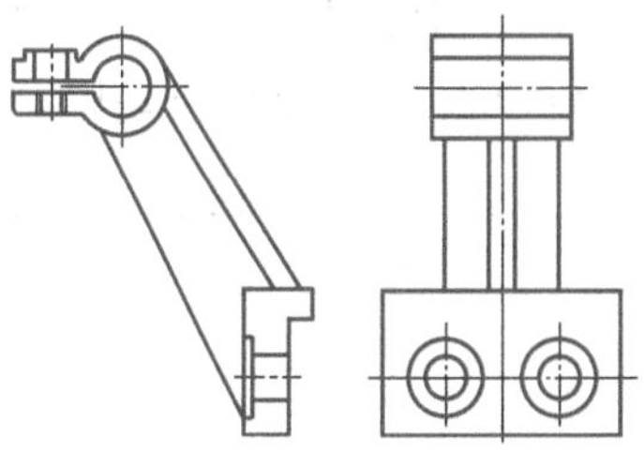
7	绘制连杆横截面移出断面图	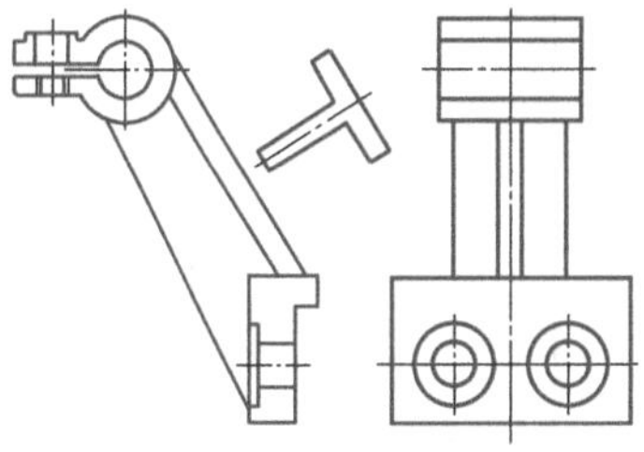
8	断面图断裂画法	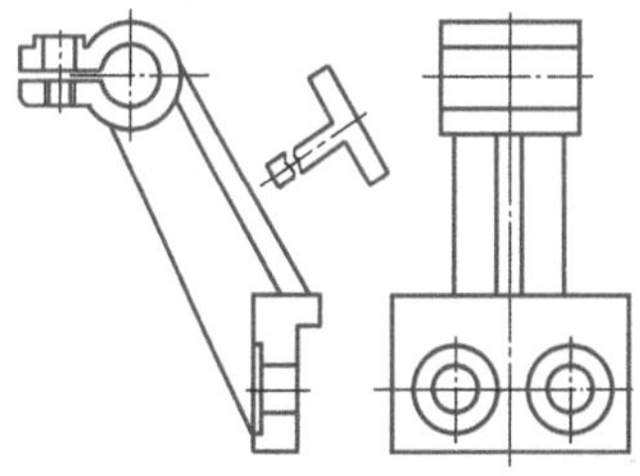
9	绘制凸耳局部视图	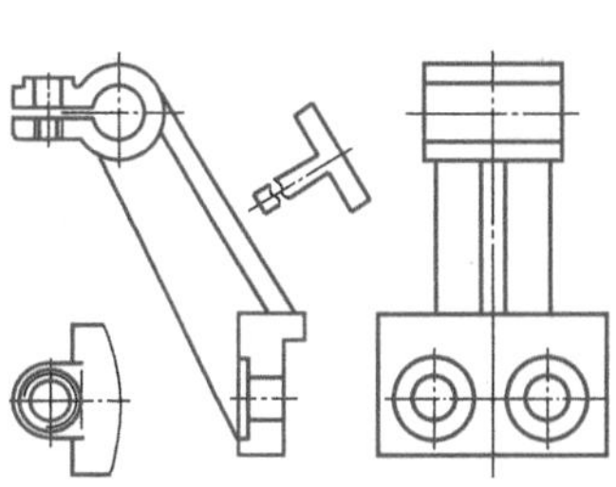

（续）

序号	步骤	图示	序号	步骤	图示
10	倒圆角	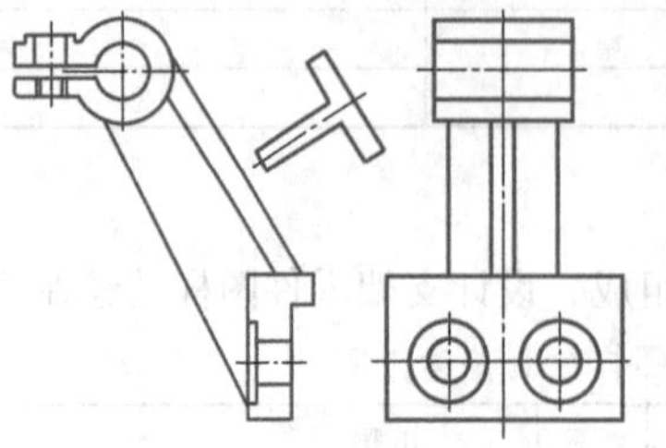	12	标注尺寸	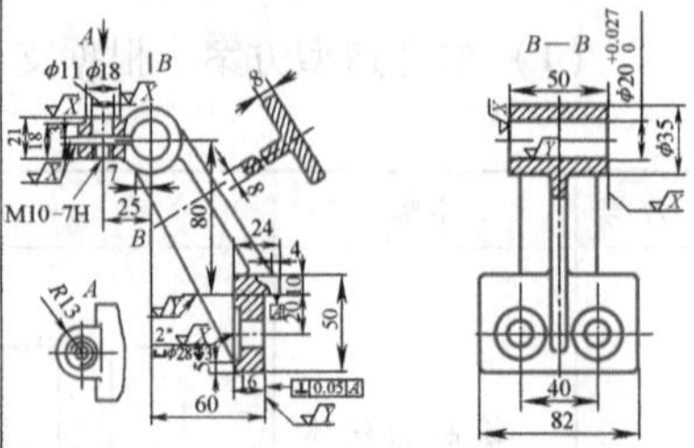
11	绘制剖面线	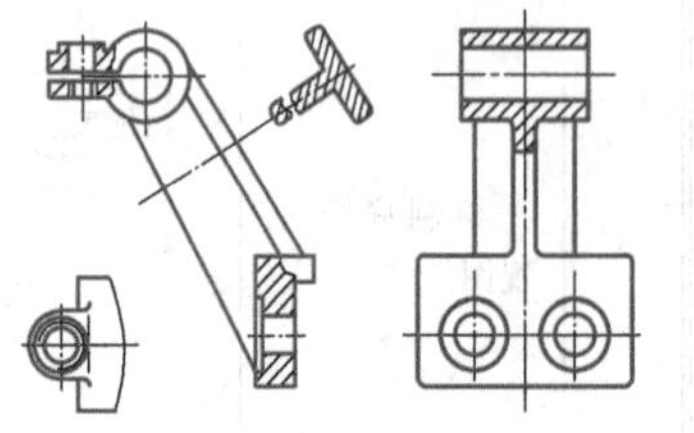			

（2）学员造型方案　根据自己对支架零件结构的分析，参照表 2-9 的绘图方案，独立设计支架零件图绘制方案，并填写表 2-10 。

表 2-10　学员支架零件图绘制方案

序号	步骤	图　示	序号	步骤	图　示
1			8		
2			9		
3			10		
4			11		
5			12		
6					
7			考评结论		

4. 绘图实施过程

1）新建文件并保存。要求：

“文件类型”为“dwg”，“文件名”为“支架.dwg”。

2）自动保存设置。

3）进行极轴、对象捕捉、对象捕捉追踪设置。

4）根据零件总体尺寸和零件图表达方案，完成图幅的设置。要求：

“图幅大小”为“A3”；“布置方式”为“横置”，其余参数使用默认值，结果如图 2-91 所示。

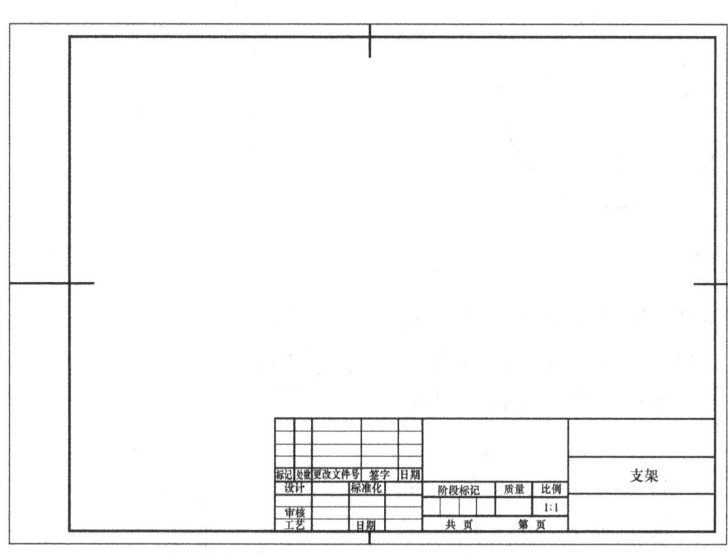

图 2-91　完成步骤 1)~4) 基本设置后的结果

5）主视图基本结构的绘制。主视图主要采用局部剖视图、移出断面图和局部视图表达。

支架零件
绘制步骤
5）

① 绘制直径分别为 20mm 和 35mm 的两个同心圆，然后选择“机械”→绘图工具”→“中心线”命令（或在命令栏输入“ZX”），选择直径为 35mm 的圆绘制中心线，结果如图 2-92 所示。

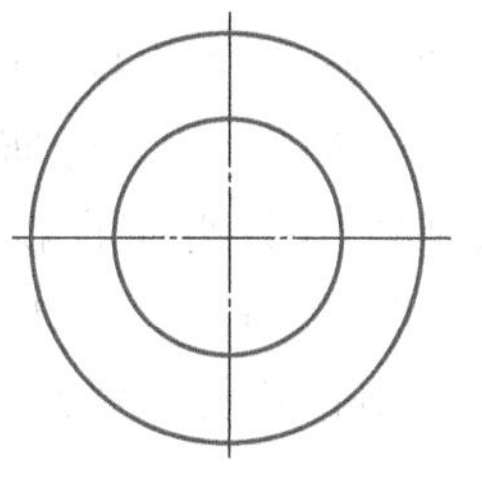

图 2-92　两同心圆及零件图基准的绘制

② 单击“常用”工具选项卡下“修改”选项组中的“偏移”工具按钮，或在命令栏中输入“O”，选中上一步骤创建的竖直中心线，将其往左侧偏移“25”，得到凸耳圆柱孔的轴线。按<Space>键重复“偏移”命令，将凸耳上圆柱孔的轴线向左偏移“13”、向左右分别偏移“5.5”和“9”；选中水平中心线向上、下分别偏移“1.5”和“9”；选中最下面的轮廓线向上偏移“21”。选中所有偏移得到的轮廓线，切换图层为“1 轮廓实线层”，修剪掉多余的部分，结果如图 2-93 所示。

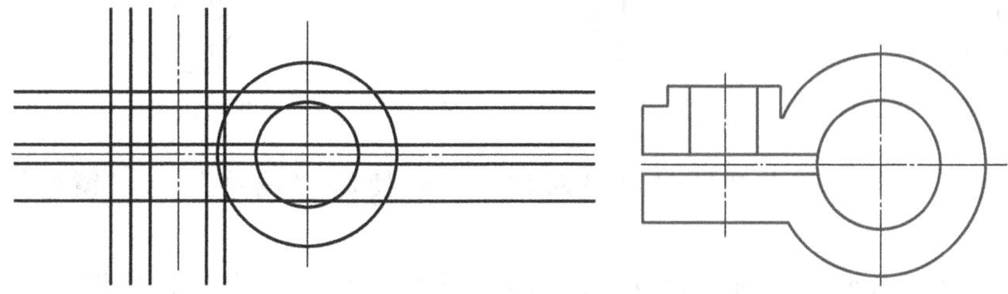

图 2-93　绘制圆柱体及凸耳的主视图

③ 选中凸耳上圆柱孔的轴线作为偏移对象，分别向两侧偏移“8.6/2”和“10/2”，将内螺纹的大径线型改为“2 细实线层”、小径线型改为“1 轮廓实线层”，结果如图 2-94 所示。

④ 选中圆柱孔水平中心线，分别向下偏移“70”“80”“100”“120”，然后选中圆柱孔竖直中心线向右偏移“60”；以前一次偏移得到的直线为偏移对象向左偏移“16”，再以前一次偏移得到的直线为偏移对象向右偏移“24”，把偏移得到的线段的图层全部更改为“1 轮廓实线层”，修剪掉多余线段，结果如图 2-95 所示。

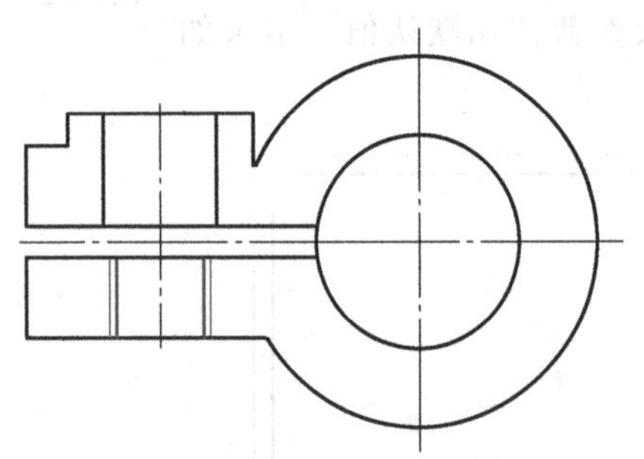

图 2-94　绘制圆柱体主视图

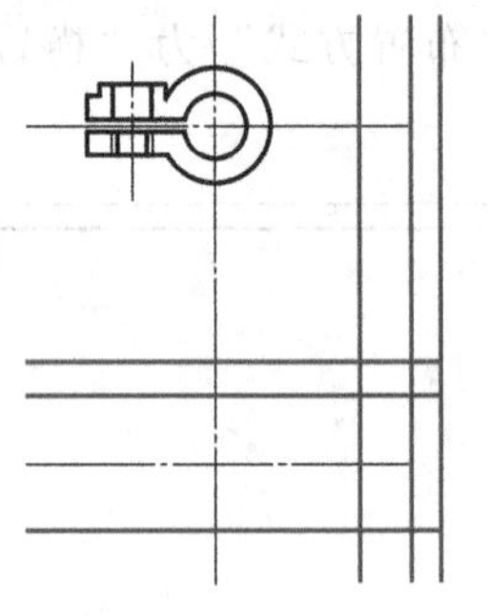

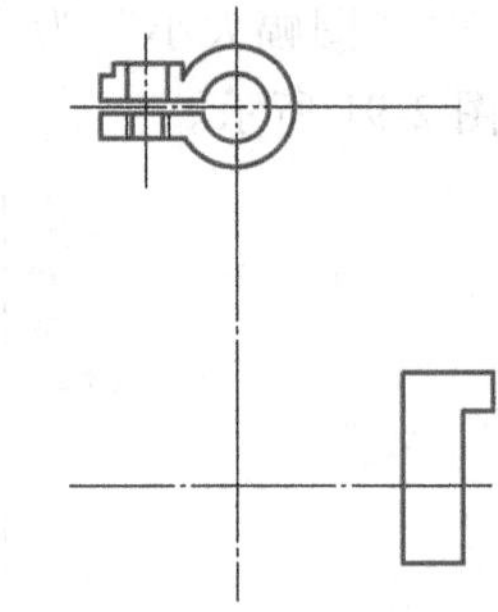

图 2-95　绘制底座

⑤ 以底座阶梯孔的中心线为偏移对象，向上、下两侧分别偏移“15/2”和“14”，再将左端的边向右偏移“3”，修剪掉多余的线段，结果如图 2-96 所示。

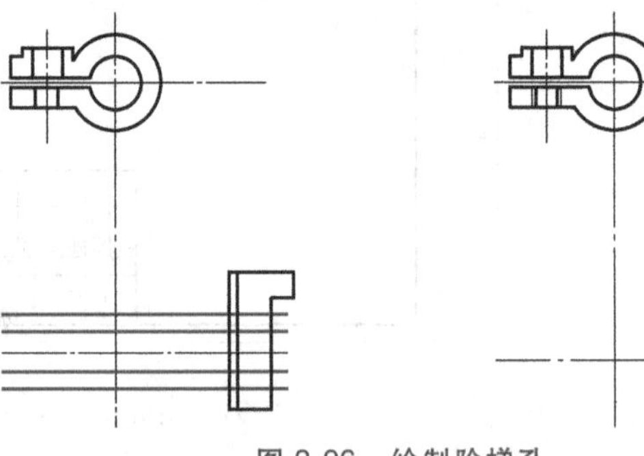

图 2-96　绘制阶梯孔

⑥ 选中两个同心圆的竖直中心线，将其向左偏移“7”，然后使用“直线”命令，把光标移到底座左下角，捕捉其端点，此时不要单击而是轻轻地将光标往上移一小段距离，当出现一条绿色的虚线时输入极轴坐标值“5”，确定肋板直线的第一点，然后将直线另一端点定位至刚刚偏移得到的中心线与圆柱交点处，结果如图 2-97 所示。

⑦ 选择“直线”命令，用光标捕捉底座右上角的端点，向左移一小段距离，当出现绿色的虚线时输入偏移值“4”，确定连杆直线的第一个端点的位置，在按住<Shift>键的同时右击，弹出“临时追踪点”菜单，选择“切点”命令后将十字光标靠近直径为“35”的圆，使连杆直线的另一端与圆柱面相切。再将刚刚绘制得到的连杆直线向左下方偏移“8”，裁剪掉多余的部分，结果如图 2-98 所示。

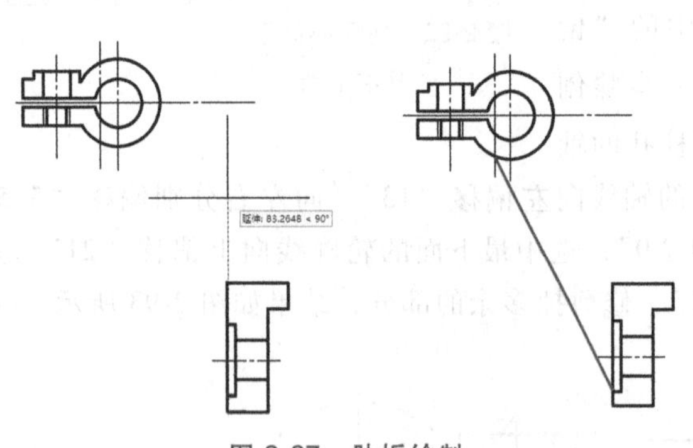

图 2-97　肋板绘制

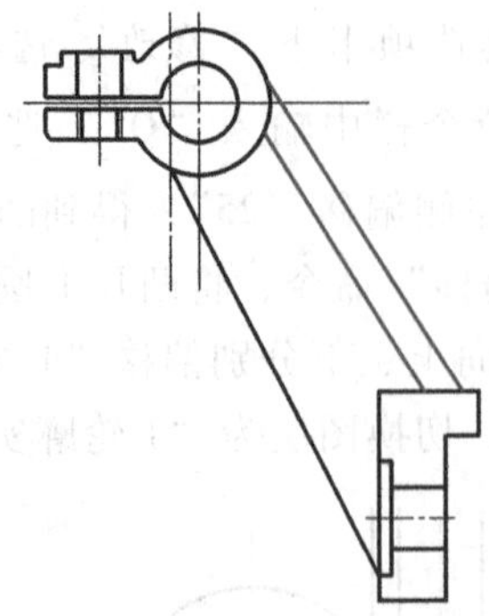

图 2-98　绘制右视图基本图形

6）左视图的绘制。零件的左视图呈水平对称，主要使用“偏移”和“镜像”命令。

① 根据“主-左视图高平齐”的投影特性，切换“3 中心线层”图层，捕捉主视图圆柱孔中心并向右平移光标，在合适的位置绘制图 2-99 所示的水平和竖直中心线。

② 利用“偏移”命令绘制带孔圆柱体左视图。在命令栏输入<O>，选中水平中心线，分别向上、下偏移“10”和“35/2”；选中竖直中心线，向左、右各偏移“25”，把偏移得到的线段的图层更改为“1 轮廓实线层”，结果如图 2-100 所示。

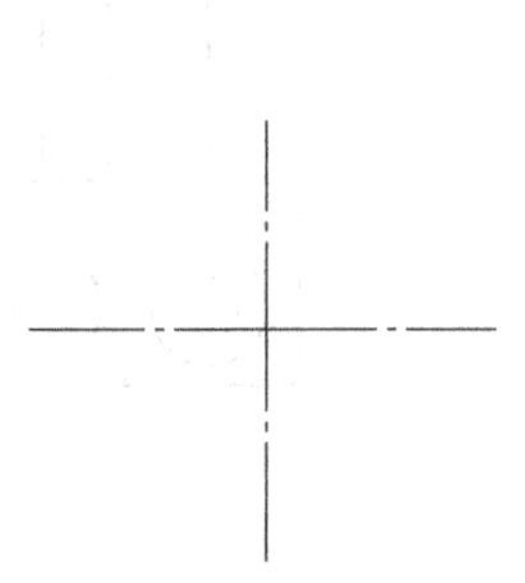
图 2-99　绘制中心线

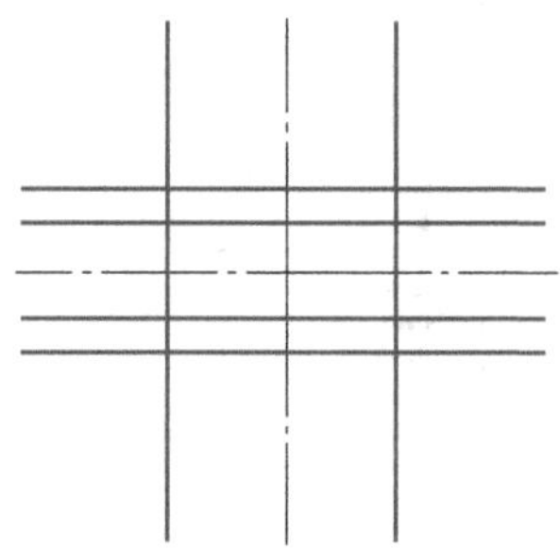
图 2-100　偏移圆柱体左视图轮廓线

③ 使用“修剪”命令把多余的线段修剪掉，结果如图 2-101 所示。

④ 使用“偏移”命令，选中水平中心线，向下分别偏移“70”和“120”；选中竖直中心线，分别向两侧偏移“4”“20”“42”，之后进行修剪，得到图 2-102 所示效果。

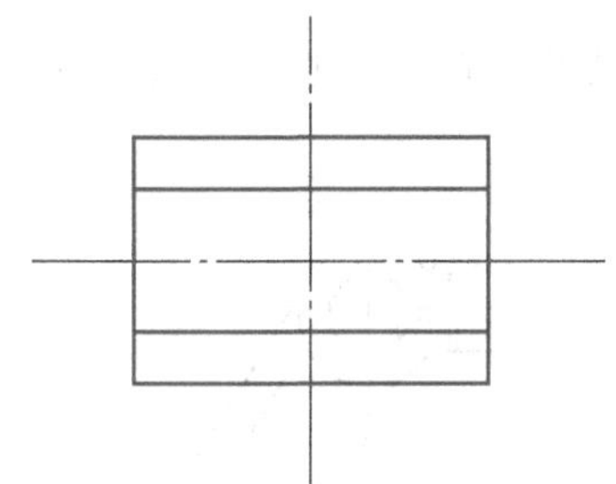
图 2-101　修剪得到带孔圆柱体左视图

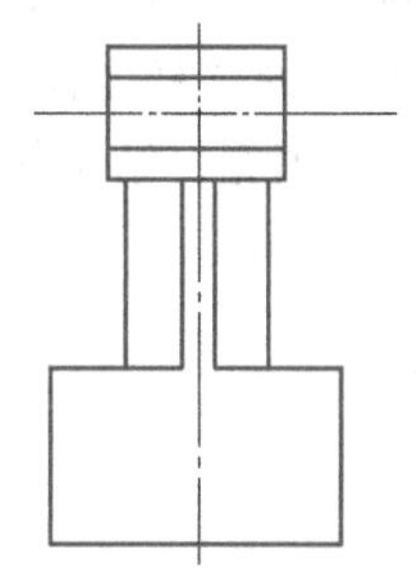
图 2-102　绘制主视图部分图形

⑤ 按<Space>键，重复使用“偏移”命令，选中圆柱孔水平中心线，向下偏移“100”，选中圆柱孔竖直中心线，向左偏移“20”，确定阶梯孔中心位置；单击“绘制”工具栏中的“圆-圆心，半径”按钮，或在命令栏输入“C”，捕捉偏移得到的两条中心线的交点作为圆心，将图层切换至“1 轮廓实线层”，绘制两个直径分别为“28”和“15”的圆，调整中心线长度，结果如图 2-103 所示。

⑥ 选中步骤⑦绘制的两个圆，使用“镜像”命令（快捷键“mi”），以竖直中心线为镜像轴进行镜像操作，结果如图 2-104 所示。

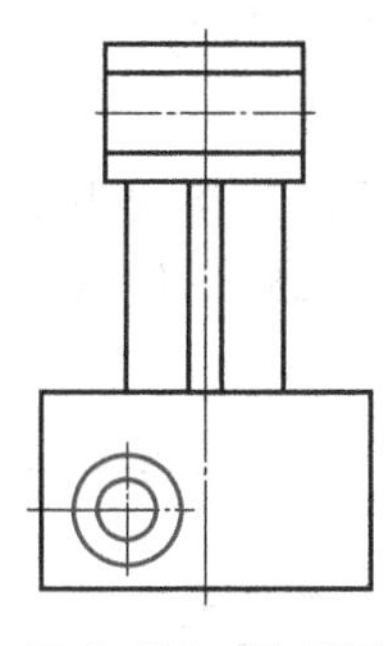
图 2-103　绘制圆

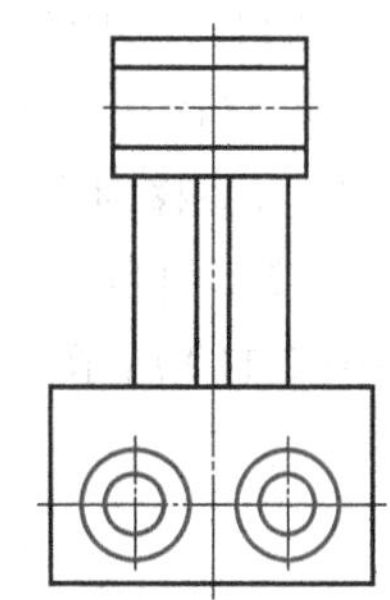
图 2-104　镜像得到另一阶梯孔

7）倒圆。可采用以下方式一次性倒圆：单击“机械”工具选项卡下“构造工具”选项组中的“倒圆”按钮，在命令栏输入“S”进入“圆角设置 主图幅 GB”对话框，选择圆角类型，将“圆角尺寸”设为“3”后单击“确定”按钮，如图 2-105 所示，完成倒圆设置。依次选择需倒圆的边，完成倒圆后效果如图 2-106 所示。

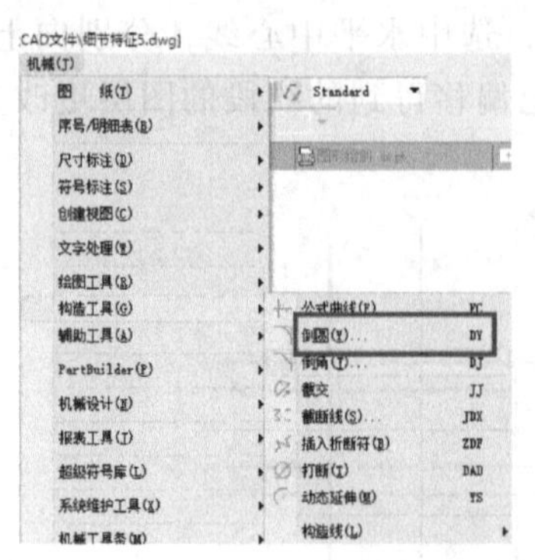
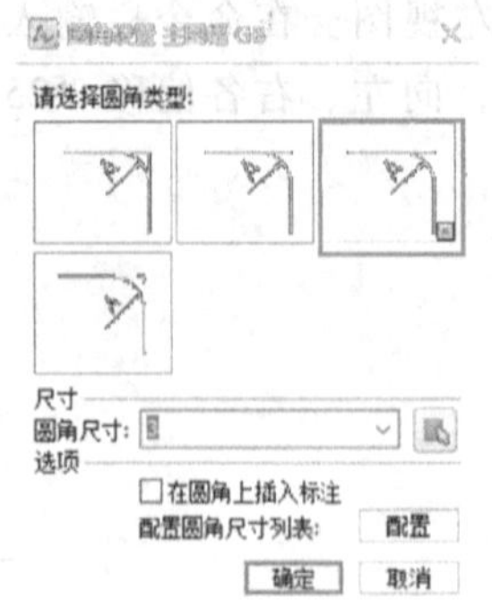

图 2-105　设置倒圆参数

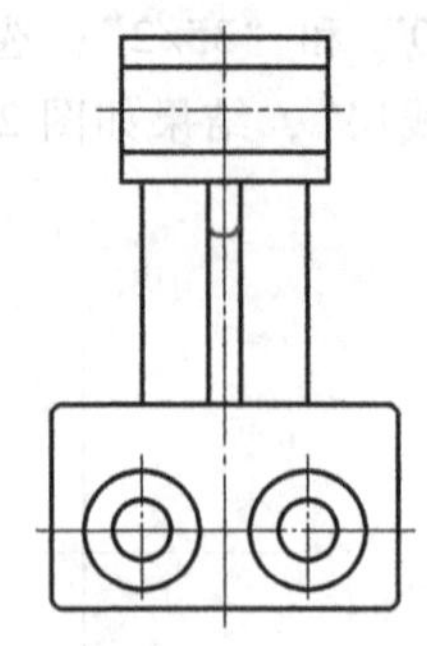

图 2-106　左视图基本图形完成倒圆角操作效果

8）剖切特征的绘制。

① 单击“常用”工具选项卡下“绘制”选项组中的“填充”工具按钮（快捷键“BH”或“H”），进入“填充”对话框，单击“添加：拾取点”按钮，在绘图区选择填充位置进行填充，完成左视图剖面线的绘制，结果如图 2-107 所示。

② 单击工具栏中的“样条曲线”按钮，在主视图画出局部剖的位置，参照“填充”命令的操作方法对局部剖区域进行填充，结果如图 2-108 所示。

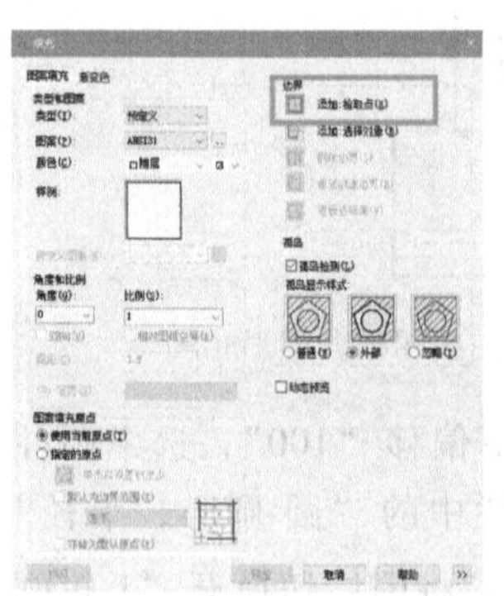
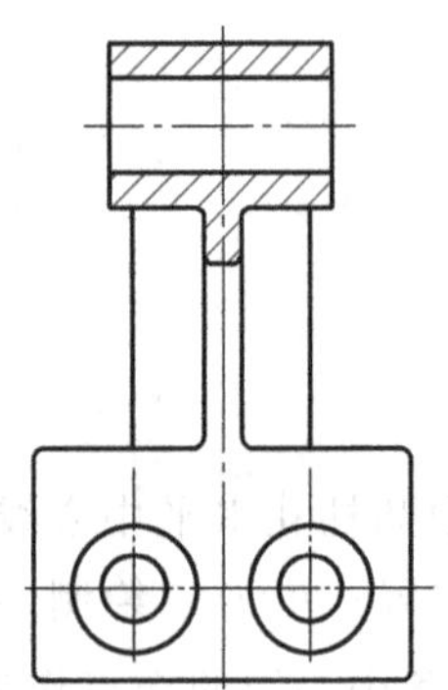

图 2-107　左视图圆柱孔局部剖切效果

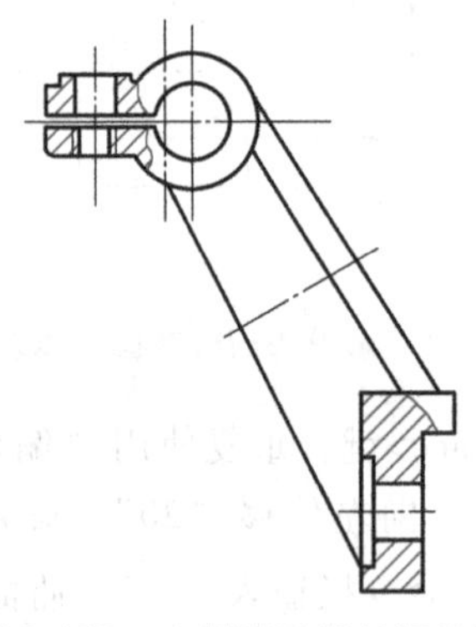

图 2-108　主视图局部剖切效果

9）凸耳局部视图的绘制。

① 在主视图下方适当位置绘制水平和竖直两条中心线，使用“圆”命令分别绘制直径为“26”“18”“11”“10”“8.5”的圆，然后用“打断”命令将直径为“10”的圆打断四分之一，并将该图层更改为“细实线图层”，结果如图 2-109 所示。

② 以竖直中心线为偏移对象向右偏移“25”，得到一条线段，然后以这条线为偏移对象向左偏移“35/2”。再以水平中心线为偏移对象向上、下各偏移“25”，修剪掉多余线段，结果如图 2-110 所示。

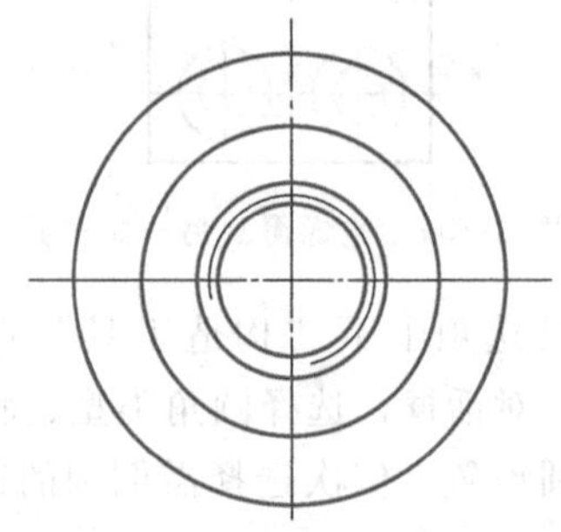

图 2-109　凸耳圆弧投影

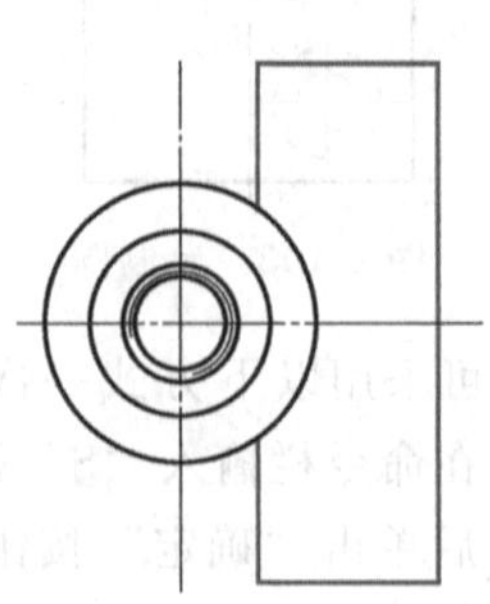

图 2-110　凸耳及部分圆柱投影视图

③ 使用“直线”命令将剩余轮廓补全，再用“倒圆”命令进行倒圆，然后使用“样条曲线”命令画出保留部分，修剪掉多余线段，如图 2-111 所示。

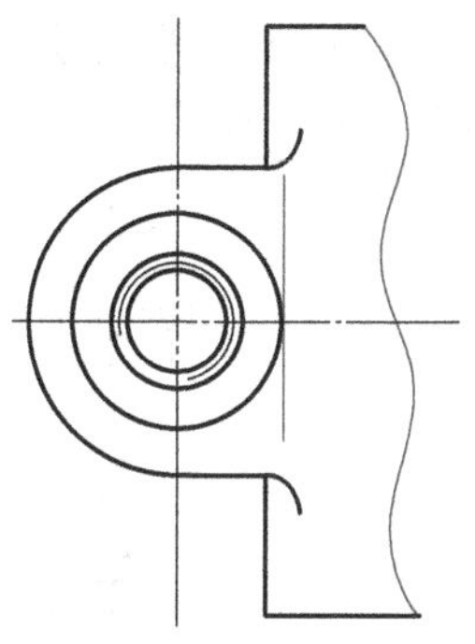

图 2-111 绘制得到的凸耳局部视图

④ 切换至“3 中心线层”图层，在主视图中画一条截面线并向外延伸，作为连杆横截面移出断面图的对称中心线，以该对称中心线为偏移对象分别向左上右下偏移“4”，选中偏移得到的对象后将图层改为“1 轮廓实线层”，结果如图 2-112 所示。

⑤ 继续使用“直线”命令在中心线右上角画一条垂直于中心线、长度为“10”的直线，并以此直线为偏移对象向左下偏移“8”，再以对称中心线为偏移对象分别向两侧偏移“20”，裁剪掉多余的线段。最后用“倒圆”命令进行倒圆（$R=2$），结果如图 2-113 所示。

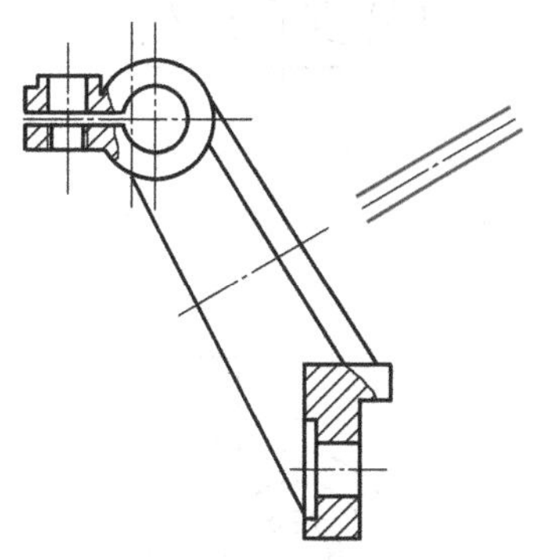

图 2-112 偏移得到肋板主视图

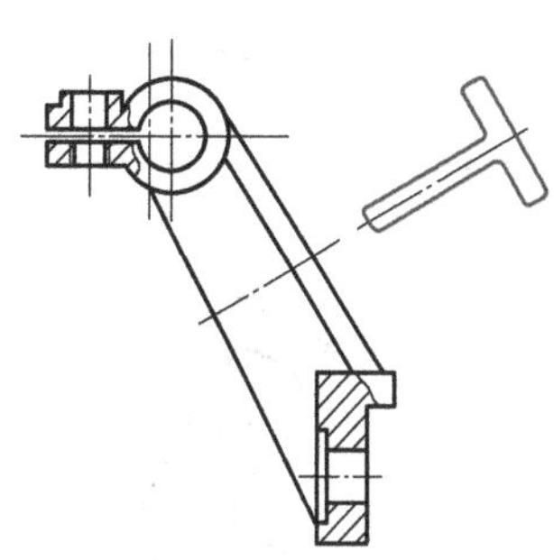

图 2-113 断裂图的绘制

⑥ 绘制断裂图。单击“机械”工具选项卡下“构造工具”选项组中的“截断线”按钮，进入“截断线”对话框，选中“波浪线”单选按钮，设置“断裂线间距”为“5”，单击“绘图”按钮，把多余的线段修剪掉，然后用“填充”命令对移出断面图进行填充，结果如图 2-114 所示。

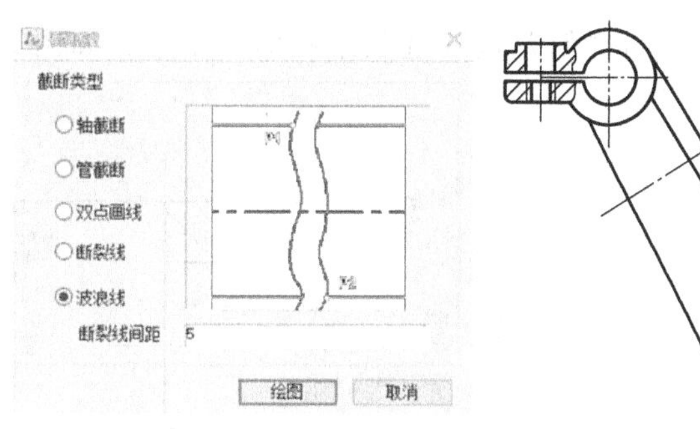

图 2-114 断裂图的设置及结果

10）尺寸标注。尺寸标注是绘图的重要部分，可通过“机械”→“尺寸标注”命令进行尺寸标注，如图 2-115 所示。

① 最常用的标注方式是“长度标注”，可以标注水平和竖直的尺寸，标注结果如图 2-116 所示。

② 对于非水平和竖直的尺寸，可以采用“对齐标注”方式，标注结果如图 2-117 所示。

③ 对于圆和圆弧，应加注直径“ϕ”和半径“R”符号，标注结果如图 2-118 所示。

④ 双击尺寸数字，打开“增强尺寸标注”对话框，可以对尺寸进行编辑，主要可修改以下内容：

a. 添加直径符号“Φ”，也可以添加数量，如图 2-119 所示。

b. 添加公差代号。单击对话框右上方的“配合”选项组中的“符号”文本框，选择适当的配合，如图 2-120 所示。

图 2-115　尺寸标注命令的调用

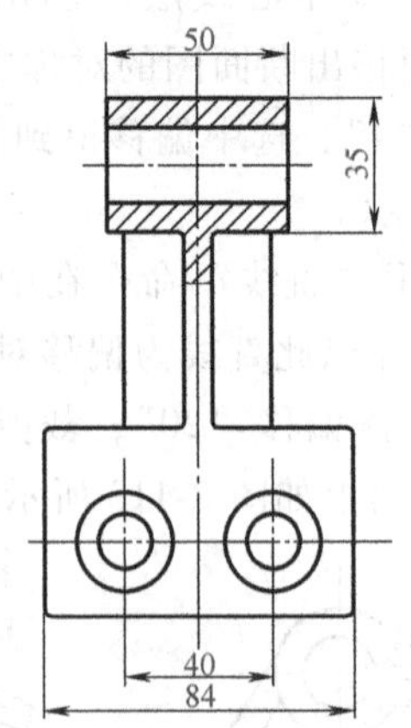

图 2-116　长度标注效果

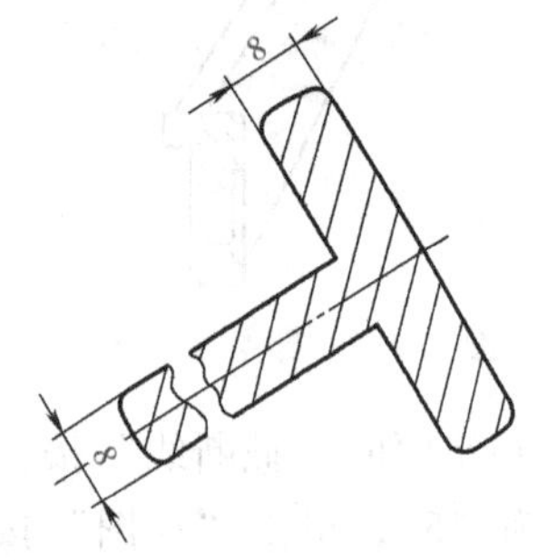

图 2-117　“对齐标注”方式的效果

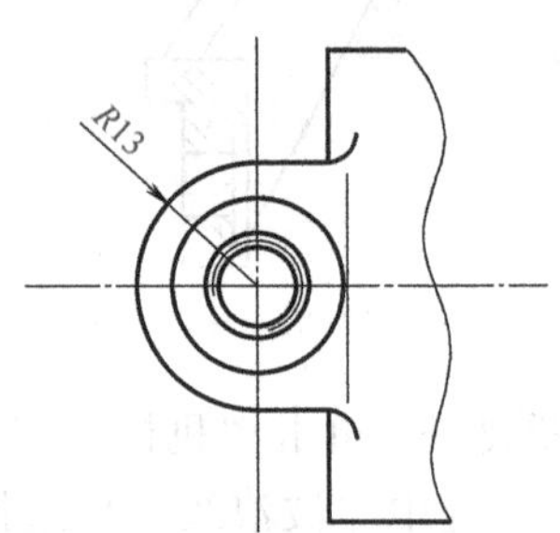

图 2-118　“半径和直径”标注的效果

c. 添加偏差。单击对话框右上方的“偏差量”选项组中的文本框，如图 2-120 所示，输入合适的数值，结果如图 2-121 所示。

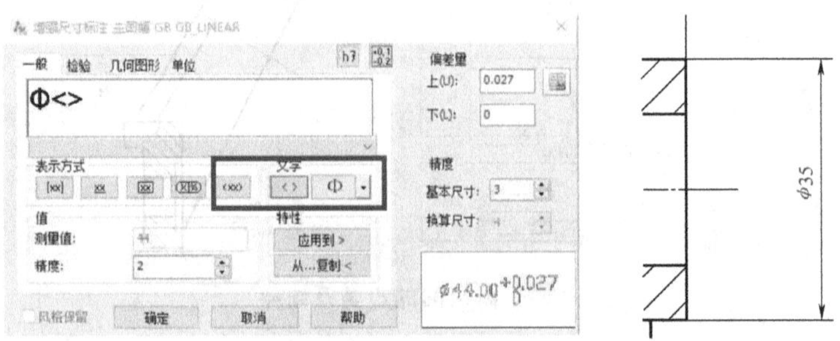

图 2-119　“增强尺寸标注”对话框和标注效果

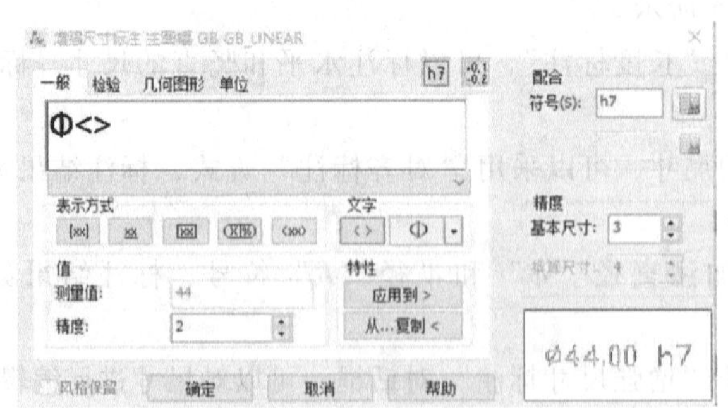

图 2-120　在“增强尺寸标注”对话框中设置“配合”参数

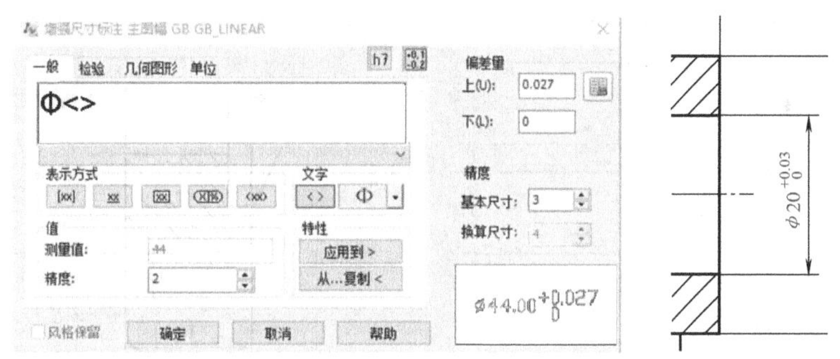

图 2-121　在“增强尺寸标注”对话框中设置“偏差量”参数和偏差标注结果

完成全部尺寸标注的结果如图 2-122 所示。

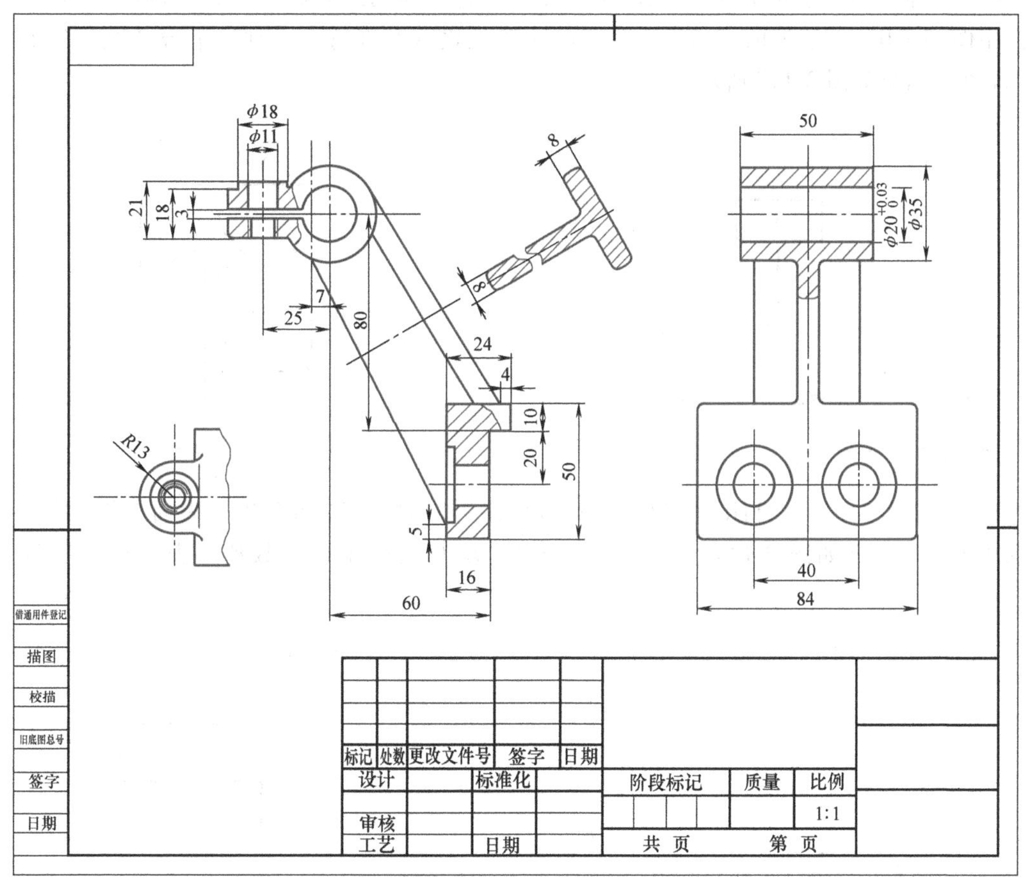

图 2-122　尺寸标注结果

11）几何公差标注。

① 利用“机械”→符号标注→“形位公差”命令进行零件几何公差的标注，如图 2-123 所示。“形位公差”对话框如图 2-124 所示。在“符号”栏中选择对应的公差符号，在“公差 1”文本框中输入具体公差值，在“基准 1”文本框中输入基准，确定后再指定添加几何公差的位置，结果如图 2-125 所示。

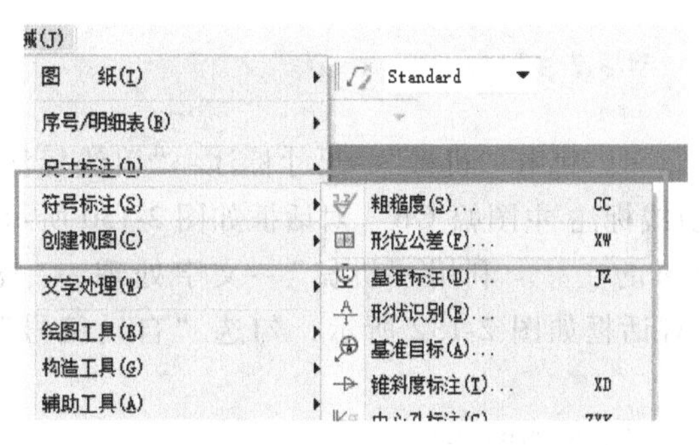

图 2-123　“形位公差”命令的调用

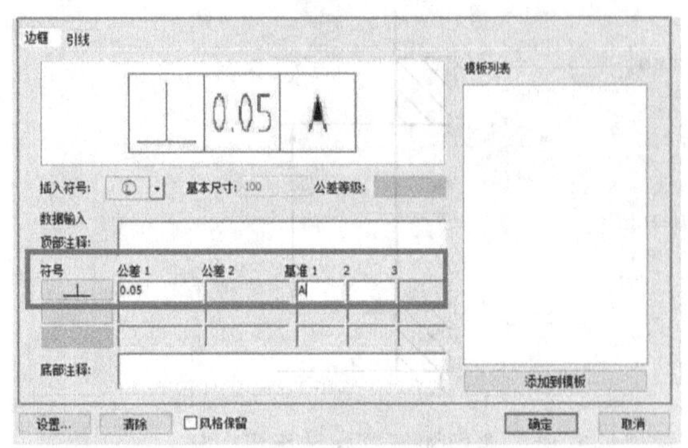

图 2-124 “形位公差”对话框

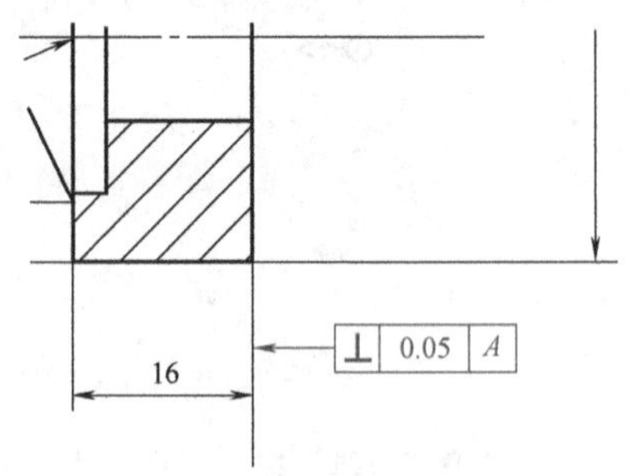

图 2-125 几何公差标注结果

② 利用“机械”→符号标注→“基准标注”命令进行零件基准的标注。如图 2-126 所示，在“基准标注符号 主图幅 GB”对话框的“内容”文本框中直接输入基准符号名称，单击“确定”按钮，插入适当位置即可，结果如图 2-127 所示。

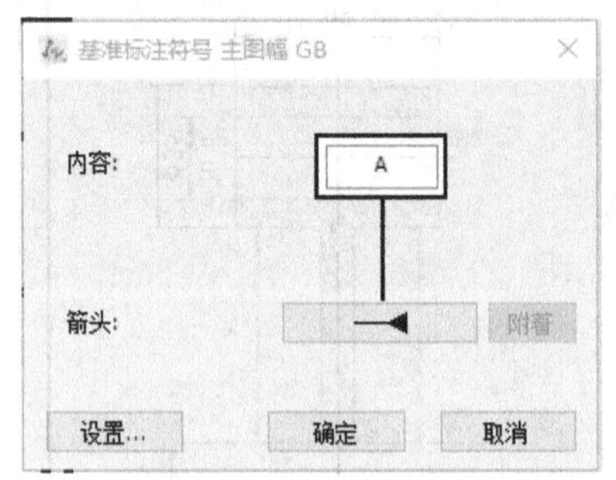

图 2-126 “基准标注符号”对话框

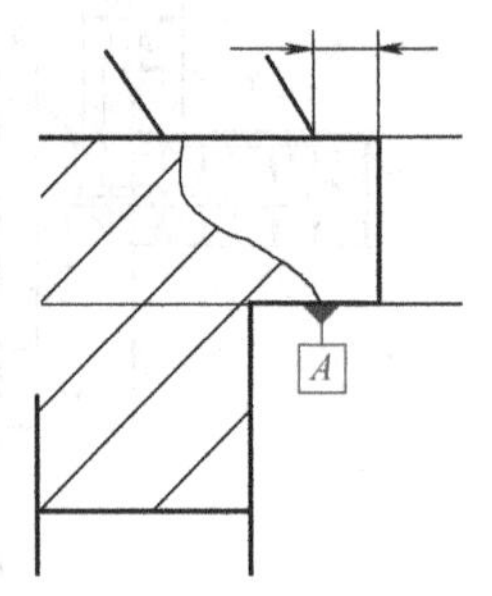

图 2-127 基准标注结果

12）表面粗糙度的标注。利用“机械”→符号标注→“粗糙度”命令进行表面粗糙度标注，“粗糙度 主图幅 GB”对话框如图 2-128 所示。选择类型，填写表面粗糙度数值，表面粗糙度标注结果如图 2-129 所示。

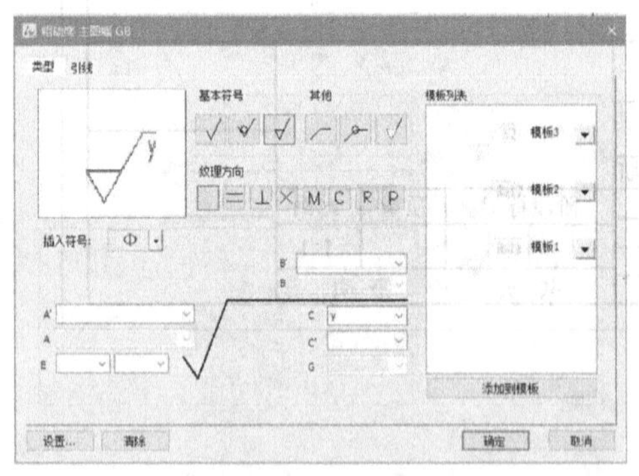

图 2-128 “粗糙度 主图幅 GB”对话框

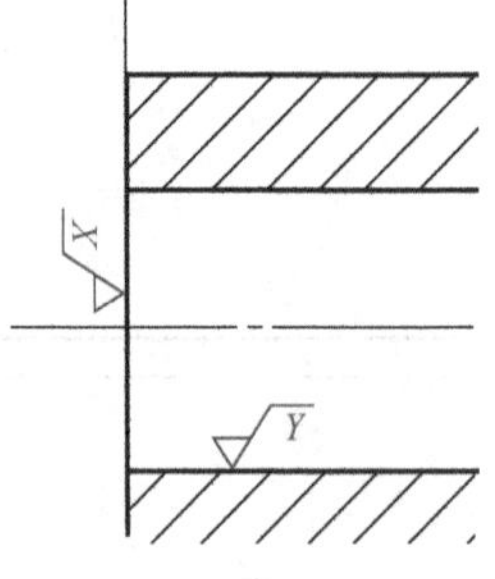

图 2-129 表面粗糙度标注结果

13）引线的标注。利用“机械”→尺寸标注→“引线标注”命令进行引线标注，在插入符号处选出需要的符号，“引线标注 主图幅 GB”对话框如图 2-130 所示。引线标注结果如图 2-131 所示。

14）技术要求的注写。利用“机械”→文字处理→“技术要求”命令注写技术要求，“技术要求主图幅 GB”对话框如图 2-132 所示，勾选“自动编号”复选框，技术要求注写结果如图 2-133 所示。

最终完成的绘图结果如图 2-134 所示。

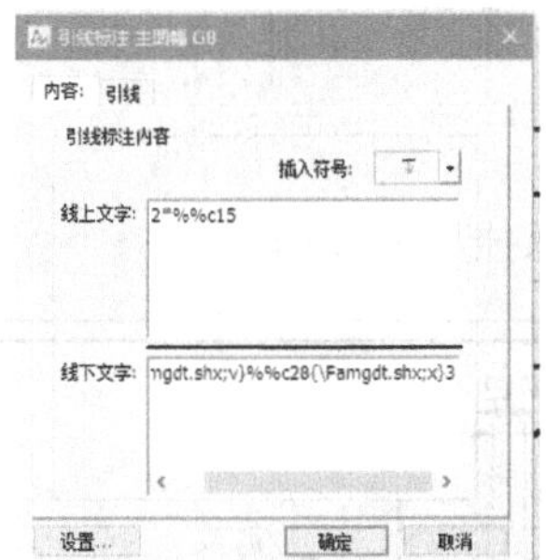

图 2-130 “引线标注 主图幅 GB”对话框

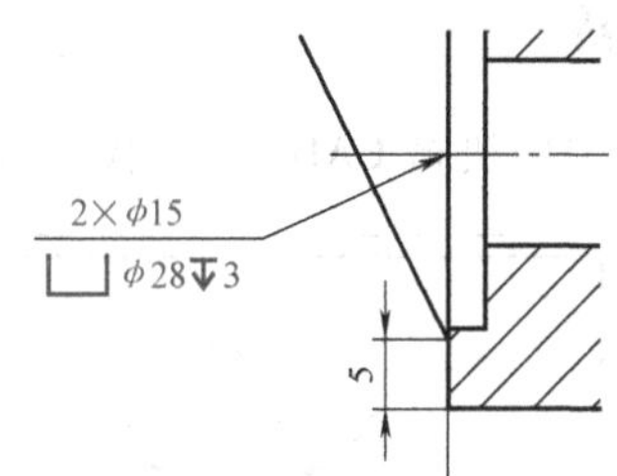

图 2-131 引线标注结果

图 2-132 “技术要求 主图幅 GB”对话框

技术要求

1.未注尺寸公差按GB/T 1804—m。

2.未注几何公差按GB/T 1184—H。

3.去毛刺，未注铸造圆角$R2$～$R3$。

图 2-133 技术要求注写结果

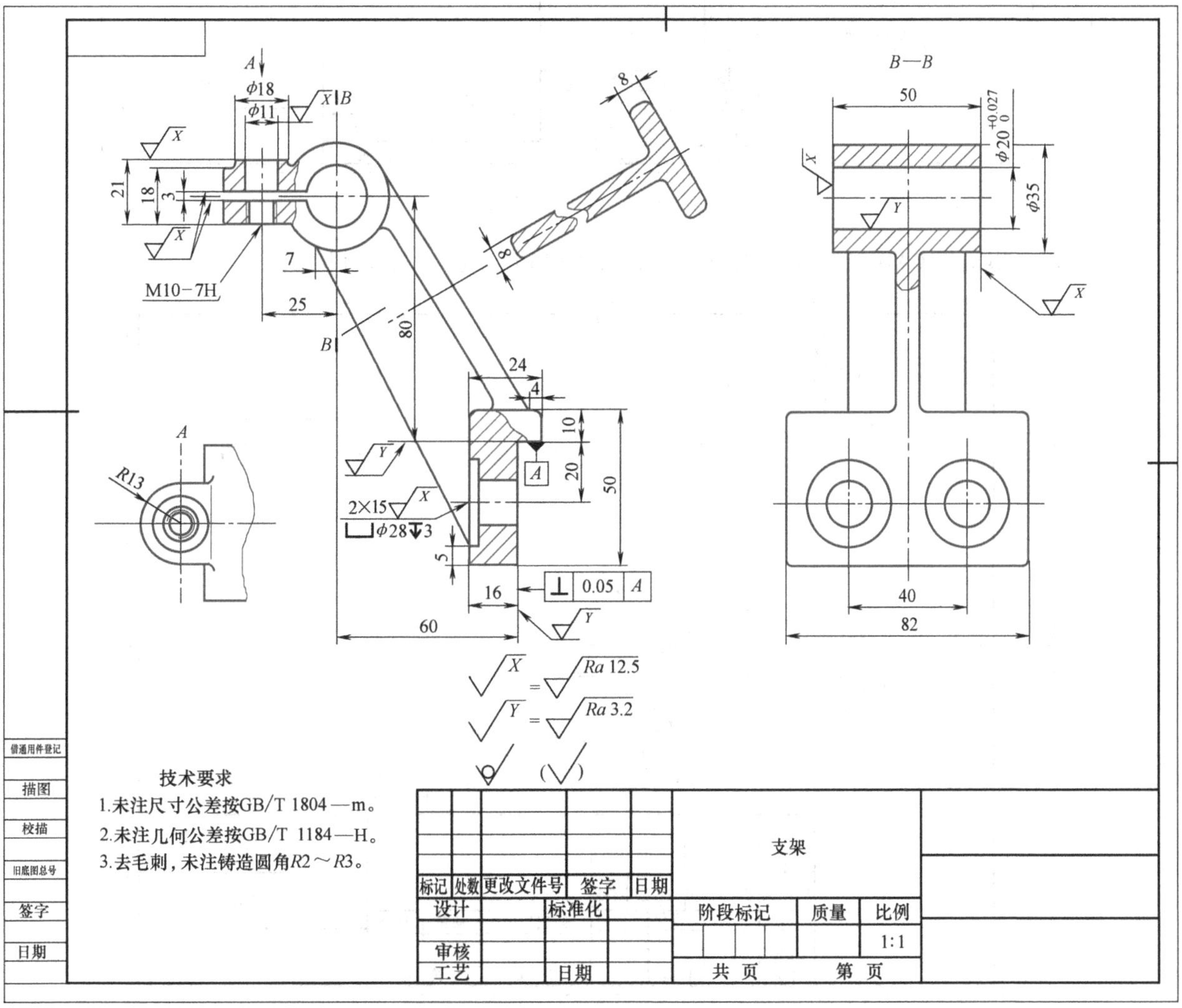

技术要求

1.未注尺寸公差按GB/T 1804—m。

2.未注几何公差按GB/T 1184—H。

3.去毛刺，未注铸造圆角$R2$～$R3$。

支架

图 2-134 最终完成的绘图结果

15）保存文件。

课后拓展训练

1）利用中望机械 CAD 2021 教育版软件绘制图 2-135 所示轴承挂架零件图。

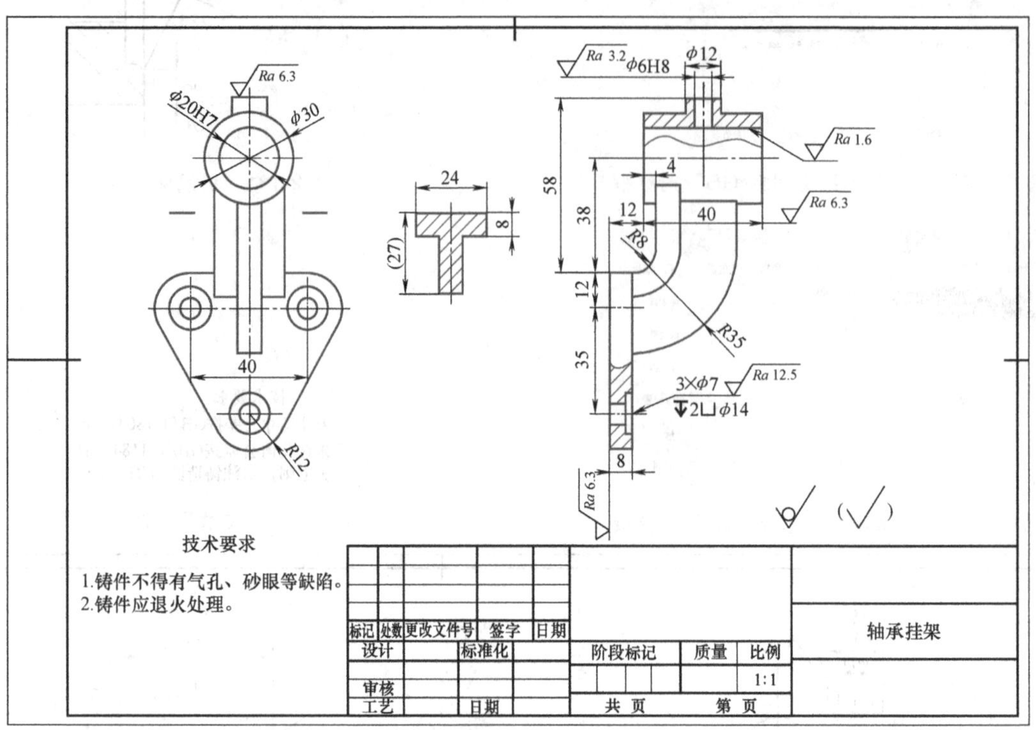

图 2-135 轴承挂架零件图

2）利用中望机械 CAD 2021 教育版软件绘制图 2-136 所示斜叉架零件图。

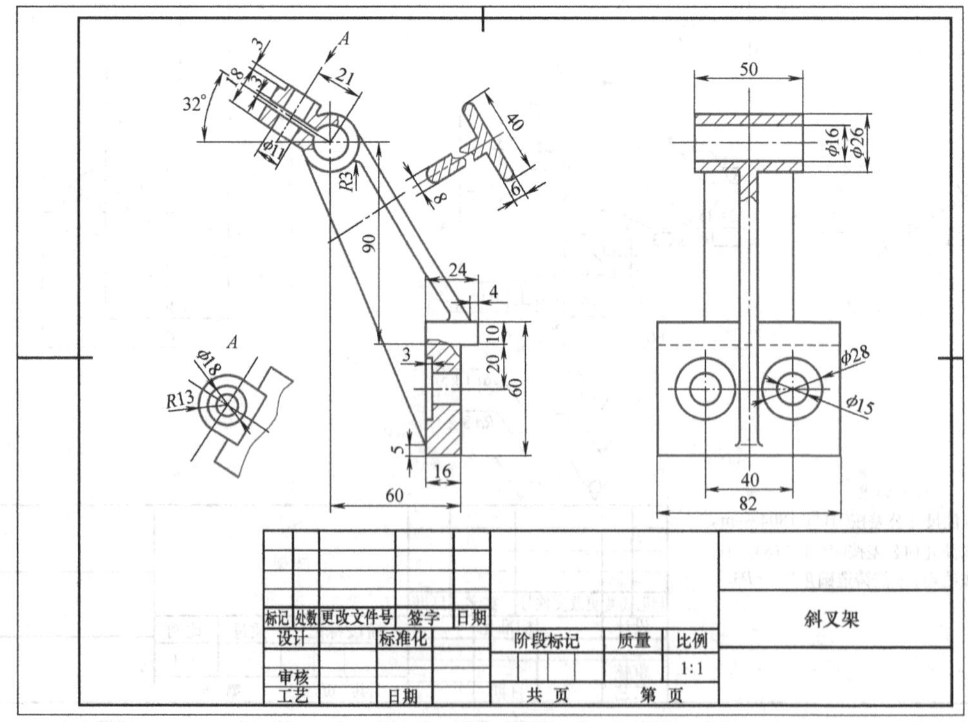

图 2-136 斜叉架零件图

学习任务2.4 盘类零件图样绘制

任务描述

盘类零件的主体一般为回转体或其他平板形，厚度方向的尺寸比其他两个方向的尺寸小，通常以铸造或锻造方法形成毛坯，经必要的切削加工而成，常见的结构有凸台、凹坑、螺孔、轮辐、键槽等。调节盘是比较典型的盘类零件，主体结构为回转体，如图2-137所示。通过完成调节盘零件图样绘制任务，学员掌握直线、圆等基本绘图命令的使用方法；熟练运用修剪、镜像、阵列等编辑命令；掌握尺寸标注和技术要求的注写方法。

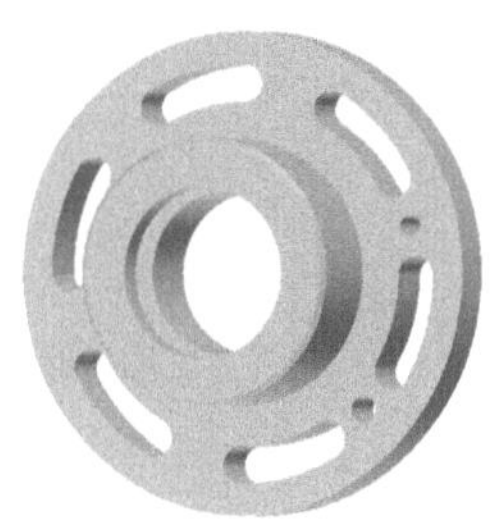

图2-137 调节盘

知识点

直线和圆绘图命令的使用方法。

修剪、镜像、阵列等编辑命令的使用方法。

尺寸标注和技术要求注写方法。

技能点

分析零件图的特点，采用合理的绘图步骤绘制零件图样。

掌握常用绘图和编辑命令的使用技巧。

能够按照国家标准对零件图样进行尺寸标注，并注写技术要求。

素养目标

以不同的方法绘制零件图样，培养学员的创新能力和严谨认真的工作态度。

课前预习

1. 镜像

镜像是将选定的对象作镜像复制，绘制出关于某条直线完全对称的对象。因此，对于呈对称关系的图形，如果绘制了这些图例的一半，就可以用“镜像”命令得到另一半，避免重复工作，提高绘图效率。

在命令栏输入“MI”（镜像），或选择“修改”→“镜像”命令，或在“修改”工具栏中单击“镜像”按钮，执行“镜像”命令后，选择镜像对象并确认，依次指定镜像线（对称线）第一点和第二点，在命令栏输入“Y”，删除源对象，在命令栏输入“N”，则不删除源对象，该选项为默认选项。文字的镜像分为完全镜像和可识读镜像两种状态。当系统变量MIRRTEXT值为1时，文字作完全镜像，方向反转，不可识读；当系统变量MIRRTEXT值为0时，文字方向不改变，可识读镜像，该值为默认状态，如图2-138所示。

中望CAD　中望CAD

中望CAD

图2-138 文字镜像

2. 阵列

“阵列”命令是将选定的对象按指定方式（矩形或环形）进行多重复制。

在命令栏输入“AR”（阵列），或在菜单栏选择“修改”→“阵列”命令，或在修改栏中单击“阵列”按钮，执行“阵列”命令后，系统弹出“阵列”对话框，如图2-139所示。在“阵列”对话框中有“矩形矩阵”和“环形矩阵”两个单选按钮。

工程图中常有一些图形呈矩形矩阵排列，只要绘制其中一个单元，然后按阵列之间的几何关系，就可以轻松地创建阵列对象，如图2-140所示。具体参数设置如图2-141所示。

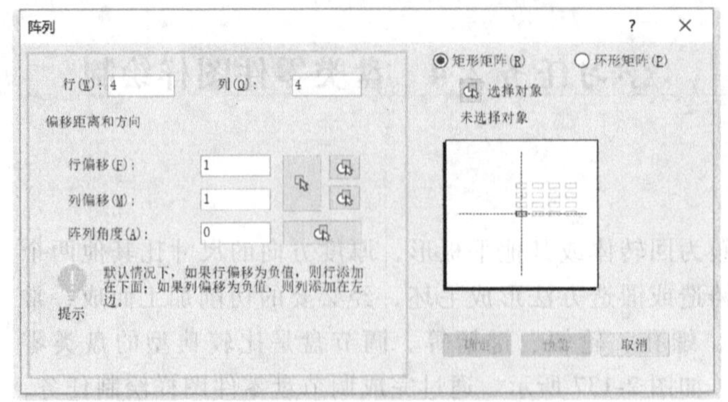

图 2-139 “阵列”对话框

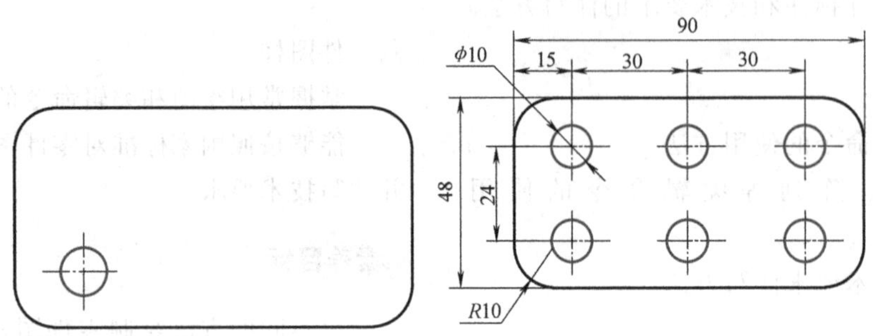

图 2-140 矩形矩阵示例

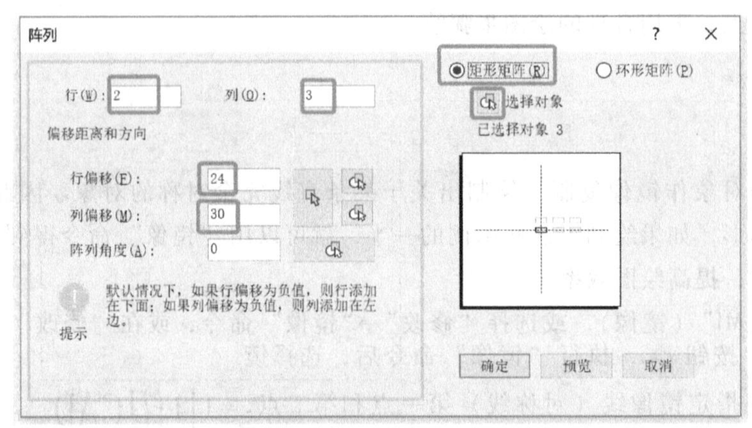

图 2-141 矩形矩阵参数设置

“环形矩阵”是通过围绕指定的中心点复制选定对象。所谓对象基点，是相对于选定对象指定新的基准点。为对象指定阵列操作时，这些选定对象将与阵列中心点保持不变的距离。所使用的点取决于对象类型，对于圆、圆弧，其默认基点为圆心；对于多边形、矩形，其默认基点为对角线交点。在创建环形矩阵的过程中也可以指定基点，如图 2-142 所示。具体参数设置如图 2-143 所示。

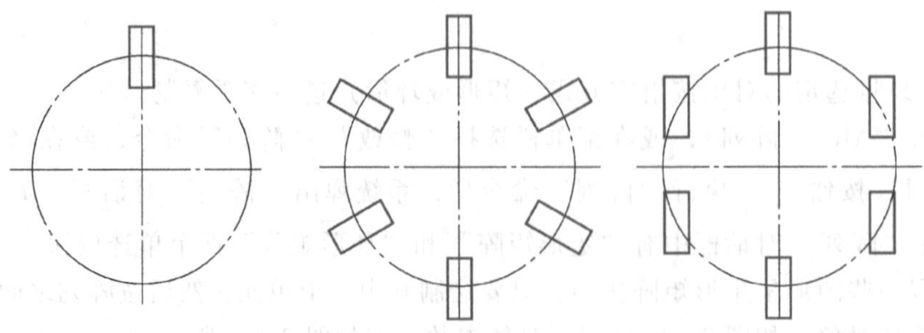

图 2-142 环形矩阵示例

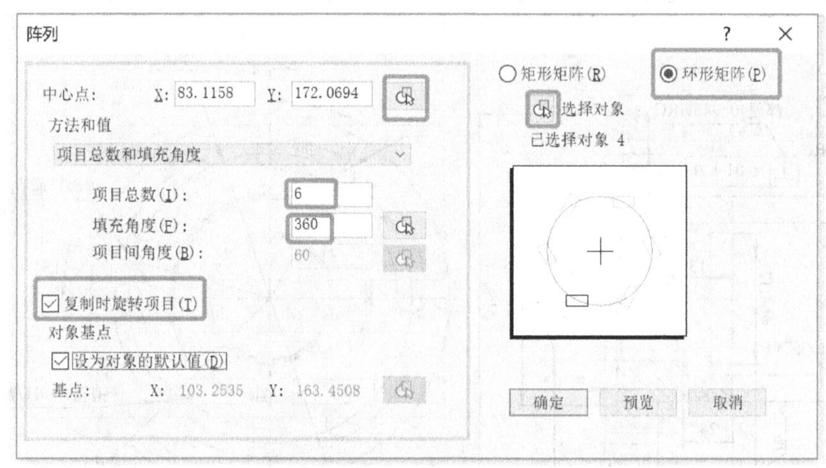

图 2-143　环形矩阵参数设置

课内实施

1. 预习效果检查

(1) 填空题

1) 需要将对象部分擦除，应使用________命令。

2) 使用“阵列”（ARRAY）命令中的环形矩阵的方式阵列对象，其中心点的设置可以直接输入坐标值，也可以直接单击相应按钮从绘图区________。

3) 生成对称的对象，应使用________命令。

(2) 判断题

1) “修剪”（TRIM）命令可以延伸对象。(　　)

2) “阵列”（ARRAY）命令的项目总数不包括源对象。(　　)

(3) 选择题

1) “修剪”（TRIM）命令可以修剪很多对象，但不能修剪（　　）。

A. 圆弧、圆、椭圆弧　　B. 直线、多段线　　C. 构造线、样条曲线　　D. 文字

2) 使用“阵列”（ARRAY）命令中的环形矩阵方式时，需要设置（　　）。

A. 项目总数和填充角度　　B. 项目总数和项目间角度

C. 填充角度和项目间角度　D. 以上均可

2. 零件图分析

(1) 参考零件图样分析　调节盘零件图如图 2-144 所示，主视图采用全剖表达，呈轴对称，绘图时以中心线为界先画一半，然后使用“镜像”命令完成另一半轮廓的绘制。左视图有六个均匀分布的腰孔和两个圆柱通孔。六个均匀分布的腰孔先按位置要求绘制出一个，然后使用“阵列”命令完成其余 5 个腰孔的绘制。添加剖面线和剖切符号后，再完成尺寸标注及技术要求注写。

(2) 学员零件图样分析　参考上面提示，独立完成调节盘零件的图样分析，并填写表 2-11。

表 2-11　学员调节盘零件图样分析

序号	项目	分析结果
1	说明图样中尺寸“5×1”的含义	
2	图样中共有几处几何公差？其含义是什么	
3	教师评价	

3. 零件绘图方案设计

(1) 参考绘图方案　根据调节盘零件图样，设计调节盘零件图参考绘图方案，具体内容见表 2-12。

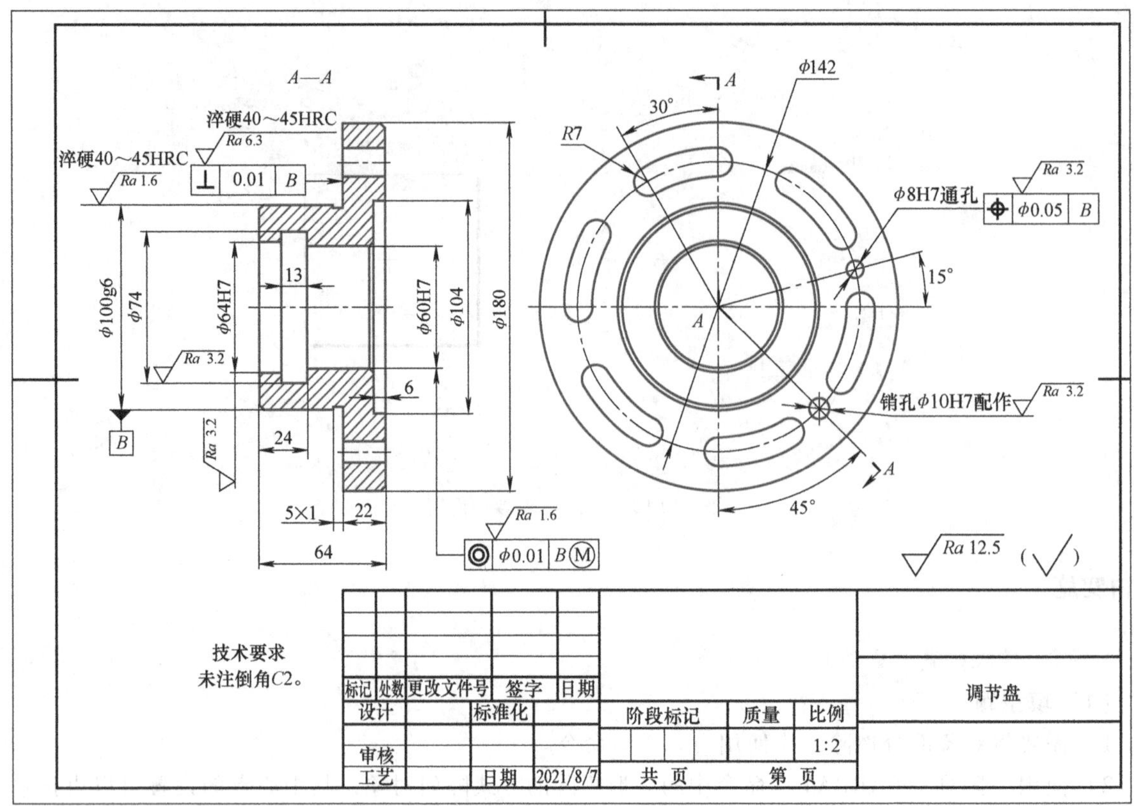

图 2-144 调节盘零件图

表 2-12 调节盘零件图参考绘图方案

序号	步骤	图样	序号	步骤	图样
1	基本绘图环境设置	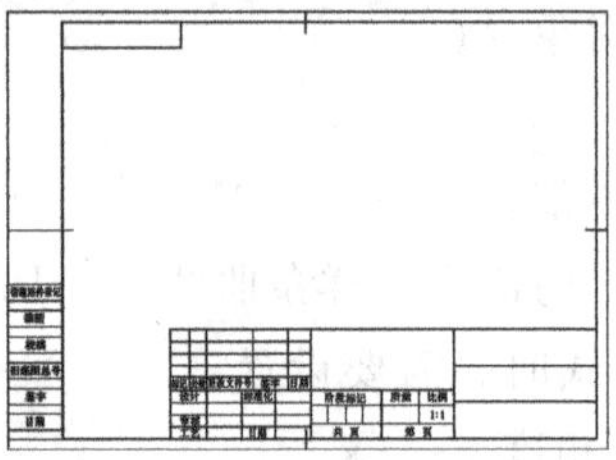	4	绘制左视图主体结构	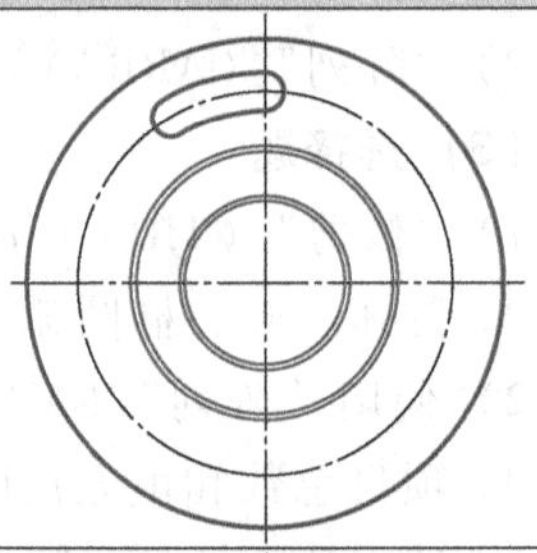
2	绘制主视图的上半部分	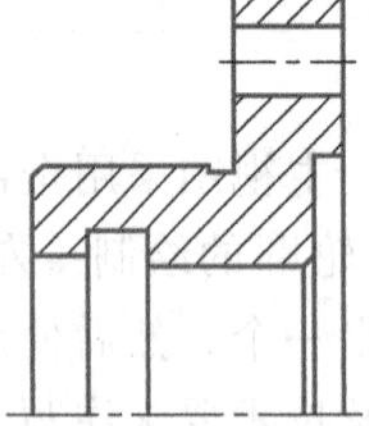	5	使用“阵列”命令生成左视图相同特征	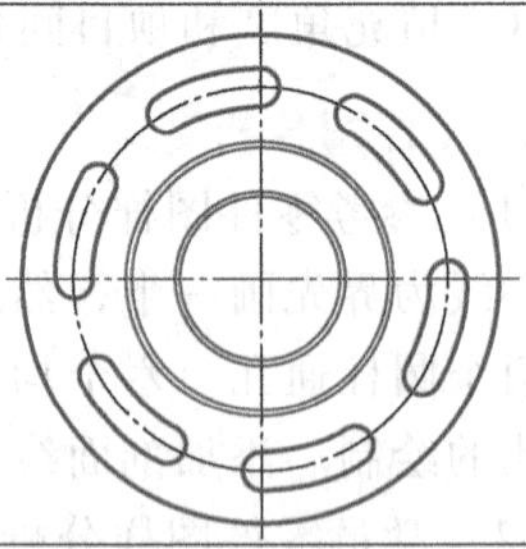
3	使用“镜像”命令生成完整主视图	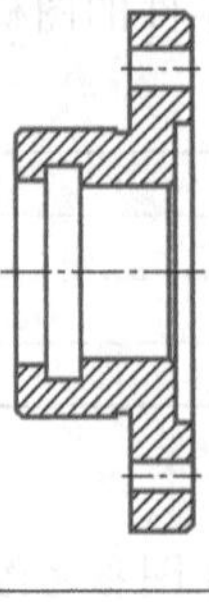	6	将左视图补充完整	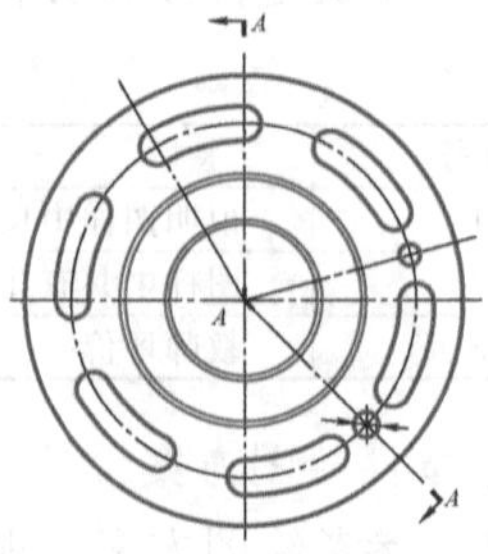

（续）

序号	步骤	图样	序号	步骤	图样
7	标注尺寸		8	注写技术要求	

（2）学员绘图方案　根据自己对调节盘零件图的分析，参照表 2-12 的参考绘图方案，独立设计调节盘零件绘图方案，并填写表 2-13 。

表 2-13　学员调节盘零件绘图方案

序号	步骤	图　示	序号	步骤	图　示
1			6		
2			7		
3			8		
4			考评结论		
5					

4. 绘图实施过程

1）新建文件并保存。要求：名称为“调节盘 . dwg”。

2）基本绘图环境设置。打开中望机械 CAD 2021 教育版软件，在命令提示行输入“TF”（图幅 ）或在菜单栏中选择“机械”→“图纸”→“图幅设置” 命令，打开“图幅设置：主图幅-GB-A4［297. 0×210. 0］”对话框，如图 2-145 所示。

在命令栏输入“la”（图层）或在菜单栏中选择“格式”→“图层”命令或在工具栏 0 中单击“图层特性管理器”按钮，打开“图层特性管理器”对话框，如图 2-146 所示。将“1 轮廓实线层”的线宽设置为“0. 5”，其他参数的设置如图 2-146 所示。需要注意的是，在绘图过程中，不同线型要放在相应的图层上。

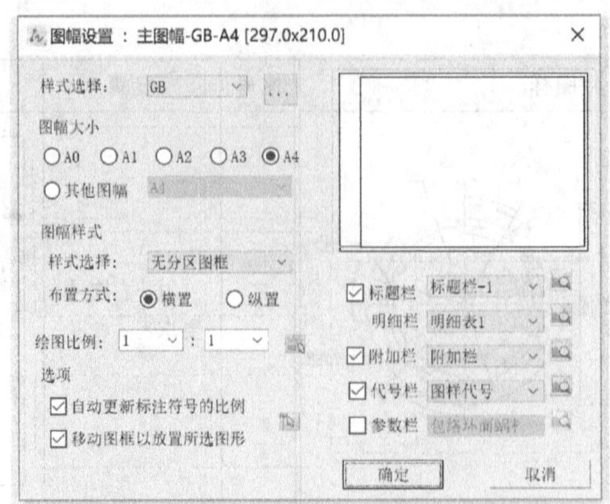

图 2-145　“图幅设置：主图幅-GB-A4［297.0×210.0］”对话框

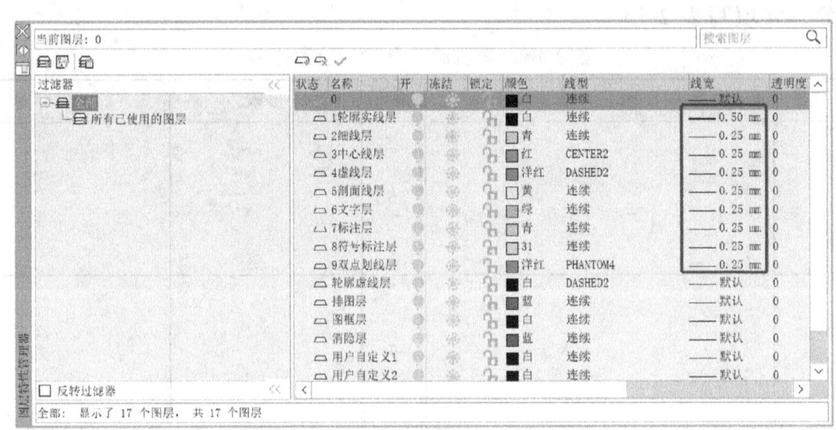

图 2-146　“图层特性管理器”对话框

3）零件图的绘制。

① 使用“直线”命令绘制主视图上半部分的外部主体形状，结果如图 2-147 所示。

② 使用“直线”命令绘制主视图上半部分的内部主体形状，结果如图 2-148 所示。

图 2-147　主视图上半部分的外部主体形状　　图 2-148　主视图上半部分的内部主体形状

③ 使用“倒角”命令绘制主视图上半部分的倒角结构，结果如图 2-149 所示。在使用“倒角”命令时要先设定倒角距离，并按需设置是否修剪。

④ 使用“直线”命令绘制通孔结构，完成主视图上半部分的绘制，结果如图 2-150 所示。

⑤ 使用“镜像”命令生成全部主视图，结果如图 2-151 所示。选择对象时尽量用“窗口”（在绘图区空白处单击，向右下方或右上方移动光标拖出一个矩形窗口，再次单击，完全在矩形窗口内的对象，将会被选中）或“交叉窗口”（在绘图区空白处单击，向左下方或左上方移动光标拖出一个矩形窗口，再次单击，完全在矩形窗口内以及与窗口相交的对象，将会被选中）的选择模式。

⑥ 使用“直线”“圆”命令绘制左视图主体结构，结果如图 2-152 所示。

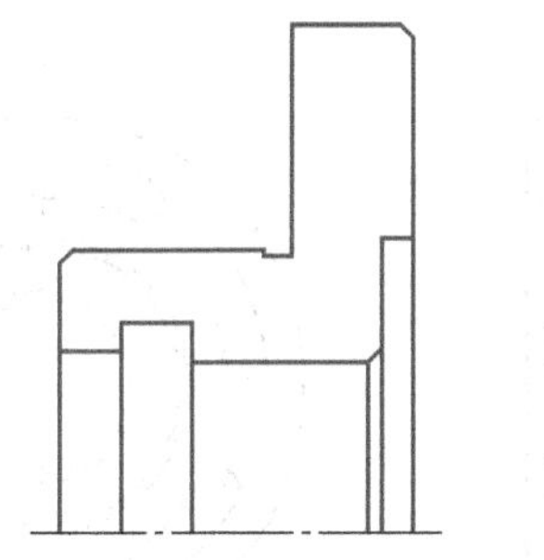
图 2-149 主视图上半部分的倒角结构

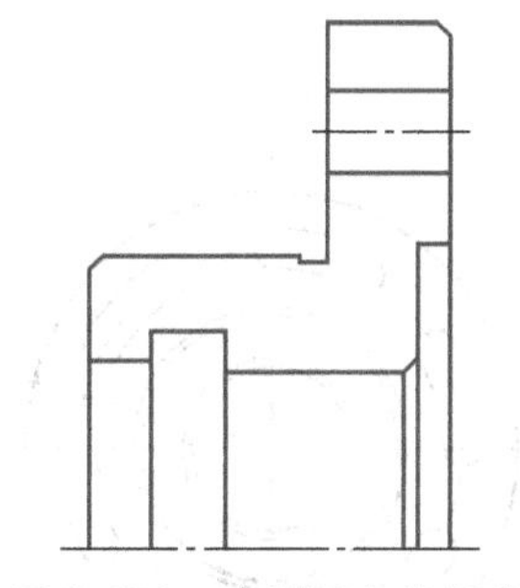
图 2-150 主视图上半部分

温馨提示：

绘图时尽量先作圆，再绘制中心线（中心线可使用“直线”命令绘制），这样有利于中心线的准确绘制而不需要调整（超出边界线 3mm 左右）。

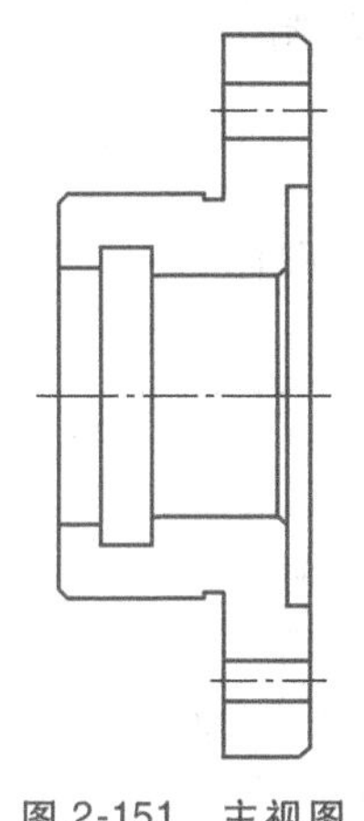
图 2-151 主视图

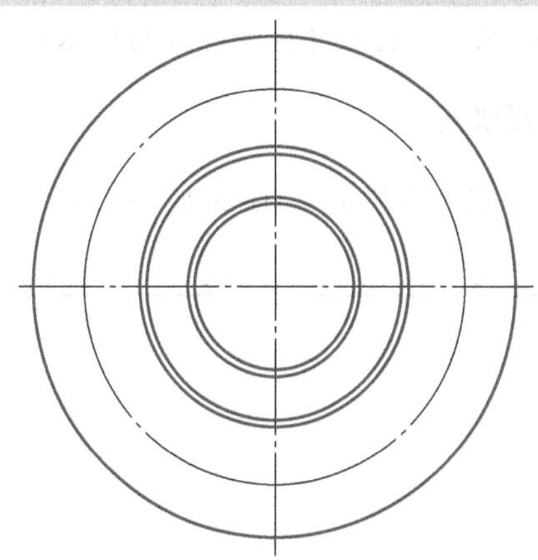
图 2-152 绘制左视图主体结构

⑦ 使用“直线”“圆”“修剪”命令绘制左视图中的一个腰孔，结果如图 2-153 所示。

⑧ 使用“阵列”命令完成左视图中其余 5 个腰孔的绘制，结果如图 2-154 所示。

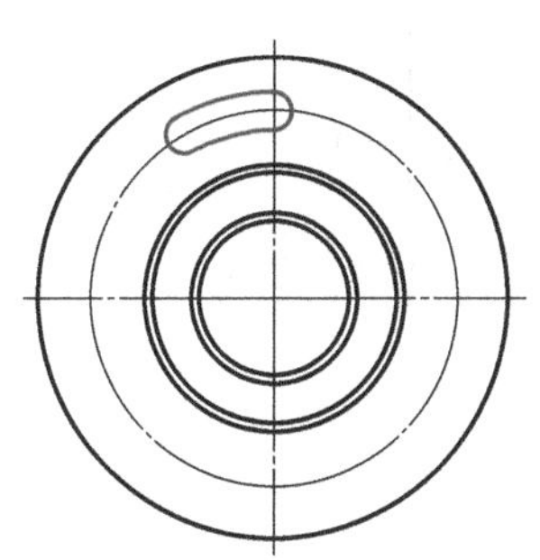
图 2-153 绘制左视图中的一个腰孔

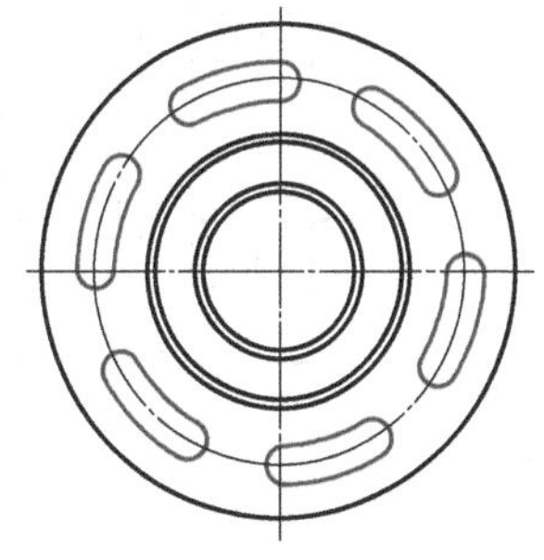
图 2-154 绘制左视图中其余 5 个腰孔

⑨ 使用“直线”“圆”命令绘制左视图中的两个小圆孔，结果如图 2-155 所示。

⑩ 在菜单栏中选择“机械”→“创建视图”→“剖切线”命令（或在命令行输入“PQ”）、“图案填充”等命令添加剖切线，标注字母、剖切符号和剖面线，结果如图 2-156 所示。使用“图案填充”命令时，用“拾取点”定义填充区域，如果弹出“边界定义错误”对话框，说明所选择的点在边界线外或边界对象并非完全闭合。解决方法是找到边界的断点（系统在端点连接处会用红色圆圈提示）将其封闭，再重新选择填充区域。如果边界正确，但是看不到填充图案或图案连成一片，可能填充比例太大或太小，可将比例修改为合适值。

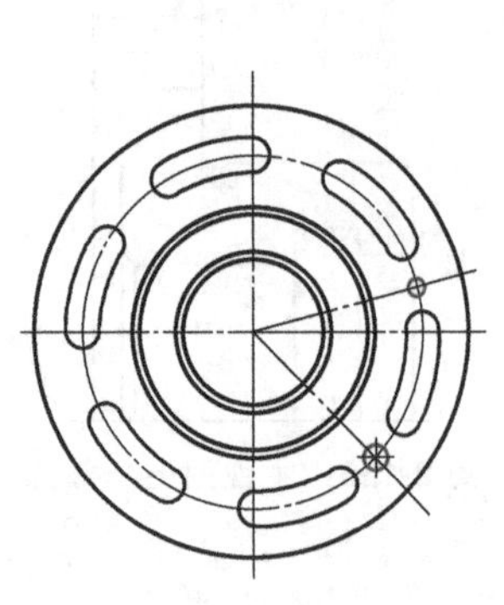

图 2-155　绘制左视图中的两个小圆孔

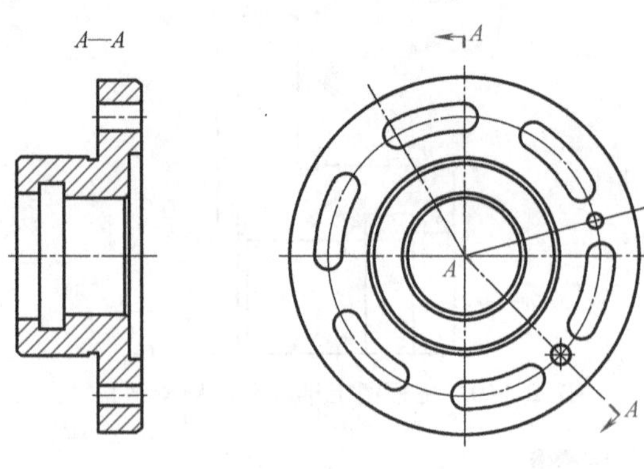

图 2-156　标注剖视图的字母、剖切符号

⑪ 按原图进行尺寸标注，注写技术要求，完成调节盘零件图样的绘制。

课后拓展训练

1）利用中望机械 CAD 2021 教育版软件绘制图 2-157 所示飞轮零件图样。

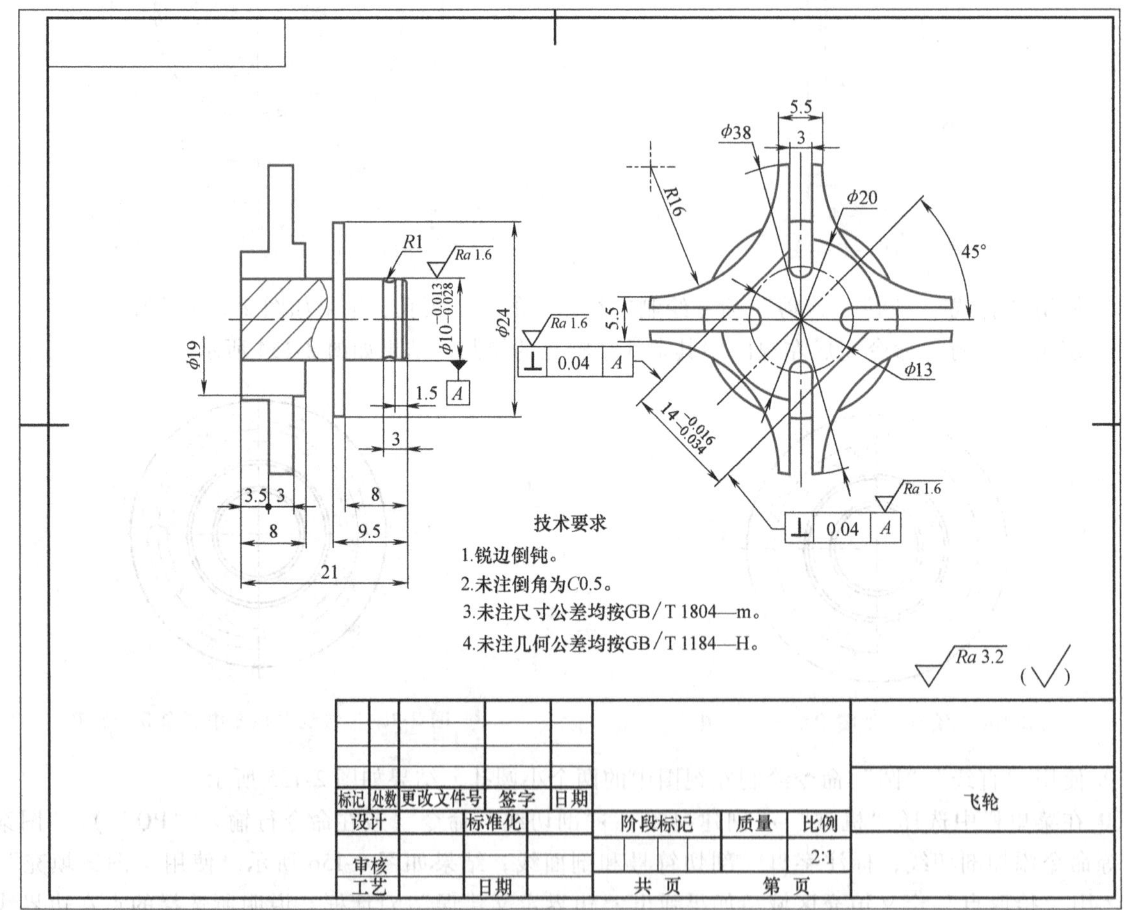

图 2-157　飞轮零件图

2）利用中望机械 CAD 2021 教育版软件绘制图 2-158 所示振动带轮零件图样。

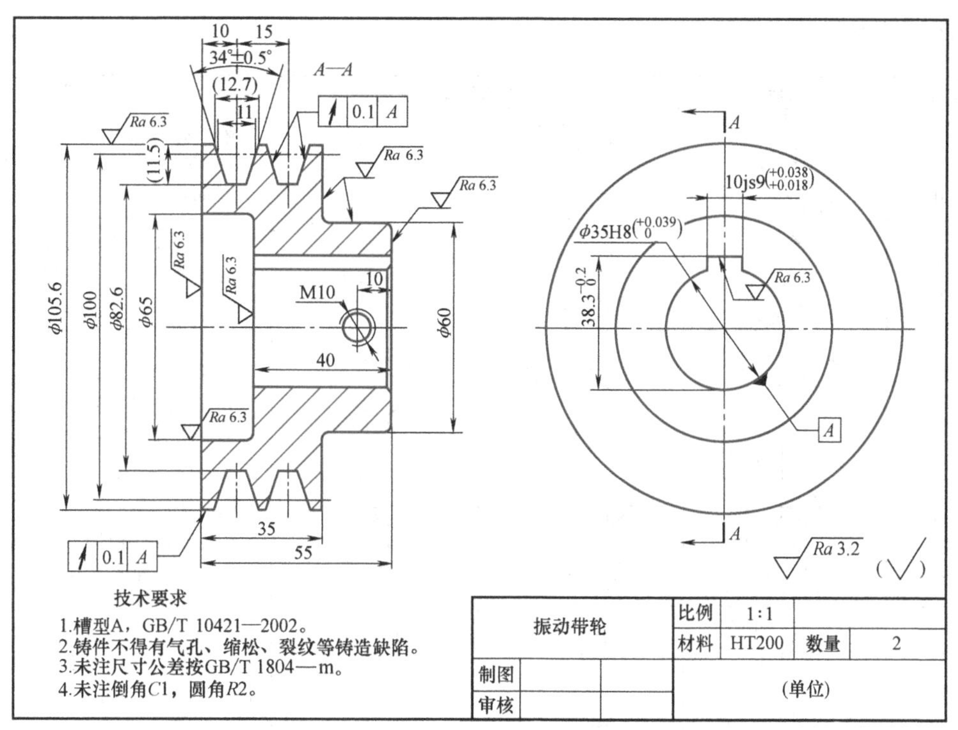

图 2-158　振动带轮零件图

学习任务2.5　盖类零件图样绘制

任务描述

盖类零件一般采用主、左或主、俯两个基本视图，以工作或加工位置作为主视图，反映盖厚度方向作为主视图方向，用单一剖切面或旋转剖、阶梯剖等剖切方法作出全剖视图或半剖视图表示部分结构之间的相对位置关系。上盖是一个比较典型的盖类零件，如图 2-159 所示。通过完成上盖零件图样绘制任务，学员掌握直线、圆等基本绘图命令的使用方法；熟练运用修剪、镜像、复制等编辑命令；掌握常见孔的注法，尺寸标注和技术要求的注写方法。

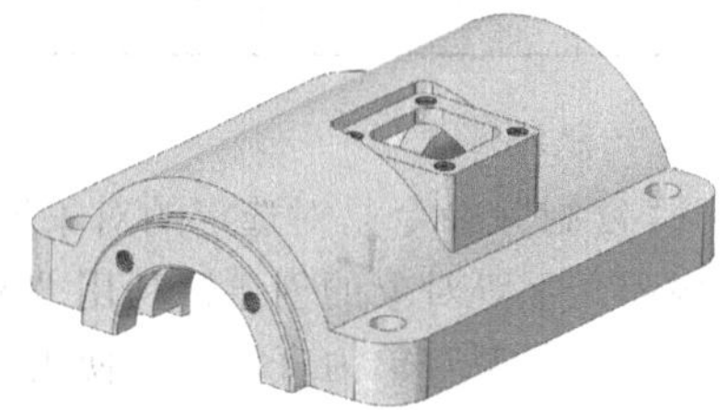

图 2-159　上盖

知识点

修剪、镜像、复制等编辑命令的使用方法。

零件上常见孔的注法。

技能点

分析零件图的特点，采用合理的绘图步骤绘制零件图样。

掌握常用绘图和编辑命令的使用技巧。

能够按照国家标准对零件图样进行尺寸标注，并注写技术要求。

素养目标

鼓励学员独立思考，能灵活运用修剪、镜像、复制等命令提高绘图效率，并能够严格贯彻执行国家标准，培养学员创新能力和严谨认真的工作作风。

课前预习

1. 零件上常见孔的注法

盖类零件上常带有按规律分布的光孔、螺纹孔等结构，这些孔的尺寸可以按一般标注方法标注，也可以简化标注，见表 2-14。

表 2-14 零件上常见孔的注法

零件结构类型		一般标注	简化标注		说明
光孔	一般孔	4×φ5 10	4×φ5↧10	4×φ5↧10	↧深度符号 4×φ5 表示 4 个直径为 5mm 的光孔，深 10mm
	锥孔	锥销孔φ5 配作	锥销孔φ5 配作	锥销孔φ5 配作	φ5 是与锥销孔相配的圆锥销小端直径。锥销孔通常是在两零件装在一起时加工的
沉孔	锥形沉孔	90° φ13 4×φ7	4×φ7 ⌵φ13×90°	4×φ7 ⌵φ13×90°	⌵锥形沉孔符号 4×φ7 表示 4 个直径为 7mm 的光孔，90°锥形沉孔的直径为 13mm
	柱形沉孔	φ13 3 4×φ7	4×φ7 ⌴φ13↧3	4×φ7 ⌴φ13↧3	⌴沉孔及锪平符号 4 个柱形沉孔的小直径为 7mm，沉孔直径为 13mm，深度为 3mm
	锪平沉孔	锪平 φ13 4×φ7	4×φ7 ⌴φ13	4×φ7 ⌴φ13	锪平 φ13mm 的深度不必标出，一般锪平到不出现毛面为止
螺纹孔	通孔	2×M8	2×M8	2×M8	2×M8 表示两个公称直径为 8mm 的螺纹孔
	不通孔	2×M8 10 14	2×M8↧10 孔↧14	2×M8↧10 孔↧14	表示两个公称直径为 8mm 的螺纹孔，螺纹长度为 10mm，钻孔深度为 14mm

2. 复制

“复制”命令是对选定的对象依照原样进行一次或多次的生成。对于一些相同的结构和文字等对象的创建，利用“复制”命令可以提高绘图效率。在中望机械 CAD 软件中，如果源对象为直线，则使用“复制”命令新生成的对象与源对象平行，因此可以通过“复制”命令作已知直线的平行线。

在命令行输入“CO”（复制）或在菜单栏选择“修改”→“复制”命令，或单击修改栏中的“复制”按钮，执行“复制”命令，选择复制对象，指定基点（用表示复制对象移动的距离和方向），指定下一点（用光标拾取或直接输入距离），此时系统通过指定的两点定义的矢量复制生成新的对象。默认情况下，“复制”命令将自动重复，要退出该命令，可以按<Esc><Enter><Space>空格键等，也可以通过修改 COPYMODE 系统变量值为“1”，控制系统不自动重复该命令。例如复制图 2-160 所示圆，生成的图形如图 2-161 所示。

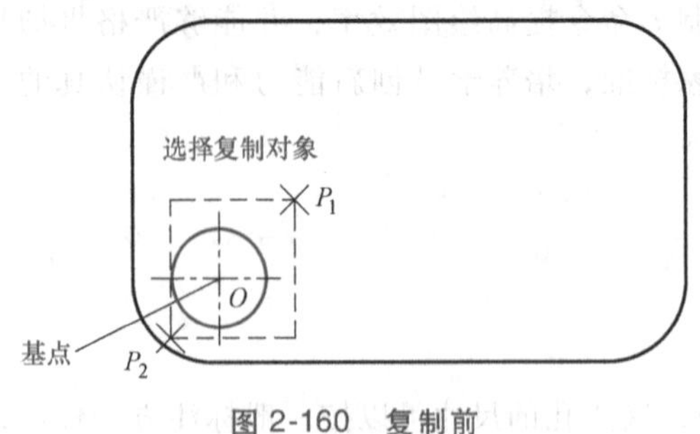

图 2-160 复制前

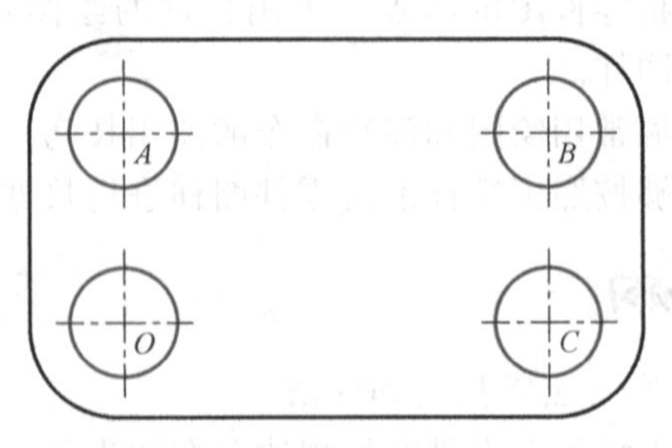

图 2-161 复制后

课内实施

1. 预习效果检查

（1）填空题

1）⊔是________符号，∨是________符号，↧是________符号。

2）使用“复制”命令复制直线，新生成的直线与源对象________。

（2）判断题

1）默认情况下，“复制”命令生成一个新的对象后，该命令自动完成退出。（　　）

2）锪平深度不需要标注。（　　）

3）“4×M6”表示4个公称直径为6mm的普通螺纹孔。（　　）

（3）选择题

1）当用“复制”命令进行复制操作时，如果不需要自动重复该命令，则应将变量COPYMODE的值设置为（　　）。

A. 0　　B. 1　　C. 2　　D. 3

2）当用“复制”命令对直线进行复制操作时，新生成的直线与源对象（　　）。

A. 垂直　　B. 平行　　C. 倾斜　　D. 不一定

3）钻不通孔形成的锥形面，画图时应按（　　）画出。

A. 45°　　B. 60°　　C. 90°　　D. 120°

2. 零件图分析

（1）参考零件图样分析　上盖零件图样如图2-162所示，主视图采用全剖视图表达零件内部结构。

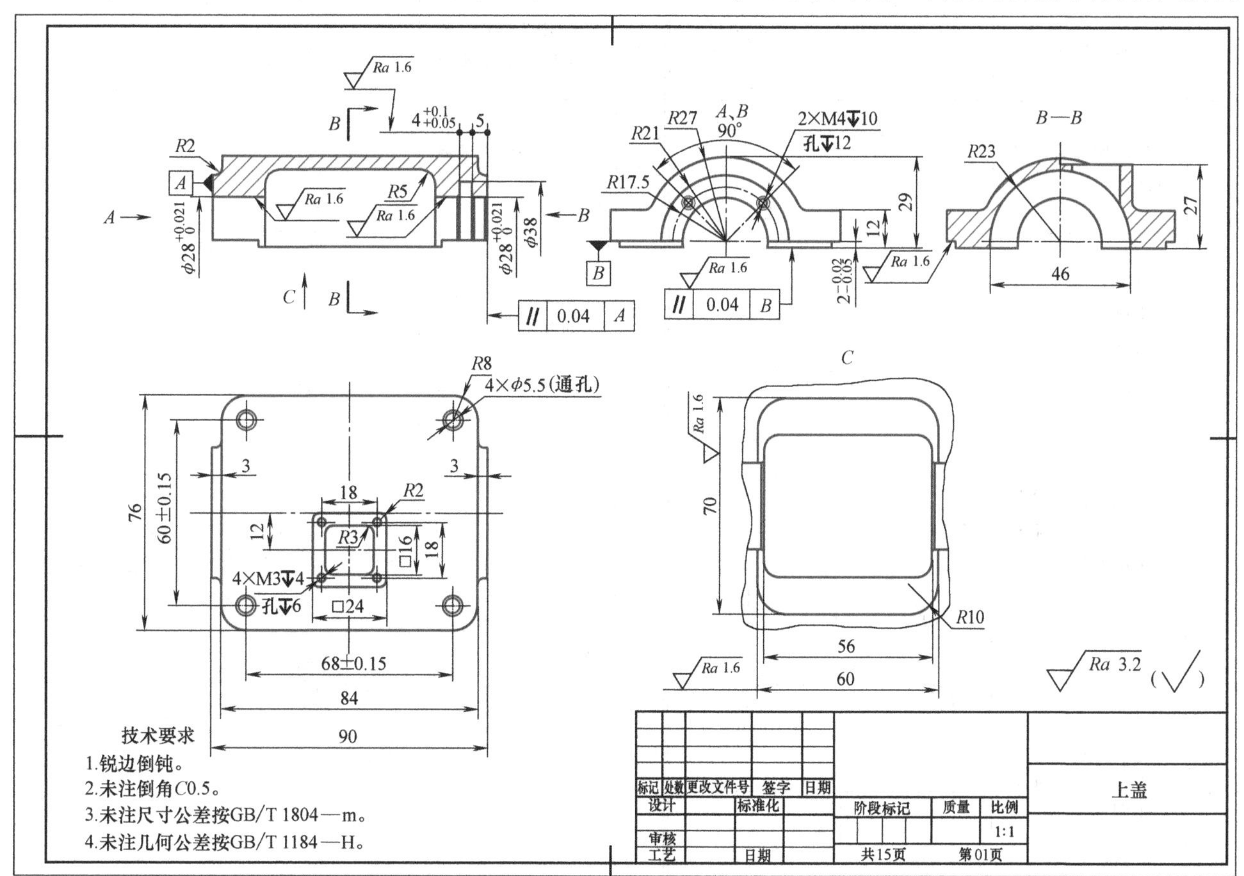

图2-162　上盖零件图

左右端面结构相同，用一个视图表达即可。俯视图主要表达零件主体外形及凸台。*C* 向局部视图重点表达上盖零件的型腔。俯视图可以先作出四分之一，两次使用“镜像”命令，再补画方形凸台。左右端面视图为对称结构，适合以中心线为界先画一半，然后使用“镜像”命令绘制完成。*B—B* 全剖视图可以复制左右端面视图后删除外部线，再补画方形凸台结构。最后完成尺寸标注及技术要求注写。

（2）学员零件图样分析　参考上面提示，独立完成上盖零件的图样分析，并填写表 2-15。

表 2-15　学员上盖零件图样分析

序号	项目	分析结果
1	说明图样标注尺寸“4×M3↧4 / 孔↧6”的含义	
2	图样中共有几处几何公差？其含义是什么	
3	教师评价	

3. 零件绘图方案设计

（1）参考绘图方案　根据上盖零件图样，设计上盖零件图参考绘图方案，具体内容见表 2-16。

表 2-16　上盖零件图参考绘图方案

序号	步骤	图示
1	设置基本绘图环境	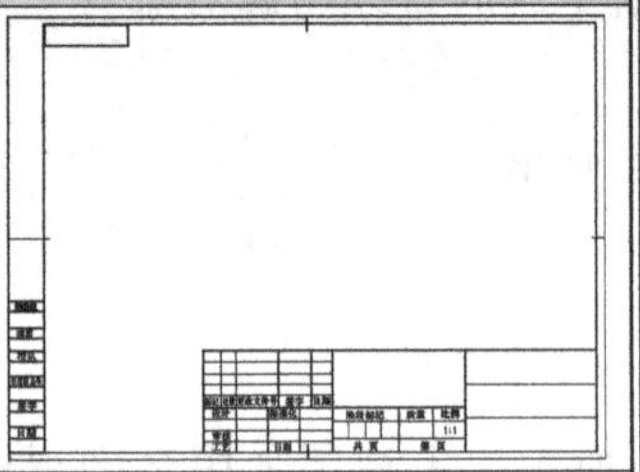
2	绘制主视图	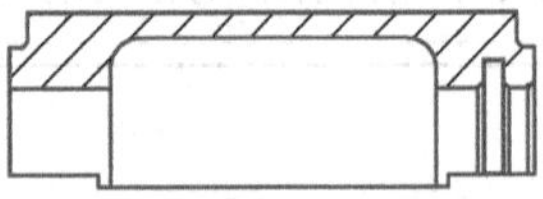
3	作出四分之一俯视图外轮廓	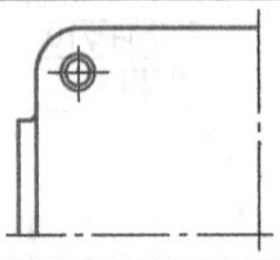
4	使用“镜像”命令生成一半俯视图外轮廓	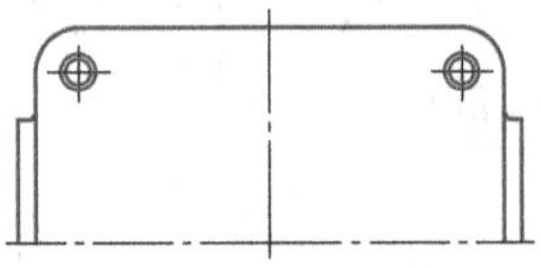
5	再次使用“镜像”命令生成俯视图全部外轮廓	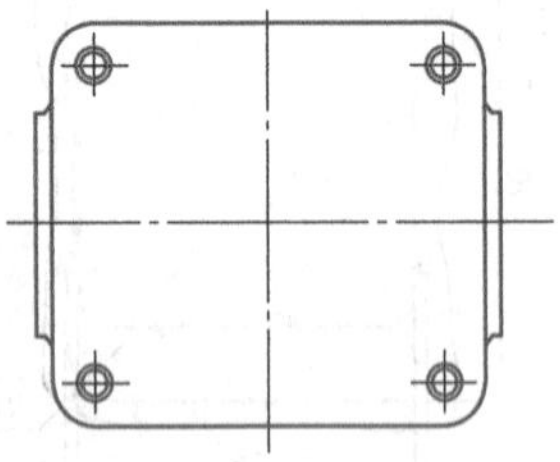
6	画出凸台，完成俯视图的绘制	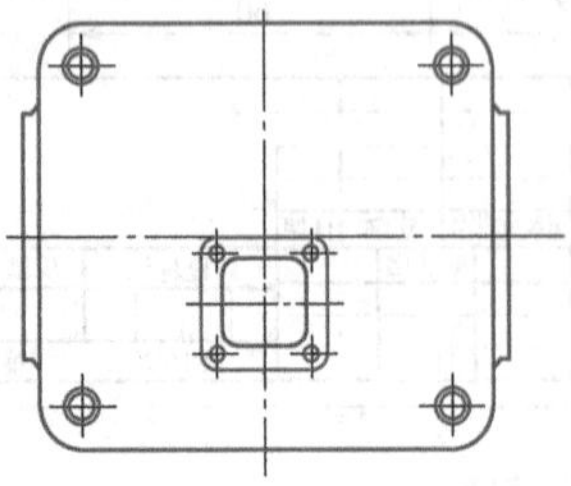
7	绘制一半左视图外轮廓	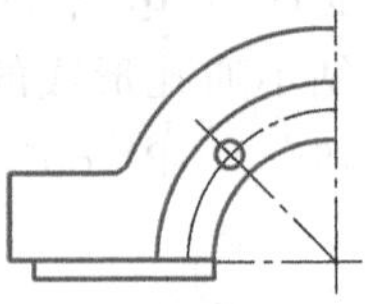
8	使用“镜像”命令生成完整左视图	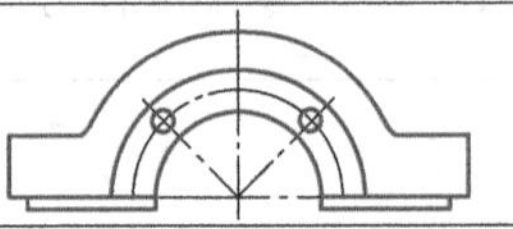
9	完成 *B—B* 剖视图的绘制	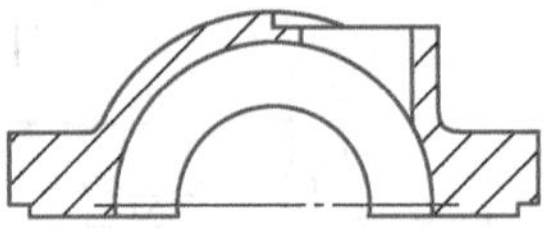
10	完成 *C* 向局部视图的绘制	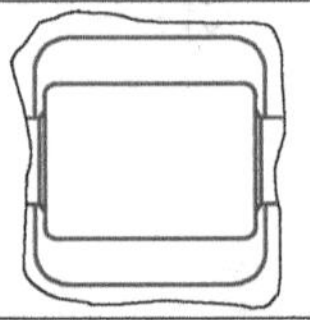
11	标注尺寸，注写技术要求	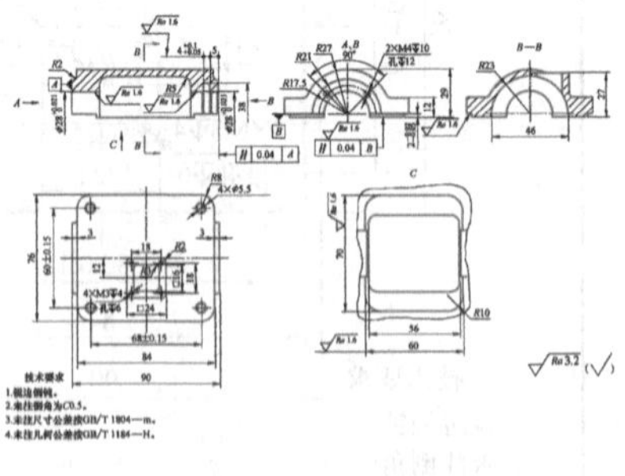

（2）学员绘图方案　根据自己对上盖零件图的分析，参照表 2-16 的参考绘图方案，独立设计上盖零件绘图方案，并填写表 2-17。

表 2-17　学员上盖零件绘图方案

序号	步骤	图示	序号	步骤	图示
1			7		
2			8		
3			9		
4			10		
5			11		
6			考评结论		

4. 绘图过程实施

1）新建文件并保存。要求：名称为“上盖 . dwg”。

2）基本绘图环境设置。

3）零件图的绘制。

① 使用“直线”命令绘制主视图的主要外部结构，结果如图 2-163 所示。在绘图过程中需要注意的是，应将相应的线型绘制在相应的图层上。

② 使用“直线”命令绘制主视图的内部主要结构，结果如图 2-164 所示。

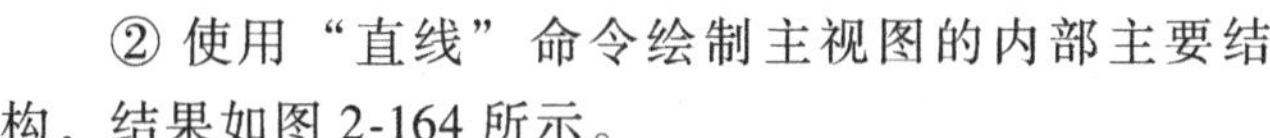

③ 使用“倒角”“倒圆”“修剪”“图案填充”等命令完成主视图的绘制，结果如图 2-165 所示。

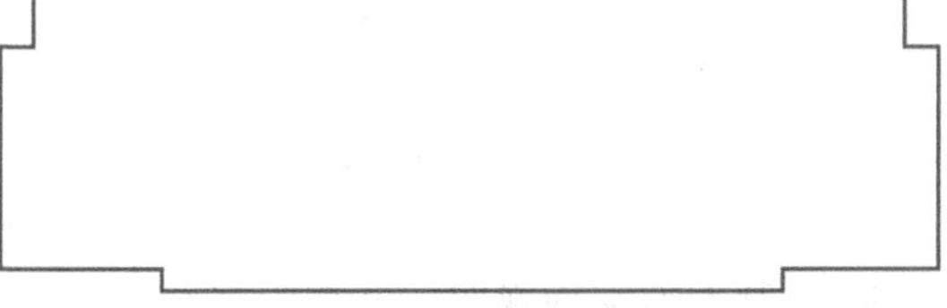

图 2-163　主视图的主要外部结构

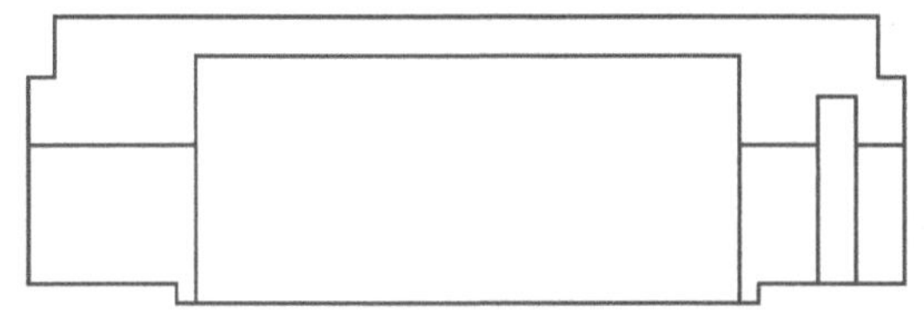

图 2-164　主视图的内部主要结构

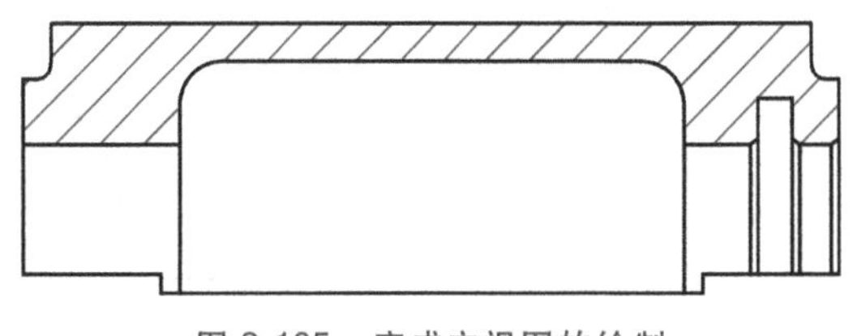

图 2-165　完成主视图的绘制

④ 使用“直线”“圆”“倒圆”等命令完成四分之一俯视图的绘制，结果如图 2-166 所示。

⑤ 使用“镜像”命令生成二分之一俯视图外轮廓，结果如图 2-167 所示。

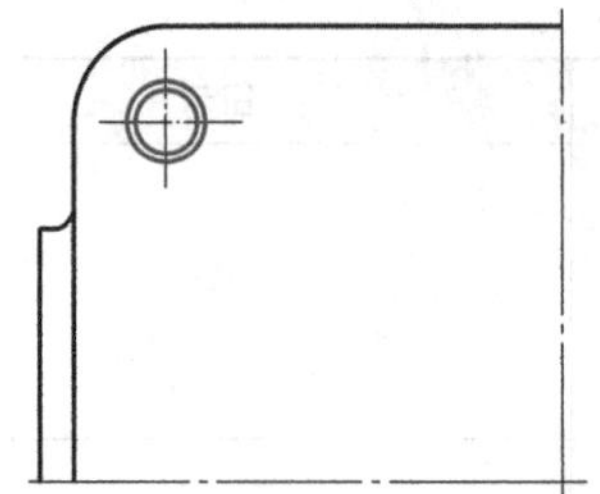

图 2-166 四分之一俯视图外轮廓

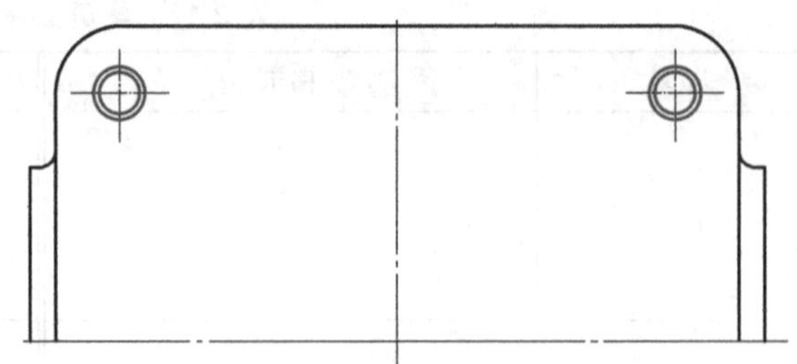

图 2-167 二分之一俯视图外轮廓

⑥ 连续使用“镜像”命令生成俯视图的主要轮廓，结果如图 2-168 所示。

⑦ 使用“直线”“圆”命令绘制俯视图的凸台结构，结果如图 2-169 所示。

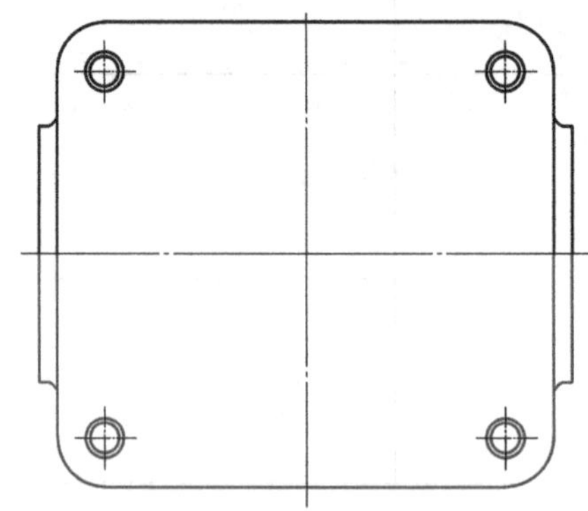

图 2-168 俯视图的主要轮廓

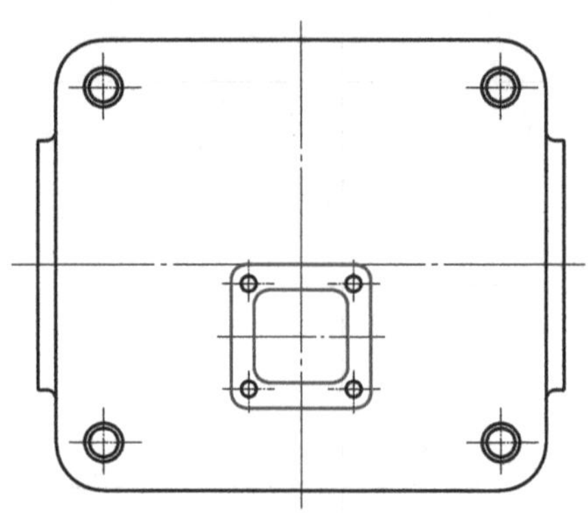

图 2-169 绘制俯视图的凸台结构

⑧ 使用“直线”“圆”“修剪”等命令绘制二分之一左视图，结果如图 2-170 所示。

⑨ 使用“镜像”命令生成全部左视图，结果如图 2-171 所示。

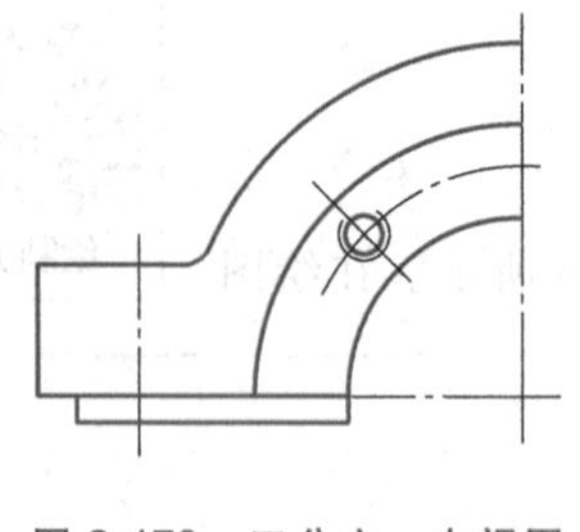

图 2-170 二分之一左视图

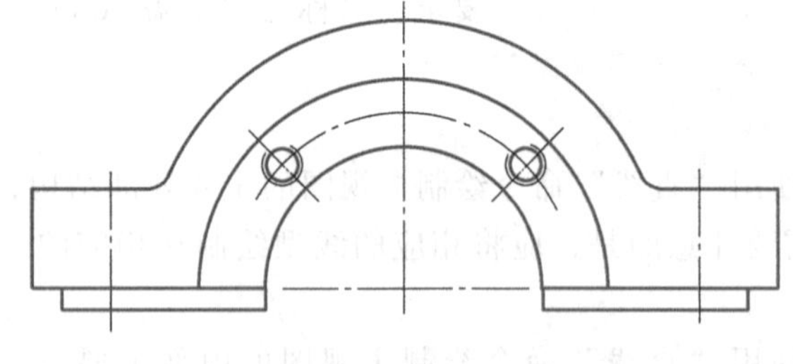

图 2-171 左视图

⑩ 复制左右端面视图，并删除多余的线，生成 *B—B* 剖视图主要结构，结果如图 2-172 所示。

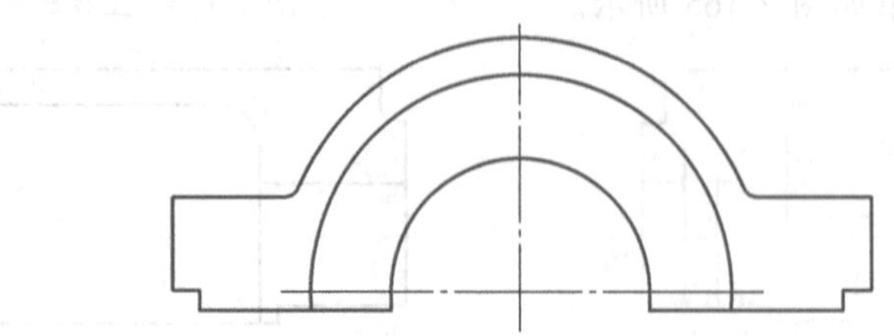

图 2-172 *B—B* 剖视图主要结构

⑪ 使用“直线”“修剪”“图案填充”等命令将 *B—B* 剖视图补充完整，结果如图 2-173 所示。

⑫ 使用“直线”“倒圆”“样条曲线”“修剪”等命令绘制 *C* 向局部视图，结果如图 2-174 所示。

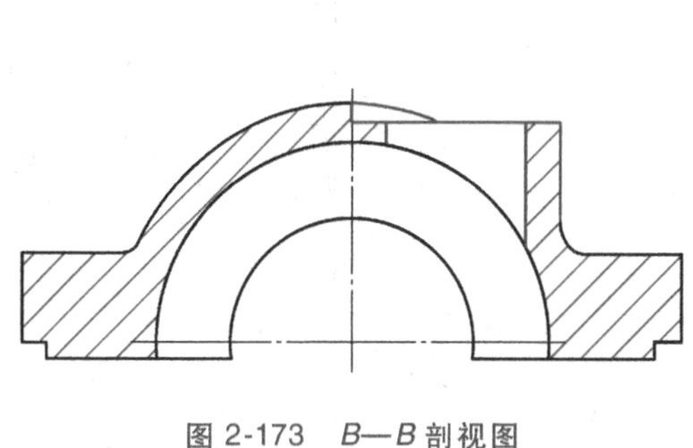

图 2-173　*B—B* 剖视图

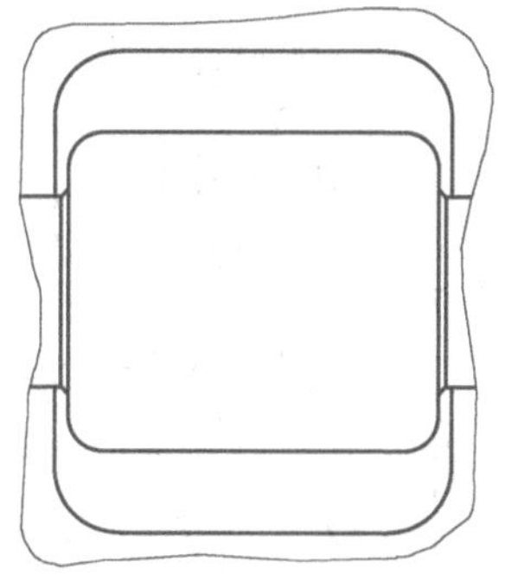

图 2-174　绘制 *C* 向局部视图

⑬ 在菜单栏中选择“机械”→“创建视图”→“剖切线”命令创建剖面线并标注字母，在菜单栏选择“机械”→“创建视图”→“方向符号”命令创建向视图符号与标注字母，按原图进行尺寸标注，注写技术要求，完成上盖零件图样的绘制。

课后拓展训练

1）利用中望机械 CAD 2021 教育版软件完成图 2-175 所示端盖零件图样的绘制。

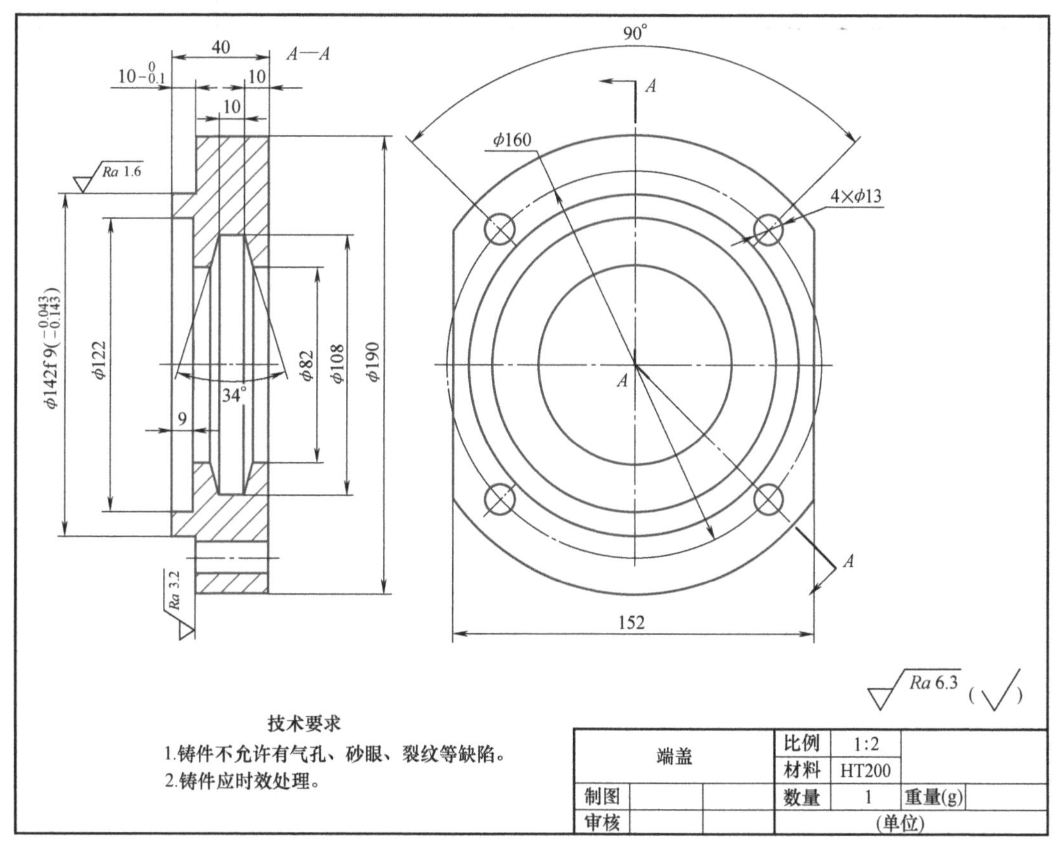

图 2-175　端盖零件图

2）利用中望机械 CAD 2021 教育版软件完成图 2-176 所示上端盖零件图样的绘制。

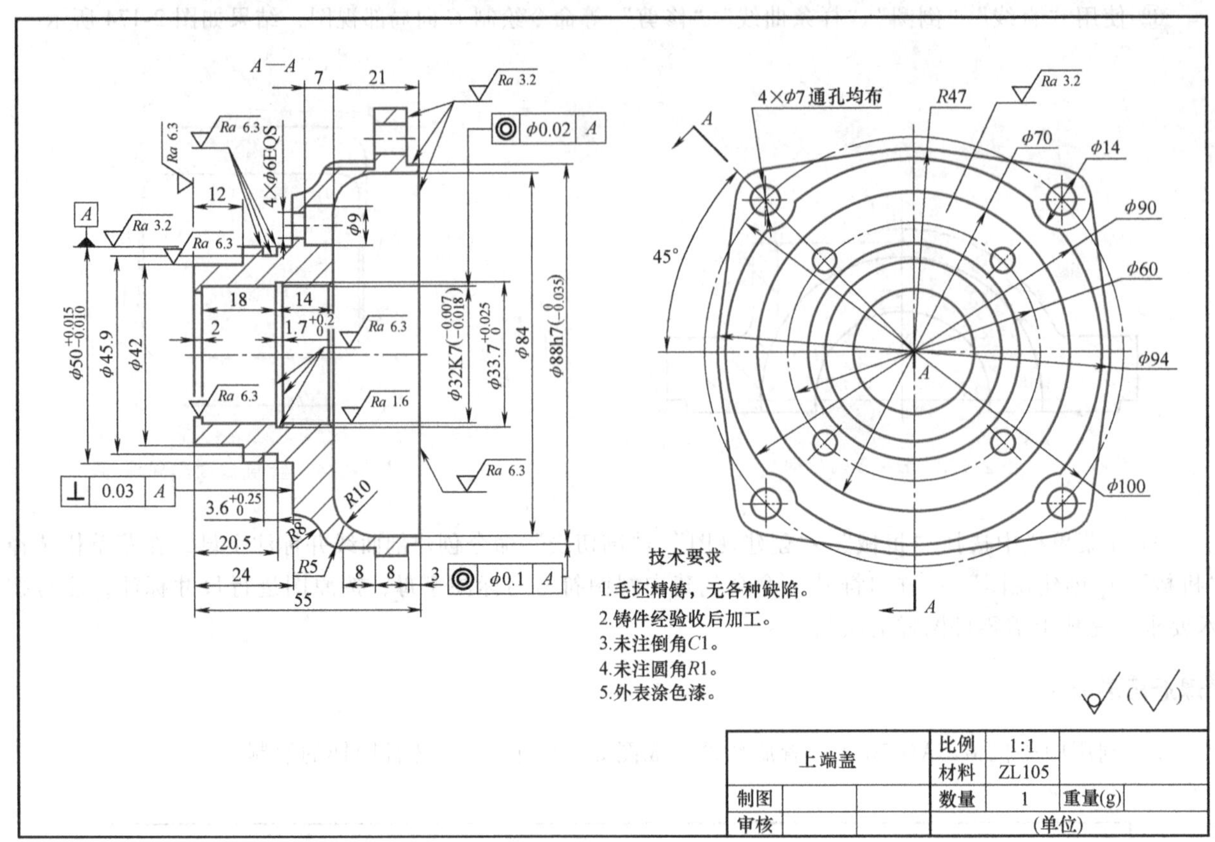

图 2-176　上端盖零件图

模块3

数控加工自动编程

学习任务 3.1　车削加工自动编程

任务描述

制订图 3-1 所示零件的加工工艺，编写加工工艺卡，在中望 3D 2022 软件上进行自动编程并生成数控程序代码。（零件材料为铝，毛坯为 ϕ45mm×140mm 棒料，单件生产。）

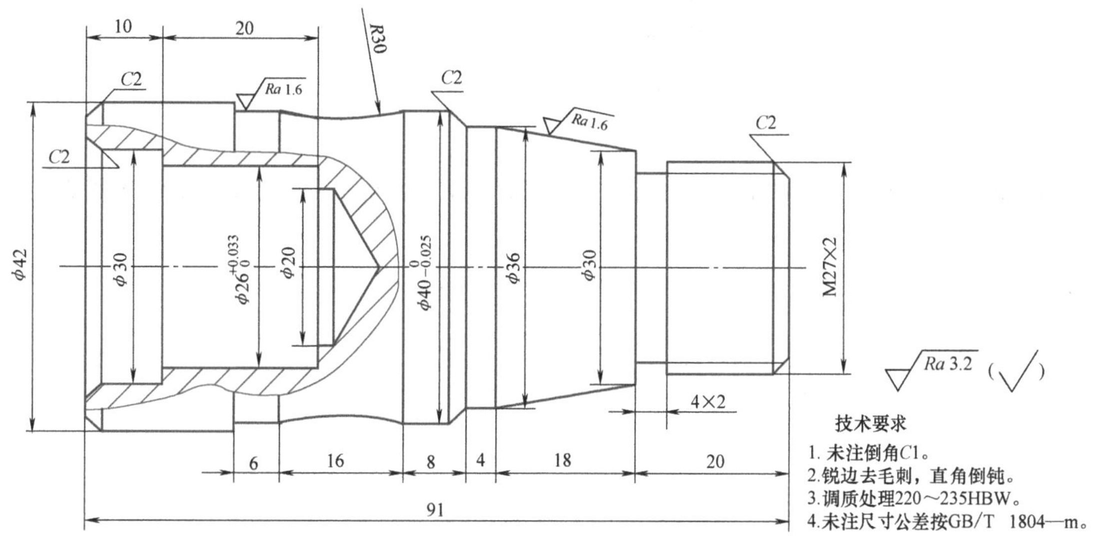

图 3-1　车削加工零件图

知识点

车削加工工艺分析及工艺卡的制订方法。

车削加工方法的选择技巧。

CAM 车削加工环境设置方法。

零件车削程序编制和仿真加工方法。

车削加工后处理及代码的输出方法。

技能点

能根据零件形状和加工精度要求确定加工工序。

正确设置工件加工坐标系和毛坯。

能合理设置刀具参数和切削参数。

能正确设置各工序参数，完成程序编制。

能进行后处理器的选择和设置，并输出程序代码。

素养目标

培养学员准确把握零件图样信息，综合运用车削工艺知识、软件编程技巧，解决实际加工问题的能力，使学员逐步形成规范操作的职业习惯，培养注重细节、精益求精的工匠精神。

课前预习

1. 数控车床坐标系

数控车床中有机床坐标系和工件坐标系。

（1）机床坐标系　其原点就是机床原点，开机后必须首先进行刀架返回机床参考点操作，确认机床参考点，建立机床坐标系。

（2）工件坐标系　一般用于编程，常设在精切后的工件右端面中心。程序中的坐标值均以工件坐标系为依据。自动编程时务必使工件坐标系原点位于工件/毛坯右端面中心。

一般在中望 3D 软件中，须将零件截面草图绘制在 XY 平面上，且 X 方向对应图中的+Z 方向，Y 方向对应图中的 X 方向，草图原点放在工件右端面中心，如图 3-2 所示。

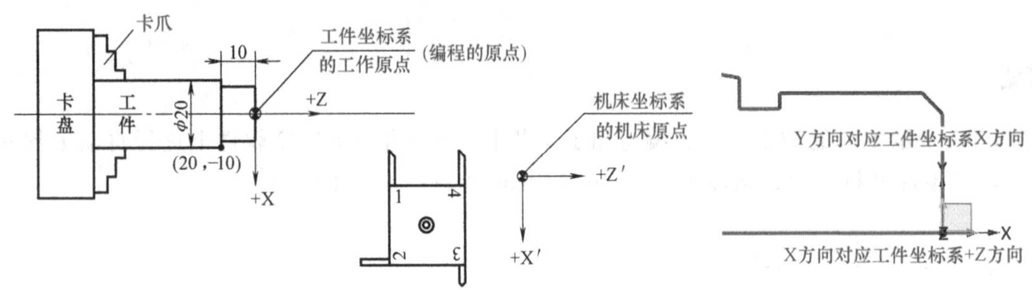

图 3-2　数控车床的坐标系

2. 加工方案

中望 3D 2022 软件车削加工的加工方案有钻孔、端面、粗车、精车、槽加工、螺纹和截断 7 种，如图 3-3 所示。

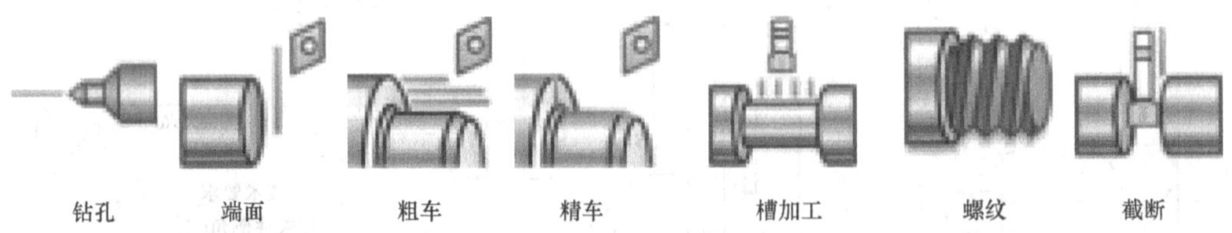

图 3-3　车削加工的加工方案

（1）钻孔　主要用于钻孔、铰孔或攻螺纹，可实现“中心钻”“普通钻”“钻”“断屑钻”“铰孔”“镗孔”等操作。

（2）端面　主要是加工工件的端面。该工序的参数比较少且操作比较容易，不需要对参数进行任何设置就可以生成刀轨。

（3）粗车　主要用于快速切除工件中的多余材料，为后续的精车做准备。粗车加工可分为外轮廓加工和内轮廓加工，中望 3D 2022 软件提供了三种切削模式，包括“水平粗车”“垂直粗车”“固定轮廓重复粗车”。

（4）精车　主要用于切除粗车加工留下的多余材料并保证达到工件的加工要求。精车可以实现半精加工和精加工。

（5）槽加工　根据槽所在位置的不同，可将槽分为外槽、内槽和端面槽，分别对应槽加工中的外轮廓、内轮廓和端面三种切削位置。在中望 3D 2022 软件中可以使用粗车切槽和精车切槽完成槽的加工。

（6）螺纹　主要用于在圆柱或圆锥内外表面加工单线、多线圆柱螺纹以及圆锥螺纹。在设置加工参数时，只需指定螺纹的位置即可以进行加工。

（7）截断　主要用于快速、可靠地实现将目标从工件上分离出来。该工序只需定义一个截断点即可进行加工，参数设置比较简单。

截断

（8）编程流程　每种工序需设置的参数虽然不同，但一般都要经过以下流程：

选择特征——选择刀具——设置加工参数（刀具和进给速度、限制参数、公差和步距、刀轨设置、进退刀）——生成刀路——仿真验证——后处理器——输出数控程序代码

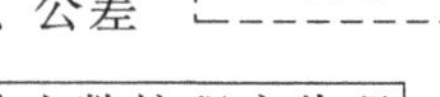

一般情况下，只需要选择特征的整个截面轮廓草图即可，其余根据加工工艺卡要求设定，选择左右裁剪点以确定加工区域一般在限制参数中设置；内外轮廓、切削方向、入刀点等的选择一般在刀轨设置中进行；在公差和步距中可以设置加工余量和每次的吃刀量。

坐标系不用设置，使用默认即可；在“刀具设置”中可以设置“主轴速度”和“进给”，如果在工序中不采用刀具中默认的“主轴速度”和“进给”，可在“刀具与速度进给”中修改。

仿真验证有两种方式，即“实体仿真”实体仿真和“刀轨仿真”刀轨仿真，两种方式均可以方便用户检查刀路和最终加工结果。

3. 加工刀具

常用的车刀及加工应用示例见表 3-1。

表 3-1　常用车刀及加工应用示例

车刀类型	加工应用示例	中望 3D 2022 软件中对应刀具
75°外圆车刀	车刀 台阶	
35°外圆车刀	车刀 型面	
不通孔镗刀	车刀 内孔	

（续）

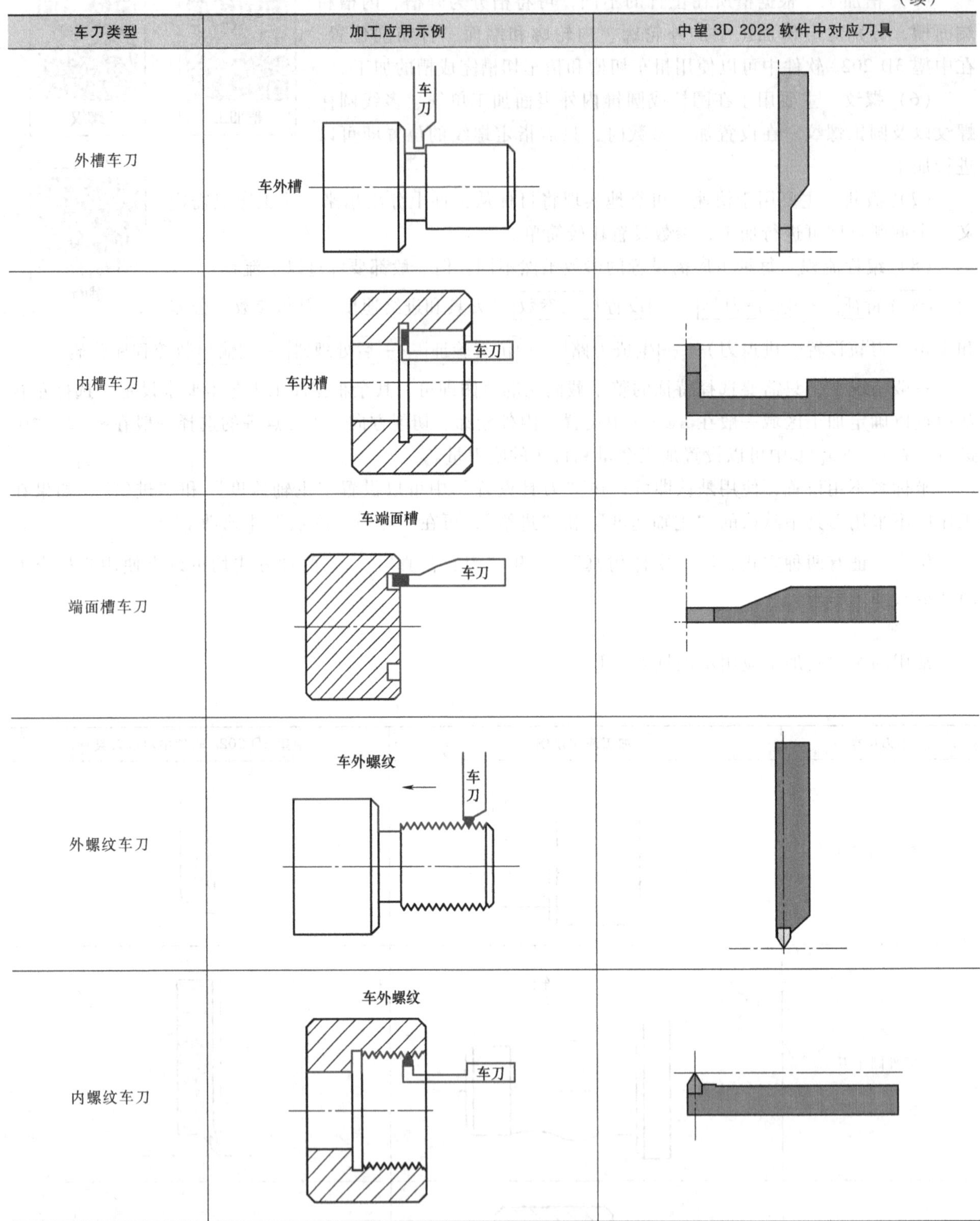

车刀类型	加工应用示例	中望 3D 2022 软件中对应刀具
外槽车刀	车刀 车外槽	
内槽车刀	车刀 车内槽	
端面槽车刀	车端面槽 车刀	
外螺纹车刀	车外螺纹 车刀	
内螺纹车刀	车外螺纹 车刀	

课内实施

1. 预习效果检查

（1）判断题

1）在车削加工编程时，可以在任意一个平面上绘制轮廓草图。（　　）

2）钻孔工序可以用来进行中心孔的编程加工。（　　）

3）外退刀槽可以用外槽车刀进行加工。（　　）

（2）选择题

1）一般情况下，在进行车削加工编程时，将工件坐标系的原点放在（　　）。

A. 卡盘端面　　B. 精切后的工件右端面中心

C. 工件/毛坯左端面　　D. 工件/毛坯右端面中心

2）在中望 3D 2022 软件的车削加工工序中不包括（　　）。

A. 钻孔　B. 截断　C. 螺纹　D. 倒角

3）车削编程过程中，可以不（　　）。

A. 设定坐标系　　B. 设置转速

C. 选择刀具　　D. 进行刀路仿真验证

2. 制订加工工艺，编制加工工艺卡

（1）零件分析　该零件为孔轴，材料为铝，由内孔、内台阶、外台阶、外槽、倒角、型面构成，孔部分尺寸的公差等级为 IT8，外圆部分的公差等级为 IT7，表面粗糙度值为 $Ra3.2\mu m$（部分表面粗糙度值要求达到 $Ra1.6\mu m$），需要通过粗车和精车来完成加工。零件尺寸和毛坯尺寸如图 3-4 所示。

（2）确定加工工艺路线　车右端面→粗车右外轮廓（不含型面）→精车右外轮廓（不含型面）→车槽→车螺纹→粗车型面→精车型面→切断并倒角→调头装夹→钻中心孔→钻孔→粗车内台阶孔→精车内台阶孔。

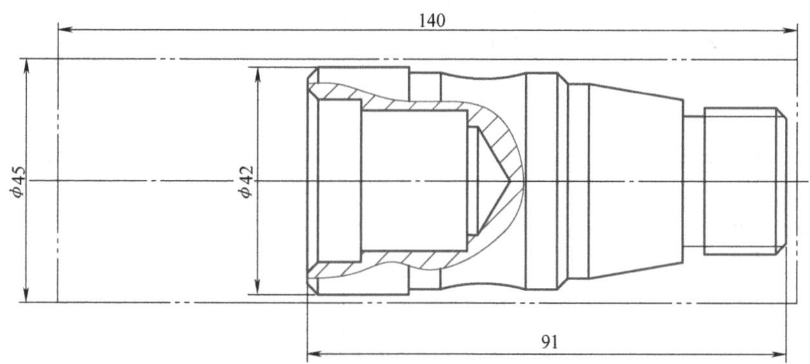

图 3-4　零件尺寸和毛坯尺寸

（3）编制加工工艺卡（见表 3-2）

表 3-2　数控车削加工工艺卡

	数控车削加工工艺卡	工序	产品编号	产品名称	毛坯规格	设备及系统
		车削	001	孔轴零件	φ45mm×140mm	FANUC 0i
					夹具	自定心卡盘
					件数	1
					材料状态	0
					材料名称	铝

（续）

工步	工步内容	刀具编号	刀具类型	主轴转速 n/(r/min)	进给速度 f/(mm/min)	吃刀量/mm	加工余量/mm	示意图
1	车右端面	T1	外圆车刀	1200	80	0.5	0	略
2	粗车右外轮廓	T1	外圆车刀	800	200	1.5	0.5	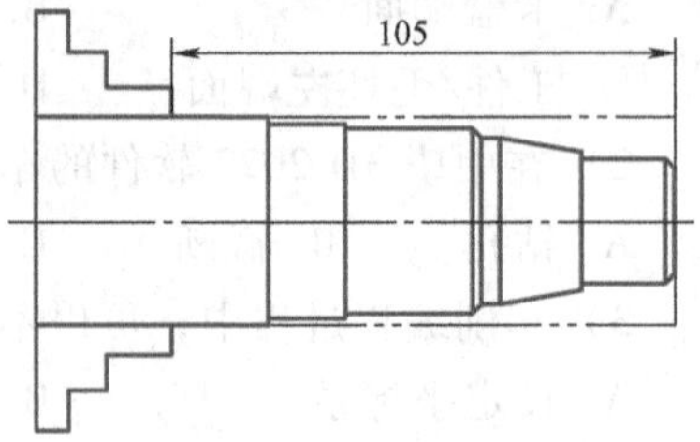 105
3	精车右外轮廓	T1	外圆车刀	1200	120	0.5	0	
4	车槽	T2	车槽刀	500	40	3	0	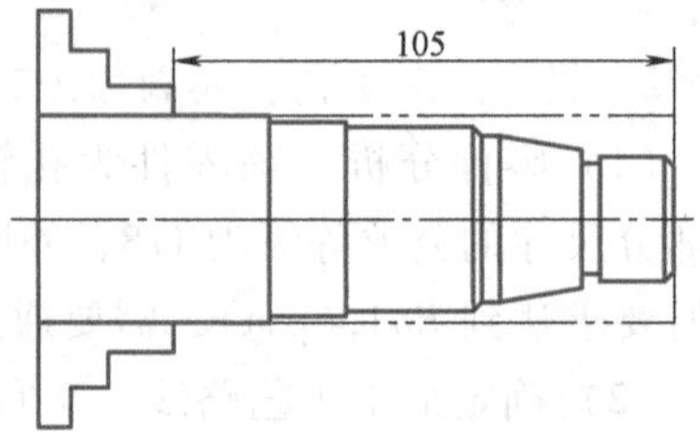 105
5	车螺纹	T3	螺纹车刀	800	1600		0	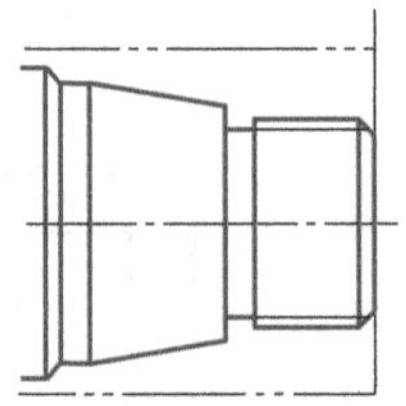
6	粗车型面	T4	外圆车刀	800	200	1.5	0.5	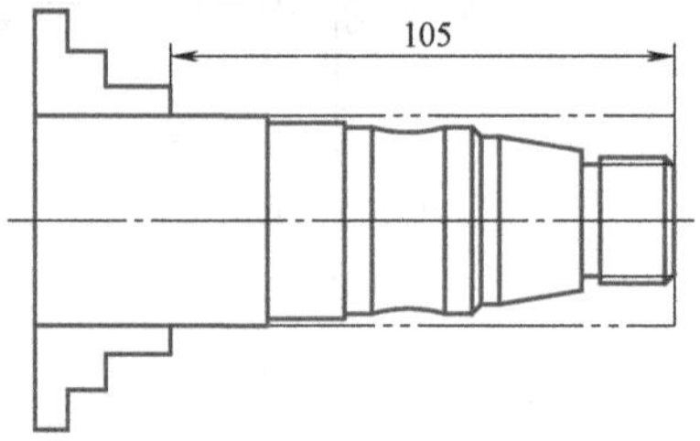 105
7	精车型面	T4	外圆车刀	1200	120	0.5	0	
8	切断并倒角	T2	车槽刀	500	30	3	0	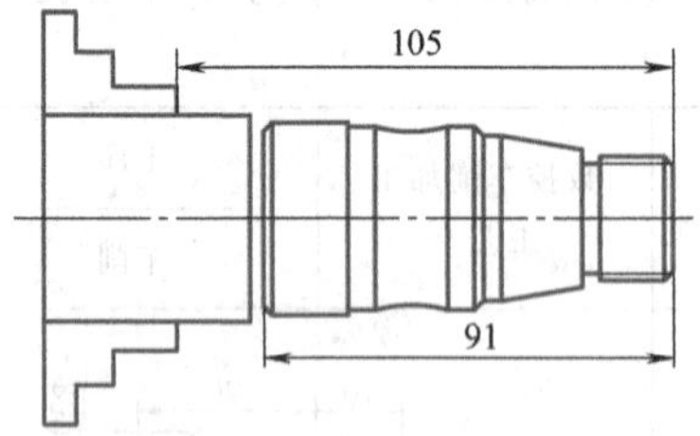 105 91
9	调头装夹							
10	钻中心孔	T5	中心钻	1500	100		0	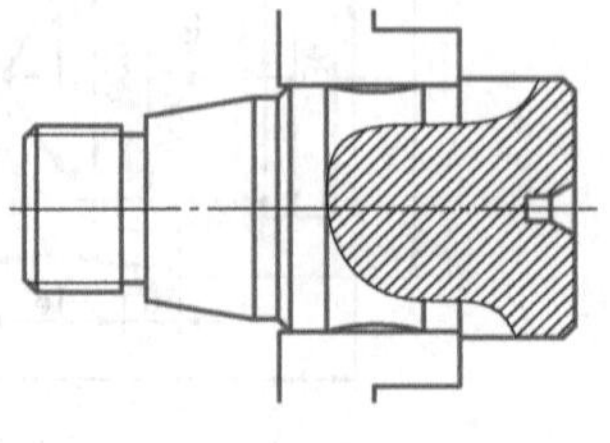

（续）

工步	工步内容	刀具编号	刀具类型	主轴转速 n/(r/min)	进给速度 f/(mm/min)	吃刀量/mm	加工余量/mm	示意图
11	钻孔	T6	ϕ20mm 钻头	500	80		0	
12	粗车内台阶孔	T7	内孔车刀	800	200	1.2	0.5	
13	精车内台阶孔	T7	内孔车刀	1200	120	0.5	0	
更改标记	数量	文件号	签字	更改标记	数量	文件号	签字	

3. 任务实施

（1）轮廓图绘制　可通过将二维图导入中望3D 2022软件或在草图中绘制车削加工零件图，本学习任务采用草图绘制方式完成零件图。加工右侧用草图如图3-5所示，加工左侧用草图如图3-6所示。

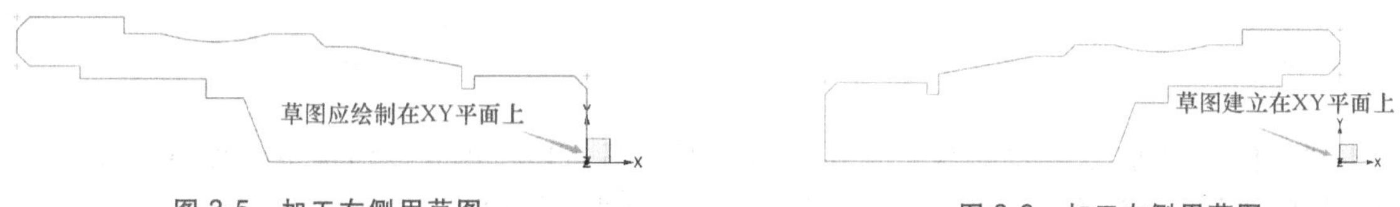

图3-5　加工右侧用草图　　　　图3-6　加工左侧用草图

1）绘制加工右侧用草图。单击“新建”按钮，弹出“新建文件”对话框，如图3-7所示，在“类型”中选择“零件/装配”，“唯一名称”为“车削加工.Z3”，单击“确认”按钮进入造型界面，再单击“草图”按钮进入草图设置界面，选择XY平面，如图3-8所示，单击“确认”按钮，进入草图绘制界面，单击“绘图”按钮绘制出图3-9所示加工右侧用草图。

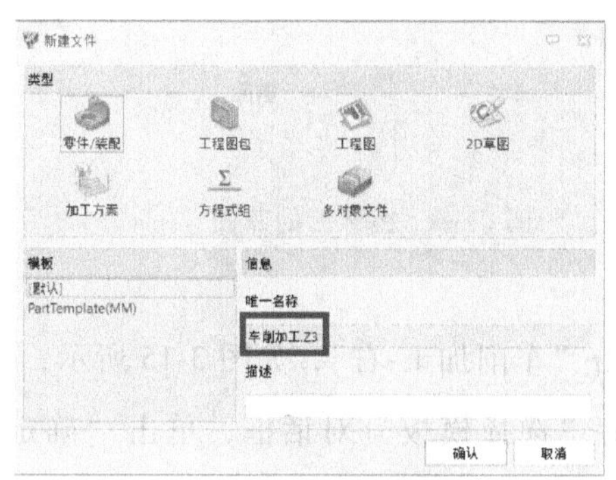

图3-7　“新建文件”对话框

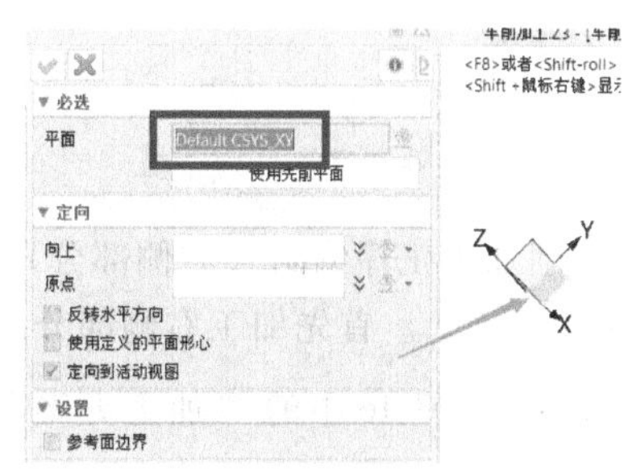

图3-8　草图设置

保存后单击“退出”按钮退出草图编辑，再次单击“退出”按钮退出造型界面，进入根目录界面。

2）绘制加工左侧用草图。在管理器中重命名零件图为“车削加工-右”，右击，在弹出的菜单中选择“复制”命令，如图3-10所示，

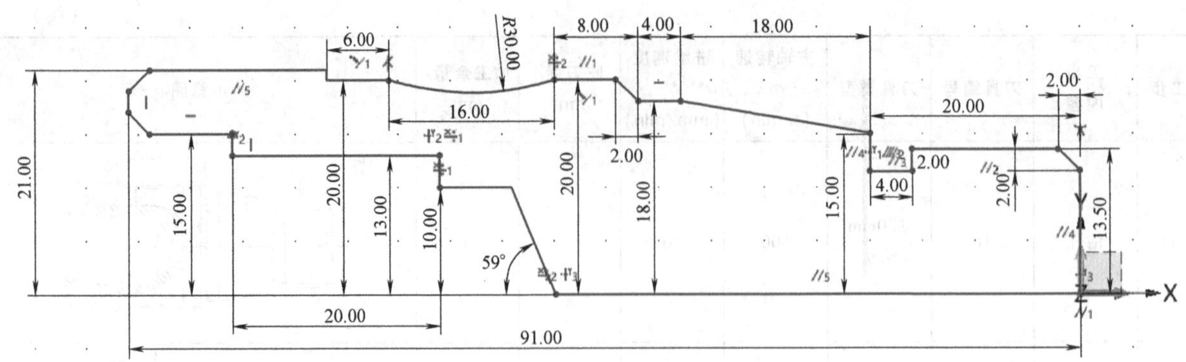

图 3-9 加工右侧用草图

然后右击进行粘贴，再次单击复制后的对象将其重命名为“车削加工-左”，如图 3-11 所示。

在管理器中双击“车削加工-左”，打开草图，双击草图进入草图编辑界面，绘制竖直线，使其位于零件左右中间位置，定义其到原点的距离为 45.5mm，如图 3-12 所示。

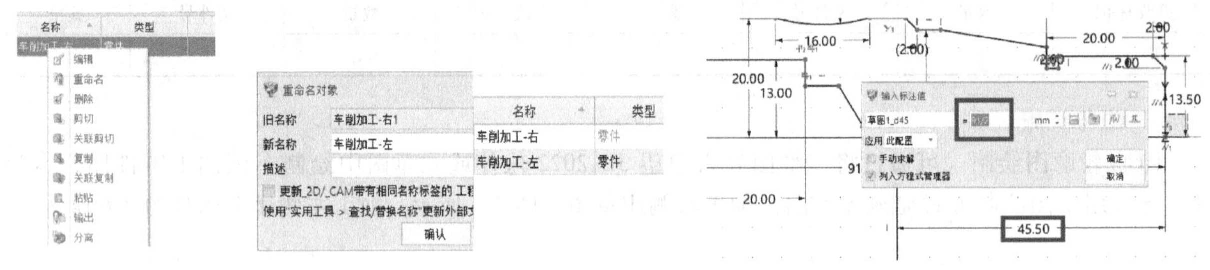

图 3-10 管理器界面　　图 3-11 重命名对象　　图 3-12 绘制中间直线

单击“镜像”按钮，在“镜像几何体”对话框（图 3-13）中先取消选中“保留原实体”复选框，再选择整个草图作为镜像对象，选择刚才绘制的竖直线为镜像线，得到图 3-14 所示的镜像后的草图，最后删除竖直线，退出草图。

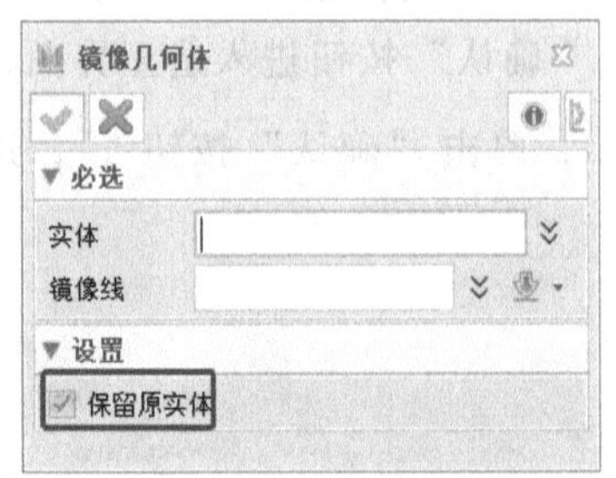

图 3-13 “镜像几何体”对话框

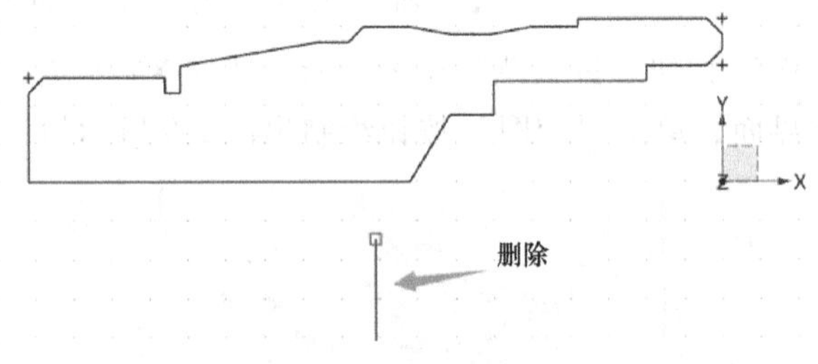

图 3-14 镜像后的草图

（2）车削加工工序编制（右侧部分）

1）加工前准备。首先加工右侧部分。在管理器中双击“车削加工-右”，如图 3-15 所示，进入图形界面，然后单击图 3-16 中的“加工方案”按钮，弹出“选择模板”对话框，单击“确定”按钮，进入图 3-17 所示界面后，工件坐标系使用默认的系统坐标系，不用设置。单击“添加坯料”按钮，弹出图 3-18 所示“添加坯料”对话框，选择草图，按图示数据设置参数，确定后隐藏实体，如图 3-19 所示。

如需显示实体，可以双击管理器中的“坯料”，如图 3-20 所示。

2）车端面。单击“车削”工具选项卡下的“端面”工具按钮（图 3-21）即可弹出图 3-22 所示的“选择特征”对话框。

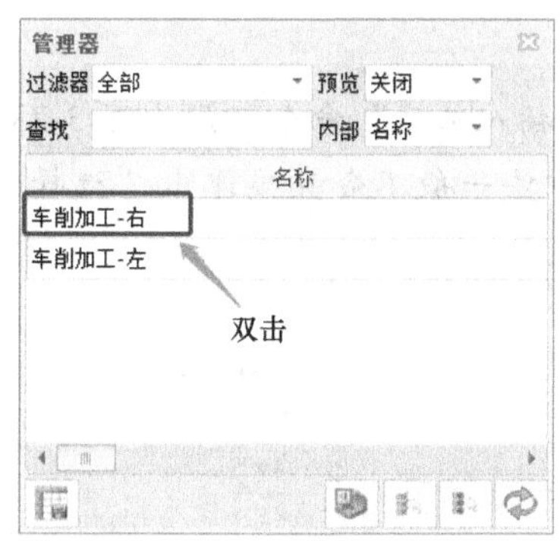

图 3-15 “管理器”对话框

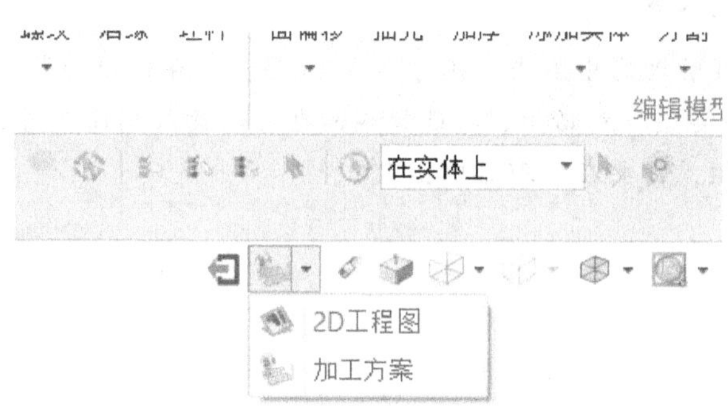

图 3-16 进入加工方案

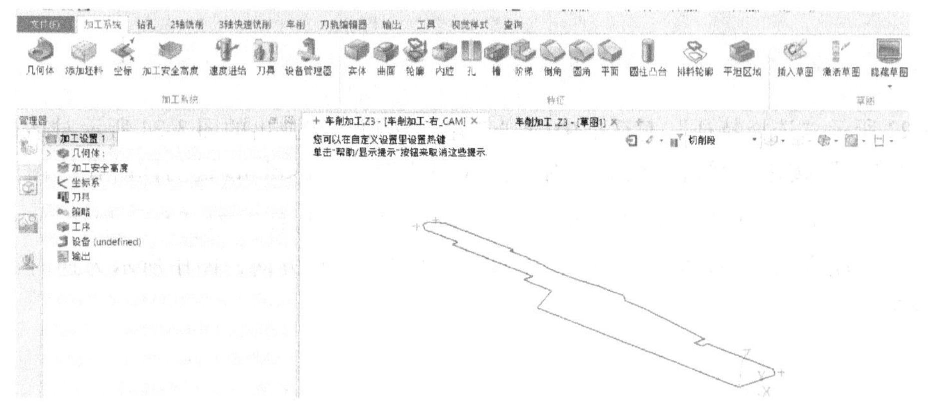

图 3-17 加工界面

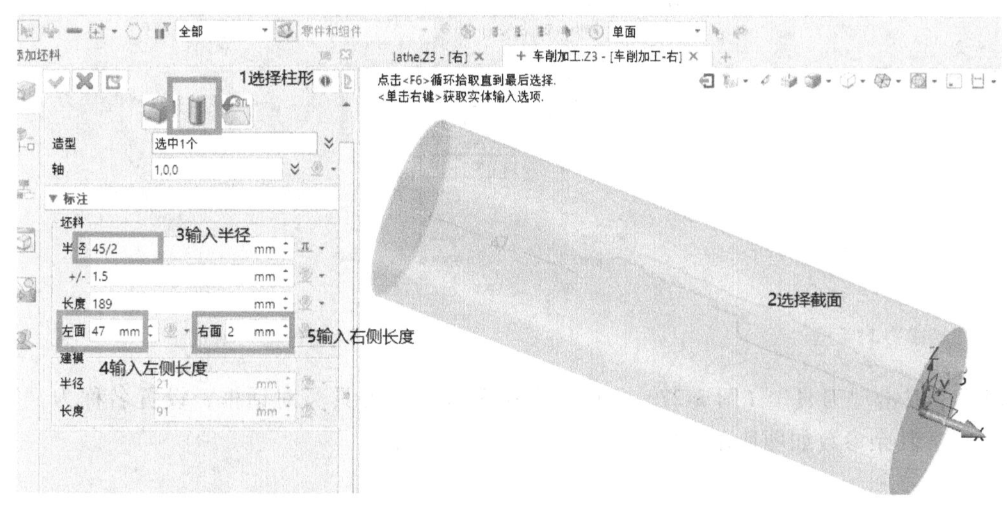

图 3-18 “添加坯料”对话框

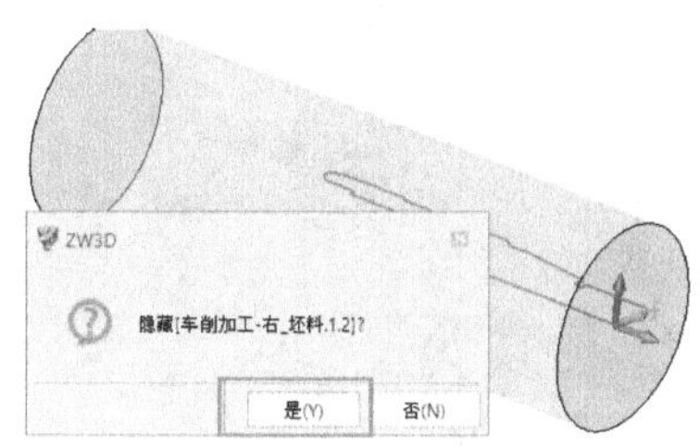

图 3-19 隐藏毛坯

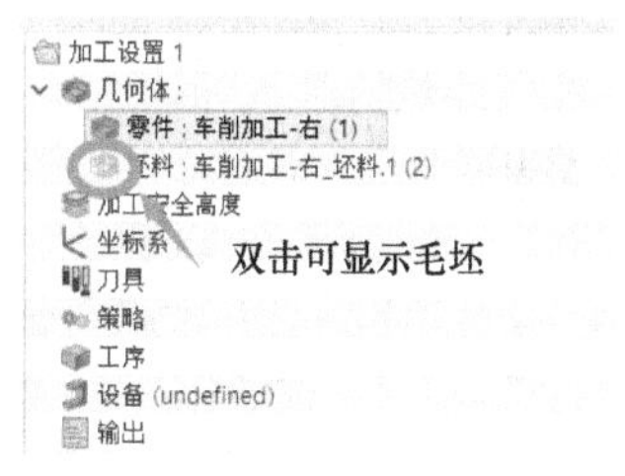

图 3-20 管理器

温馨提示：

在管理器中右击“工序”工序，在弹出的菜单中选择“插入工序”命令，弹出图 3-23 所示“工序类型”对话框，再选择端面也可以插入端面工序，但这种方法一般不会直接弹出“选择特征”对话框，需要在管理器中指定。

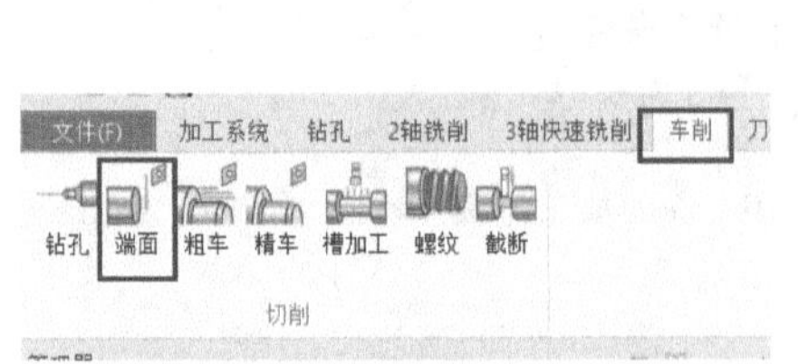

图 3-21 单击“端面”工具按钮

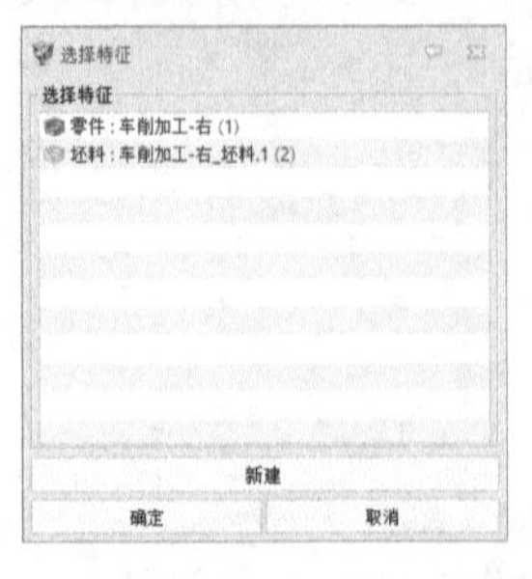

图 3-22 “选择特征”对话框

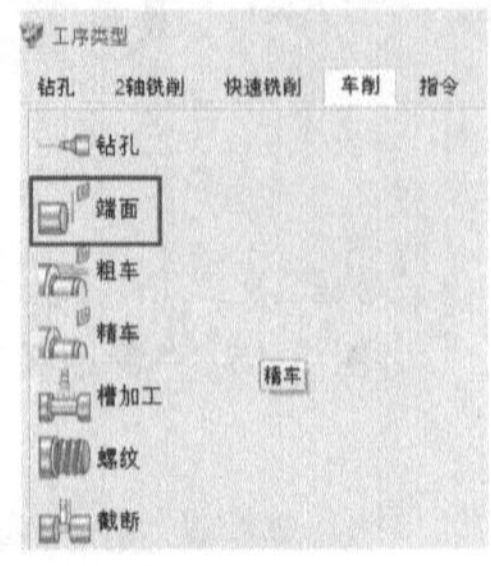

图 3-23 “工序类型”对话框

单击图 3-22 所示“选择特征”对话框中的“新建”按钮，在弹出的图 3-24 所示对话框中单击“轮廓”，再单击“确定”按钮，弹出“轮廓”对话框（图 3-25），按<Shift>键的同时在绘图区单击任意一条线，即可选中整个草图。单击“确认”按钮，弹出“轮廓特征”对话框，如图 3-26 所示，设置“开放/闭合”为“闭合”，并设置“逆向”为“是”以调整轮廓方向，图中所示为逆时针，完成后单击“确认”按钮。

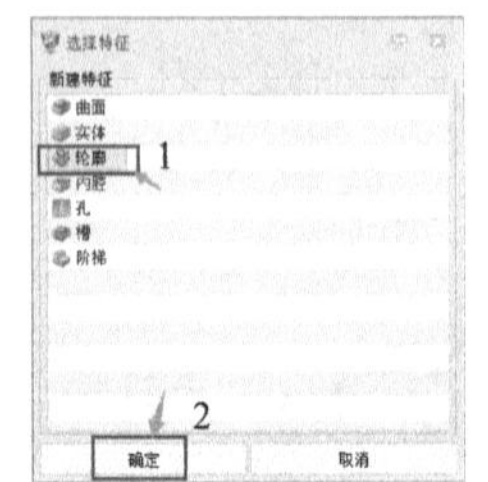

图 3-24 单击“轮廓”按钮

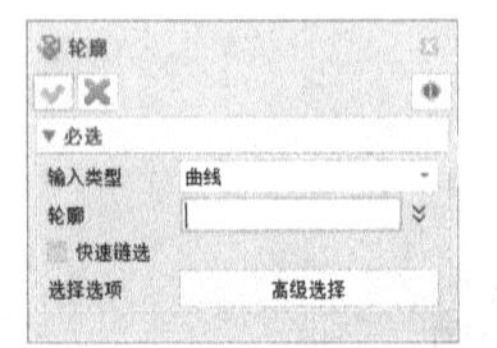

图 3-25 “轮廓”对话框

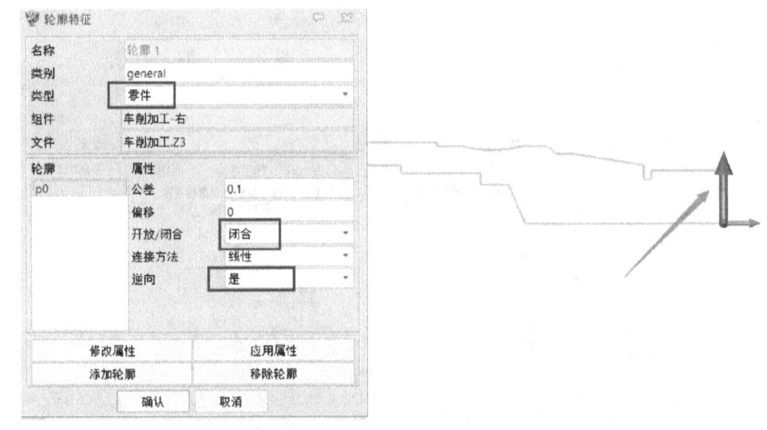

图 3-26 “轮廓特征”对话框

在管理器中双击“刀具”（图 3-27），弹出图 3-28 所示“刀具”对话框，设置名称为“T1”，“刀位号”为“1”，其余参数如图所示，完成后单击“确定”按钮。

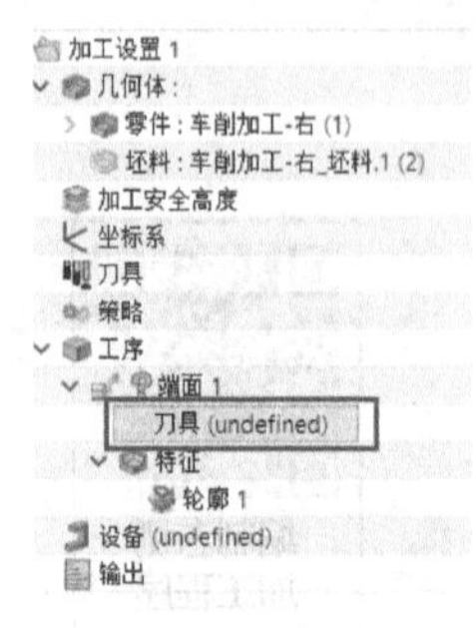

图 3-27 在管理器中双击“刀具”

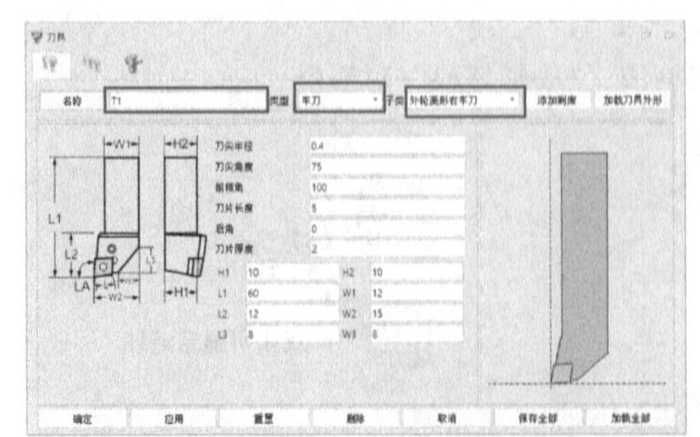

图 3-28 选择端面用车刀

在管理器中双击“端面 1”，弹出“端面 1”对话框，设置主轴速度、进给、切削数和切削步距参数，具体数值如图 3-29 和图 3-30 所示。

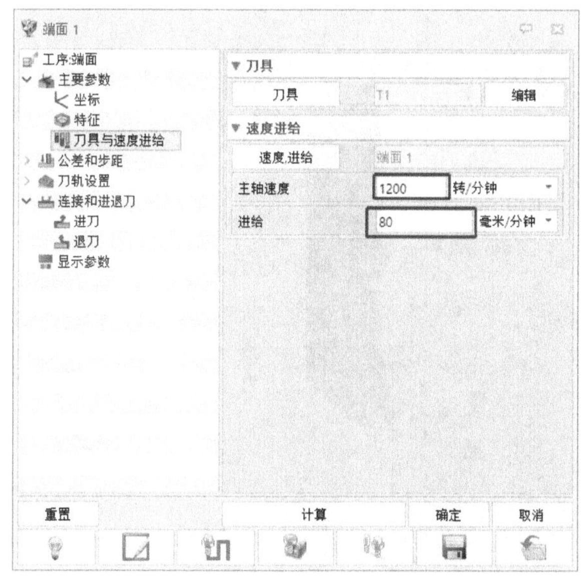

图 3-29 在“端面 1”对话框中设置主轴“速度”和“进给”

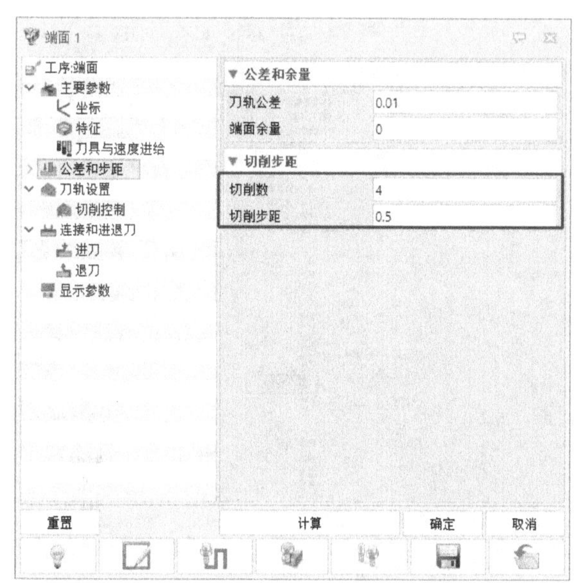

图 3-30 在“端面 1”对话框中设置“切削数”和“切削步距”数值

考虑到端面车削时受毛坯的影响，此时还要在特征中加入毛坯。可以双击图 3-27 中的“端面”工序下的“特征”，弹出如图 3-31 所示对话框，单击“坯料”，确定即可。双击“端面 1”下的“刀轨设置”，在弹出的对话框中单击“入刀点”按钮，在绘图区指定入刀点。单击“计算”按钮，计算后刀路如图 3-32 所示。

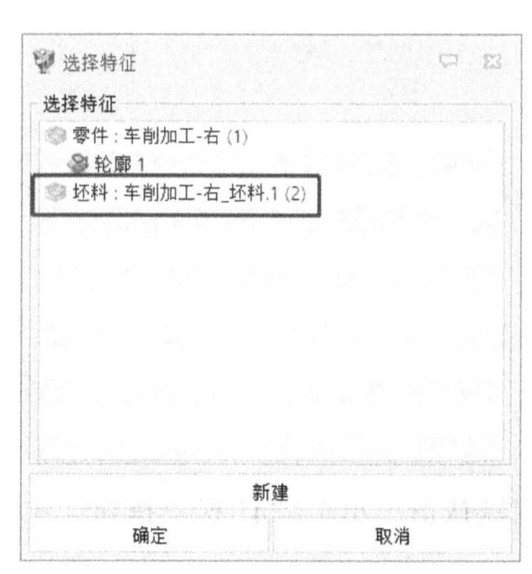

图 3-31 选择毛坯

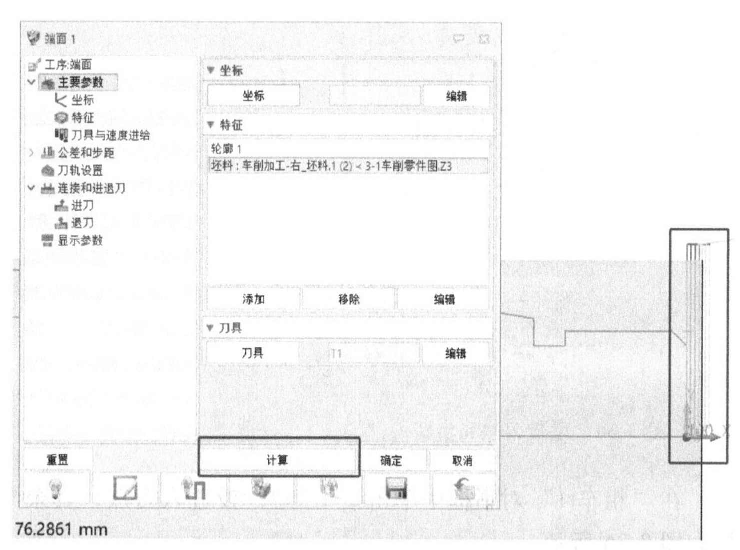

图 3-32 计算出最终刀路

最后进行刀路仿真。在管理器中右击“端面 1”，单击“输出”工具选项卡下的，“刀轨仿真”工具按钮，弹出“刀轨仿真”对话框，如图 3-33 所示，单击“播放”按钮 ▶ ，即可看到刀轨仿真的过程和结果。

3）粗车右侧外轮廓。单击“车削”工具选项卡下的“粗车”工具按钮，弹出“选择特征”对话框，单击“轮廓 1”，单击“确定”按钮。在管理器中双击“刀具（undefined）”，在弹出的“刀具列表”对话框中选择之前定义的“T1”即可。

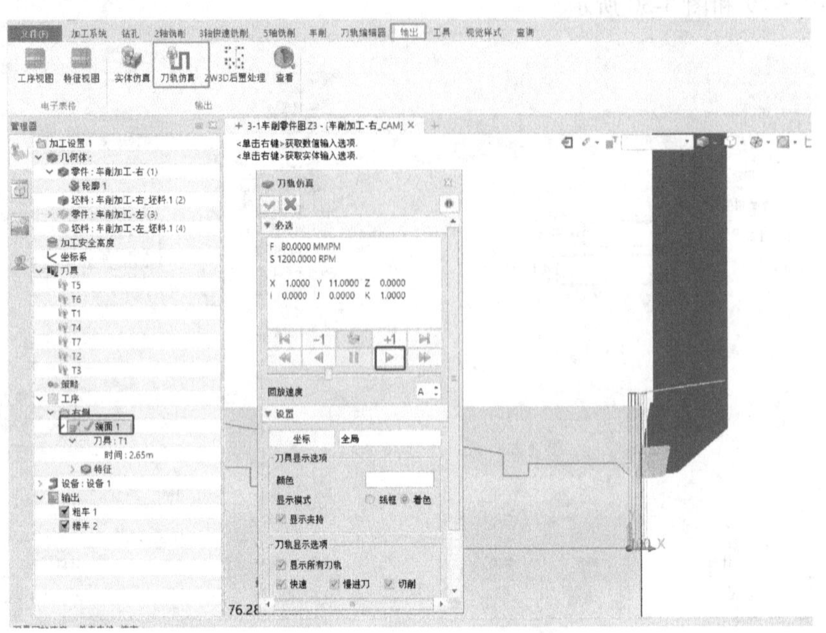

图 3-33 “刀轨仿真”对话框

在管理器中双击粗车 1，在“粗车 1”对话框中单击刀具与速度进给，设置“主轴速度”为“800”，“进给”为“200”，“轴向余量”为默认值，“径向余量”为“0.5”，“切削步距”为“1.5”，如图 3-34 所示。

在“粗车 1”对话框中单击限制参数，设置左右裁剪点，如图 3-35 所示。

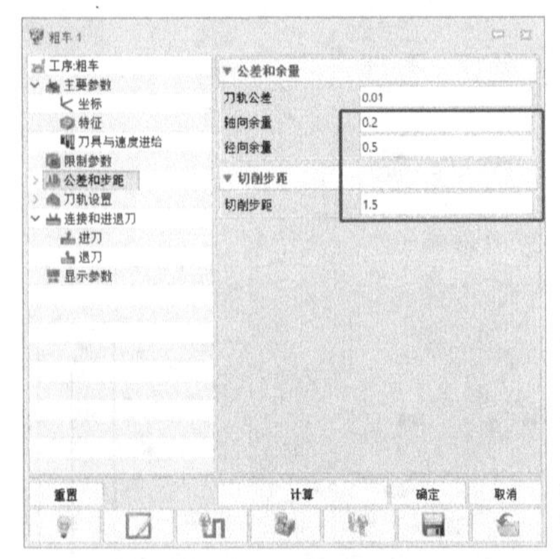

图 3-34 设置公差和步距

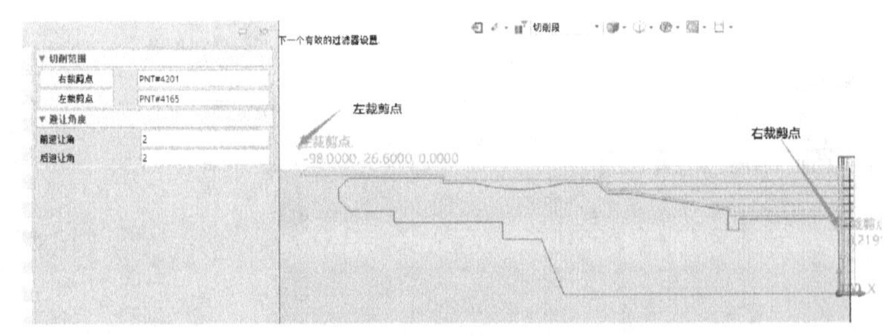

图 3-35 设置裁剪点

在“粗车 1”对话框中单击刀轨设置，设置入刀点，其余参数使用默认值，单击“计算”按钮，结果如图 3-36 所示。

单击工序，选择实体仿真，进行刀路实体模拟，结果如图 3-37 所示。

4）精车右侧外轮廓。单击“车削”工具选项卡下的“精车”工具按钮，在弹出的“选择特征”对话框中选择“轮廓 1”，完成后单击“确定”按钮。在管理器中选择“精车 1”下方的“刀具（undefined）”设置刀具，在“刀具列表”对话框中选择“T1”。在管理器中双击精车 1，在弹出的“精车 1”对话框中设置精车参数。单击刀具与速度进给，设置“主轴速度”为“1200”，“进给”为“120”；

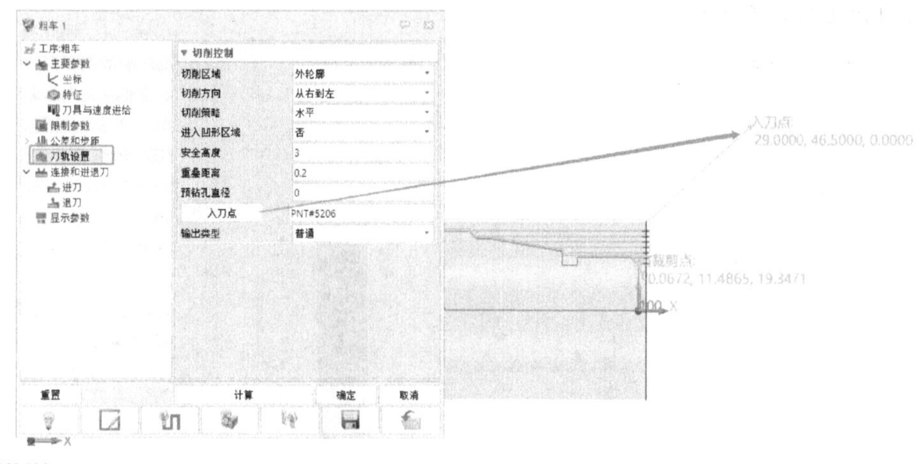

图 3-36 设置入刀点并计算刀路

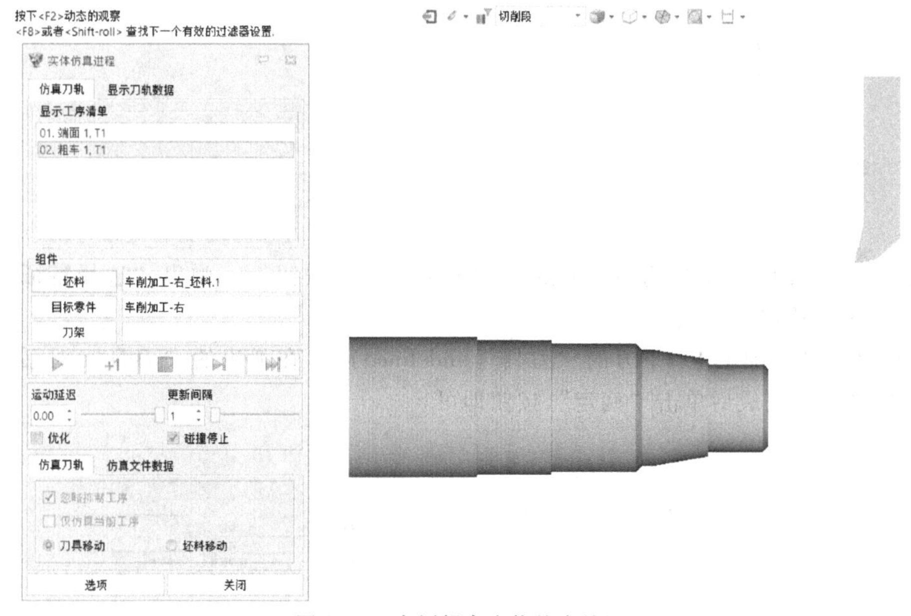

图 3-37 右侧粗车实体仿真结果

单击限制参数，设置左裁剪点与粗加工相同，右裁剪点为（0，11.5，0），入刀点可参考图 3-38 所示位置，其余参数使用默认值，单击“计算”按钮可得到刀路。

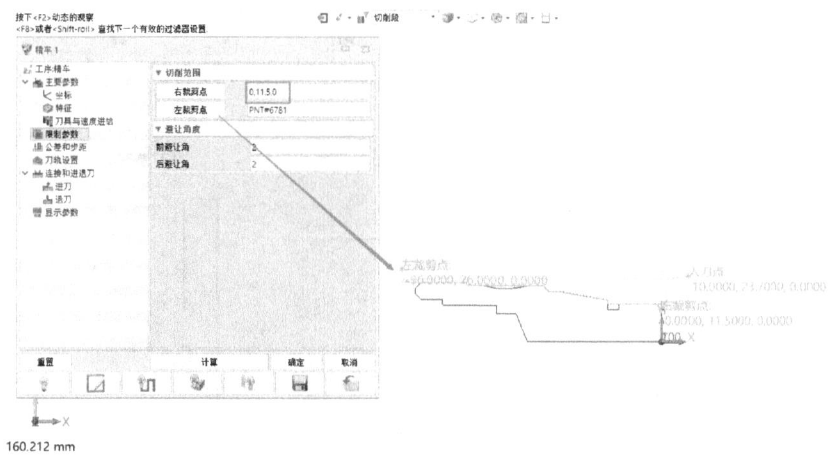

图 3-38 设置“限制参数”

精加工的刀轨仿真如图 3-39 所示。

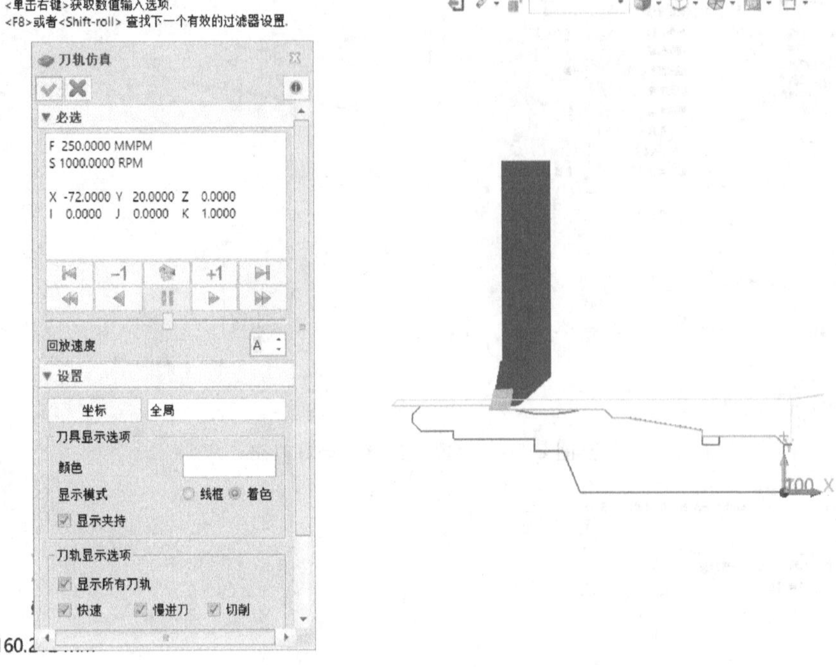

图 3-39　精加工刀轨仿真

5）车槽。单击“车削”工具选项卡下的“槽加工”工具按钮，弹出“选择特征”对话框，选择“轮廓 1”，单击“确定”按钮。

在管理器中选择“槽加工 1”下方的“刀具（undefined）”，在弹出的“刀具”对话框中设置刀具参数，如图 3-40 所示。完成后单击“确定”按钮即可。

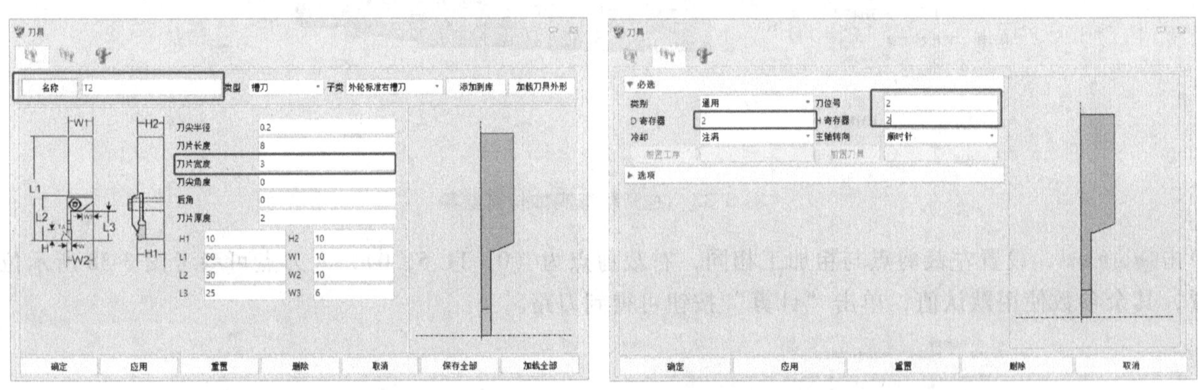

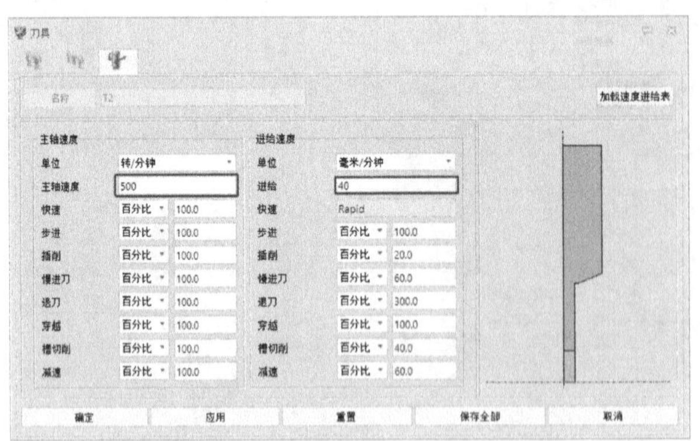

图 3-40　切槽刀参数设置

在管理器中双击“槽加工 1”，在弹出的“槽加工 1”对话框中设置参数，单击“限制参数”，设置起始点和终点，如图 3-41 所示。单击“刀轨设置”，设置入刀点，其余参数使用默认值。单击“计算”按钮可得到刀路。

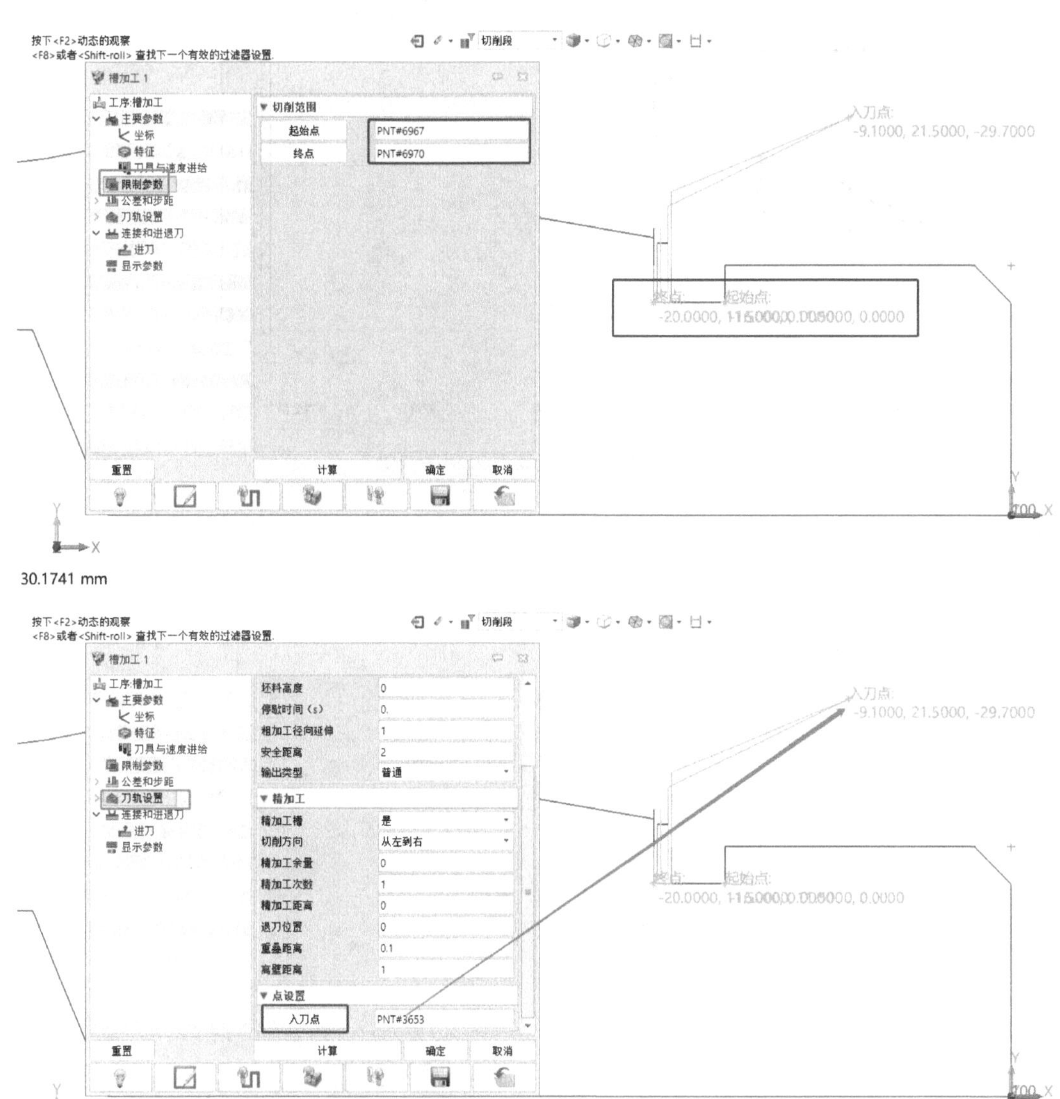

图 3-41 对“限制参数”和“刀轨设置”中的参数进行设置

6）车螺纹。单击“车削”工具选项卡下的“螺纹”按钮，在弹出的“选择特征”对话框中选择“轮廓 1”，单击“确定”按钮后弹出“刀具”对话框，按图 3-42 所示内容设置相关参数。

在管理器中双击螺纹 1，弹出“螺纹 1”对话框。

在“螺纹 1”对话框中单击刀具与速度进给，设置“主轴速度”为“800”。

在“螺纹 1”对话框中单击限制参数，单击“位置”按钮，选择螺纹线上的任意位置，设置“起始距离”为“0”，“螺纹长度”为“14”，如图 3-43 所示。

在“螺纹 1”对话框中单击公差和步距，设置“螺纹深度”为“2×0.866”，“螺纹类型”为“简单循环”，其余参数均为默认值即可，如图 3-44 所示。

在“螺纹 1”对话框中单击刀轨设置，设置“螺距”为“2”，“精加工次数”为“2”，单击“入

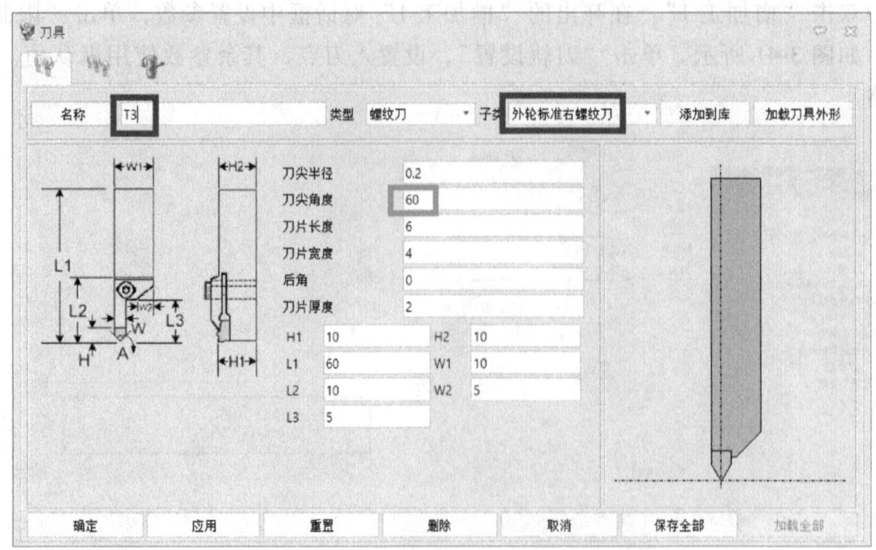

图 3-42　设置螺纹车刀相关参数

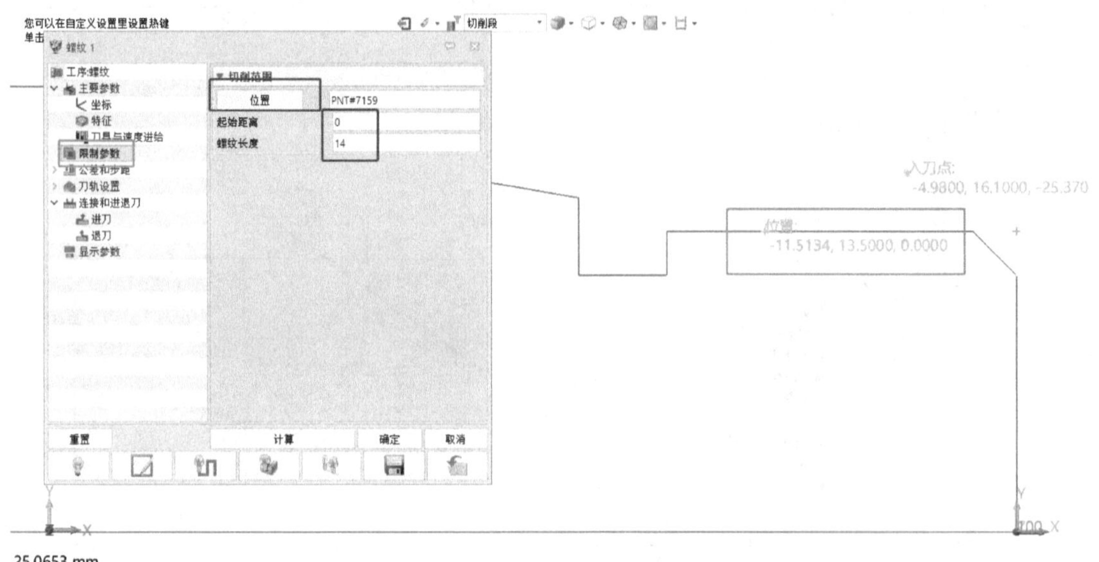

图 3-43　设置螺纹“限制参数”

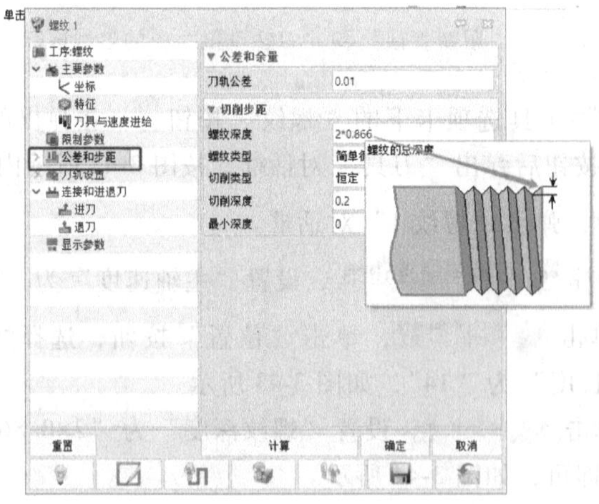

图 3-44　设置螺纹“公差和步距”

刀点”按钮，在绘图区选择入刀点，如图 3-45 所示。

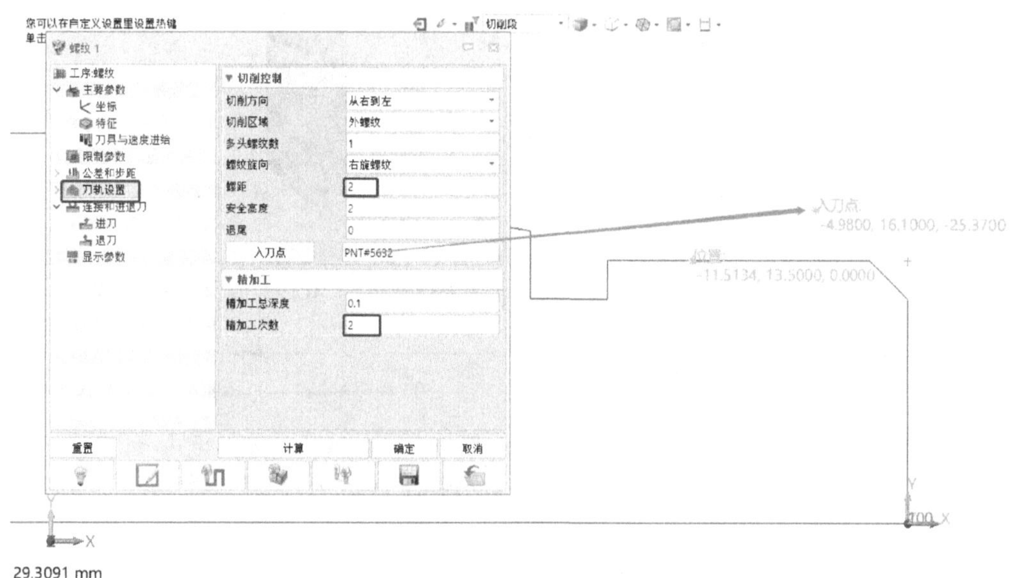

图 3-45　螺纹“刀轨设置”

在“螺纹 1”对话框中单击 连接和进退刀，设置进刀“延伸距离”为“6”，即刀具进行螺纹切削的起点；设置退刀“延伸距离”为“2”，即确定螺纹切削的终点，如图 3-46 所示。最后单击“计算”按钮生成刀路。

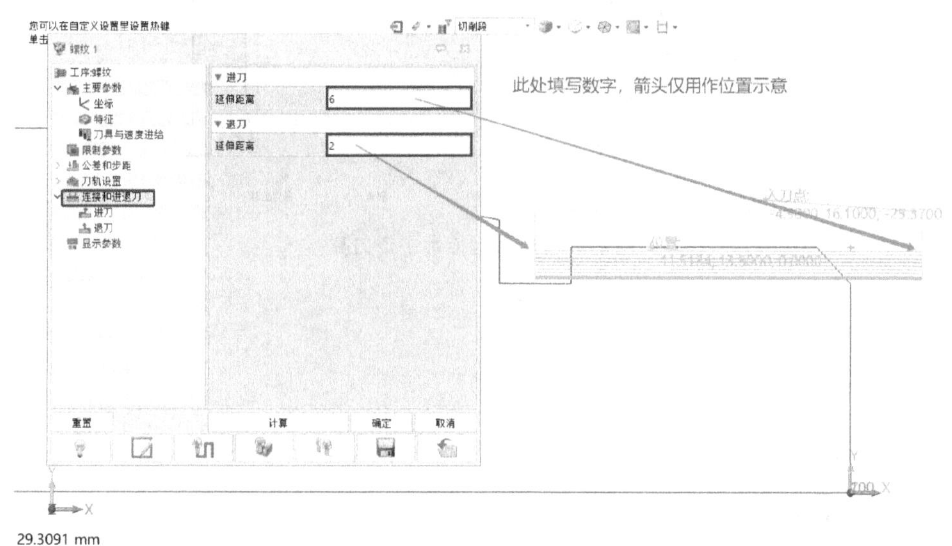

图 3-46　连接和进退刀

螺纹加工刀轨仿真结果如图 3-47 所示。

7）粗车型面。在管理器中右击已有工序 粗车 1，在弹出的菜单中选择“重复”命令，生成“粗车 2”工序。右击 刀具 : T1，在弹出的菜单中选择“管理”命令，在“刀具”对话框中设置新刀具参数，如图 3-48 所示，完成后单击“确定”按钮。

在管理器中双击 粗车 2，在弹出的“粗车 2”对话框中修改“限制参数”中的“右裁剪点”“左裁剪点”，如图 3-49 所示。单击 刀轨设置，设置“进入凹形区域”为“是”，单击“计算”按钮生成刀路。

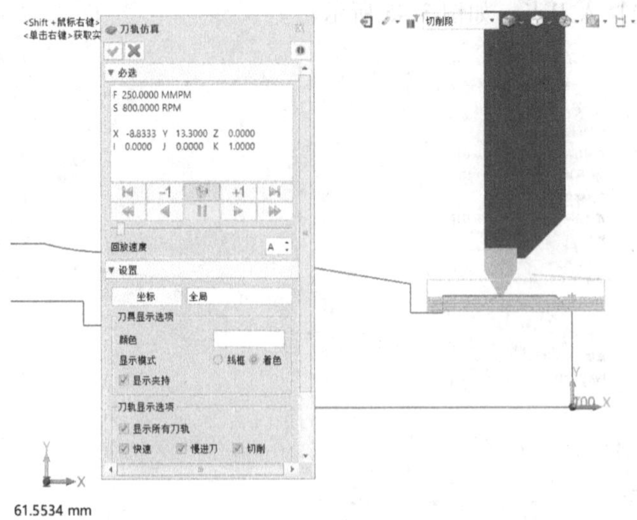

图 3-47 螺纹加工刀轨仿真结果

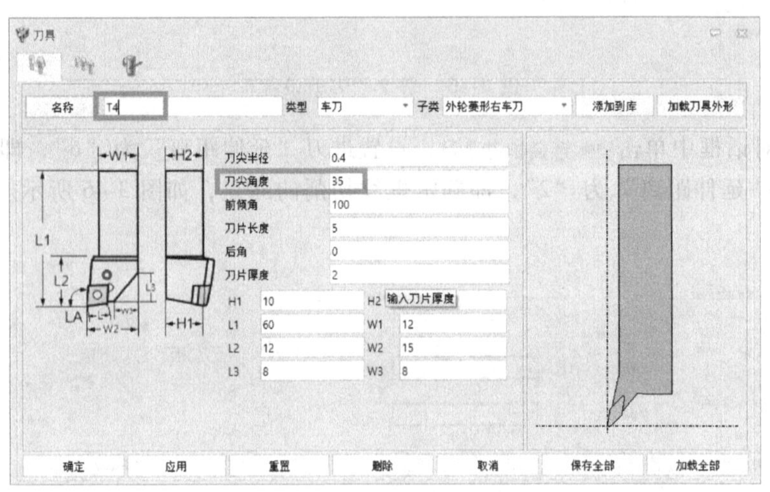

图 3-48 设置型面加工用刀具

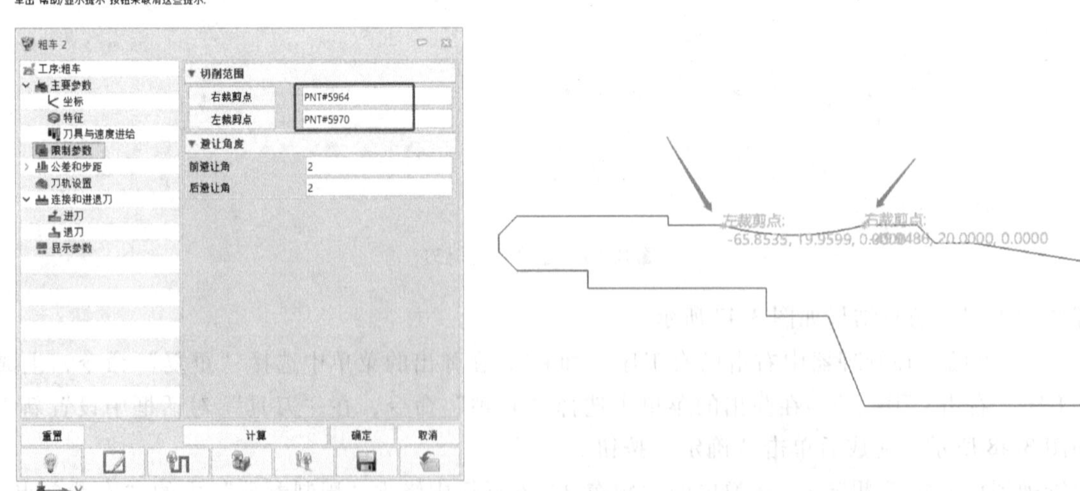

图 3-49 修改限制参数

8）精车型面。在管理器中右击 精车1，在弹出的菜单中选择“重复”命令，生成“精车 2”工序。右击 刀具:T1，在弹出的菜单中选择“移除”命令。双击管理器中“精车 2”下面的“刀具”，在弹出的“刀具列表”对话框中选择“T4”刀具即可。

与前面粗车型面的步骤相同，在“精车 2”对话框中设置“右裁剪点”“左裁剪点”“进入凹形区域”等参数，并按图 3-50 所示进行参数设置，完成后单击“计算”按钮，生成刀路。

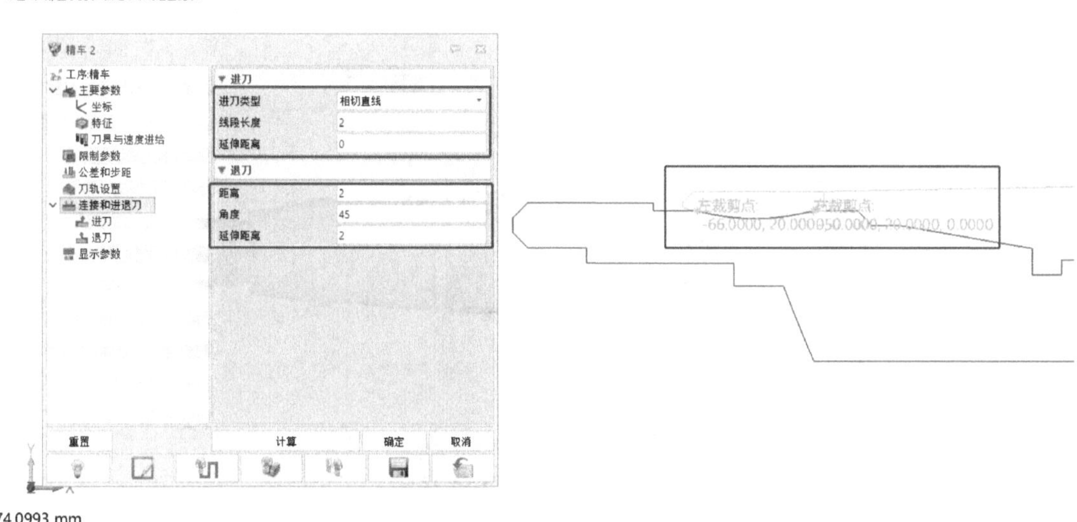

图 3-50 设置连接和进退刀参数

9）切断和倒角。单击“车削”工具选项卡下的“截断”工具按钮，在管理器中选择“轮廓 1”。为方便切断，须将 T2 车刀“L3”长度修改为“25”，可双击管理器中刀具列表中的 T2 进行设置。完成修改后，双击 刀具 (undefined)，在弹出的“刀具列表”对话框中选择“T2”刀具。需要注意的是，此时“槽加工 1”工序需要重新计算刀路。

在管理器中双击 截断 1，弹出“截断 1”对话框，设置主轴转速与进给速度与车槽时相同，按图 3-51 所示进行参数设置，特别注意切断点的设置。最后单击“计算”按钮生成刀路。

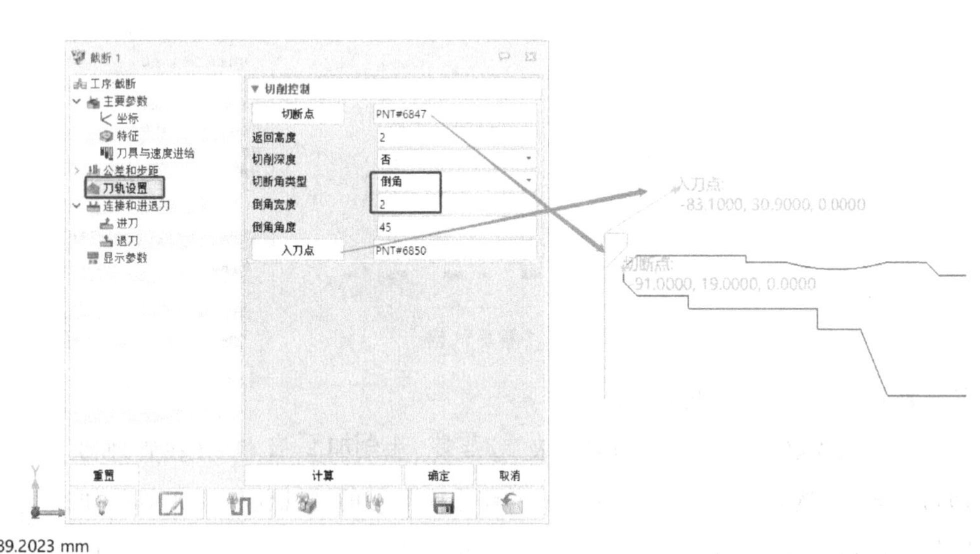

图 3-51 切断时刀路的参数设置

10）刀路模拟。在管理器中右击 工序，在弹出的菜单中选择“实体仿真”命令，弹出“实体仿真进程”对话框，单击“播放”按钮 ，得到实体加工仿真结果，如图 3-52 所示。

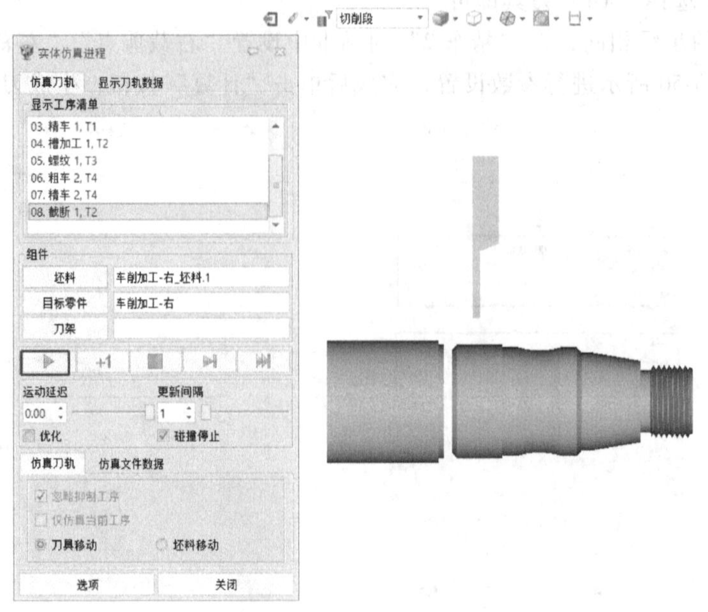

图 3-52　实体加工仿真结果

11）生成数控程序代码。双击管理器中的“ 设备 (undefined)”，在“设备管理器”对话框中设置“后置处理器配置”为“ZW_Turning_Fanuc”，完成后单击“确定”按钮。

在管理器中右击任意一道工序，在弹出的菜单中选择“输出”→“输出所有 NC”命令，如图 3-53 所示，此时系统会生成程序代码，如图 3-54 所示。

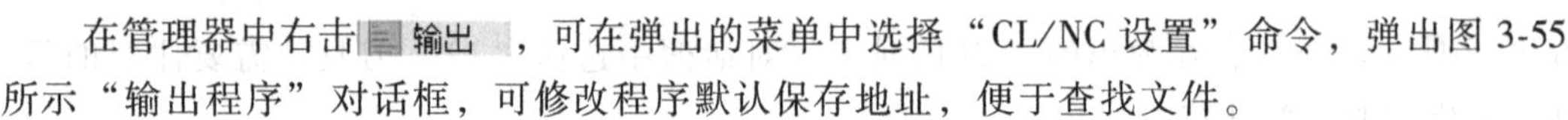

在管理器中右击 输出 ，可在弹出的菜单中选择“CL/NC 设置”命令，弹出图 3-55 所示“输出程序”对话框，可修改程序默认保存地址，便于查找文件。

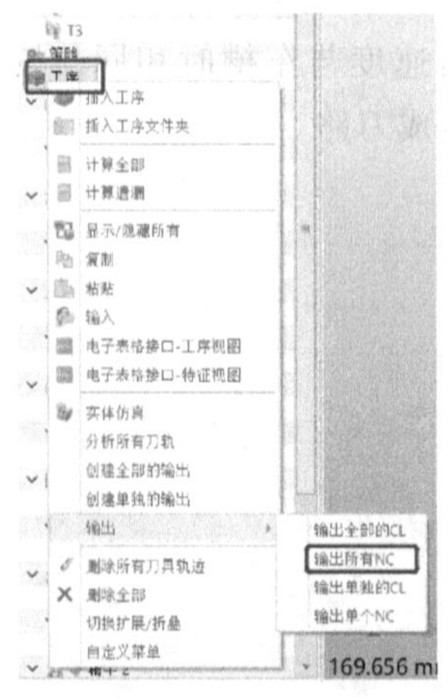

图 3-53　输出程序

图 3-54　粗车 1 程序代码

图 3-55　“输出程序”对话框

（3）车削加工工序编制（左侧部分）

1）加工准备。首先隐藏已经创建的刀路及 零件：车削加工-右（1）（在管理器中双击 即可隐藏），然后单击“加工系统”工具选项卡下的“几何体”工具按钮 ，在弹出的“实体浏览器”对话框（图 3-56）中的“造型”选项区域选择“车削加工-左”，完成后单击“确认”按钮。

单击“加工系统”工具选项卡下的“添加坯料”按钮添加坯料，在“添加坯料”对话框中设置类型为“圆柱体”坯料，“造型”选择“车削加工-左”的草图，其他参数使用默认值，确定后隐藏毛坯。

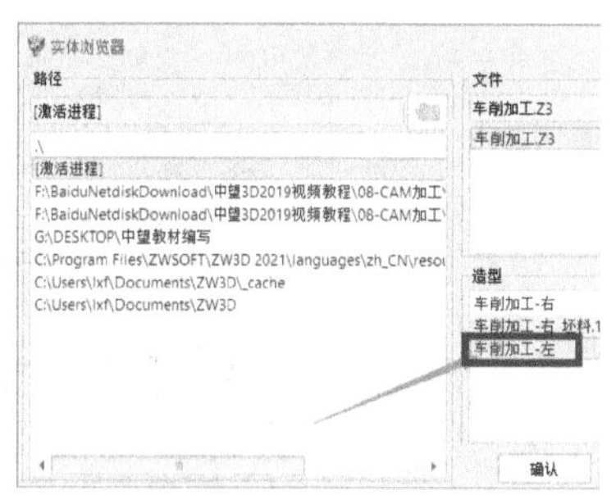

图 3-56 “实体浏览器”对话框

在管理器中双击刀具，弹出“刀具”对话框，如图 3-57 所示，按图中所示内容设置参数，添加中心钻；如图 3-58 所示，添加钻头；如图 3-59 所示，添加内孔车刀。

2）钻中心孔。在管理器中右击工序，在弹出的菜单中选择“插入工序文件夹”命令，将文件夹重命名为“右侧”，再将前面创建的所有工序移动到“右侧”工序文件夹中；按照同样的方法新建“左侧”工序文件夹，将后续创建的工序都放在此文件夹中。

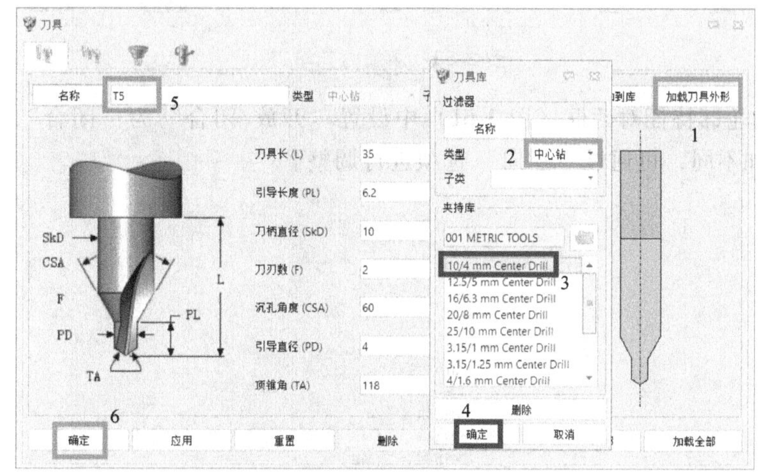

图 3-57 添加中心钻

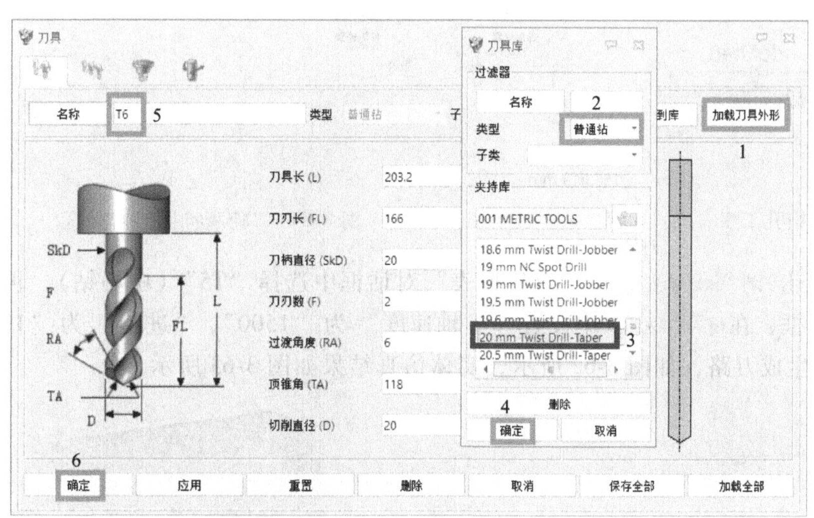

图 3-58 添加钻头

在管理器中右击“左侧”文件夹，在弹出的菜单中选择“插入工序”命令。单击”车削”工具选项卡下的“钻孔”工具按钮钻孔，创建“钻孔 1”工序，如图 3-60 所示。在管理器中双击特征 (undefined)，弹出“选择特征”对话框，单击“新建”按钮，选择“轮廓”，单击“确定”按钮。按<Shift>键的同时在绘图区选择草图中任一线段，即可选中全部草图，单击“确认”按钮完成轮廓

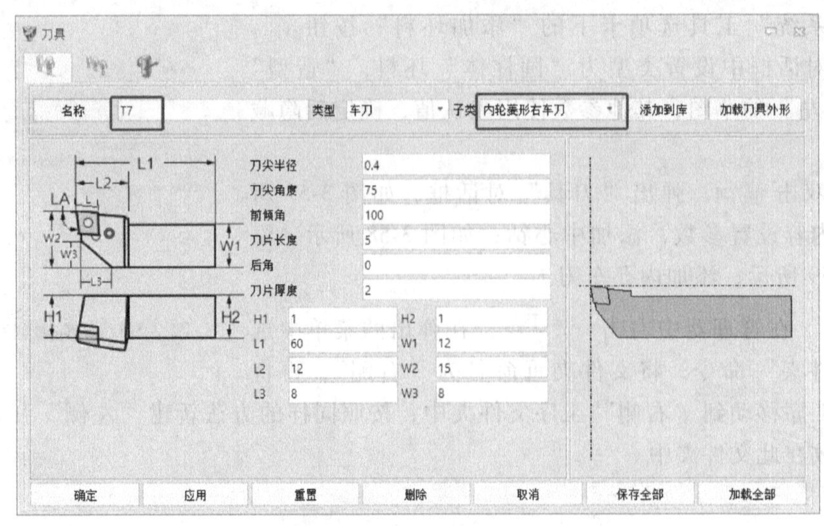

图 3-59　添加内孔车刀

的选择，并在弹出的轮廓特征对话框（图 3-61）中设置“开放/闭合”为“闭合”，观察轮廓方向是否如图 3-61 中所示，如不同，可通过“逆向”选项进行调整。

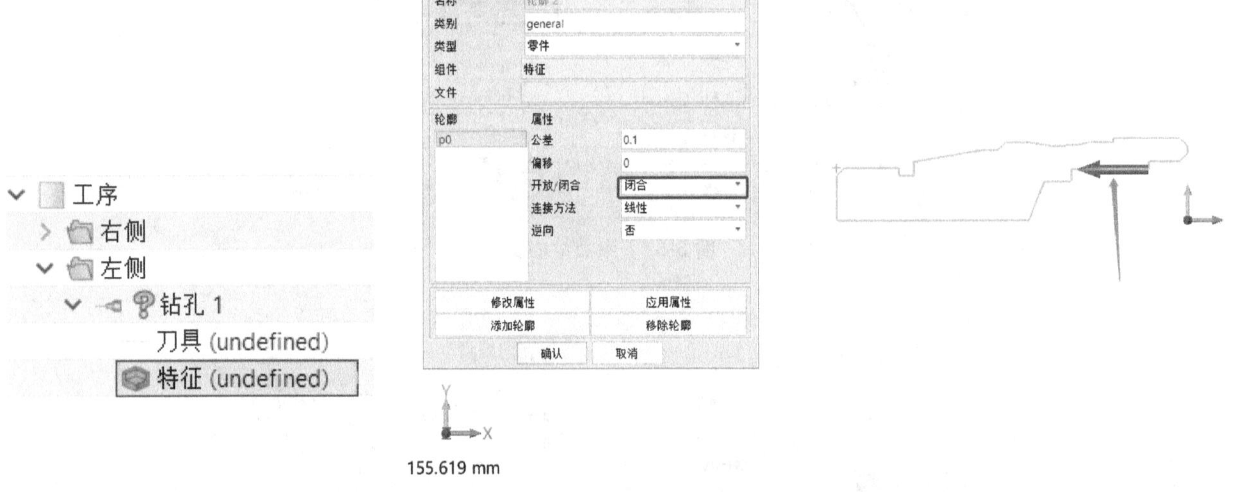

图 3-60　创建钻孔工序　　　　图 3-61　“轮廓特征”对话框

在管理器中双击刀具 (undefined)，在“刀具列表”对话框中选择“T5”（中心钻），再双击钻孔 1，弹出“钻孔 1”对话框，在刀具与速度进给中设置“主轴速度”为“1500”，“进给”为“100”，完成后单击“计算”按钮即可生成刀路，如图 3-62 所示，实体仿真结果如图 3-63 所示。

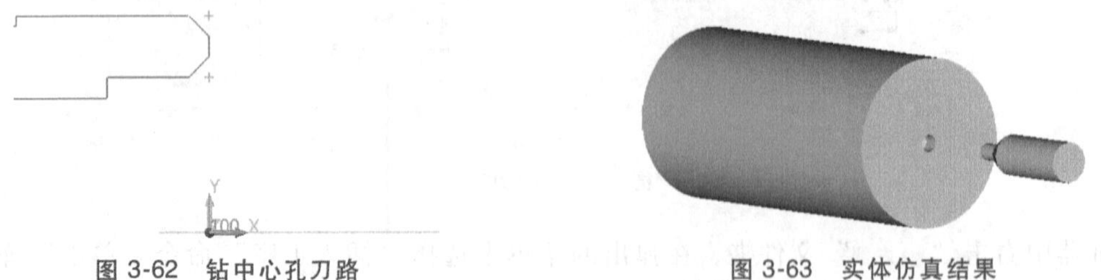

图 3-62　钻中心孔刀路　　　　图 3-63　实体仿真结果

3）钻孔。在管理器中右击左侧，在弹出的菜单中选择“插入工序”命令。单击“车削”工具选项卡下的“钻孔”工具按钮钻孔，创建“钻孔 2”工序，在弹出的“选择特征”对话框中选择“轮廓 2”，单击“确定”按钮。在管理器中双击“钻孔 2”下的“刀具”，在弹出的“刀具列表”对话框中选择“T6”。

在管理器中双击钻孔 2，弹出“钻孔 2”对话框，在刀具与速度进给中设置“主轴速度”为“500”，“进给”为“80”，并按图 3-64 所示参数设置深度和余量，其余参数使用默认值。刀路仿真如图 3-65 所示。

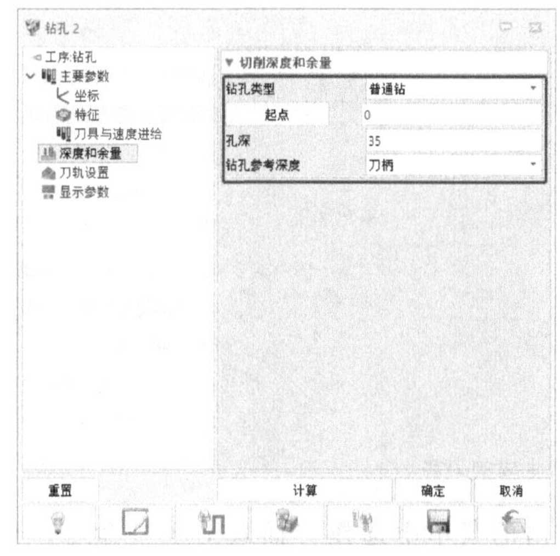

图 3-64 钻孔参数

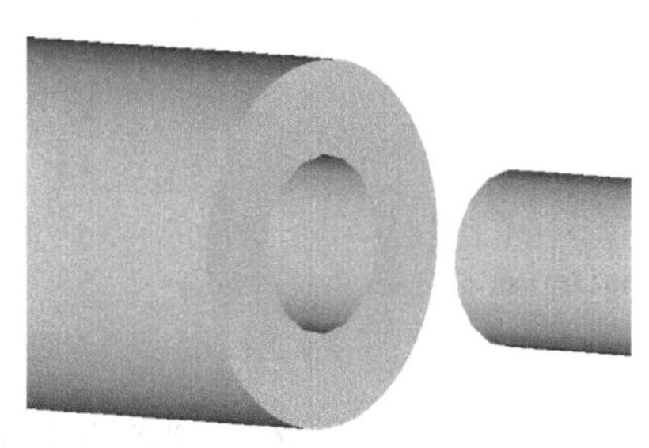

图 3-65 刀路仿真

4）粗车内台阶孔。在管理器中右击左侧，在弹出的菜单中选择“插入工序”命令，在弹出的“工序类型”对话框中选择“粗车”，双击管理器中的特征 (undefined)，在弹出的“选择特征”对话框中选择“轮廓 2”，单击“确定”按钮。在管理器中双击“粗车 3”下的“刀具”，在弹出的“刀具列表”对话框中选择“T7”。双击粗车 3，弹出“粗车 3”对话框，在“刀具与进给速度”中，设置“主轴速度”为“800”，“进给”为“200”；在“限制参数”中，对图 3-66 所示参数进行设置，在“公差和步距”中设置“径向余量”为“0.5”，“切削步距”为“1.2”，其余参数使用默认值；在“刀轨设置”中，对图 3-67 所示参数进行设置，完成后单击“计算”按钮得到刀路。

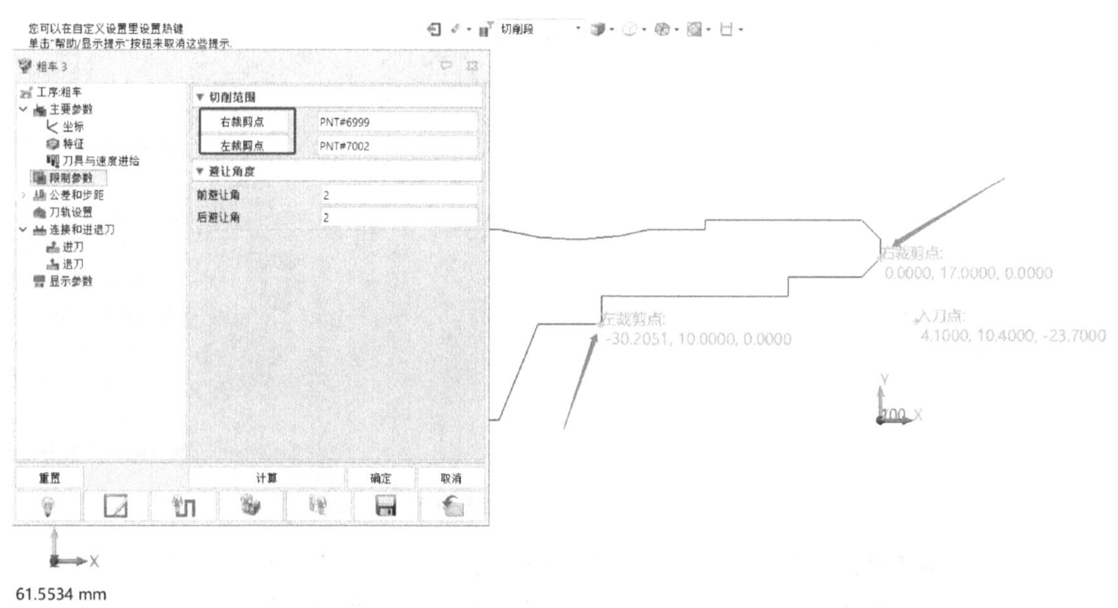

图 3-66 设置限制参数

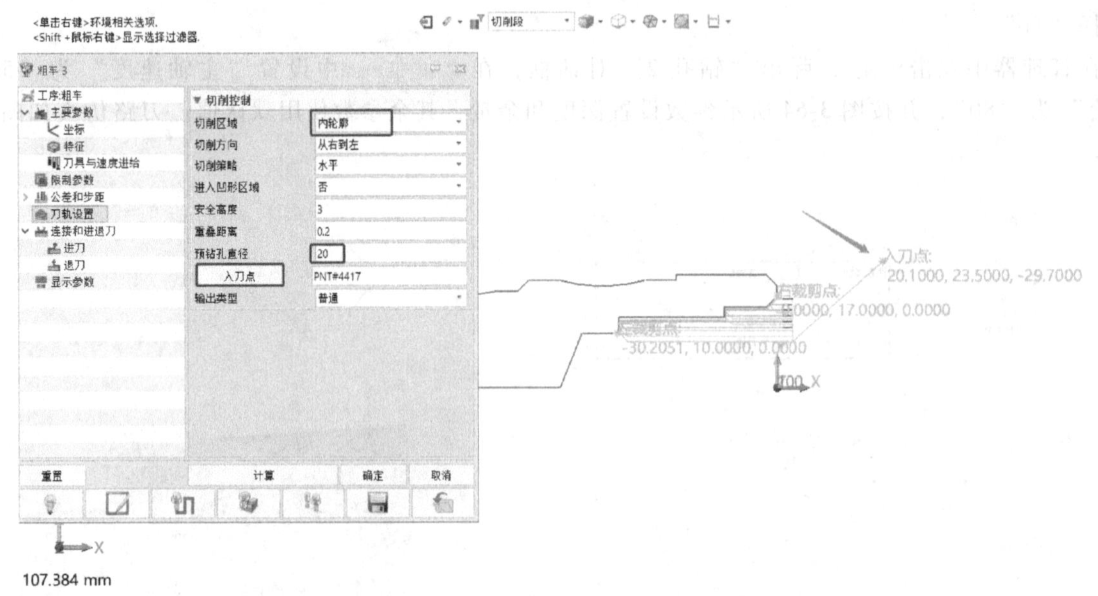

图 3-67　刀轨设置和生成的刀路

5）精车内台阶孔。在管理器中右击左侧，在弹出的菜单中选择“插入工序”命令，在“工序类型”对话框中选择“精车”，双击管理器中“精车 3”下的“特征”，在弹出的“选择特征”对话框中选择“轮廓 2”，单击“确定”按钮。在管理器中双击“精车 3”下的“刀具”，在弹出的“刀具列表”对话框中选择“T7”。在管理器中双击“精车 3”弹出“精车 3”对话框，设置“主轴速度”为“1200”，“进给”为“120”，设置“刀轨设置”中的切削参数如图 3-68 所示。

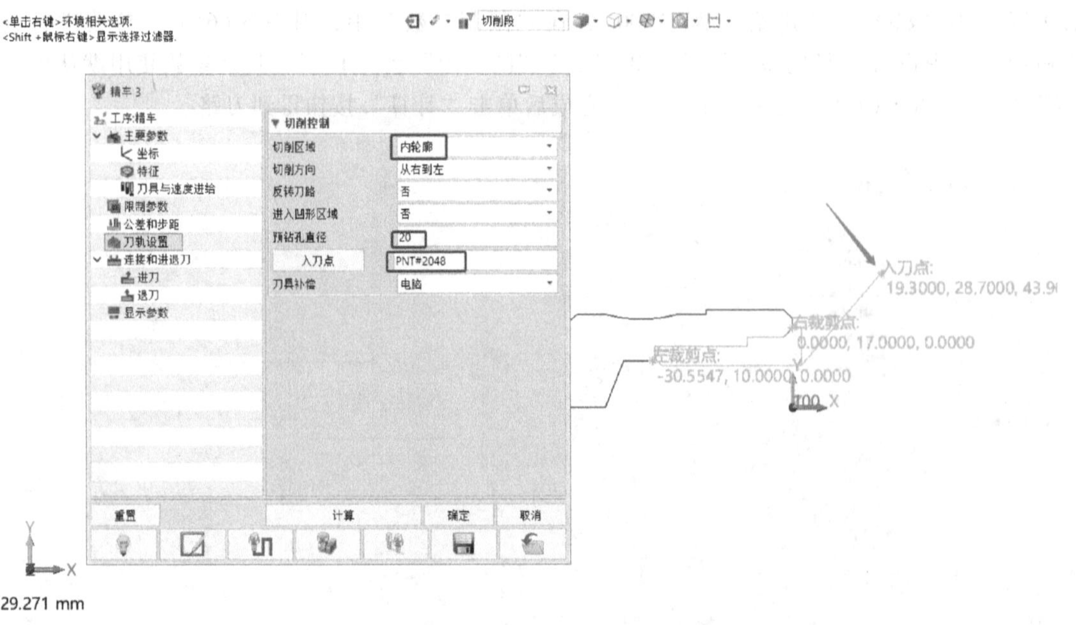

图 3-68　精车刀轨设置及刀路

6）刀路模拟。在管理器右击左侧，在弹出的菜单中选择“实体仿真”，仿真结果如图 3-69 所示。

7）生成 NC 代码。此前已经对“设备”进行了设置，此处只需在管理器中右击任一工序，如“粗车 3”，在弹出的菜单中选择“输出”→“输出所有 NC”命令，生成程序代码如图 3-70 所示。

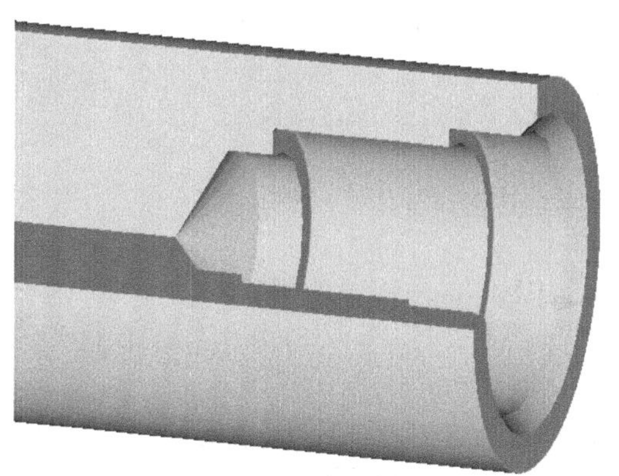

图 3-69 实体仿真结果

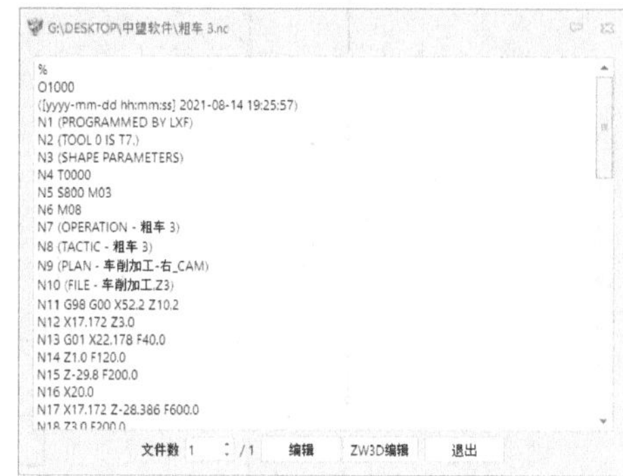

图 3-70 粗车 3 的程序代码

课后拓展训练

1）编制图 3-71 所示零件的加工工艺卡，利用中望 3D 2022 软件完成自动编程，要求一次性装夹完成。

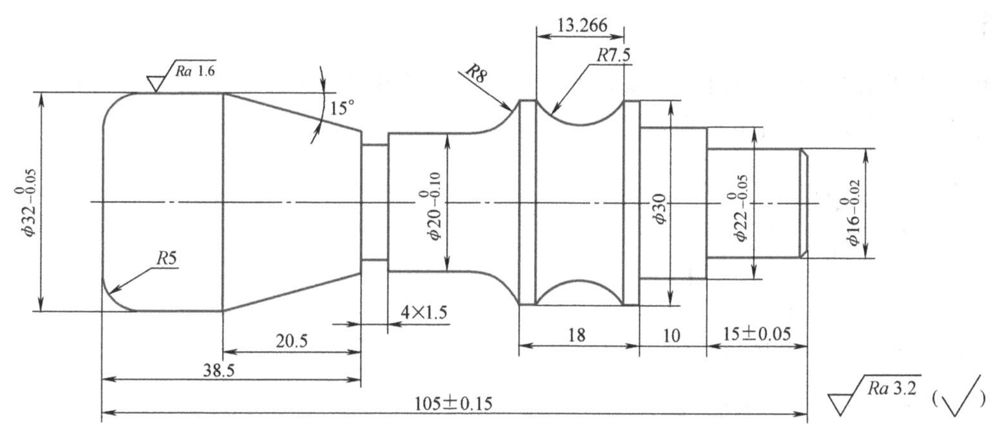

图 3-71 拓展任务一

2）编制图 3-72 所示零件的加工工艺卡，利用中望 3D 2022 软件完成自动编程。

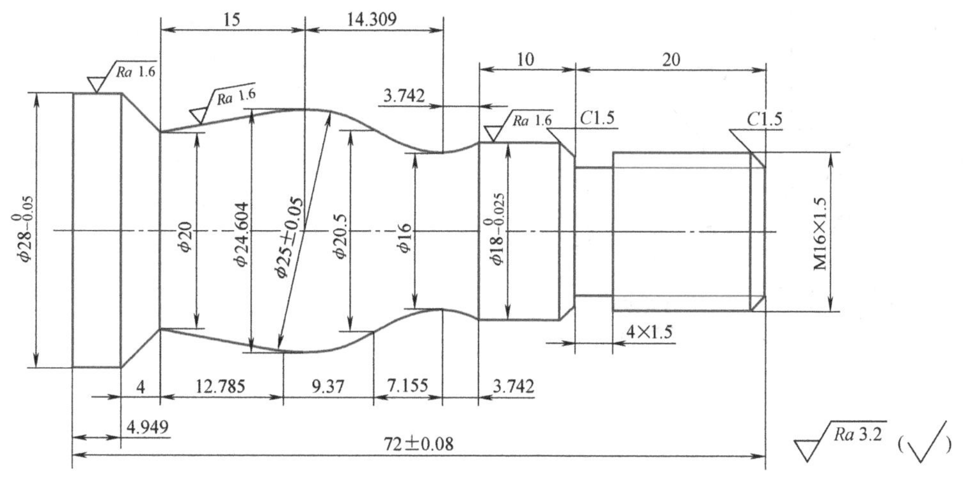

图 3-72 拓展任务二

3）编制图 3-73 所示零件的加工工艺卡，利用中望 3D 2022 软件完成自动编程。

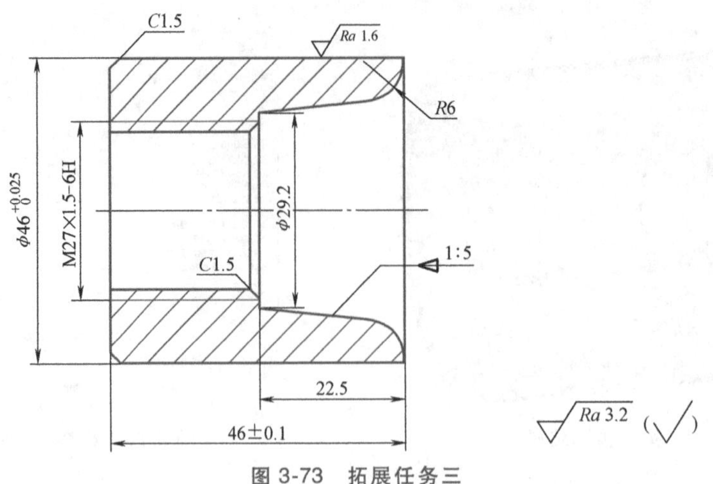

图 3-73　拓展任务三

学习任务 3.2　铣削加工自动编程

任务描述

制订图 3-74 所示零件的加工工艺，编写加工工序卡，在中望 3D 2022 软件上进行自动编程并生成数控程序代码，模型效果如图 3-75 所示。

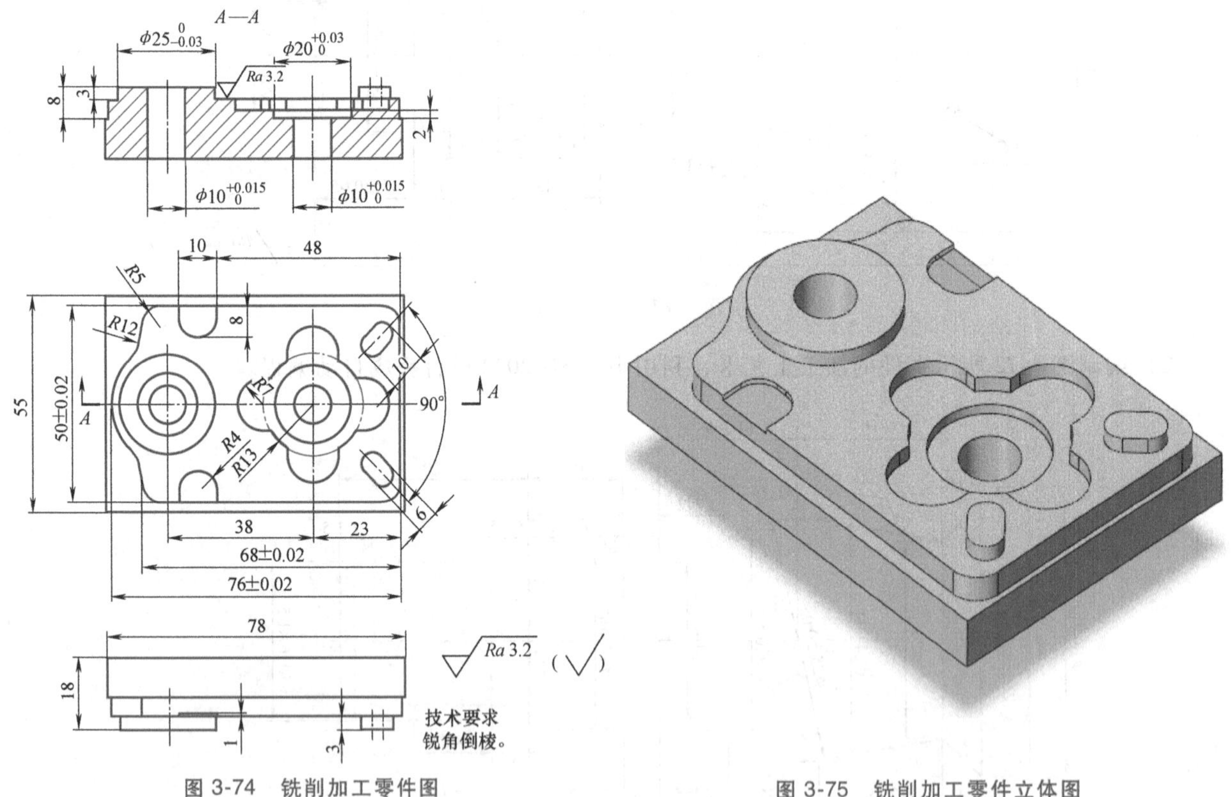

图 3-74　铣削加工零件图

图 3-75　铣削加工零件立体图

知识点

铣削加工工艺分析及工序卡的制订。

铣削加工环境的设置。

铣削程序编制及仿真加工。

铣削加工后处理及数控程序输出。

技能点

能进行铣削加工准备工作。

能正确设置铣削加工坯料模型与工件坐标系。

能正确设置加工轮廓、平面、实体等特征的刀具及刀具参数。

能正确设置轨迹参数并生成刀具轨迹。

能正确对铣削加工进行后处理，生成铣削加工程序。

素养目标

培养学员根据零件图样要求，运用数控铣削加工工艺知识制定加工工艺流程，合理使用中望3D软件CAM功能编制加工程序，鼓励学员善于思考、求真务实的职业素养。

课前预习

1. 管理器介绍

与车削加工方法相同，在“造型”环境下，单击绘图区上方的“加工方案”按钮，即可进入加工方案，其管理器界面如图3-76所示。

温馨提示：

加工方案管理器结构树是以逻辑结构显示的，最好自上而下运行该结构树，因为结构树的低层部分（如刀具）通常需要参考结构树的高层部分（如几何体）。

1）几何体：用于管理包括要加工的CAM组件与特征。例如加工零件、毛坯、轮廓等，也可用于限制刀路工序。

2）加工安全高度：用于定义默认加工系统XY坐标的默认安全高度、进刀和退刀距离。

3）坐标系：用于创建和修改备选CAM坐标系（即基准平面），每一个坐标均可赋予进刀、退刀的安全高度。

4）刀具：用于新建和管理刀具。

5）策略：用于智能定义2.5轴铣削、2.5轴孔切削和3轴铣削工序。

6）工序：用于管理加工系统的所有刀路工序。

7）设备(undefined)：用于定义数控机床的信息，包括机器的选择、后处理的选择等。

8）输出：用于将刀路输出成G代码指令程序。

图3-76　管理器

2. 加工准备

（1）创建加工零件及毛坯

1）创建加工零件。创建加工零件并进入加工方案有两种方式：一种方式是通过建模环境进入加工方案环境，即单击“加工方案”按钮进入加工方案环境，此时会将建模环境下的所有零件作为加工零件；另一种方式是在加工方案环境下单击“几何体”按钮几何体添加加工零件，在弹出的“实体浏览器”对话框中，找到需要加工的零件，单击“确认”按钮即可完成零件的添加，如图3-77所示。

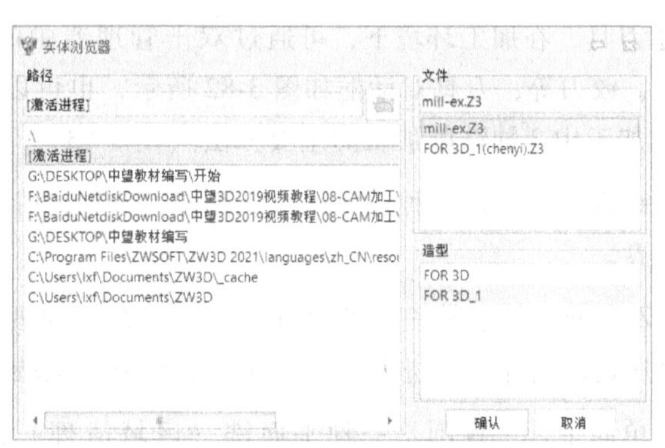

图3-77　“实体浏览器”对话框

2）创建毛坯。在加工环境下，单击“添加坯料”按钮添加坯料，弹出“添

加坯料”对话框，如图 3-78 所示，有三种方式添加毛坯，分别是六面体、圆柱体和自己创建的三维模型（此模型须转成 stl 格式）。添加坯料后软件会提示是否隐藏，可以选择隐藏，需要显示隐藏的毛坯时，可双击坯料前的图标显示坯料。

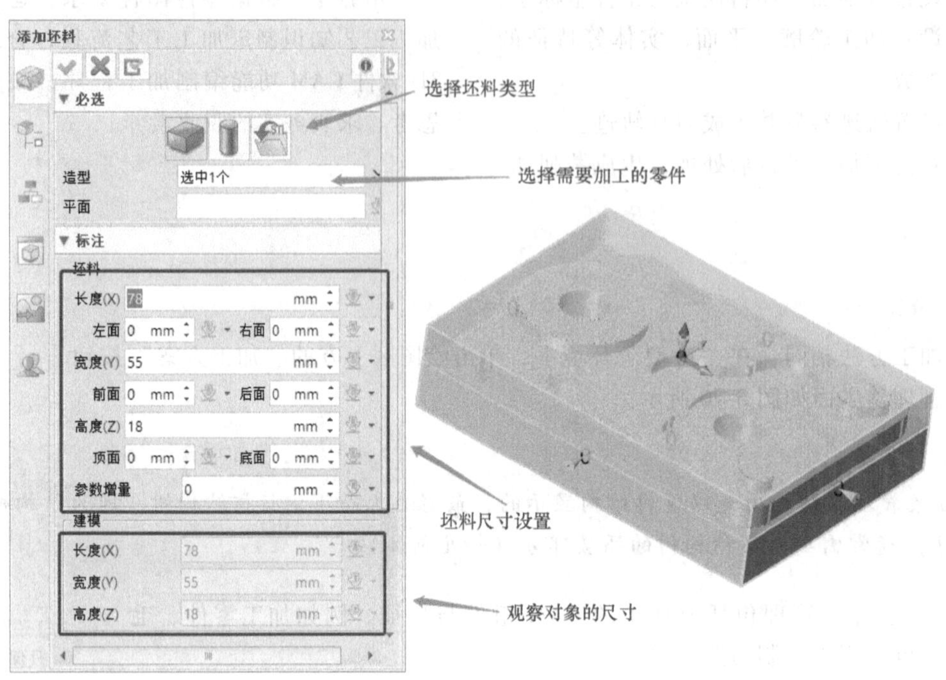

图 3-78 “添加坯料”对话框

（2）设置加工默认安全高度　双击管理器中的加工安全高度，弹出图 3-79 所示对话框，在对话框中可以设置“安全高度”和“自动防碰”的距离。

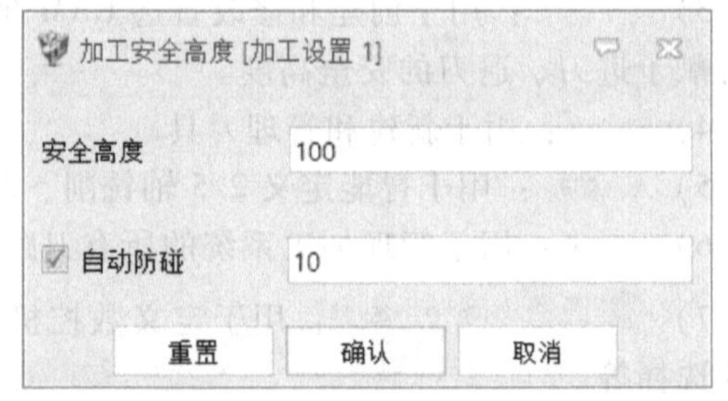

图 3-79 “加工安全高度［加工设置 1］”对话框

（3）创建加工坐标系

1）默认加工坐标系。一般在造型环境下通过移动实体方式调整坐标系，当转入加工方案环境后即可转换成默认加工坐标系，操作过程如图 3-80 所示。

2）局部加工坐标系。在加工环境下双击管理器中的坐标系，在弹出的“坐标”对话框中单击“创建基准面”按钮，弹出“基准面”对话框，可创建 XY 平面及原点，即可创建局部坐标系，如图 3-81 所示（本学习任务没有用到此功能）。

（4）创建刀具　在加工环境下，可通过双击管理器中的刀具创建多种类型的刀具，包括铣刀、钻头、倒角刀、铰刀等，刀具对话框如图 3-82 所示，也可以在添加工序时创建刀具。

（5）铣削加工中 2 轴铣削加工的主要方法（图 3-83）

1）“螺旋”铣削是一种平面铣（区域清理）或型腔铣技术，在每一个不同深度推进刀具远离或朝向零件边界。

2）“Z 字型”铣削是一种平面铣（区域清理）或型腔铣技术，可通过一系列的平行直线铣削方式，根据每次铣削的深度推进刀具，且在每次铣削至尾端后反向刀具运动的方向。

3）“单向平行”铣削是一种平面铣（区域清理）或型腔铣技术，除均沿同一方向外，均与“Z 字型”铣削相似。每铣削一次，系统抬刀一次。

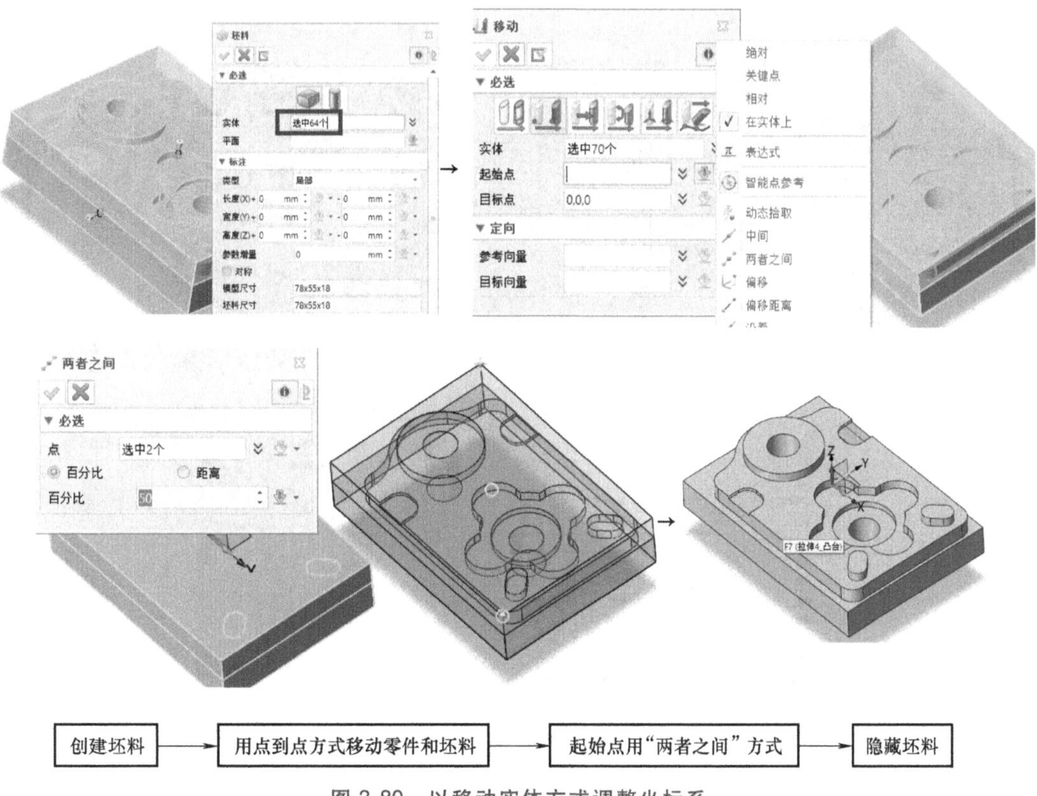

图 3-80　以移动实体方式调整坐标系

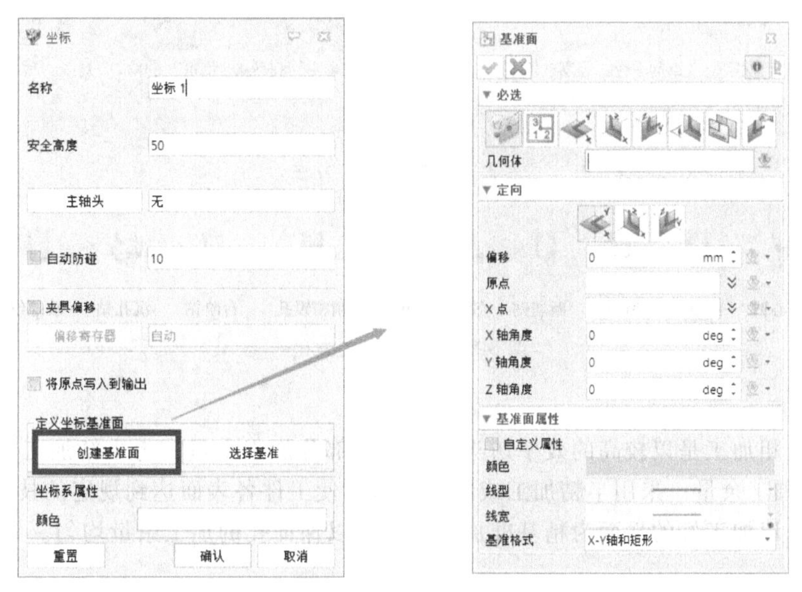

图 3-81　创建局部坐标系

4) “轮廓”铣削可对任意数量的开放或闭合曲线边界（CAM 轮廓特征）或包含几何体轮廓的 CAM 组件进行铣削。只要将刀具位置参数设置为“在边界上”，就支持自相交轮廓的铣削。

5) “倒角”铣削接受轮廓、曲线、曲面或倒角特征。倒角特征对偏移、拔模、深度、倒角边和脊线提供控制。

（6）钻削加工的主要方法　钻削加工中可以进行的工序有很多，本学习任务主要用到简单的钻削加工方法，如图 3-84 所示。

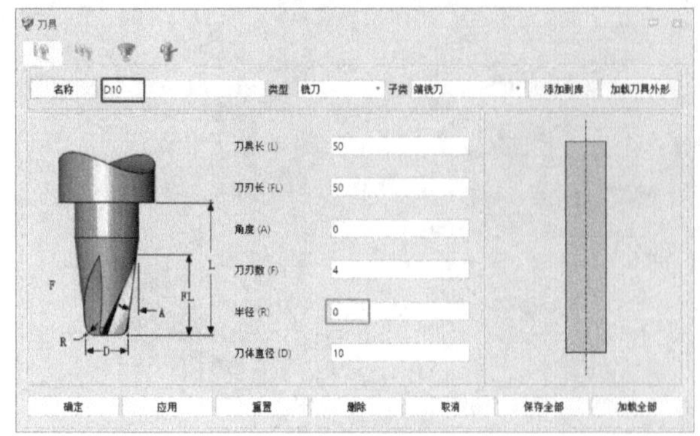

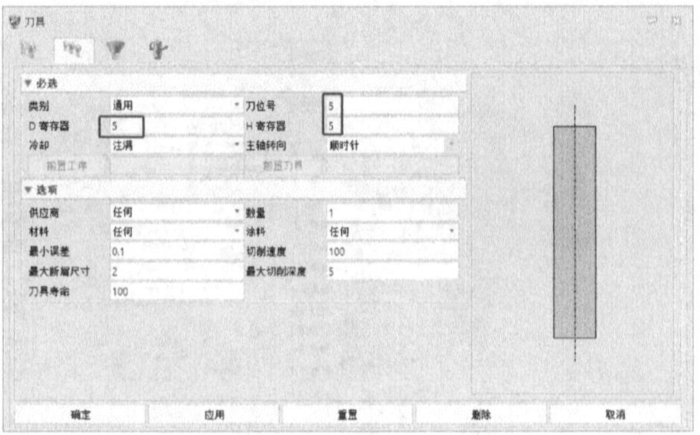

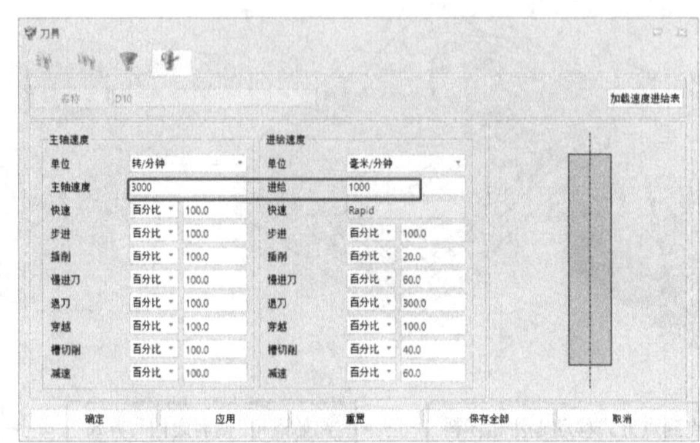

图 3-82 “刀具”对话框

图 3-83 铣削加工方法

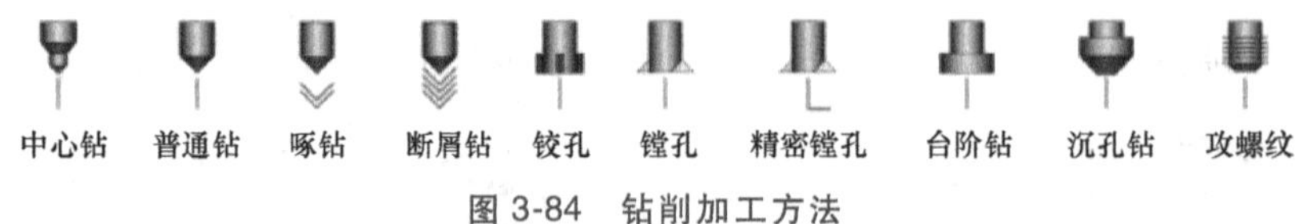

图 3-84 钻削加工方法

3. 铣削加工顺序

1）先粗后精。粗加工是以较高的效率切除表面的大部分加工余量，为半精加工或精加工提供定位基准和均匀适当的加工余量。采用半精加工或精加工后应使工件各表面达到规定的技术要求。

2）先面后孔。以加工好的平面为精基准加工孔，可以保证孔的加工余量均匀。

课内实施

1. 预习效果检查

(1) 判断题

1）一般在造型环境下设置好坐标系，转入加工环境后即可作为默认工件坐标系使用。(　　)

2）一般铣削时只能创建方形毛坯。(　　)

3）加工时用的刀具可以预先设定，也可以在创建工序时设定。(　　)

(2) 选择题

1）创建坐标系时，可以创建基准面作为坐标系的（　　）平面。

A. YZ　　　　B. XY　　　　C. YZ　　　　D. 都可以

2）2 轴铣削不能创建（　　）工序。

A. 螺旋内腔加工　B. 轮廓加工　　C. 平面铣削　　D. 钻孔

2. 制订加工工艺，编制加工工序卡

（1）零件分析　该零件有外凸台，凸台上有三个独立的凸台和两个异形内腔，还有两个开放型腔，两个直径为 10mm 的孔。为保证加工质量，每个壁和底面都应采用粗加工和精加工；为保证孔的加工精度，可采用先钻孔、再铰孔的方法，最后使用倒角刀进行倒棱操作。

（2）编制加工工艺卡　见表 3-3。

表 3-3　数控铣削加工工艺卡

	数控铣削加工工艺卡	工序	产品编号	产品名称	毛坯规格	设备及系统
		铣削	001	安装底板	78mm×55mm×20mm	FANUC 0i
					夹具	机用平口钳
					件数	1
					材料状态	O
					材料名称	铝

工步	工步内容	刀具编号	刀具类型	主轴转速 n /(r/min)	进给速度 f /(mm/min)	吃刀量 /mm	加工余量 /mm	示意图
1	铣削上表面	01	盘铣刀	1200	500	1	0	略
2	钻中心孔	02	中心钻	1200	50		0	
3	钻孔	03	ϕ9. 8mm 钻头	600	60		0	
4	铰孔	04	铰刀	300	50	3	0	
5	粗铣 8mm 台阶	05	D10 平底刀	3000	1000	1	0. 2	
6	粗铣三个凸台	05	D10 平底刀	3000	1000	1	0. 2	

（续）

工步	工步内容	刀具编号	刀具类型	主轴转速 n /(r/min)	进给速度 f /(mm/min)	吃刀量 /mm	加工余量 /mm	示意图
7	粗铣第一层型腔	05	D10 平底刀	3000	1000	1	0.2	
8	粗铣第二层型腔	05	D10 平底刀	3000	1000	1	0.2	
9	粗铣开放型腔	06	D6 平底刀	4000	1000	0.5	0.2	
10	精加工壁	05	D10 平底刀	3000	1000	0.2	0	
11	精加工底面	05	D10 平底刀	3000	1000	0.2	0	
12	倒角	07	倒角刀	2000	800	0.2	0	

更改标记	数量	文件号	签字	更改标记	数量	文件号	签字

3. 任务实施

（1）加工环境准备 打开模型，把默认坐标系放在工件上平面正中位置，这个过程可以采用“移动”命令来完成，最终结果如图 3-85 所示。

单击“加工方案”按钮，弹出“选择模板”对话框，选择“默认”即可，单击“确认”按钮进入加工环境。单击“加工系统”工具选项卡下的“添加坯料”工具按钮 添加坯料，在“添加坯料”对话框中设置“顶面”为“2”，使毛坯尺寸为“78×55×20”，如图 3-86 所示。单击“确定”按钮后，在弹出的对话框中选择隐藏毛坯。双击管理器中的加工安全高度，在弹出的“加工安全高度［加工设置 1］”对话框中将“安全高度”设为“50”，其余参数使用默认值，如图 3-87 所示。

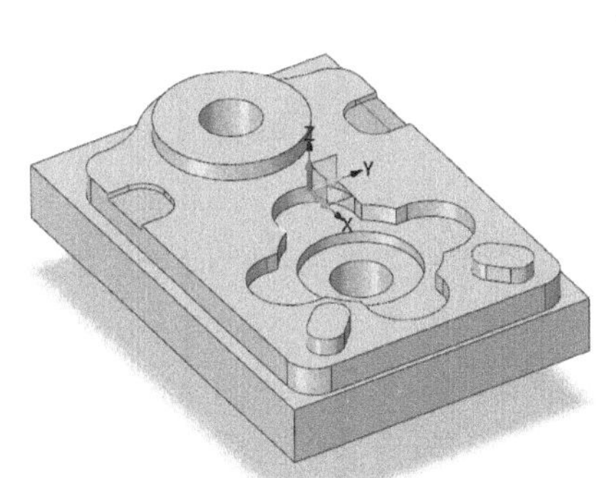
图 3-85 铣削加工零件及默认坐标系位置

图 3-86 “添加坯料”对话框

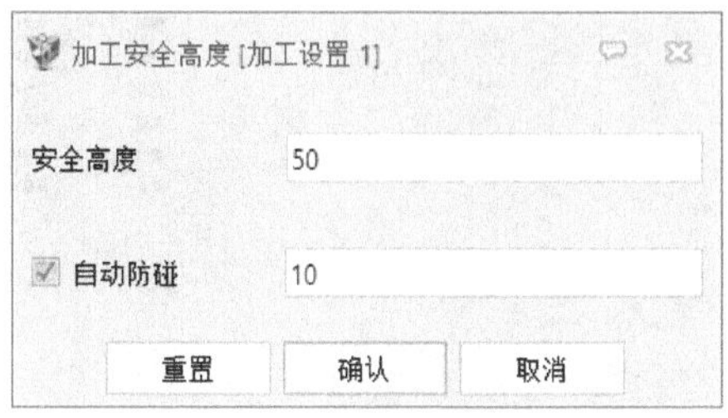

图 3-87 设置安全高度

（2）刀具准备

1）设置平面加工用刀具。双击管理器中的刀具，新建刀具，“名称”为“D50R1”，“刀体直径”为“50”，“半径”为“1”，在“更高参数”中设置“刀位号”为“1”，主轴速度为“1200”，“进给”为“500”，如图 3-88 所示。

2）设置中心钻。双击管理器中的刀具，新建刀具，“名称”为“Z6.3”，“刀位号”为“2”，“主轴速度”为“1200”，“进给”为“50”，其余参数按图 3-89 所示数值进行设置。

3）设置 ϕ9.8mm 钻头。双击管理器中的刀具，新建刀具，“名称”为“Z9.8”，“刀位号”为“3”，“主轴速度”为“600”，“进给”为“60”，刀具“类型”为“普通钻”，“切削直径”为“9.8”。

4）设置铰刀。双击管理器中的刀具，新建刀具，具体参数如图 3-90 所示。

5）设置 D10 立铣刀。双击管理器中的刀具，新建刀具，设置“名称”为“D10”，“类型”为“铣刀”，“子类”为“端铣刀”，刀尖“半径”为“0”，“刀体直径”为“10”，“刀位号”为“5”，“主轴速度”为“3000”，“进给”为“1000”。

6）设置 D6 立铣刀。双击管理器中的刀具，新建刀具，设置“名称”为“D6”，“类型”为“铣刀”，“子类”为“端铣刀”，刀尖“半径”为“0”，“刀体直径”为“6”，“刀位号”为“6”，“主轴速度”为“3500”，“进给”为“1000”。

7）设置 DZ6 倒角刀。倒角刀用于倒棱操作，双击管理器中的刀具，新建刀具，设置“主轴速度”为“2000”，“进给”为“800”，其余参数按图 3-91 所示数值进行设置。

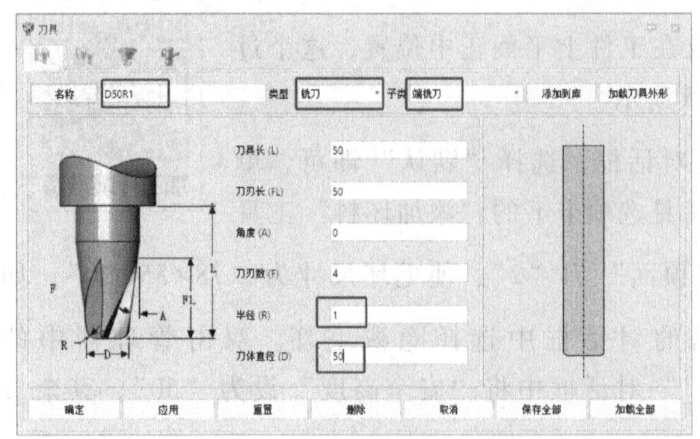

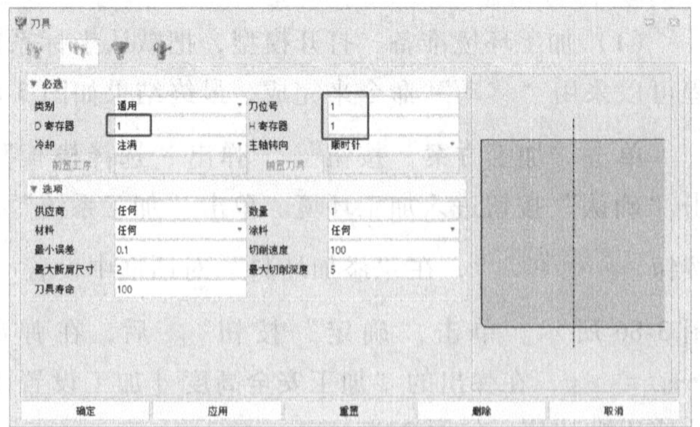

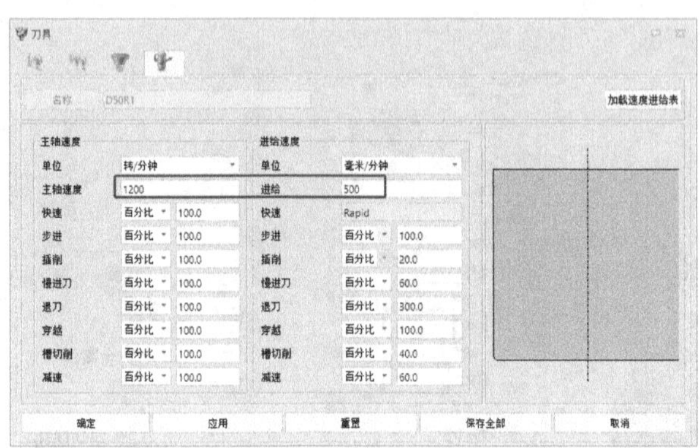

图 3-88　设置盘铣刀

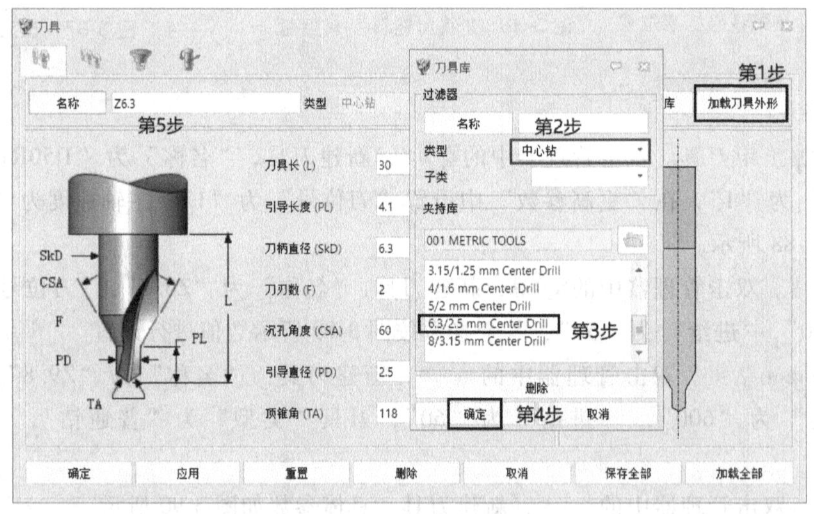

图 3-89　设置中心钻

（3）编程实施

1）铣平面。单击“2 轴铣削”工具选项卡中的“顶面”工具按钮顶面，在弹出的“选择特征”对话框中选择整个零件，如图 3-92 所示，单击“确定”按钮。弹出筛选出的“刀具列表”对话框（图 3-93），选择“D50R1”，双击管理器中的顶面 1，弹出“顶面 1”对话框，如图 3-94 所示，可进行平面加工的参数设置。刀具与速度进给中的参数可以使用设定刀具时输入的默认数值，也可以对其进行修改。

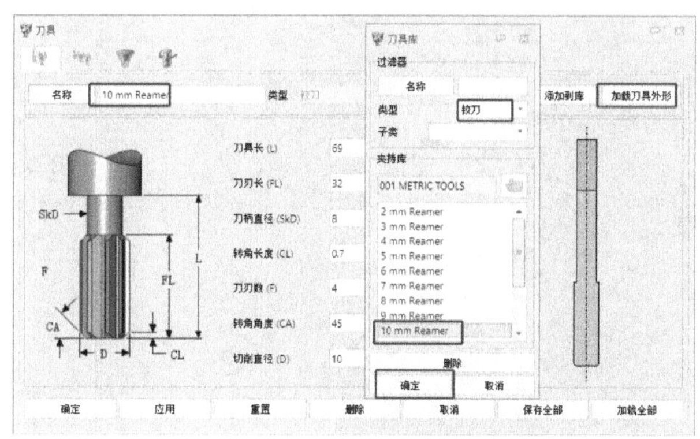

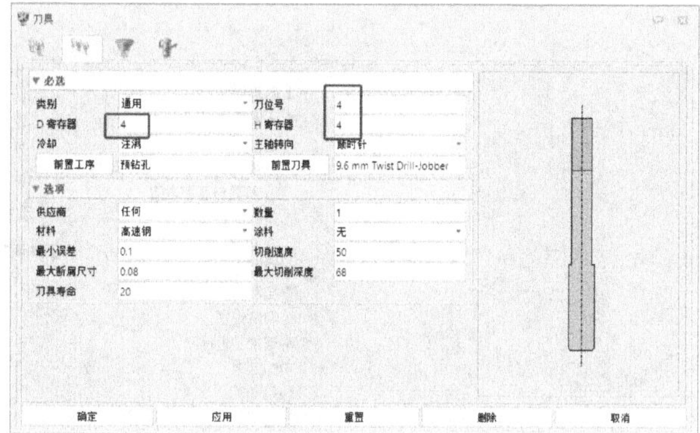

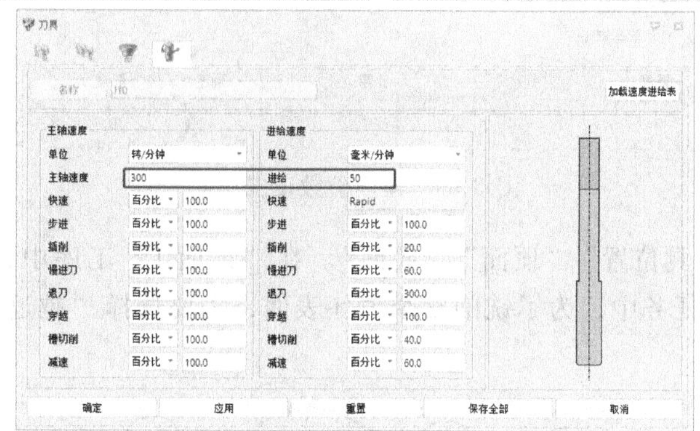

图 3-90　设置铰刀参数

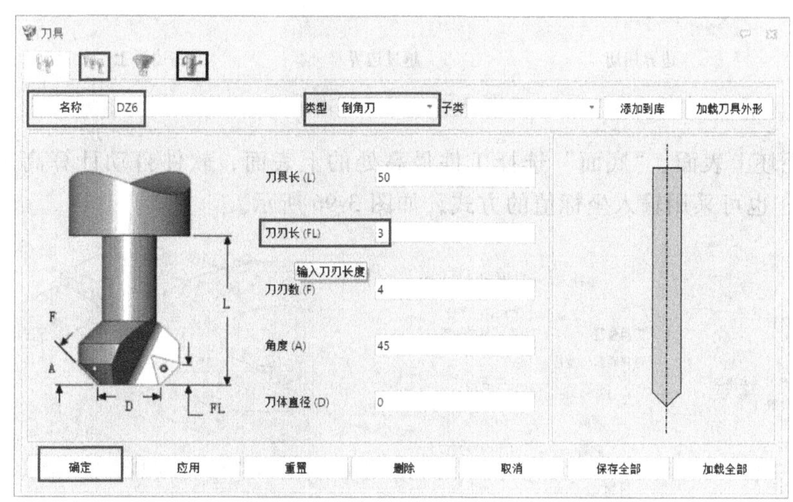

图 3-91　设置倒角刀

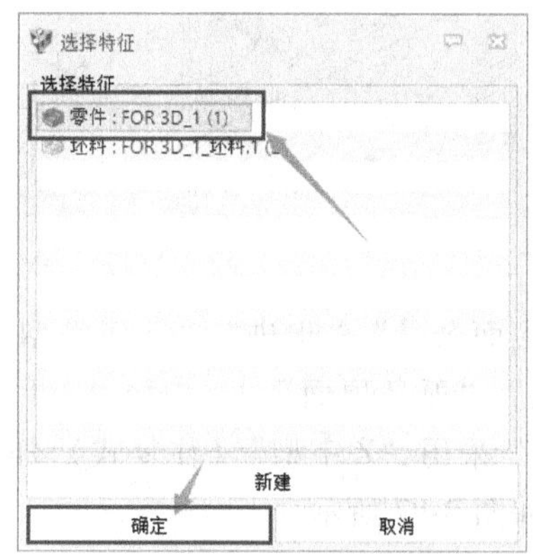

图 3-92　“选择特征”对话框

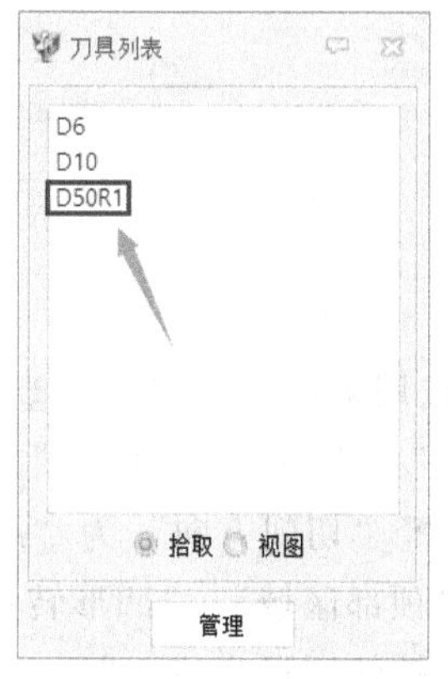

图 3-93　刀具列表

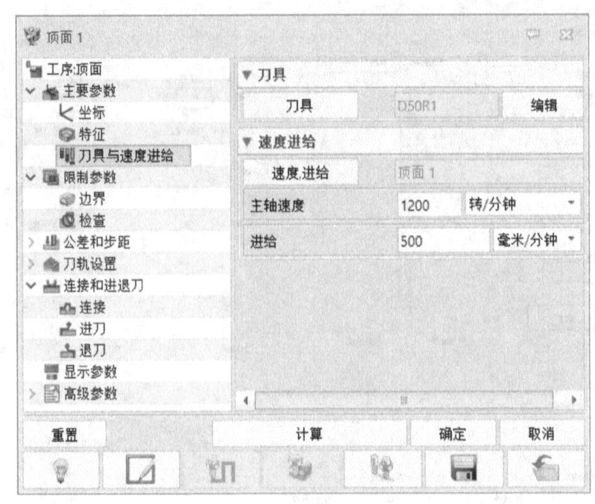

图 3-94　顶面参数设置

限制参数用来设定“刀具位置”“顶面”“底面”。在“顶面 1”工序中，“刀具位置”有三种情况，如图 3-95 所示。本学习任务中，为了铣削整个毛坯表面，需要选择“越过边界”。

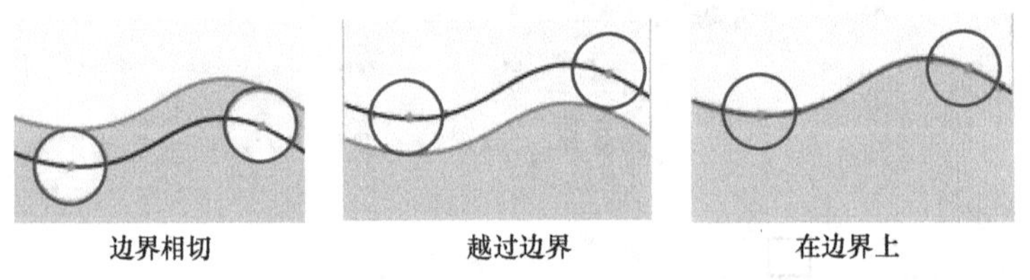

图 3-95　刀具位置

“顶面”选择毛坯上表面，“底面”选择工件最高处的上表面，软件自动计算高度。如果已经明确了毛坯上表面高度，也可采用输入坐标值的方式，如图 3-96 所示。

图 3-96　限制参数

公差和步距可以用来设定“刀轨公差”“侧面余量”“底面余量”“步进”“下切类型”（“下切类型”有“均匀深度”“非均匀”“底面”“底面和孤岛顶面”“孤岛顶面”）。刀轨设置可以对切削刀路进行控制，一般设置“切削方向”为“顺铣”，“刀轨样式”采用“Z 字型”（往复式）加工方式，“加工面类型”选择“顶部区域”，“凹形转角”为“圆角”，如图 3-97 所示。

单击“计算”按钮即可生成刀路，如图 3-98 所示。

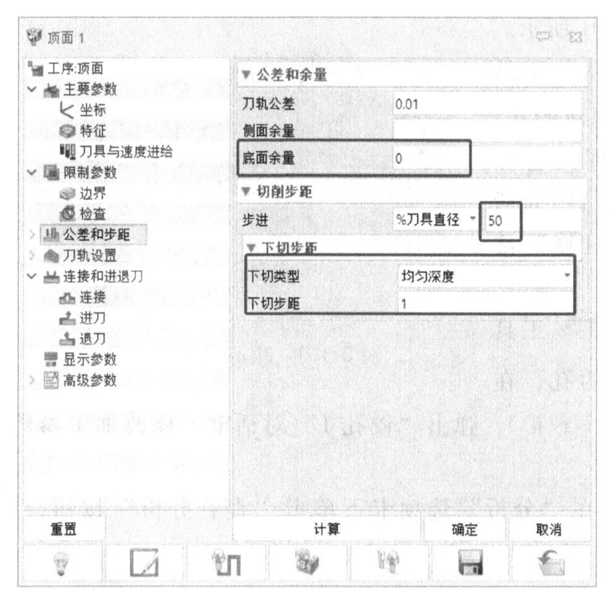

图 3-97 设置“公差和步距”及“刀轨设置”

2）钻中心孔。单击“钻孔”工具选项卡中的“中心钻”工具按钮，在弹出的“选择特征”对话框中单击“新建”按钮，新建孔特征，单击“确定”按钮，此时弹出“孔”对话框，如图 3-99 所示。

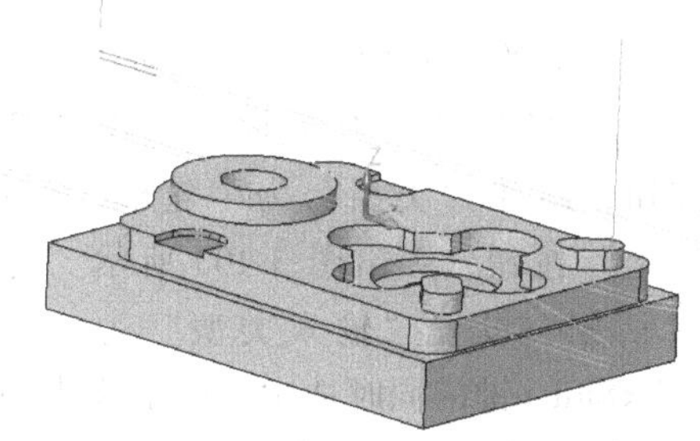

图 3-98 平面铣刀路

以柱面方式选择直径为 10mm 的两个孔，单击“确定”按钮后弹出“孔特征”对话框，依次选择两个孔的起点，使其位于工件的上表面，如图 3-100 所示，再将孔的“深度”均设为“18”，单击“确认”按钮。

图 3-99 “孔”对话框

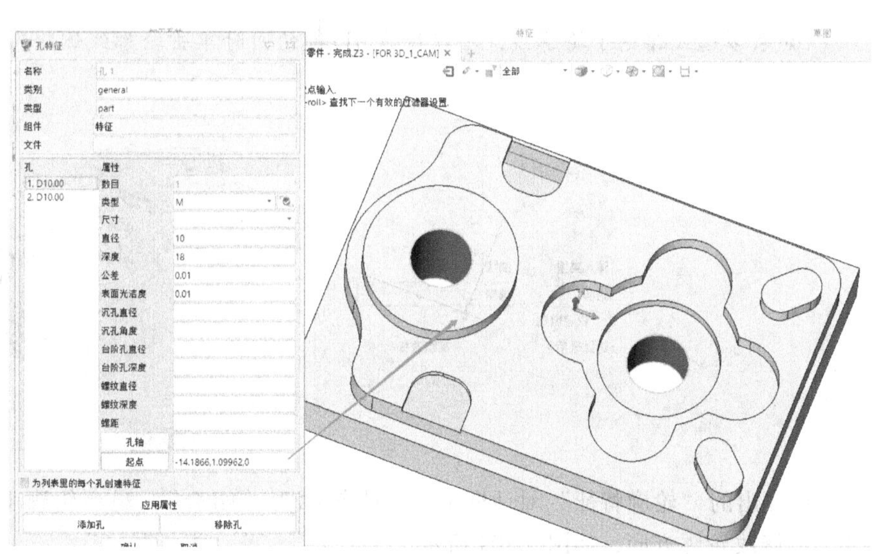

图 3-100 孔加工起点

在管理器中双击“刀具（Undefined）”，在弹出的“刀具列表”对话框中选择“Z6. 3”的中心钻。双击管理器中的中心钻 1进入“中心钻 1”对话框编辑参数，可以不修改参数，直接单击“计算”按钮得到中心钻刀路。其实体仿真结果如图 3-101 所示。

3）钻孔。单击“钻孔”工具选项卡中的“啄钻”工具按钮，在弹出的“选择特征”对话框中选择上次创建的孔，单击“确定”按钮，弹出“刀具列表”对话框，选择“Z9.8”的钻头。在管理器中双击啄钻1，在“啄钻 1”对话框中修改加工参数，一般使用默认值即可，单击“计算”按钮生成刀路。

图 3-101　中心钻仿真结果

4）铰孔。单击“钻孔”工具选项卡中的“铰孔”工具按钮，在“选择特征”对话框中选择上次创建的孔，在“刀具列表”对话框中选择“J10”。在管理器中双击铰孔 1，弹出“铰孔 1”对话框，修改加工参数，同样使用默认值，单击“计算”按钮即可生成刀路。

下面进行实体仿真，模拟加工后单击“选项”，在“分析”选项卡下单击“查看分析”按钮，此时可通过颜色观察加工情况，绿色表示加工到位，其他颜色表示有余量或者过切，结果如图 3-102 所示。

5）粗铣 8mm 台阶。单击“2 轴铣削”工具选项卡中的“轮廓”工具按钮，在弹出的“选择特征”对话框中单击“新建”按钮，新建“类型”为“轮廓”，单击“确定”按钮，弹出图 3-103 所示“轮廓”对话框，设置“输入类型”为“曲线”，按<Shift>键的同时选中台阶下缘中的任意一条轮廓线，即可选中整个封闭轮廓，单击“确定”按钮。

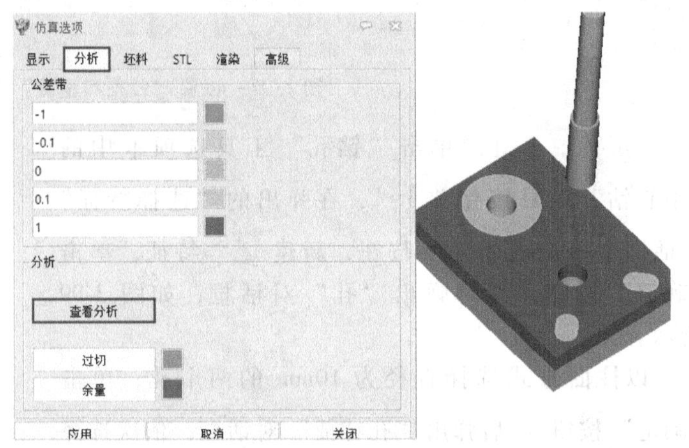

图 3-102　铰孔后的仿真结果分析

温馨提示：

如果多选或错选了轮廓线，可在按<Ctrl>键的同时单击轮廓线删除所选。

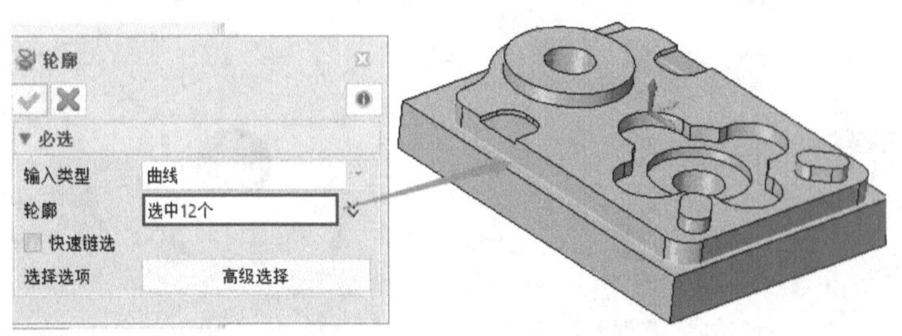

图 3-103　“轮廓”对话框

在弹出的“轮廓特征”对话框中，修改轮廓为“闭合”，观察轮廓上的箭头方向，通过是否“逆向”可修改轮廓方向，如图 3-104 所示。

在管理器中双击“刀具（Undefined）”，在弹出的“刀具列表”对话框中选择“D10”的端铣刀。

双击管理器中的轮廓切削1，在“轮廓切削 1”对话框中修改加工参数，主要设置“限制参数”（图 3-105）、“公差和步距”（图 3-106）、“刀轨设置”（图 3-107）。

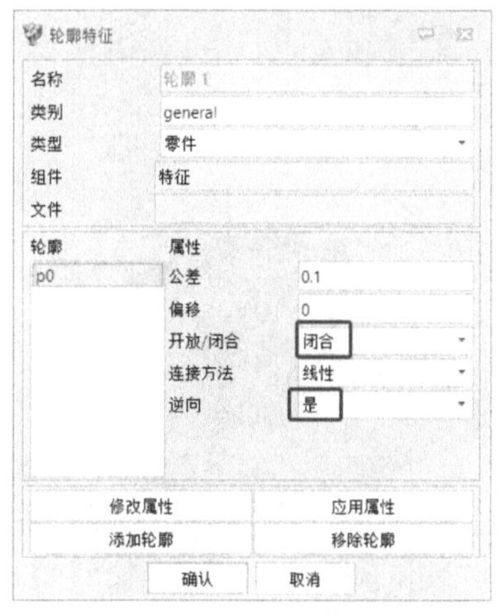

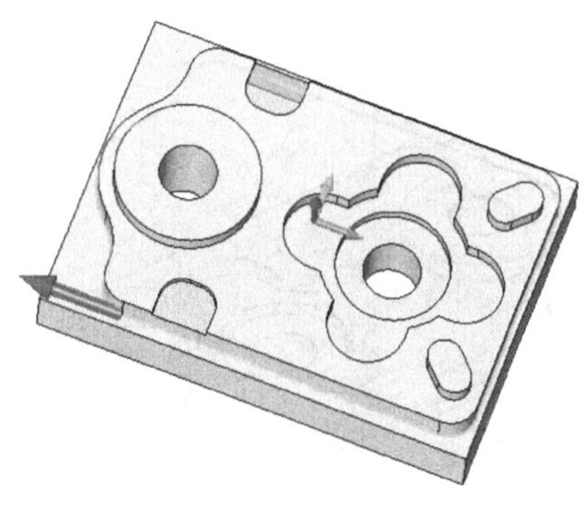

图 3-104　修改轮廓特征

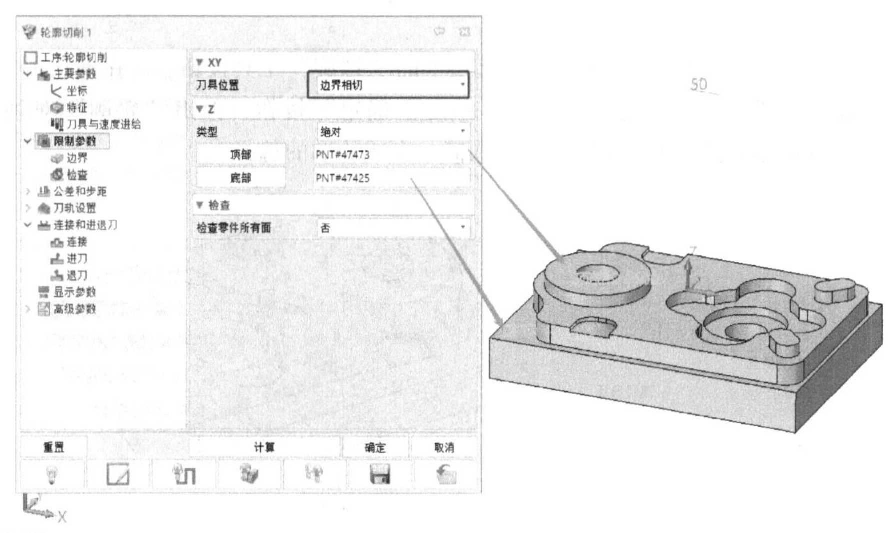

图 3-105　限制参数

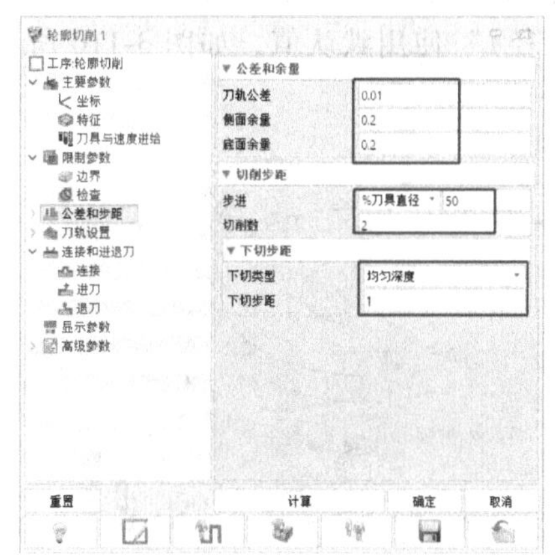

图 3-106　公差和步距

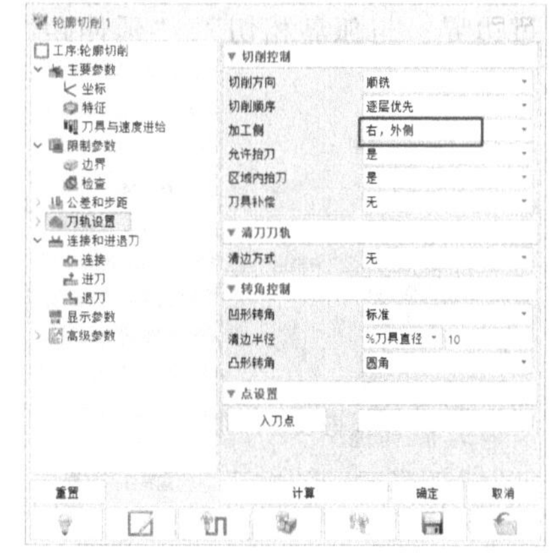

图 3-107　刀轨设置

粗加工时设置“侧面余量”和“底面余量”均为“0.2”，“下切步距”为“1”，XY 方向的“步进”为 50%的刀具直径，设置两刀完成每层加工，无残留；设置参数时一定要保证“加工侧”为外侧；如果轮廓中有直角，还要设置转角为圆角过渡，保证刀具以圆角形式换向，增加加工的稳定性。进退刀采用系统默认方式即可。

生成的刀路和仿真加工结果如图 3-108 所示。

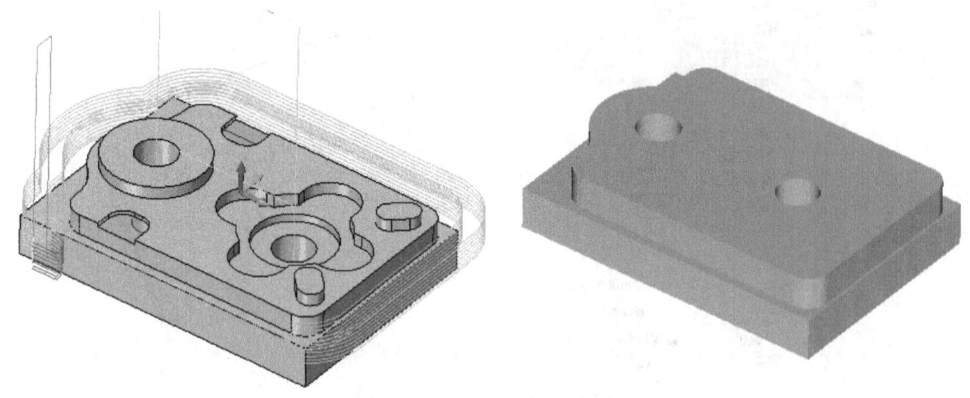

图 3-108　刀路及仿真加工结果

6）粗铣三个凸台。单击“2 轴铣削”工具选项卡的“螺旋”工具按钮，在弹出的“选择特征”对话框中单击“新建”按钮，选择“轮廓”特征，单击“确定”按钮，弹出“轮廓”对话框，如图 3-109 所示，选择图示这四处的轮廓，其余参数使用默认值，完成轮廓的选择。

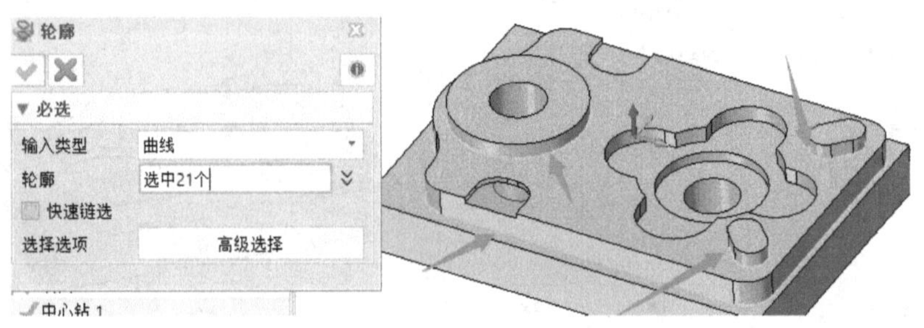

图 3-109　“轮廓”对话框

在“刀具列表”对话框中选择“D10”的端铣刀。

双击管理器中的螺旋切削1，在“螺旋切削 1”对话框中进行参数设置，“限制参数”中设置“刀具位置”为“越过边界，与孤岛相切”，“延伸距离（%直径）”使用默认值，如图 3-110 所示。

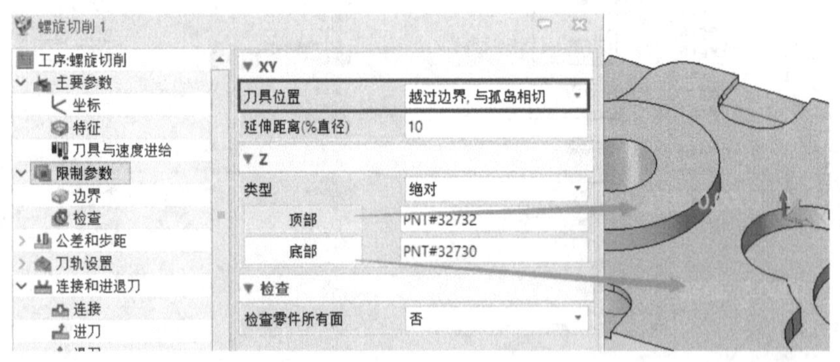

图 3-110　限制参数设置

在“公差和步距”中，设置“侧面余量”“底面余量”均为“0.2”，“切削步距”为“40%的刀具直径”，“下切步距”为“1”。

在“刀轨设置”中，对于半开放区域，设置“刀轨样式”为“逐步向外”，“清边方式”为“按加工层切削”，“凹形转角”为“圆角”，其余参数使用默认值，如图 3-111 所示。

在“连接和进退刀”中，设置“进刀方式”为“螺线”，“插削高度”为“0.5”，“倾斜角度”为“3”，如图 3-112 所示。

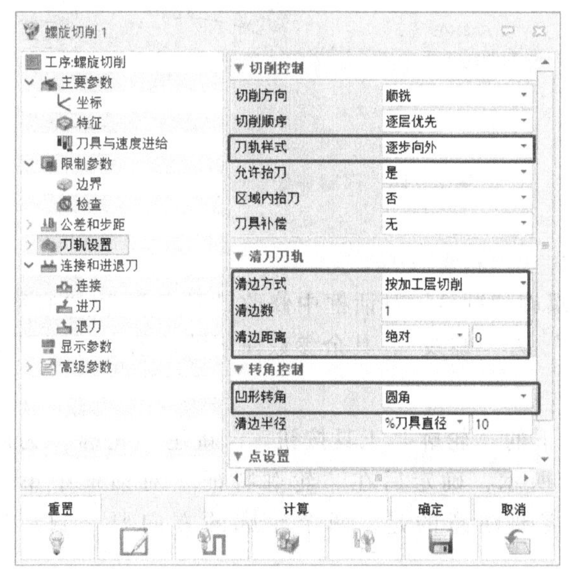

图 3-111　刀轨设置

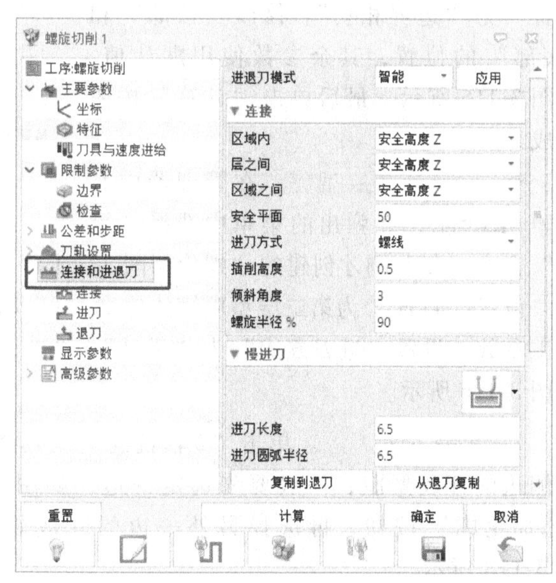

图 3-112　连接和进退刀

单击“计算”按钮得到刀路，如图 3-113 所示。

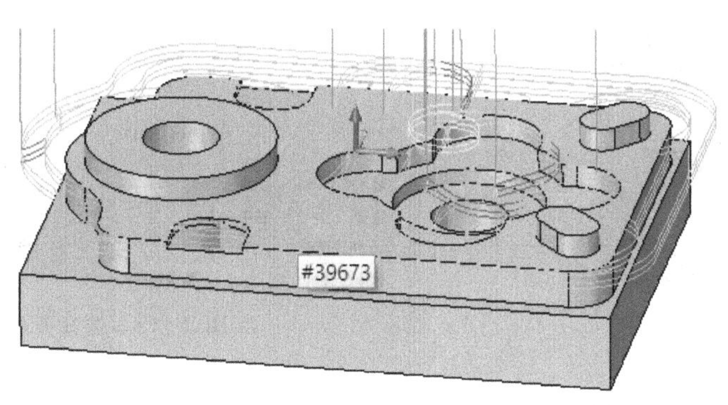

图 3-113　粗铣三处凸台刀路

铣削编程
步骤7)~9)

7）粗铣第一层型腔。在管理器中右击螺旋切削1，在弹出的菜单中选择“重复”命令，复制刚才创建的“螺旋切削 1”工序，得到螺旋切削2工序。

设置“特征”为第一层型腔槽的轮廓，可以先在管理器中右击原来的轮廓2，在弹出的菜单中选择“移除”命令，再双击特征 (undefined) 进入“选择轮廓”对话框，本学习任务选择的轮廓如图 3-114 所示。

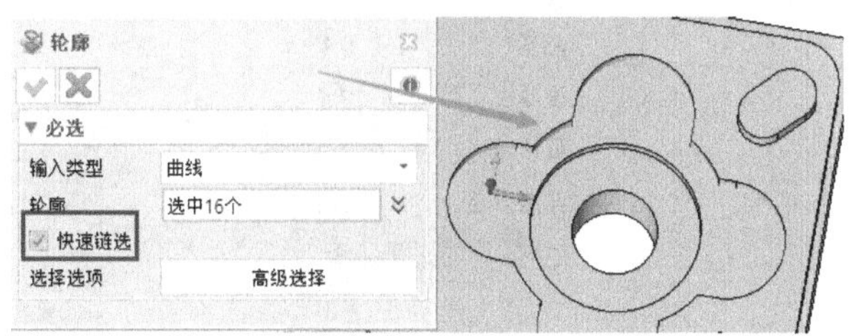

图 3-114　选择轮廓

刀具设置与步骤6）相同。在管理器中双击螺旋切削2，可在弹出的“螺旋切削2”对话框中进行参数修改。设置“刀具位置”为“边界相切”，修改“顶部”和“底部”的位置，其余参数使用默认值，如图3-115所示。最后单击“计算”按钮生成刀路。

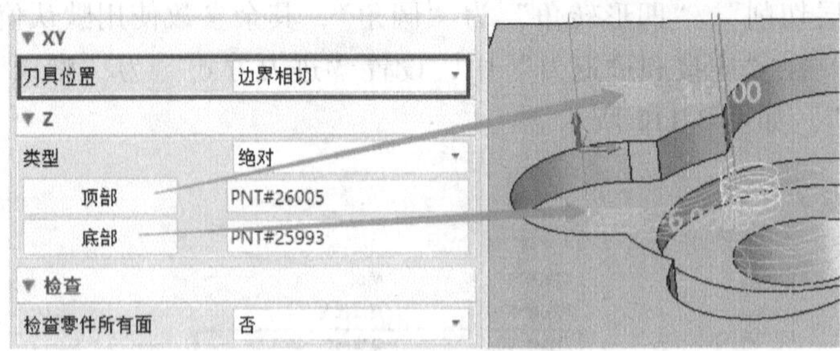

图3-115　限制参数修改

8）粗铣第二层型腔。在管理器中右击螺旋切削2，在弹出的菜单中选择“重复”命令，复制刚才创建的“螺旋切削2”工序，得到螺旋切削3工序。

设置“特征”为第二层型腔槽的轮廓，可以在“螺旋切削3”对话框中修改“顶部”和“底部”加工参数，设置“进刀方式”为“手动”，“进刀类型”为“螺线”，其余参数使用默认值，得到刀路如图3-116所示。

9）粗铣开放型腔。单击“2轴铣削”工具选项卡下的“轮廓”工具按钮，新建“轮廓”为两个侧边的开放型腔，一般要先选定一边，如图3-117所示，确定后在“轮廓特征”对话框中单击“添加轮廓”按钮，再选择另外一边的开放轮廓。需要注意的是，两个轮廓的方向要一致，如图3-118所示。

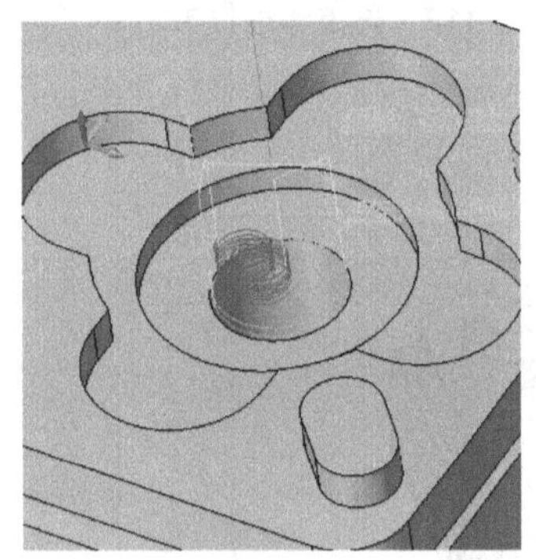

图3-116　第二层铣削刀路

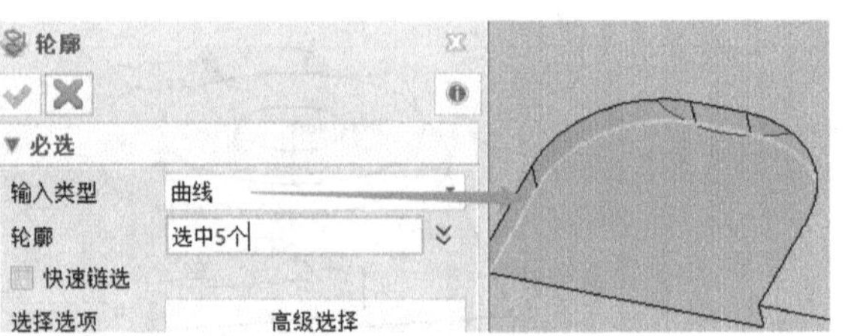

图3-117　选择开放轮廓

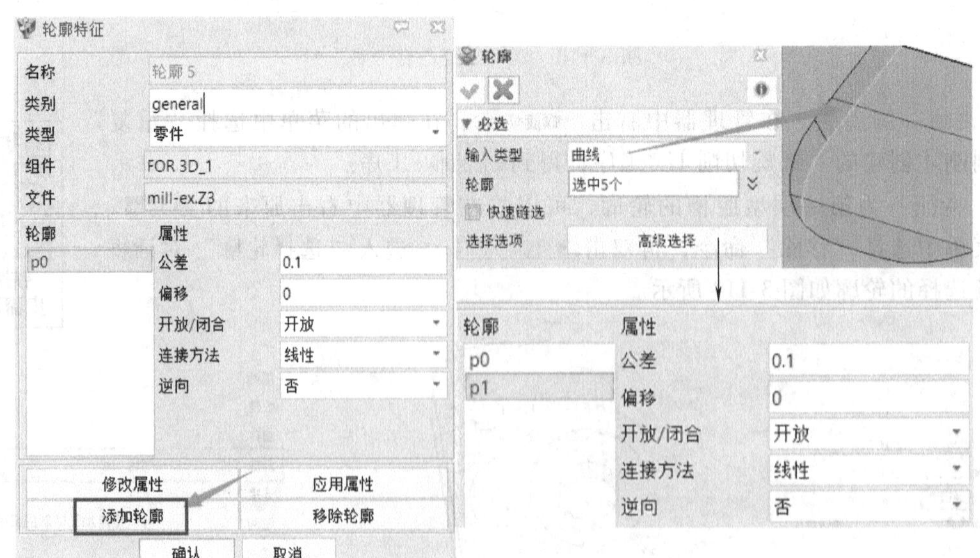

图3-118　添加轮廓

在“刀具列表”对话框中选择“D6”的端铣刀。

在管理器中双击“轮廓切削 2”，在弹出的“轮廓切削 2”对话框中设置加工参数，在限制参数中设置“顶部”和“底部”，“刀具位置”为“边界相切”，在公差和步距中设置“侧面余量”和“底面余量”为“0.2”，“下切步距”为“0.5”；在刀轨设置中，根据刀路情况修改“加工侧”，在连接和进退刀中对进退刀模式采用手动方式进行设置，“进刀类型”为“线性”，具体设置参考图 3-119。

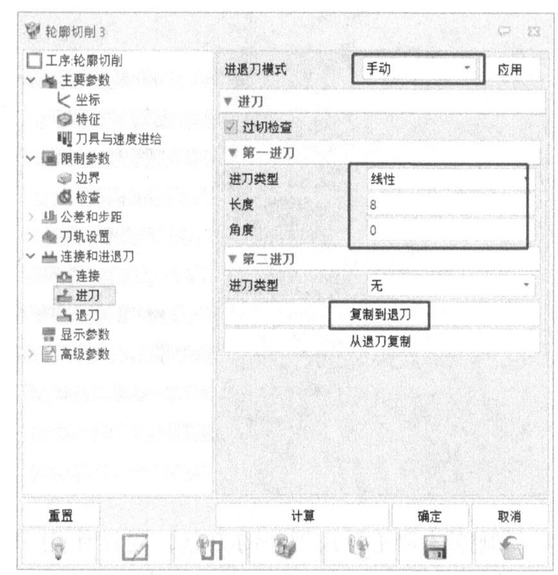

图 3-119　进退刀设置

10）精加工壁。各个壁的精加工应分别进行，此时同样采用 D10 刀具和 D6 刀具，加工类型均选择“轮廓”方式，分别对内外七个型腔做精加工，如图 3-120 所示，除图中的 7 号轮廓需用 D6 刀具加工外，其余均选择 D10 刀具进行加工。

选择“轮廓”工序，选择“轮廓 1”，刀具选择“D10”，参数设置中不指定“底面”和“顶面”，主要设置“进刀方式”为（圆形-线形），“退刀方式”为（线性-线性），且“退刀长度 1”为“20”，“退刀长度 2”为“0”，单击“计算”按钮生成刀路。观察刀路是否正确，可调整“加工侧”参数，如图 3-121 所示。由于本次加工后底面残留较少，可以在此工序中设置“切削数”为“2”，同时完成底面精加工。

铣削编程步骤10）~12）

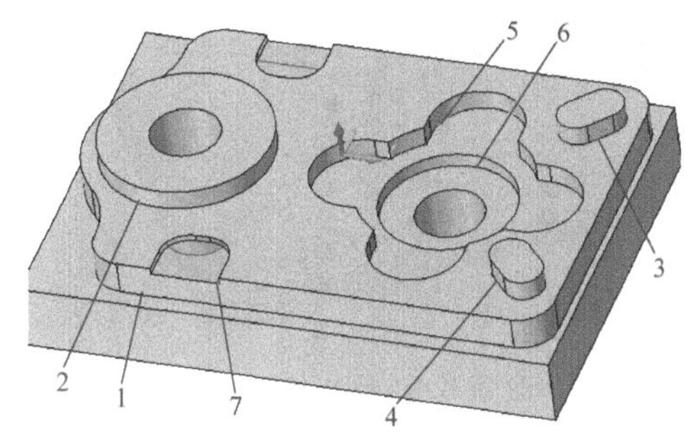

图 3-120　需精加工的轮廓

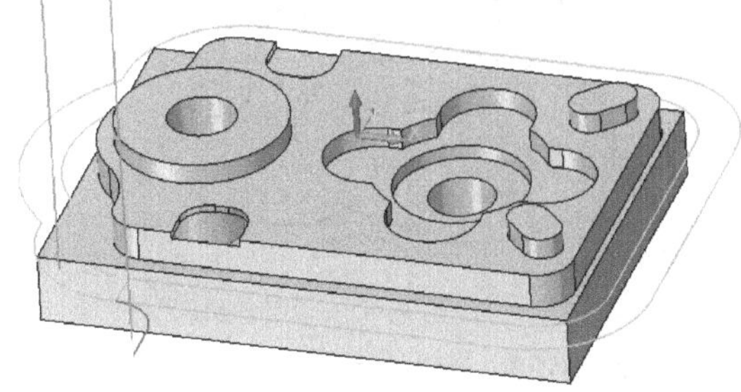
图 3-121　轮廓 1 的精加工壁刀路

温馨提示：

可以先加工壁，设置“底面余量”为“0.2”，再安排一次工序专门加工底面。

重复上一步轮廓切削操作，同时选择图 3-120 所示的 2、3、4 号轮廓，修改“切削数”为“2”，其余参数不变，单击“计算”按钮生成刀路。

再次重复上一步轮廓切削，选择图 3-120 所示 5 号轮廓（前面粗加工第一层型腔时已经选择，可以直接选择使用，不用再次创建），修改刀轨设置中的“加工侧”为“内侧”。此处应注意入刀点的选择（一般入刀点选择在拐角处或不重要的区域，防止加工刀痕，具体操作可参考图 3-122）。最终生成刀路如图 3-123 所示。

重复刚才的型腔加工刀路，选择第二层型腔的轮廓，其余参数使用默认值即可。

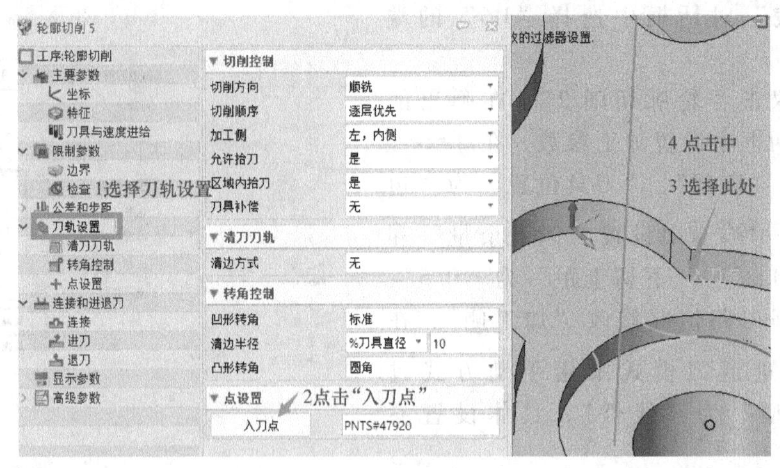

图 3-122　设置入刀点

复制刚才加工开放型腔的刀路，同样使用 D6 刀具，修改“侧面余量”和“底面余量”为“0”，“下切类型”采用“底面”，单击“计算”按钮即可得到精加工刀路，此刀路可同时完成侧面轮廓和底面轮廓的精加工。

11）精加工底面。在精加工壁的过程中，由于设置底面和壁的余量均为 0，部分刀路实际上已完成了精加工底面和壁，可以进行分析查看加工结果。

选中整个工序，进行实体仿真，仿真加工结束后，单击“选项”按钮进行分析，可以看出未加工完成的部分，如图 3-124 所示。当然，也可以在精加工壁的过程中设置“底面余量”为“0.2”，“侧面余量”为“0”，最后将底面再加工一次。

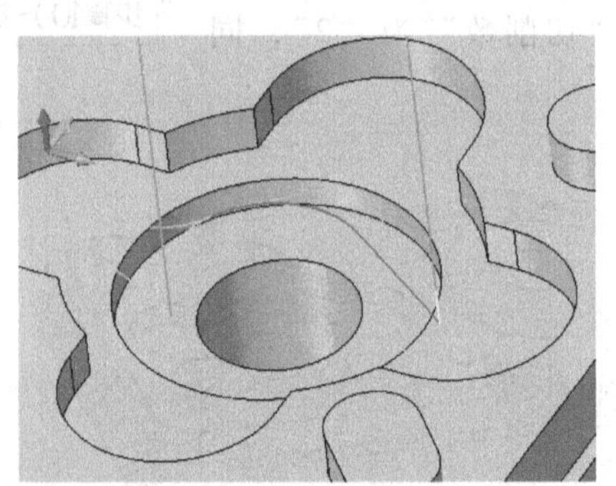

图 3-123　型腔轮廓加工刀路

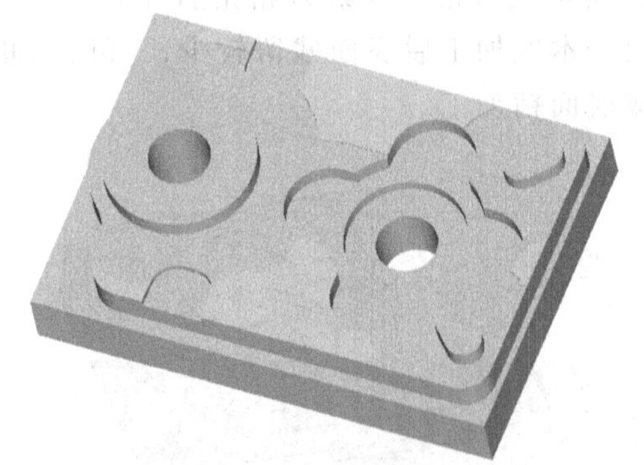

图 3-124　分析结果

温馨提示：

未完成部分加工可以复制螺旋切削 1 工序，将“侧面余量”“底面余量”设为“0”，“下切类型”设为“底面”，其余参数使用默认值，即可得到刀路，具体过程略。

12）倒角。考虑到加工倒角时刀具不与其他表面发生干涉，需要控制刀具偏移的距离，如图 3-125 所示。

为了完成倒角工作，在图 3-125 中左图并没有倒角，此时需要将刀具向内侧或向下移动一定距离才行，也可以在定义倒角轮廓时定义其相对深度。前一种方法在参数中进行设置，后一种方法在定义轮廓时设置。下面以后一种方法来完成倒角，即通过“侧面余量”和“底面余量”来控制刀具不与其他位置发生干涉。

本次倒角距离为 0.2mm。右击“零件”，在弹出的菜单中选择“添加特征”命令，在“选择

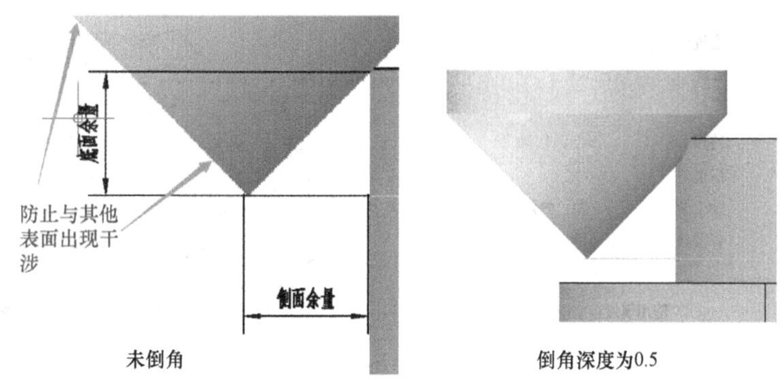

图 3-125　倒角示意图

特征”对话框中选择“倒角”，确定后即可选择需要倒角的棱线。需要注意的是，在这里没有“倒角”对话框，直接选择即可，选完后单击鼠标滚轮来结束选择，选择棱线时要注意区分内和外、深和浅。

除了在“选择特征”对话框中新建特征外，还可以单击“倒角”工具按钮 倒角（在特征区域），弹出“倒角特征”对话框如图 3-126 所示，设置“深度”为“-0.2”，“加工侧”为“外侧”，“脊曲线”为“是”。

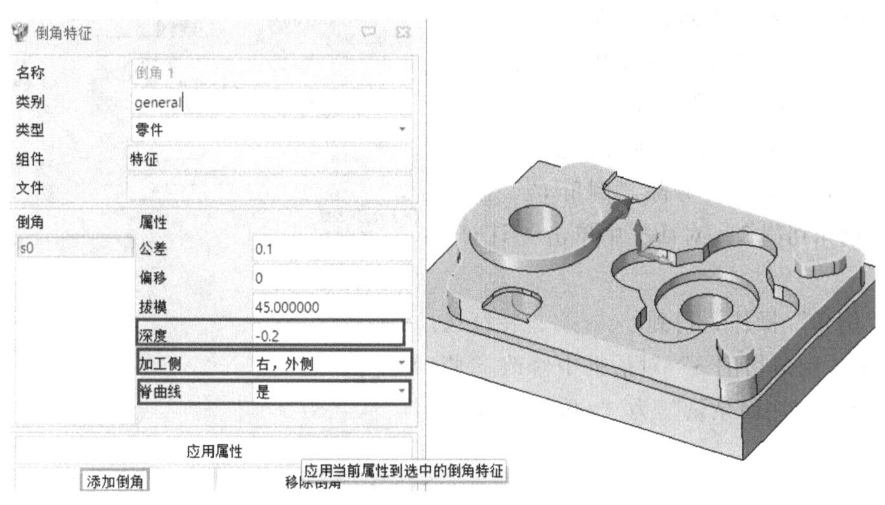

图 3-126　倒角 1

再次添加“倒角”特征，选中图 3-127 所示倒角，选完轮廓棱线后单击鼠标滚轮结束选择，设置特征数据。

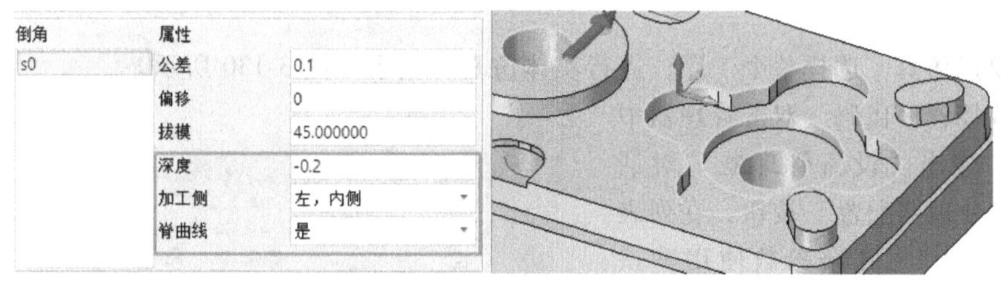

图 3-127　倒角 2

使用同样的方法选择图 3-128 所示倒角，为便于设置其方向，可以选择一边开放轮廓，设置“深度”“加工侧”“脊曲线”参数后，再单击“添加倒角”按钮，添加另一侧开放轮廓，并通过修改参数确保两边轮廓方向一致。

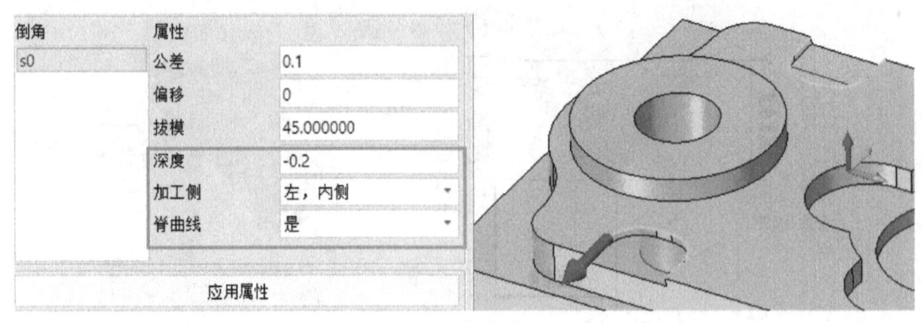

图 3-128　倒角 3

温馨提示:

如果零件实体已经倒角，可以选择较低的棱线，设置深度为“0”，脊曲线选择“否”。

单击“倒角”工具按钮，特征选择“倒角 1”，单击“确认”按钮，再选择“DZ6”的倒角刀，在管理器中双击倒角切削 1，弹出“倒角切削 2”对话框，在公差和步距中，设置“侧面余量”为“1”，“底面余量”为“-1”，其余参数使用默认值，如图 3-129 所示，单击“计算”按钮生成刀路。

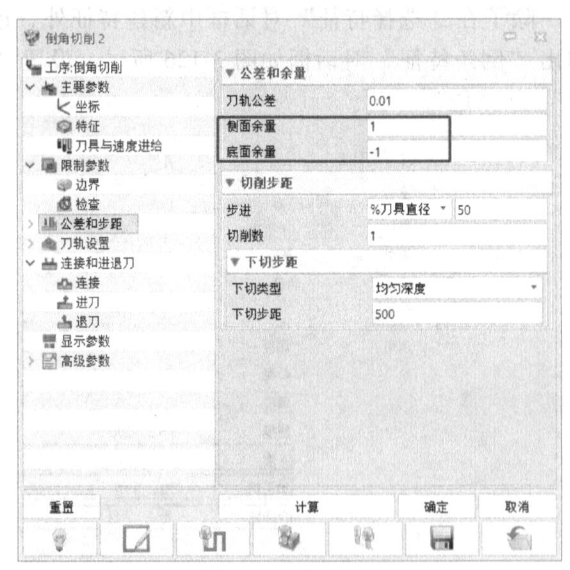

图 3-129　倒角的公差和步距

在管理器中右击倒角切削 1，在弹出的菜单中选择“重复”命令，得到倒角切削 2，移除“倒角 1”，添加“倒角 2”，在“倒角切削 2”对话框中单击“计算”按钮即可。

再次重复“倒角”操作，得到倒角切削 3，特征选择“倒角 3”，在“倒角切削 3”对话框中修改“侧面余量”为“0.5”，“底面余量”为“-0.5”，生成刀路。

温馨提示:

如果通过实体仿真发现刀路不符合要求，可以修改倒角轮廓的“加工侧”参数，以确保刀路正确。

（4）刀路模拟仿真　选择整个工序，进行实体仿真，结果如图 3-130 所示。

（5）输出数控程序代码　双击管理器中的设备 (undefined)，弹出“设备管理器”对话框，单击“后置处理器配置”按钮，在列表中选择“ZW_Fanuc_3X”，其余参数使用默认值即可。

图 3-130　实体仿真结果

选择需要输入的工序，右击，在弹出的菜单中选择“输出”→“输出所有 NC”命令，即可生成程序清单。图 3-131 所示为顶

面加工的程序代码。

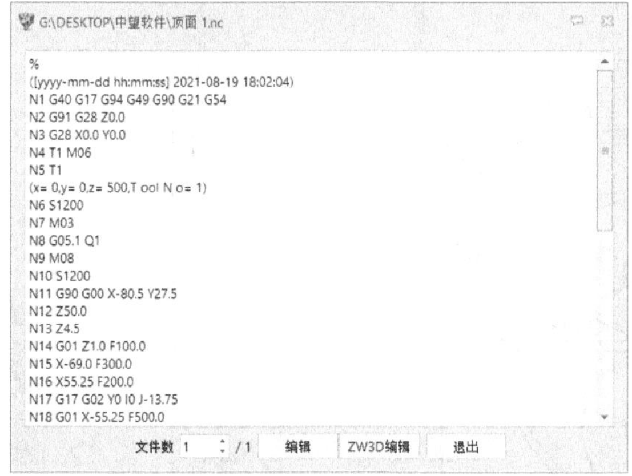

图 3-131　顶面加工的程序代码

（6）查看工序清单　单击“输出”工具选项卡下的“工序视图”工具按钮工序视图，可查看工序情况，如图 3-132 所示。

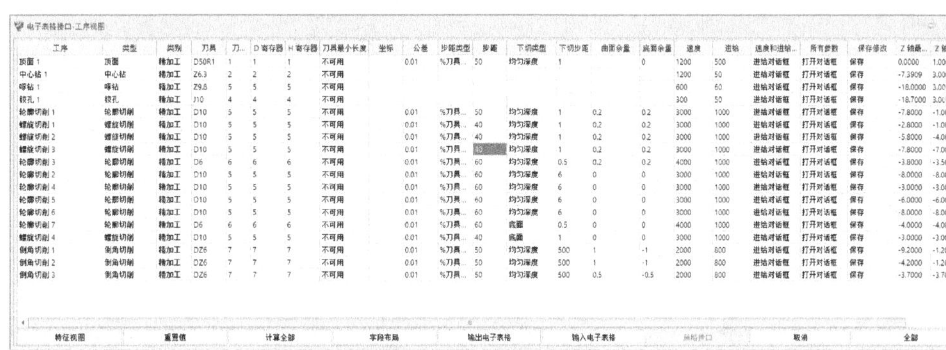
电子表格接口-工序视图

工序	类型	类别	刀具	刀...	D寄存器	H寄存器	刀具最小长度	坐标	公差	步距类型	步距	下切类型	下切步距	曲面余量	底面余量	速度	进给	速度和进给...	所有参数	保存修改	Z轴最...	Z轴
顶面 1	顶面	精加工	D50R1	1	1	1	不可用		0.01	%刀具...	50	均匀深度	1		0	1200	500	进给对话框	打开对话框	保存	0.0000	1.000
中心钻 1	中心钻	精加工	Z6.3	2	2	2	不可用									1200	50	进给对话框	打开对话框	保存	-7.3909	3.000
啄钻 1	啄钻	精加工	Z9.8	5	5	5	不可用									600	60	进给对话框	打开对话框	保存	-18.0000	3.00
铰孔 1	铰孔	精加工	J10	4	4	4	不可用									300	50	进给对话框	打开对话框	保存	-18.7000	3.00
轮廓切削 1	轮廓切削	精加工	D10	5	5	5	不可用		0.01	%刀具...	50	均匀深度	1	0.2	0.2	3000	1000	进给对话框	打开对话框	保存	-7.8000	-1.00
螺旋切削 1	螺旋切削	精加工	D10	5	5	5	不可用		0.01	%刀具...	40	均匀深度	1	0.2	0.2	3000	1000	进给对话框	打开对话框	保存	-2.8000	-1.00
螺旋切削 2	螺旋切削	精加工	D10	5	5	5	不可用		0.01	%刀具...	40	均匀深度	1	0.2	0.2	3000	1000	进给对话框	打开对话框	保存	-5.8000	-4.00
螺旋切削 3	螺旋切削	精加工	D10	5	5	5	不可用		0.01	%刀具...	[illegible]	均匀深度	1	0.2	0.2	3000	1000	进给对话框	打开对话框	保存	-7.8000	-7.00
轮廓切削 3	轮廓切削	精加工	D6	6	6	6	不可用		0.01	%刀具...	60	均匀深度	0.5	0.2	0.2	4000	1000	进给对话框	打开对话框	保存	-3.8000	-3.50
轮廓切削 2	轮廓切削	精加工	D10	5	5	5	不可用		0.01	%刀具...	60	均匀深度	6	0	0	3000	1000	进给对话框	打开对话框	保存	-8.0000	-8.00
轮廓切削 4	轮廓切削	精加工	D10	5	5	5	不可用		0.01	%刀具...	60	均匀深度	6	0	0	3000	1000	进给对话框	打开对话框	保存	-3.0000	-3.00
轮廓切削 5	轮廓切削	精加工	D10	5	5	5	不可用		0.01	%刀具...	60	均匀深度	6	0	0	3000	1000	进给对话框	打开对话框	保存	-6.0000	-6.00
轮廓切削 6	轮廓切削	精加工	D10	5	5	5	不可用		0.01	%刀具...	60	均匀深度	6	0	0	3000	1000	进给对话框	打开对话框	保存	-8.0000	-8.00
轮廓切削 7	轮廓切削	精加工	D6	6	6	6	不可用		0.01	%刀具...	60	底面	0.5	0	0	4000	1000	进给对话框	打开对话框	保存	-4.0000	-4.00
螺旋切削 4	螺旋切削	精加工	D10	5	5	5	不可用		0.01	%刀具...	40	底面	1	0	0	3000	1000	进给对话框	打开对话框	保存	-3.0000	-3.00
倒角切削 1	倒角切削	精加工	DZ6	7	7	7	不可用		0.01	%刀具...	50	均匀深度	500	1	-1	2000	800	进给对话框	打开对话框	保存	-9.2000	-1.20
倒角切削 2	倒角切削	精加工	DZ6	7	7	7	不可用		0.01	%刀具...	50	均匀深度	500	1	-1	2000	800	进给对话框	打开对话框	保存	-4.2000	-1.20
倒角切削 3	倒角切削	精加工	DZ6	7	7	7	不可用		0.01	%刀具...	50	均匀深度	500	0.5	-0.5	2000	800	进给对话框	打开对话框	保存	-3.7000	-3.70

特征视图　重置值　计算全部　字段布局　输出电子表格　输入电子表格　脱粘接口　取消　全部

图 3-132　工序视图

课后拓展训练

1）编制图 3-133 所示零件的加工工艺卡，完成自动编程，材料为铝合金，毛坯尺寸为 50mm×50mm×14mm。

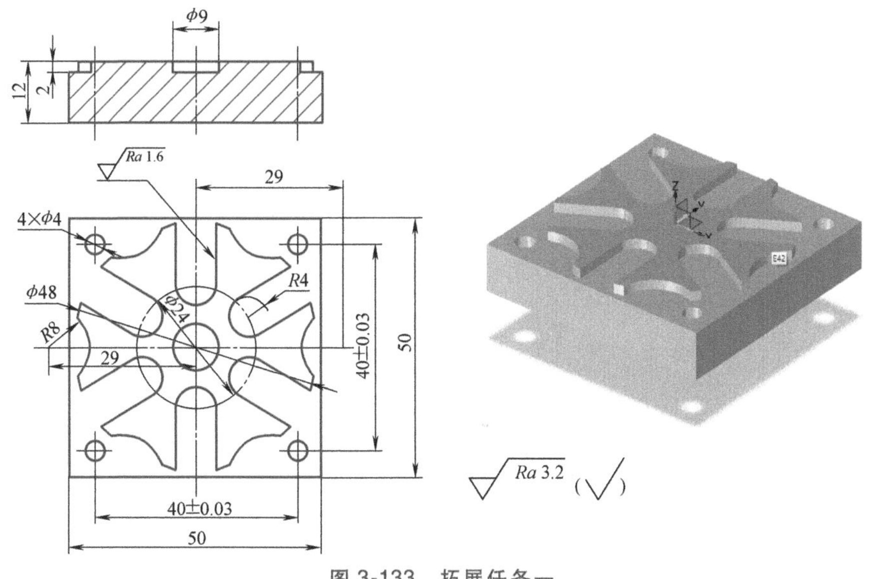

图 3-133　拓展任务一

2）编制图 3-134 所示零件的加工工艺卡，完成自动编程，材料为铝合金，毛坯尺寸为 100mm×100mm×25mm。

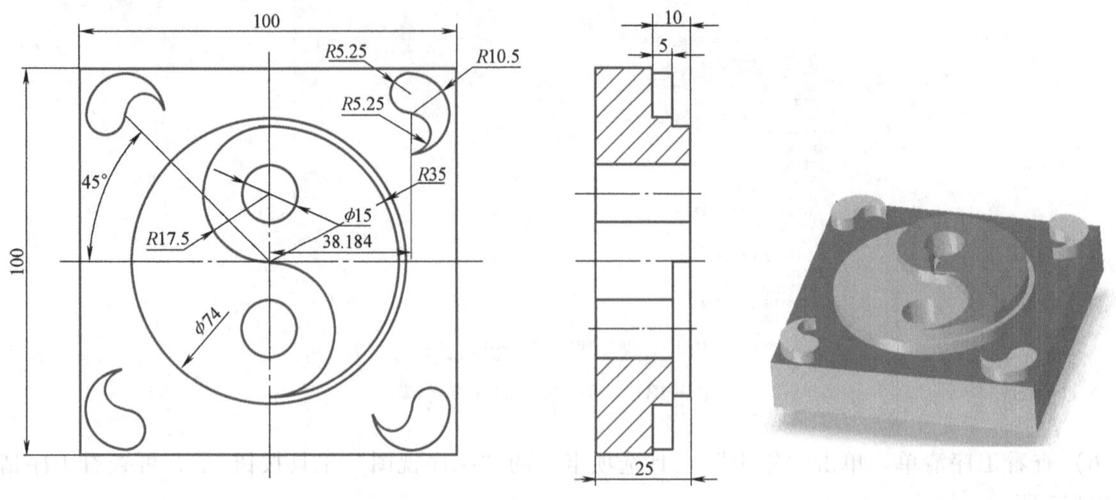

图 3-134　拓展任务二

附　录

机械产品三维模型设计职业技能证（初级）样卷（一）

满分：100 分

※※※※※※※※※※※※※※※※※※※※※※※※※※※

操作任务须知：

1. 请依据提供的图样进行作答，共分为四个工作任务。
2. 请仔细阅读任务要求，在指定位置完成并保存提交。

任务一：机械理论知识，登录答题系统，完成单项选择题（总分 30 分，共 30 题，每题 1 分）。

1. 数控机床适于（　　）生产。

A. 大型零件　　B. 小型高精密零件　　C. 中小批量复杂结构零件　　D. 大批量零件

2. 数控系统中 CNC 的中文含义是（　　）。

A. 计算机数字控制　　B. 工程自动化　　C. 硬件数控　　D. 计算机控制

3. 表面粗糙度是衡量零件表面质量的一个重要指标，它的单位是（　　）。

A. cm　　B. mm　　C. m　　D. μm

4. $6^{+0.018}_{0}$mm 是传动轴上键槽的宽度，这个宽度最大值是（　　）mm。

A. 6　　B. 6.18　　C. 6.018　　D. 6.00

5. 物体的三视图是指（　　）三个视图。

A. 主、俯、左　　B. 主、俯、仰　　C. 后、俯、左　　D. 后、右、左

6. 普通车床（　　）做主运动。

A. 工件　　B. 车刀　　C. 自定心卡盘　　D. 尾座

7. 下面（　　）是放大比例。

A. 1∶1　　B. 2∶1　　C. 1∶5　　D. 2∶5

8. 轴类零件与轴承配合的表面一般要经过淬火处理，淬火处理的作用是（　　）。

A. 改变材料的内部组织，提高耐磨性　　B. 提高表面硬度，使工件表面更耐磨

C. 改变材料的内部组织，提高抗弯能力　　D. 提高表面硬度，使工件表面抗冲击能力变强

9.（　　）是数控程序中的插补指令。

A. 代码 G　　B. 代码 M　　C. 代码 S　　D. 代码 T

10. 附图 1 中字母 f 表示（　　）。

A. 切削速度　　B. 进给速度　　C. 进给量　　D. 背吃刀量

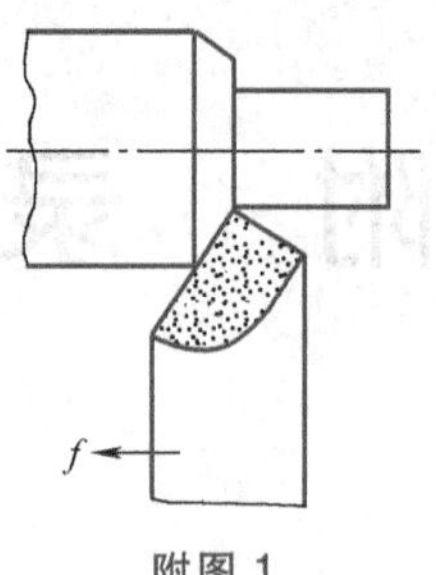

附图 1

11. 附图 2 中画剖面线的区域被称为（　　）图。

A. 移出断面图　　B. 重合断面图　　C. 剖视图　　D. 局部剖视图

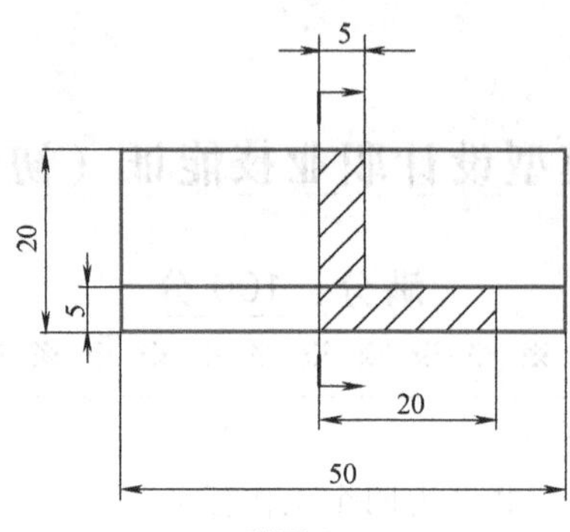

附图 2

12. 滚动轴承 6310，它的轴孔直径是（　　）mm。

A. 63　　B. 10　　C. 40　　D. 50

13. 如附图 3 所示，（　　）表达方法能最清楚地表达图实体零件中的倾斜部分的真实形状。

A. 局部视图　　B. 斜视图　　C. 向视图　　D. 左视图

附图 3

14. CA6140 型卧式车床的最大回转直径是（　　）mm。

A. 61　　B. 400　　C. 30.5　　D. 20

15. 附图 4 所示传动轴采用了（　　）的表达方法，表示孔的结构和键槽的深度。

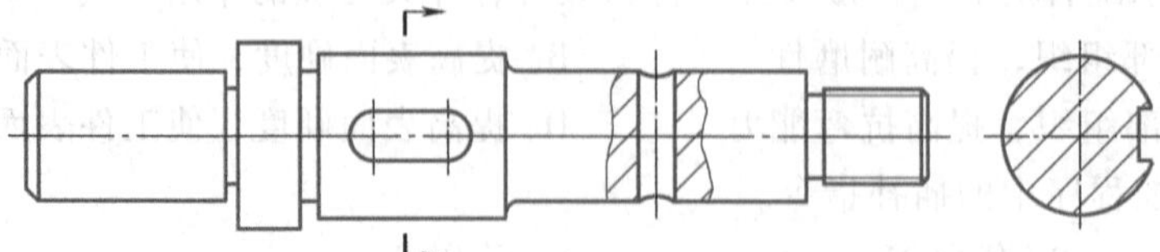

附图 4

A. 局部剖、移除断面图　　B. 剖中剖、移出断面图

C. 重合断面图、移出断面图　　D. 局部视图和断面图

16. 附图 5 所示的图样表示的是机械连接中最常见的（　　）连接。

A. 螺钉　　B. 螺栓　　C. 螺柱　　D. 销轴

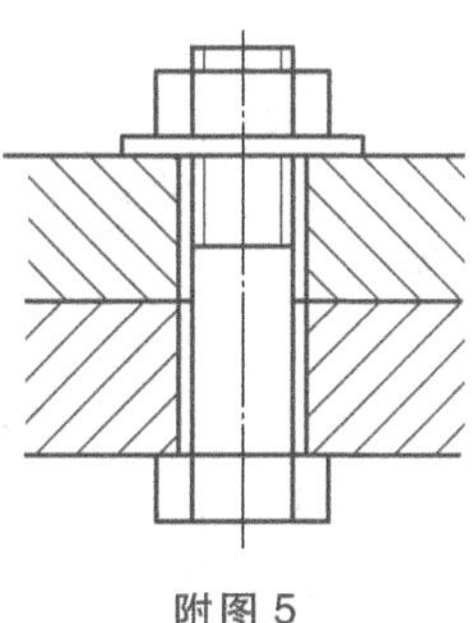

附图 5

17. 数控系统的核心是（　　）

A. 伺服装置　　B. 数控装置　　C. 反馈装置　　D. 检测装置

18. 附图 6 所示零件采用的表达方法是（　　）。

A. 单一剖切面的全剖　　B. 平行剖切面的全剖

C. 单一剖切面的半剖　　D. 平行剖切面的半剖

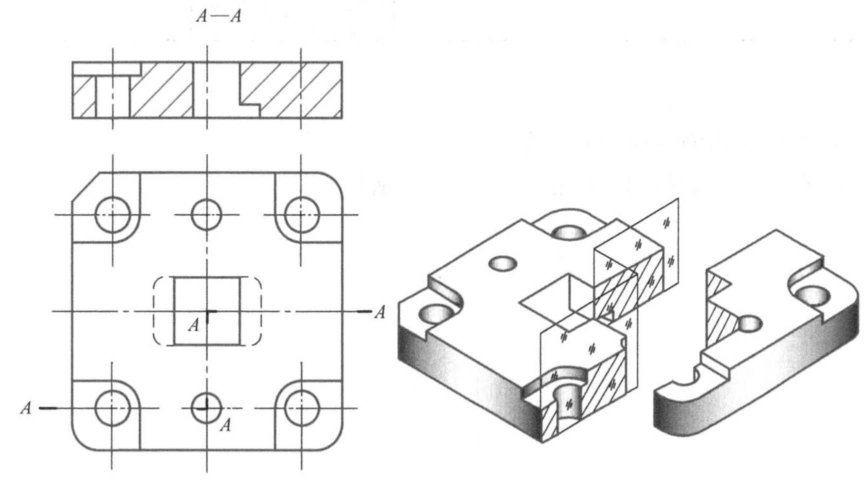

附图 6

19. 附图 7 中（　　）尺寸标注更合理。

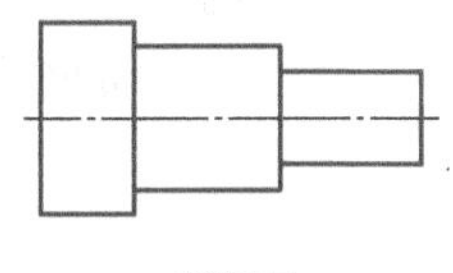

附图 7

A.
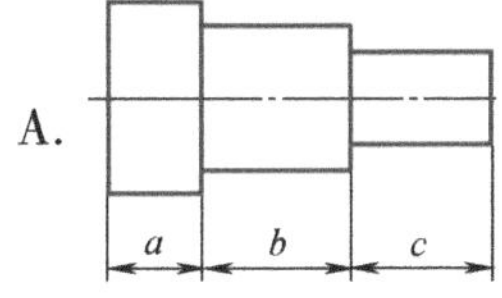

B.
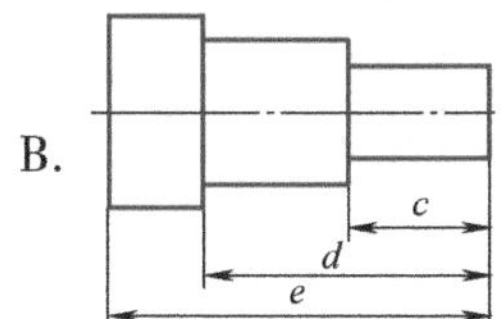

C.
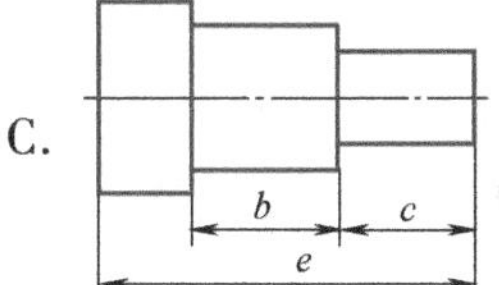

20. 附图 8 所示图样中表示螺纹结构的有（　　）处。

A. 6　　B. 8　　C. 4　　D. 无法判断

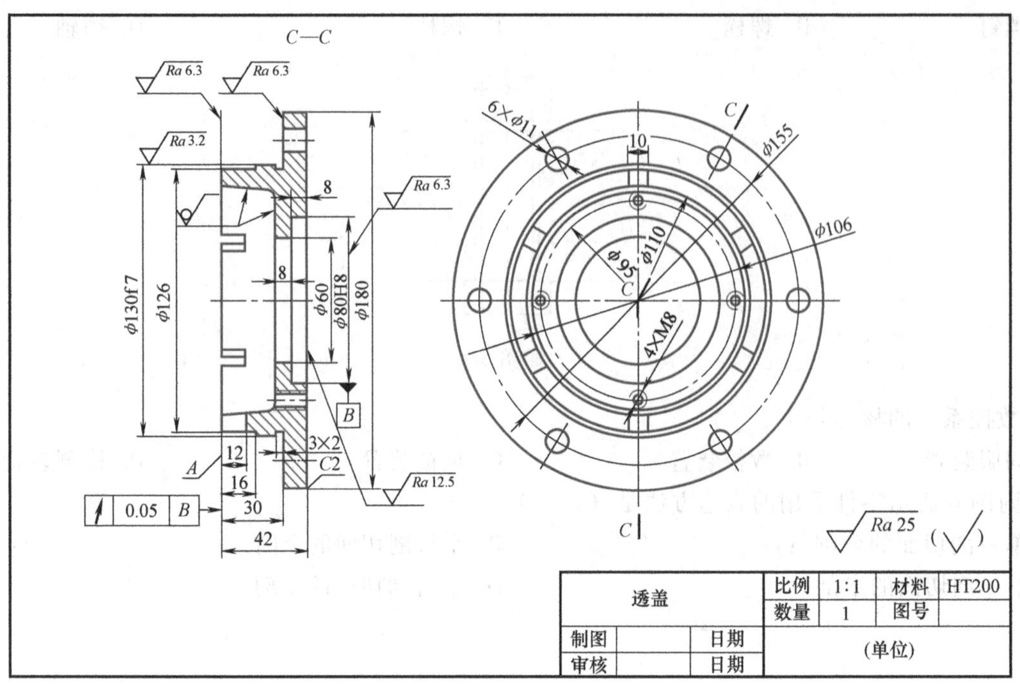

附图 8

21. 附图 9 所示视图表达的零件的名称为（　　）。

A. 直齿圆柱齿轮　　B. 斜齿圆柱齿轮　　C. 蜗轮　　D. 无法判断

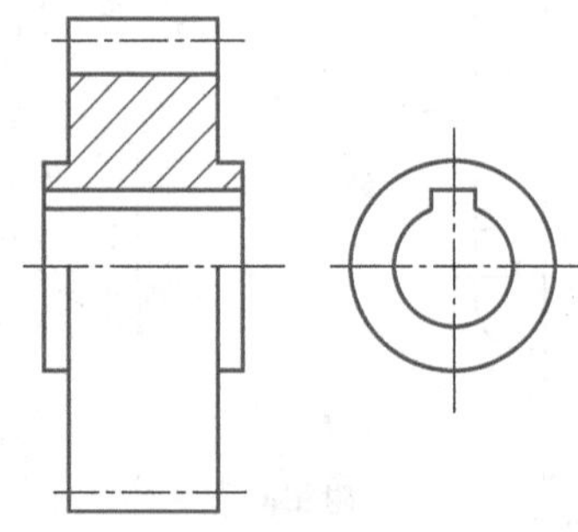

附图 9

22. 附图 10 所示图样中的相交叉的细实线表示的是（　　）。

A. 曲面　　B. 平面　　C. 带网格的表面　　D. 不需要加工的表面

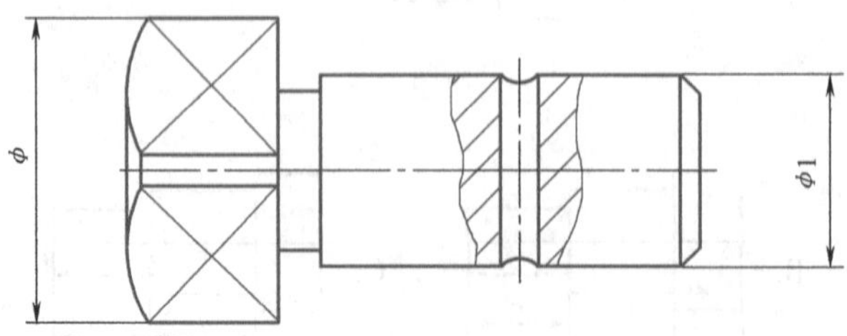

附图 10

23. 齿轮分度圆直径计算公式（　　）。

A. $d=mz$　　B. $da=m(z+2)$　　C. $df=m(z-2.5)$　　D. $d=m(z+1)$

24. 已知 ϕ5mm 孔的表面粗糙度值为 $Ra6.3\mu m$，可以采用（　　）加工完成。

A. 铣削　　B. 车削　　C. 钻削　　D. 拉削

25. 牙型角是 60°，直径为 40mm 的粗牙普通三角形螺纹，用符号表示为（　　）。

A. d40　　B. M40　　C. ϕ40　　D. M40×60°

26. 附图 11 中的定位尺寸是（　　）。

A. 50 和 45°　　B. 50 和 ϕ40　　C. ϕ40 和 45°　　D. 45°和 ϕ15

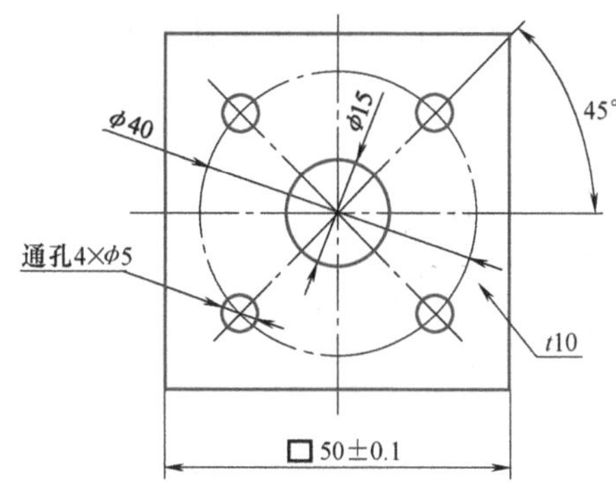

附图 11

27. 边长是 60mm 的正方形，边长最长加工成 60.1，最短加工成 59.9，用符号表示为（　　）。

A. □$60^{+0.1}_{-0.1}$　　B. □60+0.1～□60−0.1　　C. □60±0.1　　D. □60

28. 附图 12 为三个零件的装配组件，分析视图中采用了（　　）的表达方法。

A. 全剖视图、局部剖视图和半剖视图　　B. 全剖视图、局部剖视图和断裂画法

C. 缩短画法、全剖视图和局部剖视图　　D. 局部剖视、局部视图、全剖视图

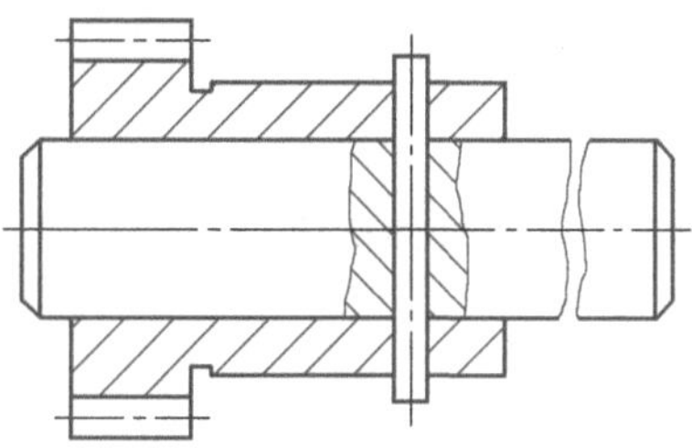

附图 12

29. 附图 13 所示装配图中包括（　　）个零件。

A. 4　　B. 3　　C. 5　　D. 6

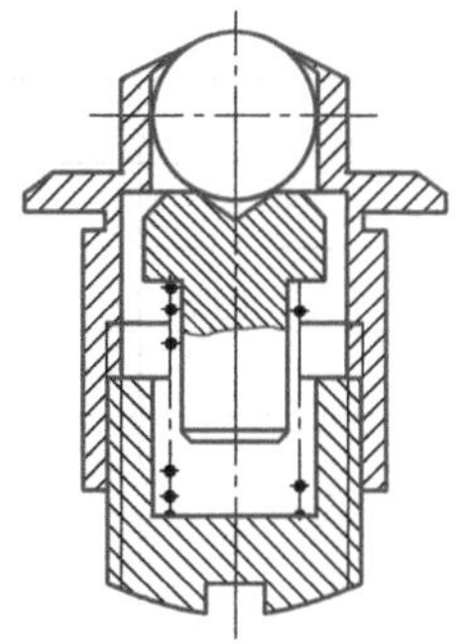

附图 13

30. 附图 14 所示小轴的（　　）有同轴度的要求。

A. 右端面与左端面

B. 右段轴线与左段轴线

C. 左端面与右端面

D. 左段轴线与右段轴线

附图 14

任务二：基础建模（20 分）

附图 15 所示，根据给定组合体视图及尺寸，参看其轴测图，完成组合体三维模型创建，完成后，以“组合体模型”命名，保存格式为“源文件”（所用软件格式），并提交至考试系统的任务二上传文件处。

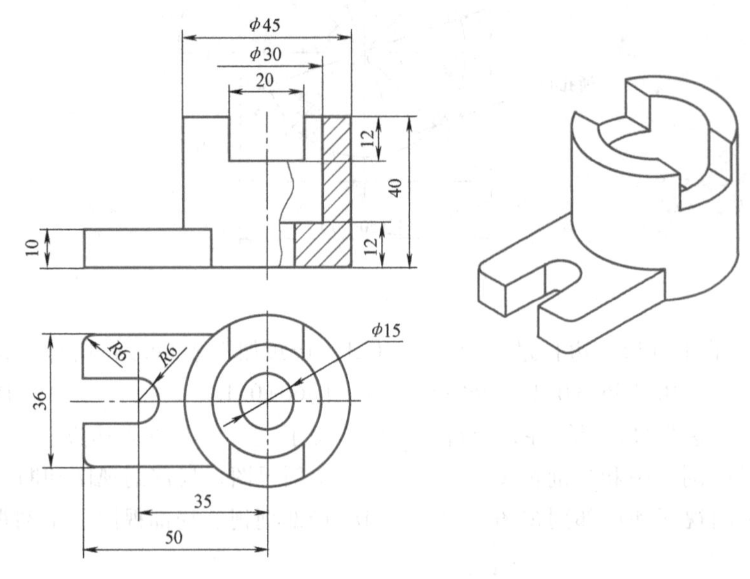

附图 15

成果提交：组合体模型“源文件”（所用软件格式）。

任务三：抄绘零件图（20 分）

根据给定的附图 16 所示零件图样，按要求设置绘图环境、绘制零件图并进行虚拟打印，完成后以“压盖”命名，保存为 DWG 或 PDF 格式，并提交至考试系统的任务三上传文件处。

1. 选择合适的图纸图面，设置绘图环境

按附表 1 的要求设置图层，赋予各类图线的线型、颜色等属性。（图层的底色为黑色。）

附表 1

序号	名称	颜色	线型	线宽
1	轮廓实线层	白色	continuous	0.50mm
2	细线层	青色	continuous	0.25mm
3	中心线层	红色	center(.5x)	0.25mm
4	剖面线层	黄色	continuous	0.25mm
5	标注层	青色	continuous	0.25mm
6	文字层	绿色	默认	0.25mm

注：可调用软件自带的层名、线型，但线宽、颜色等属性必须同上表的要求相一致。

2. 设置文字样式和标注样式

具体要求如下：

1）中文字体为“仿宋”，宽度因子为“0.7”。

2）数字和字母字体为“isocp. shx”，宽度因子为“0.7”。

3）调用的标题栏、明细栏等字体和字号按软件默认。

4）其余设置应满足相关国家标准要求。

3. 设置图幅

具体要求如下：

1）根据给定的图幅模板绘制零件图。

2）正确填写标题栏。

4. 打印设置

配置打印机/绘图仪名称为“DWG TO PDF. pc5”；纸张幅面为“A4”“纵向”；可打印区域页边距设置为“0”，采用单色打印，打印比例为“1∶1”，进行虚拟打印并保存成 PDF 格式。

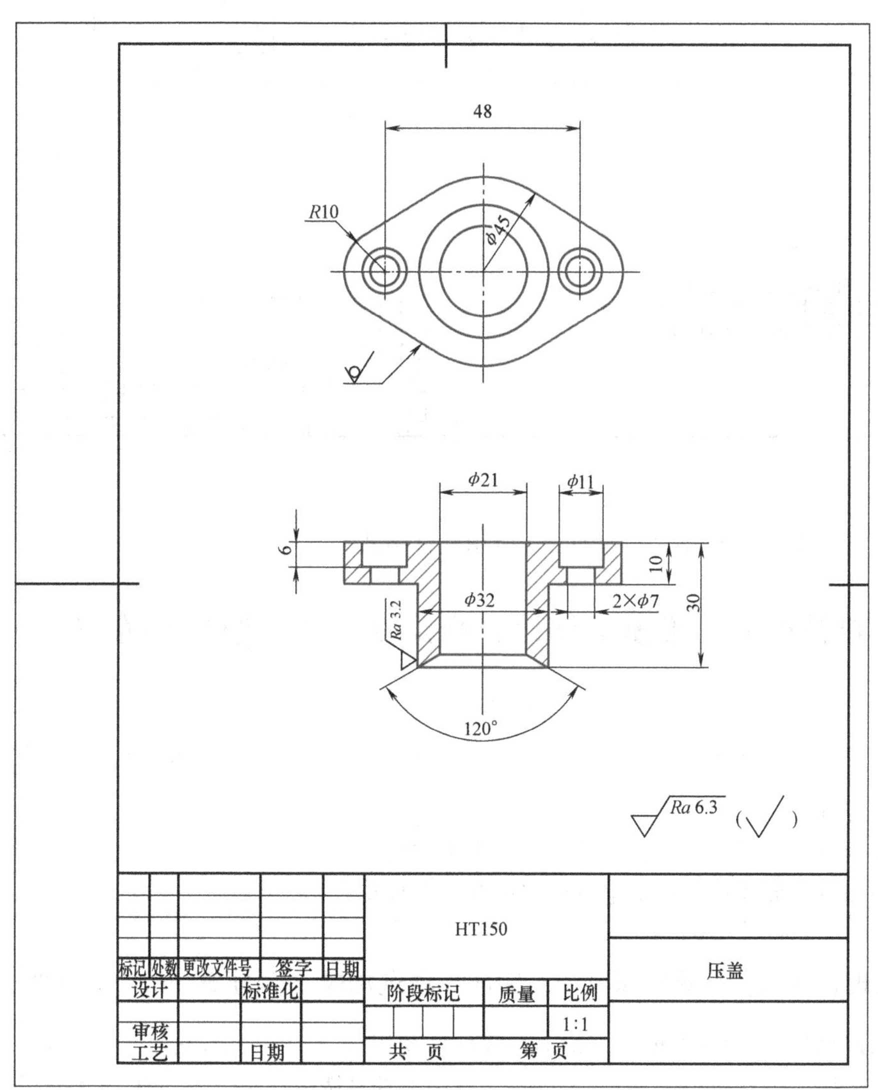

附图 16

成果提交：DWG、PDF 格式图档。

任务四：零件建模（30分）

根据给定的附图17所示台阶轴零件图样，完成台阶轴三维模型的创建，保存格式为“源文件”（所用软件格式），并提交至考试系统的任务四上传文件处。

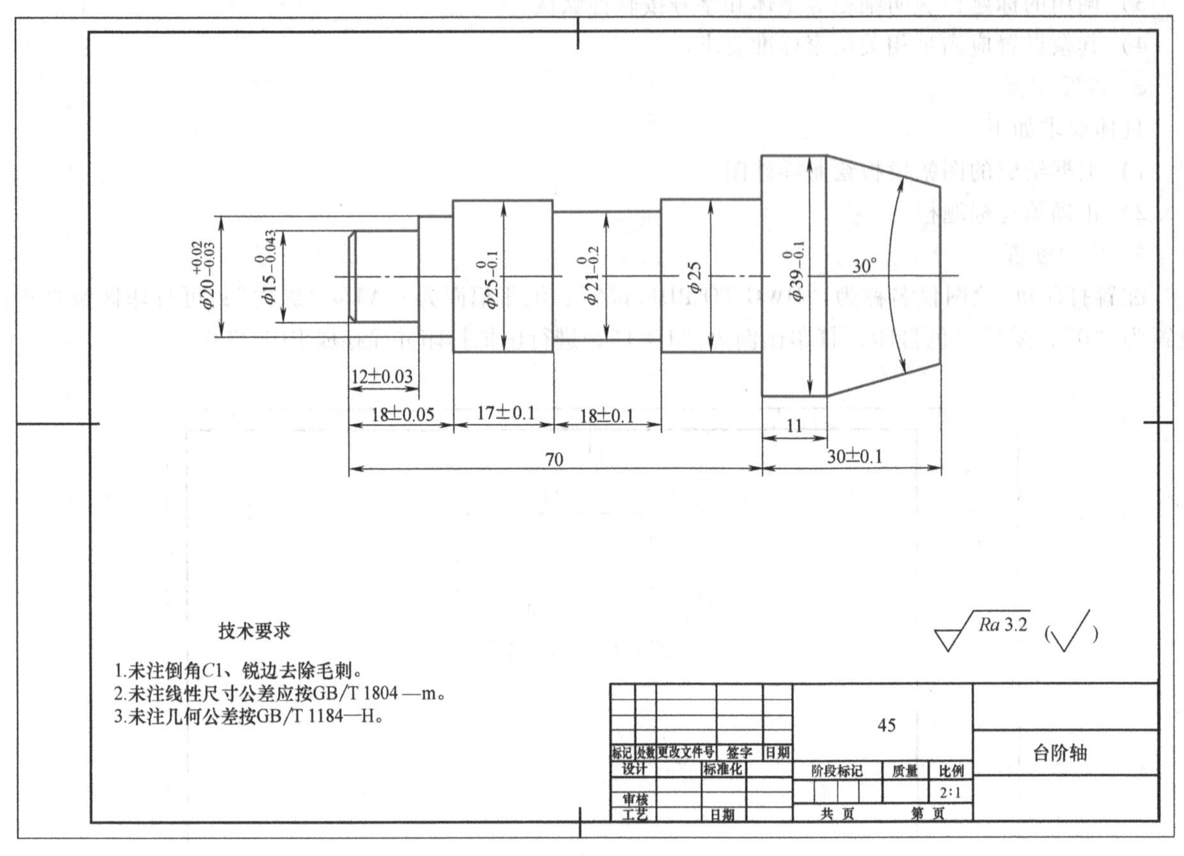

附图17

成果提交：台阶轴三维模型“源文件”（所用软件格式）。

机械产品三维模型设计职业技能证（初级）样卷（二）

满分：100分

※※※※※※※※※※※※※※※※※※※※※※※※※※※※

操作任务须知：

1. 请依据提供的图样进行作答，共分为四个工作任务。
2. 请仔细阅读任务要求，在指定位置完成并保存提交。

任务一：机械理论知识，登录答题系统，完成单项选择题（总分30分，共30题，每题1分）。

1. 检定千分尺时，测微螺杆的轴向窜动和径向摆动用（　　）来测量。

A. 杠杆千分表　　B. 塞尺　　C. 工具显微镜　　D. 杠杆千分尺

2. 数控机床的基本结构不包括（　）。

A. 数控装置　　B. 程序介质　　C. 伺服控制单元　　D. 机床本体

3. 主程序结束，程序返回至初始状态，其指令为（　　）。

A. M00　　B. M02　　C. M05　　D. M30

4. 尺寸公差中的（　　）是指极限尺寸减去公称尺寸所得的代数差。

A. 极限偏差　　B. 极限尺寸　　C. 偏差尺寸　　D. 公称尺寸

5. 工程样图的线性尺寸，一般以（　　）为单位。

A. 微米　　B. 毫米　　C. 厘米　　D. 分米

6. 测量直径为 25±0.015mm 的轴颈，应选用的测量工具是（　　）。

A. 游标卡尺　　B. 游标深度尺　　C. 公法线千分尺　　D. 内测千分尺

7. 测量轴直线度误差的常用量具是（　　）。

A. 三爪内径千分尺　　B. 千分表　　C. 游标卡尺　　D. 公法线千分尺

8. 钢材经（　　）后，由于硬度和强度成倍增加，因此造成切削力很大，切削温度高。

A. 正火　　B. 回火　　C. 淬火　　D. 调质

9. 工作坐标系的原点称为（　　）。

A. 机床原点　　B. 工作原点　　C. 坐标原点　　D. 初始原点

10. 用于指令动作方式的准备功能的指令代码是（　　）。

A. F 代码　　B. G 代码　　C. T 代码　　D. D 代码

11. 附图 18 所示投影法为（　　）。

A. 中心投影法　　B. 正投影法　　C. 斜投影法　　D. 以上都不是

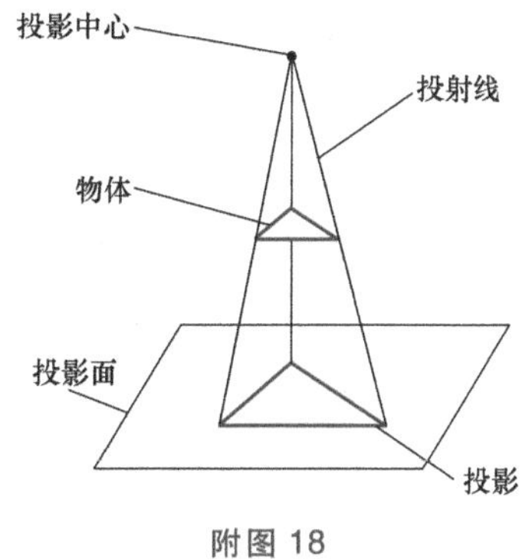

附图 18

12. 下列投影中属于中心投影法的是（　　）。

A. 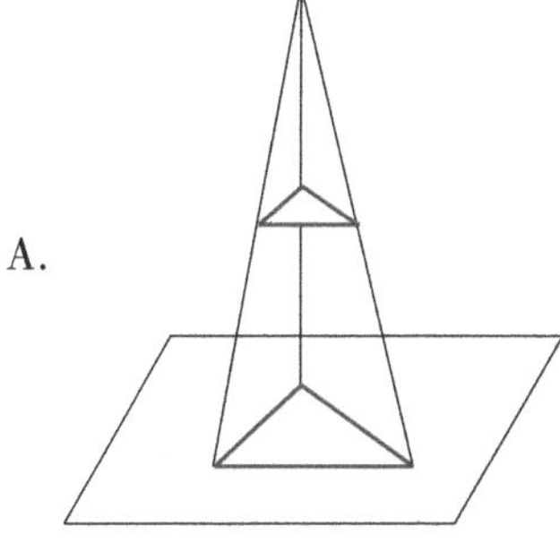 

B. 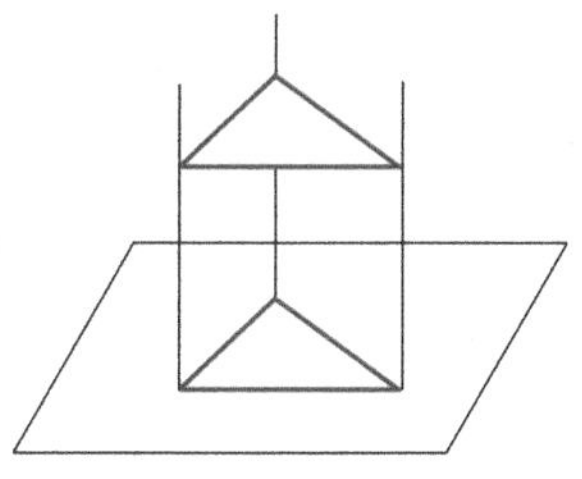

C. 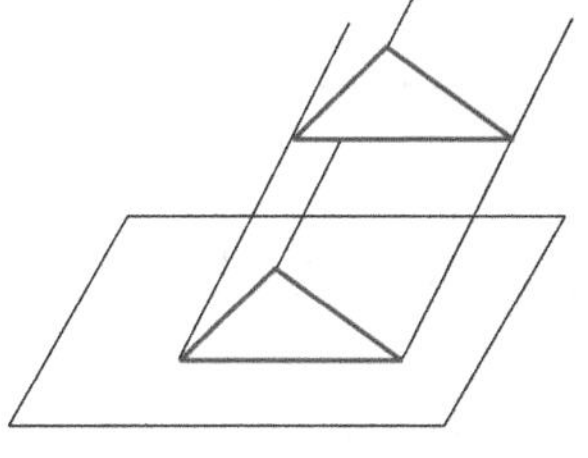

D. 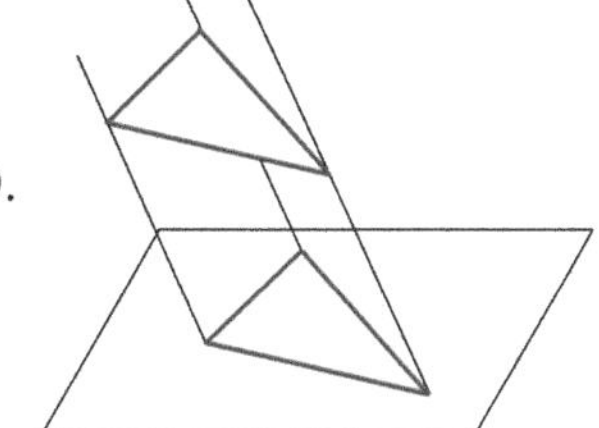

13. 在附图 19 所示的尺寸标注中，错误的是（　　）。

A. 50　　B. 70　　C. $R25$　　D. $R20$

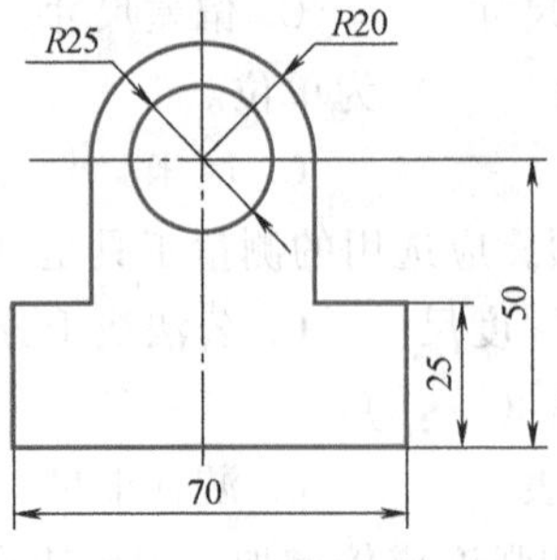

附图 19

14. 附图 20 是一个模型的轴测图，下列关于该模型的三视图中正确的是（　　）。

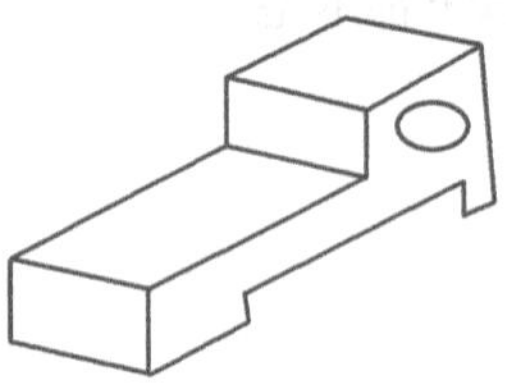

附图 20

A.　　B. 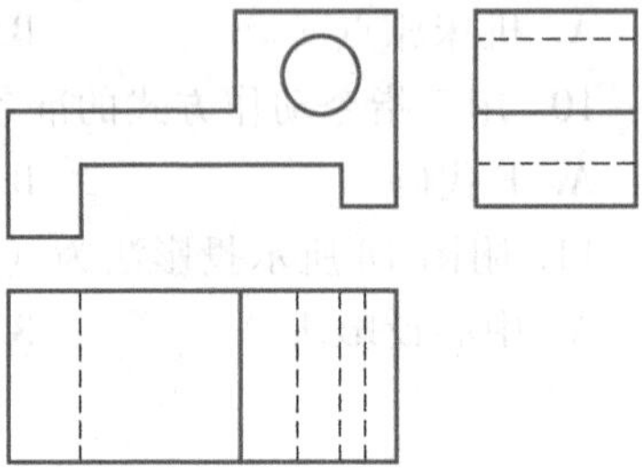　　C. 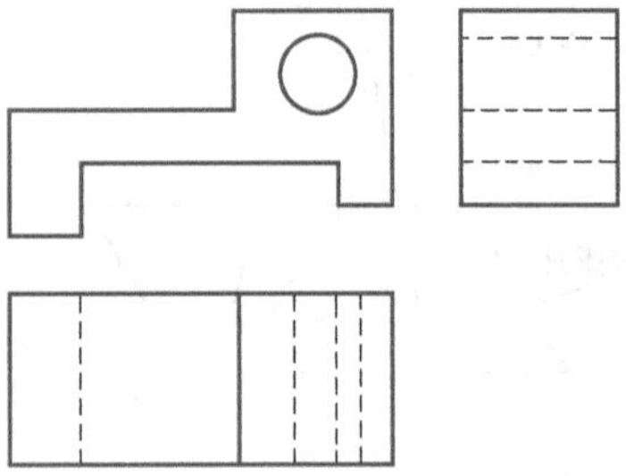　　D.

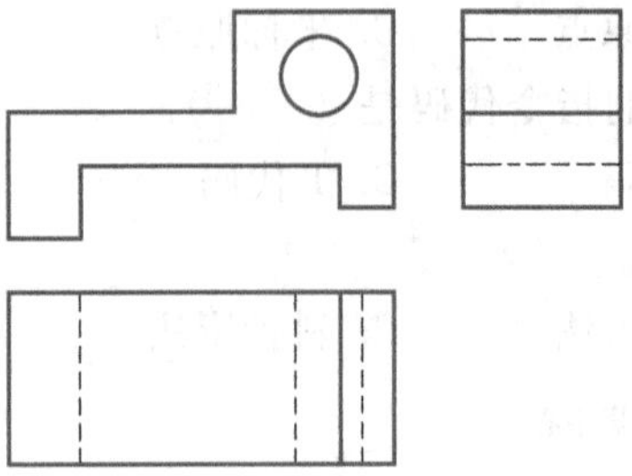

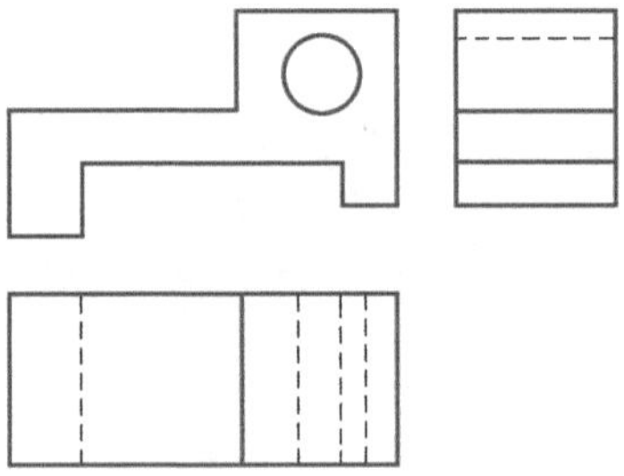

15. 与附图 21 所示模型对应的三视图，正确的是（　　）。

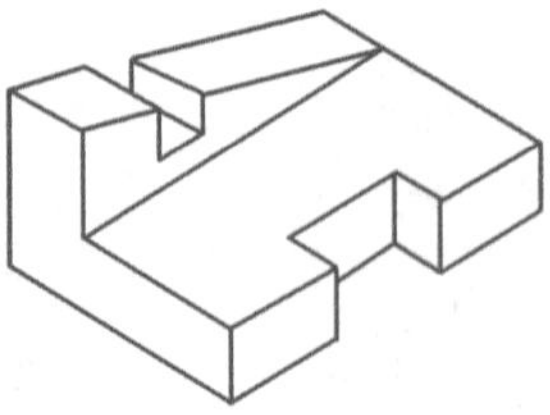

A.　　B. 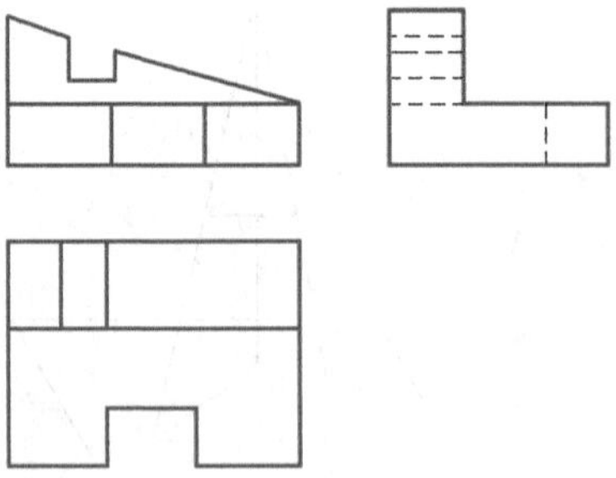　　C. 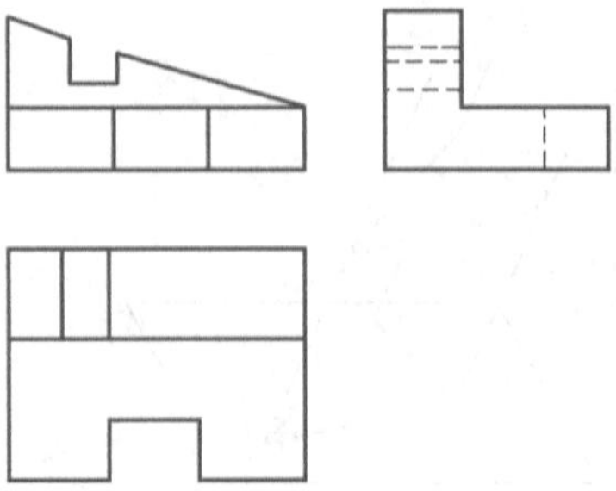　　D.

附图 21

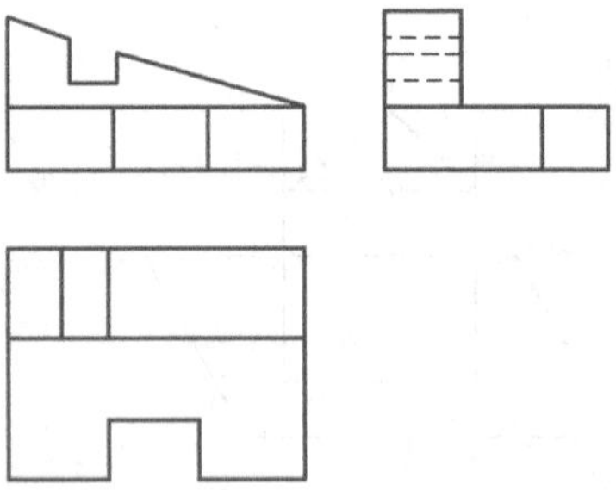

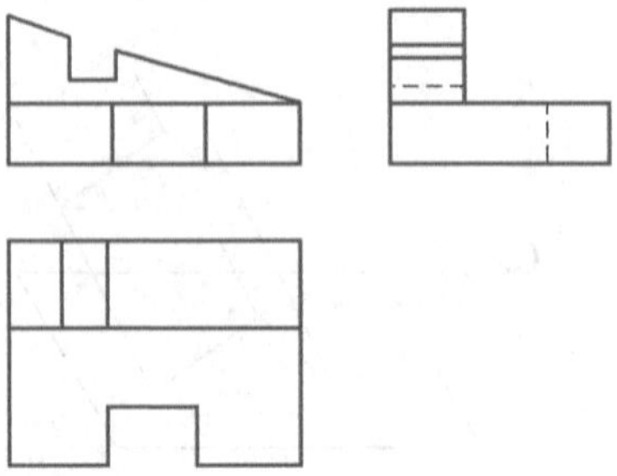

16. 附图 22 所示模型的俯视图是（　　）。

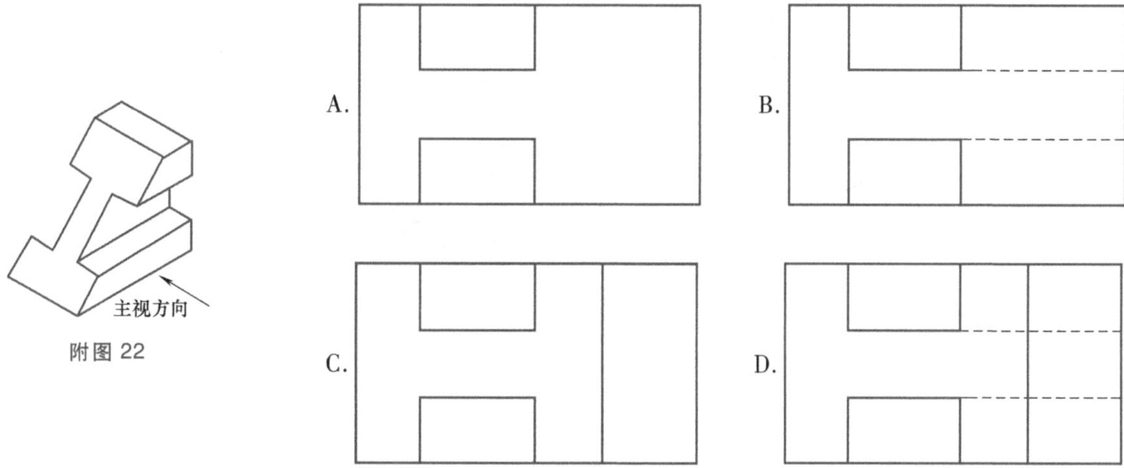

附图 22

17. 为附图 23 选择正确的移出断面图是（　　）。

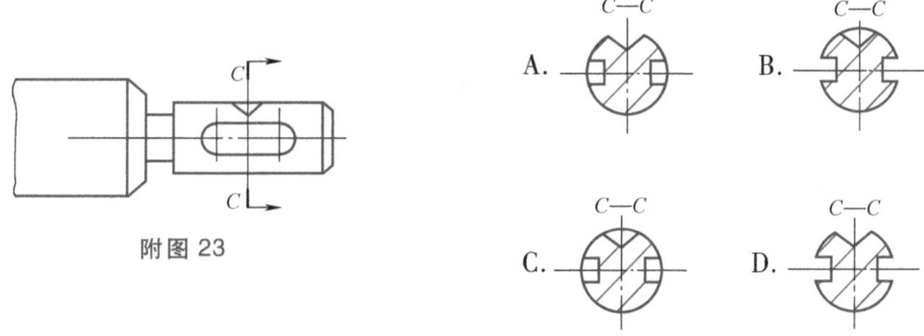

附图 23

18. 如附图 24 所示，该机件的视图表达形式是（　　）。

A. 基本视图　　B. 剖视图　　C. 移出断面图　　D. 重合断面图

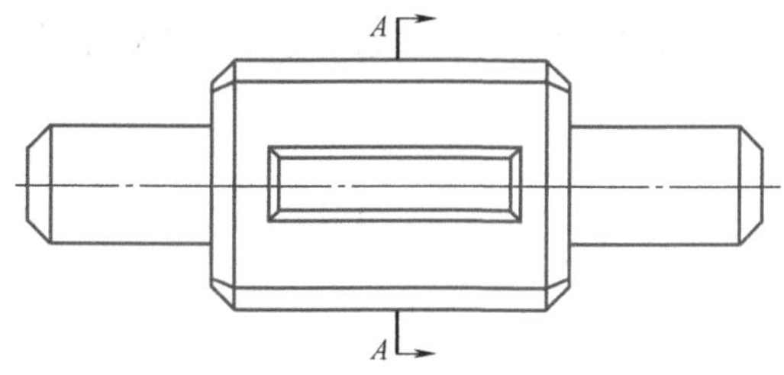

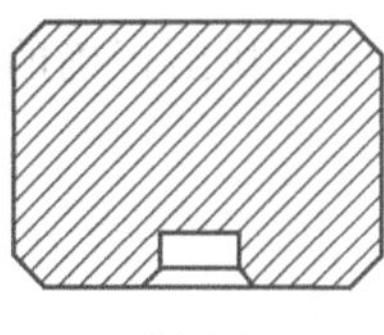

附图 24

19. 附图 25 所示图样中 *A*—*A* 剖视图采用的剖切面是（　　）。

A. 单一剖切平面　　B. 单一斜剖切平面

C. 几个相交的剖切平面　　D. 几个平行的剖切平面

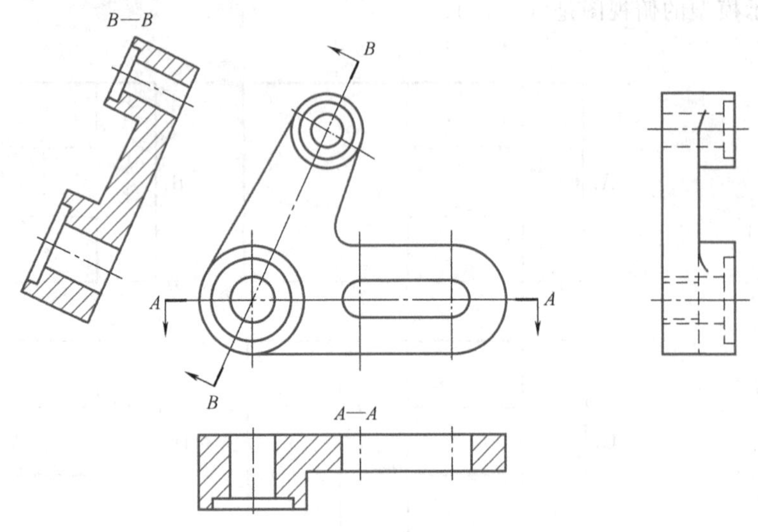

附图 25

20. 附图 26 所示模型的三视图正确的是（　　）。

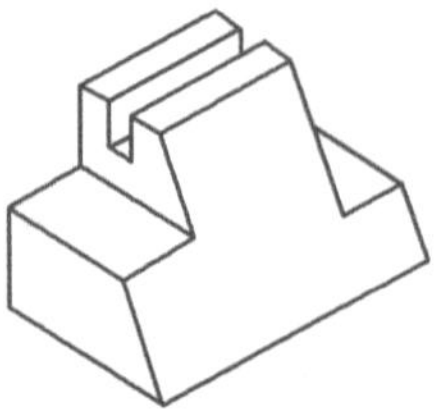

附图 26

A.　　B.

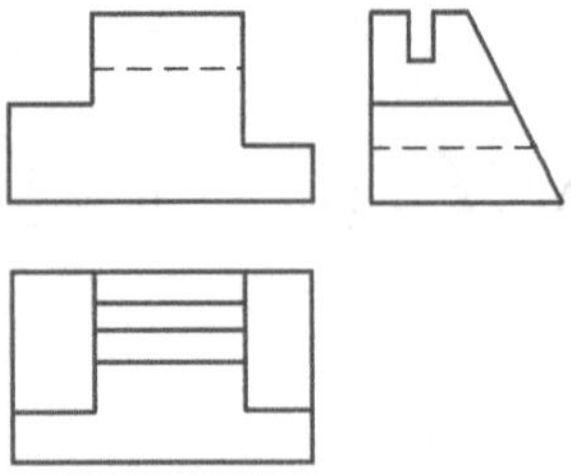

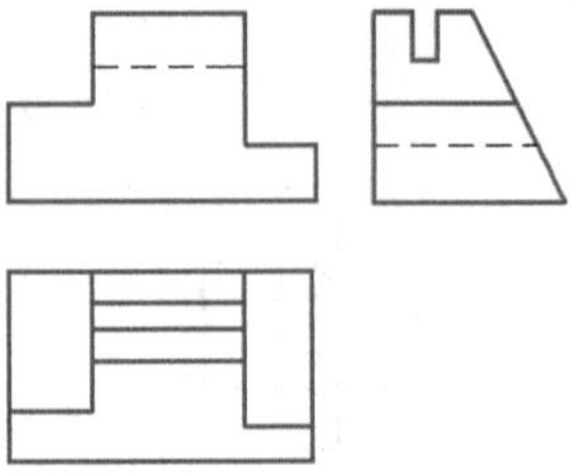

C. 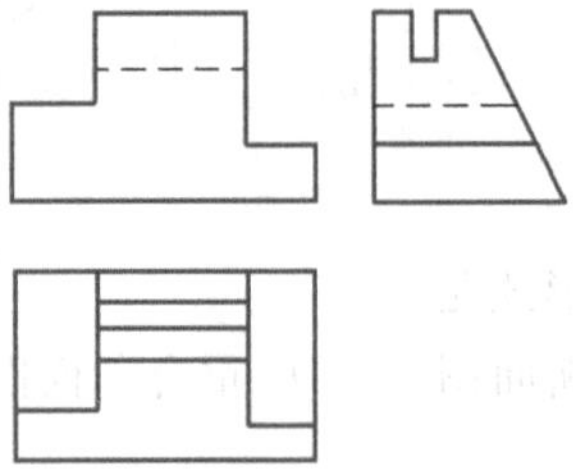　　D.

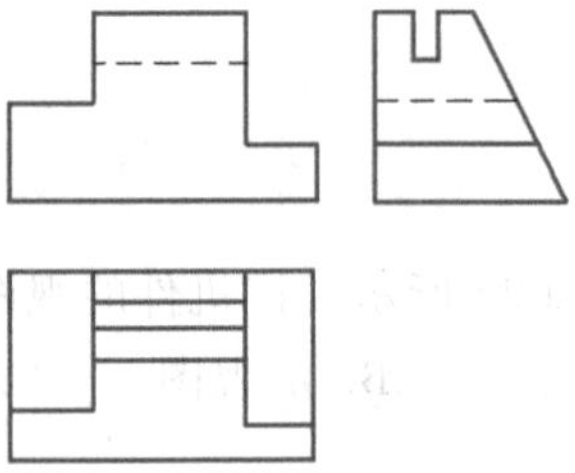

21. 根据给定附图 27 所示模型的主、左视图，找出其正确的俯视图为（　　）。

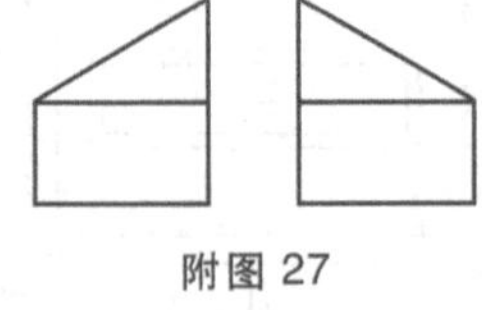

附图 27

A. 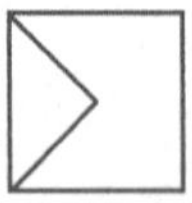　　B. 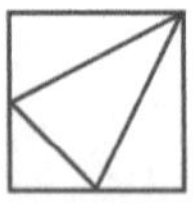　　C. 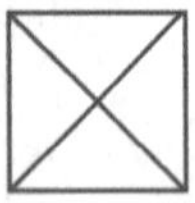　　D.

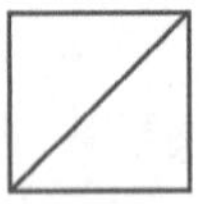

22. 根据给定的附图 28 所示模型的三视图，找出正确的实体模型为（　　）。

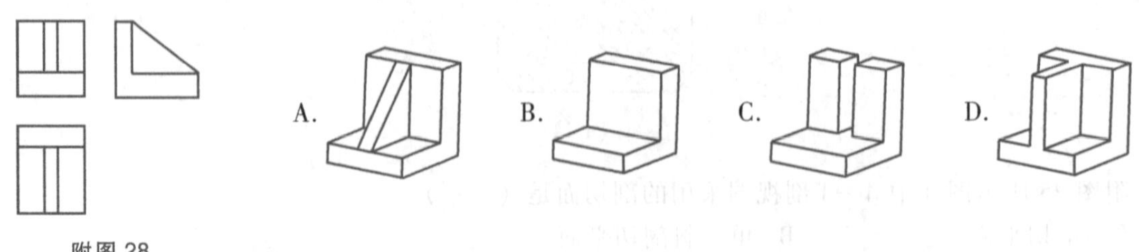

附图 28

23. 如附图 29 所示实体，其正确的主视图为（　　）。

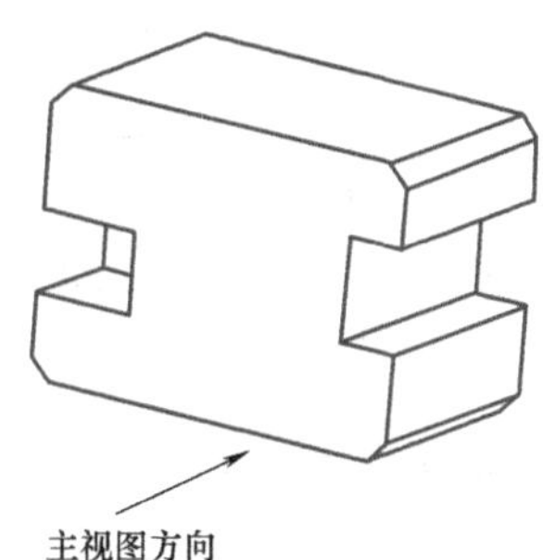

附图 29

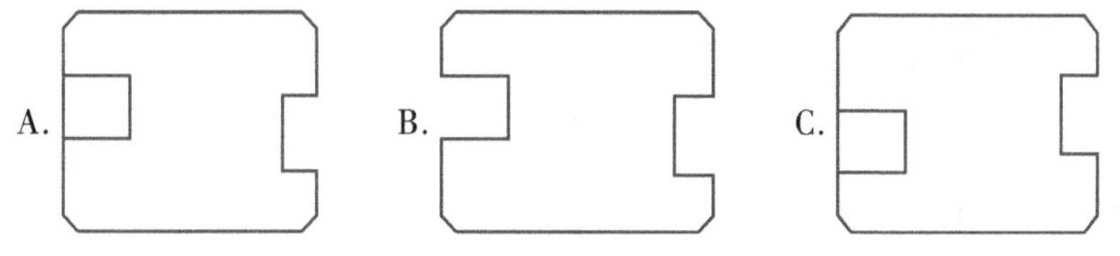

24. 下列螺纹画法正确的是（　　）。

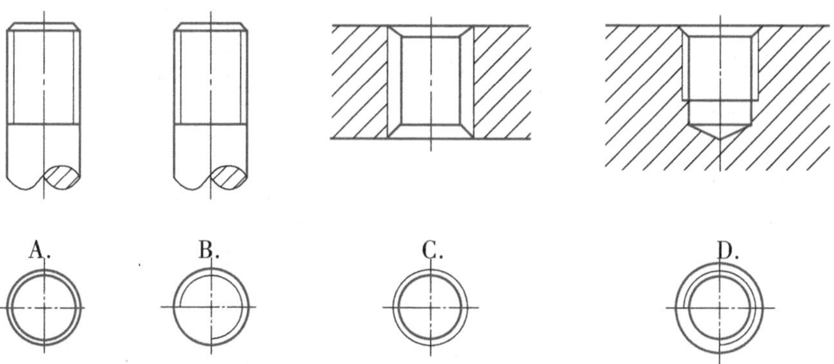

25. 在附图 30 所示尺寸标注中，错误的地方有（　　）处。

A. 2　　B. 3　　C. 4　　D. 5

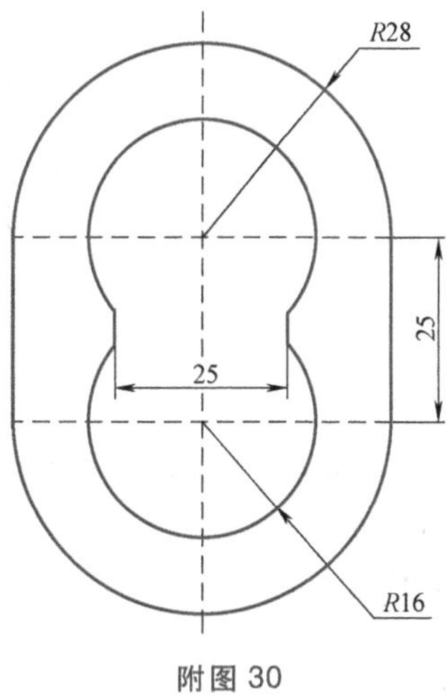

附图 30

26. 附图 31 所示 *B*—*B* 断面图，正确的是（　　）。

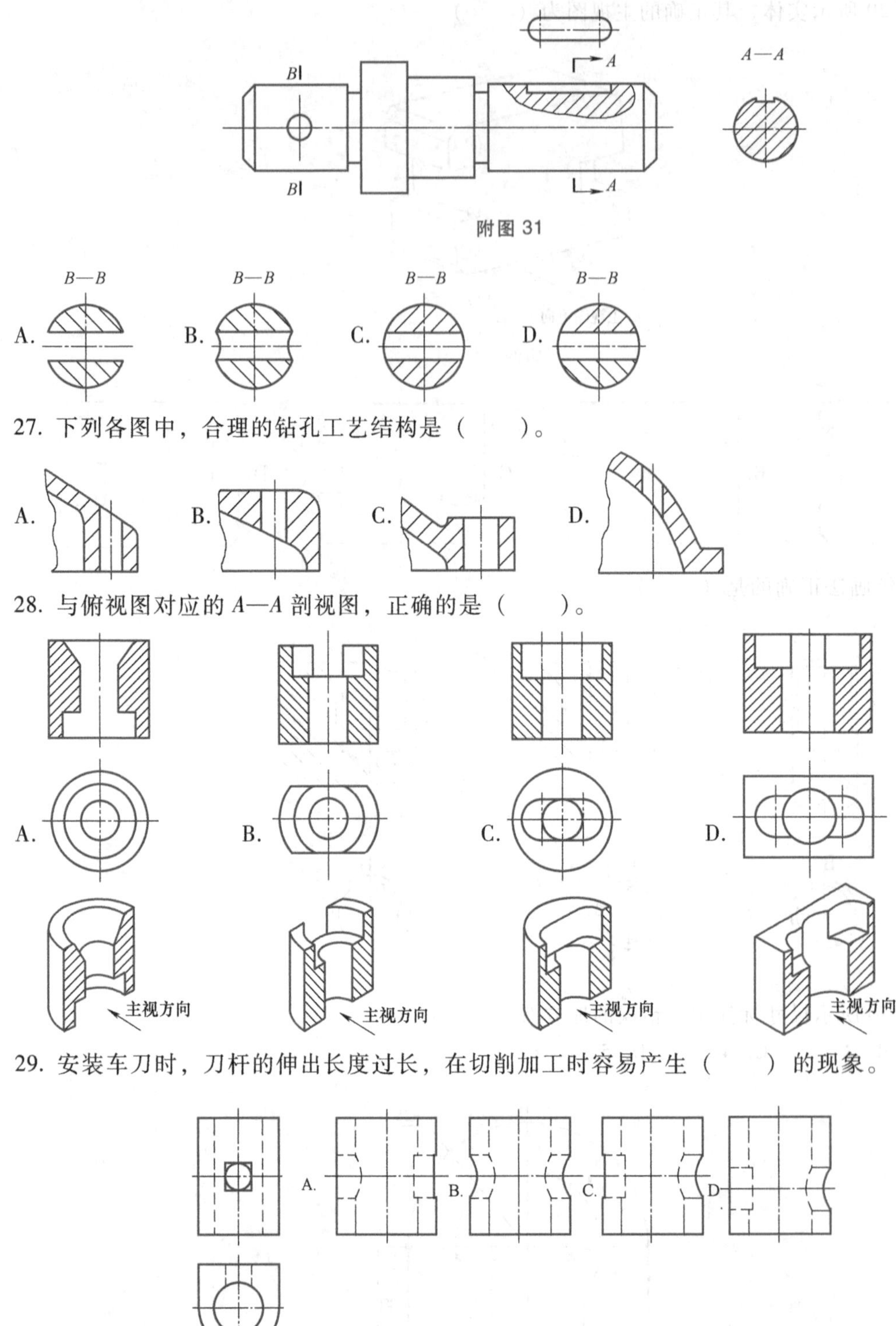

A. 振动　　B. 扎刀　　C. 工件表面质量差　　D. 尺寸不易保证

30. 关于数控机床，下列说法不正确的是（　　）。

A. 通常精加工时的 F 值大于粗加工时的 F 值

B. 工件的装夹精度影响加工精度

C. 工件定位前须仔细清理工件和夹具定位部位

D. 进给量越大表面 Ra 值越大

任务二：基础建模（20分）

根据给定附图32所示零件图样，完成零件三维模型的创建，以“组合体模型”命名，保存格式为“源文件”（所用软件格式），并提交至考试系统的任务二上传文件处。

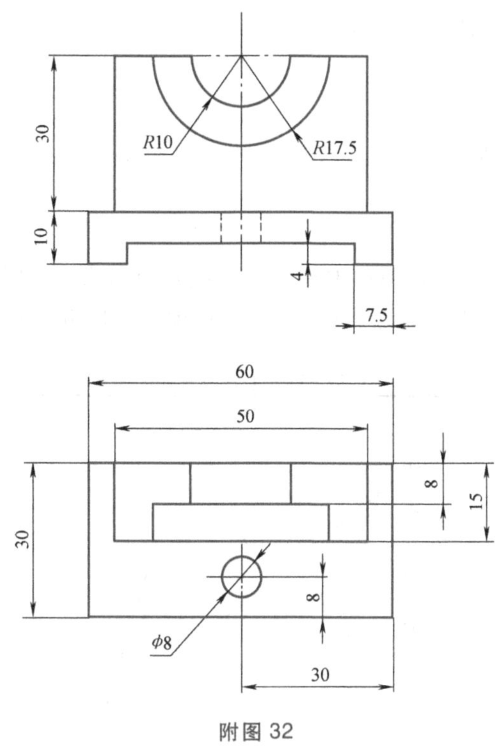

附图32

成果提交：组合体模型“源文件”（所用软件格式）。

任务三：抄绘零件图（20分）

根据给定的附图33所示零件图样，按要求设置绘图环境、绘制零件图并进行虚拟打印，完成后保存为DWG或PDF格式，并提交至考试系统的任务三上传文件处。

1. 设置绘图环境

按附表2的要求设置图层，赋予各类图线的线型、颜色等属性。（图层的底色为黑色）

附表2

序号	名称	颜色	线型	线宽
1	轮廓实线层	白色	continuous	0.50mm
2	细线层	青色	continuous	0.25mm
3	中心线层	红色	center(.5x)	0.25mm
4	剖面线层	黄色	continuous	0.25mm
5	标注层	青色	continuous	0.25mm
6	文字层	绿色	默认	0.25mm

注：可调用软件自带的层名、线型，但线宽、颜色等属性必须同上表的要求相一致。

2. 设置文字样式和标注样式

具体要求如下：

1）中文字体为“仿宋”，宽度因子为“0.7”。

2）数字和字母字体为“isocp. shx”，宽度因子为“0.7”。

3）调用的标题栏、明细栏等字体和字号按软件默认。

4）其余设置应满足相关国家标准要求。

3. 设置图幅

具体要求如下：

1）根据给定的图幅模板绘制零件图。

2）正确填写标题栏。

4. 打印设置

配置打印机/绘图仪名称为“DWG TO PDF. pc5”；纸张幅面为“A4”“横向”；可打印区域页边距设置为“0”，采用单色打印，打印比例为“1∶1”，进行虚拟打印并保存成 PDF 格式。

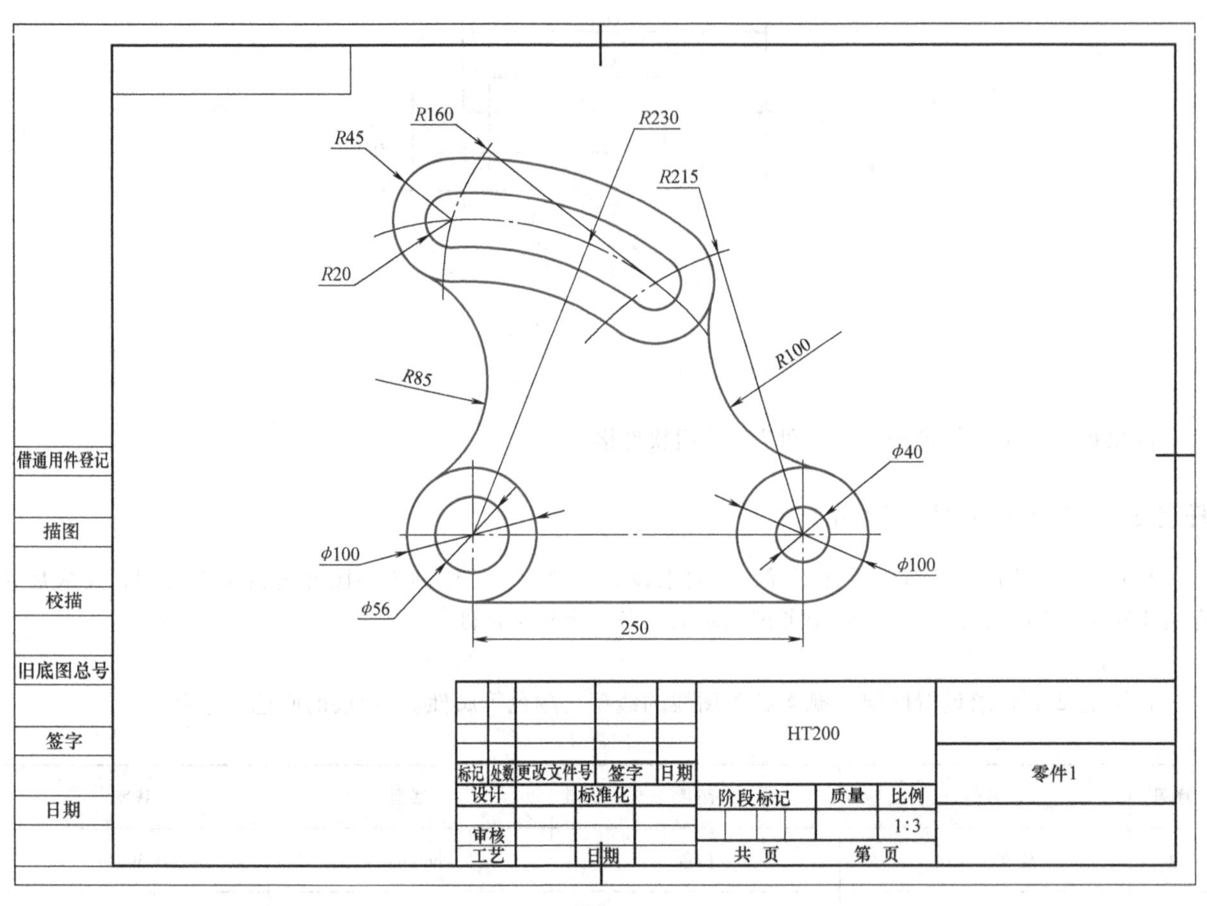

附图 33

成果提交：DWG、PDF 格式图档。

任务四：零件建模（30 分）

根据给定的附图 34 所示台阶轴零件图样，完成台阶轴三维模型的创建，保存格式为“源文件”（所用软件格式），并提交至考试系统的任务四上传文件处。

成果提交：台阶轴三维模型“源文件”（所用软件格式）。

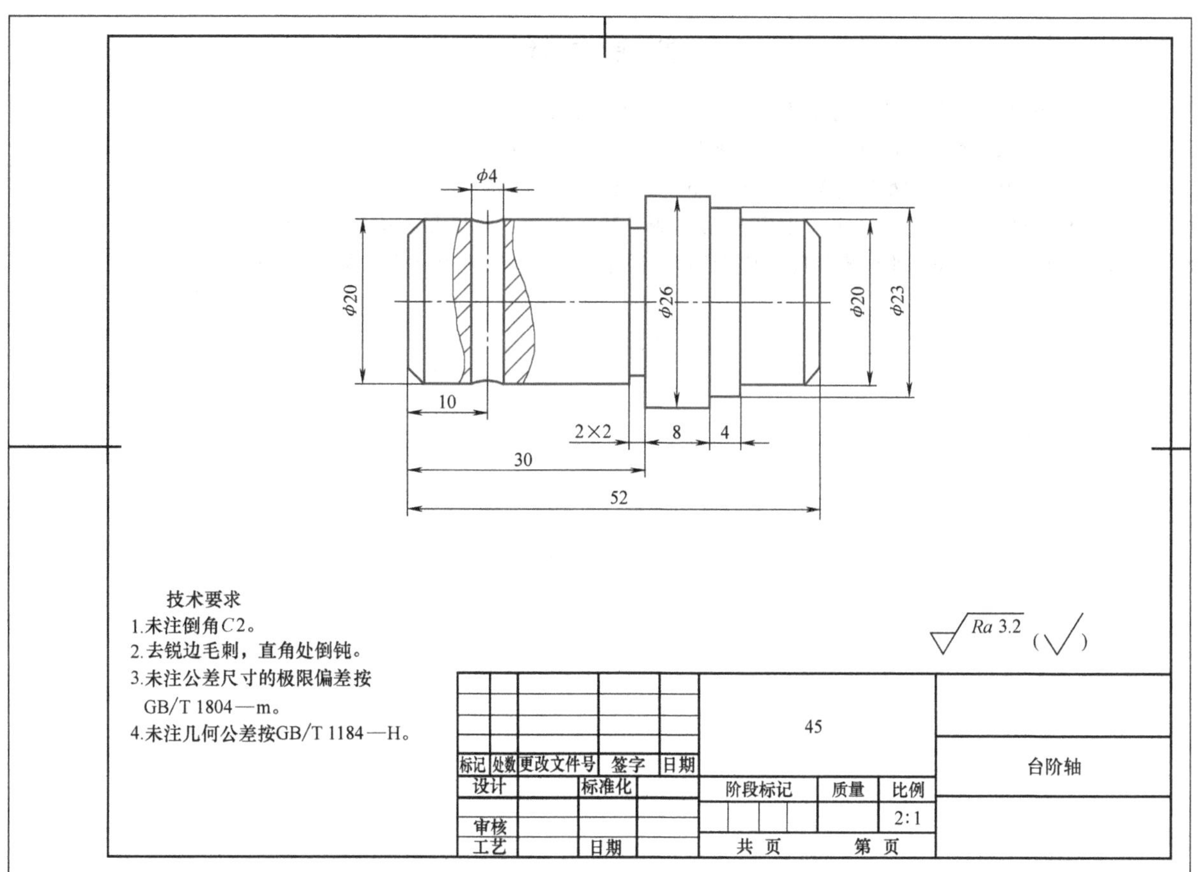

φ4
φ20
φ26
φ20
φ23
10
2×2
8
4
30
52
技术要求
1.未注倒角C2。
2.去锐边毛刺，直角处倒钝。
3.未注公差尺寸的极限偏差按GB/T 1804—m。
4.未注几何公差按GB/T 1184—H。
Ra 3.2
45
台阶轴
标记
处数
更改文件号
签字
日期
设计
标准化
阶段标记
质量
比例
2:1
审核
工艺
日期
共 页
第 页

附图 34

参考文献

[1] 奉远财. 中望3D三维设计实例教程 [M]. 北京：电子工业出版社，2014.
[2] 高平生. 中望3D建模基础 [M]. 北京：机械工业出版社，2016.
[3] 李强. 中望3D从入门到精通 [M]. 北京：电子工业出版社，2020.
[4] 赵勇. 模具设计与制造实例教程. 中望3D教育版 [M]. 北京：清华大学出版社，2017.
[5] 徐家忠. UG NX 10.0三维建模与自动编程项目教程 [M]. 北京：机械工业出版社，2016.